第1部分的彩图

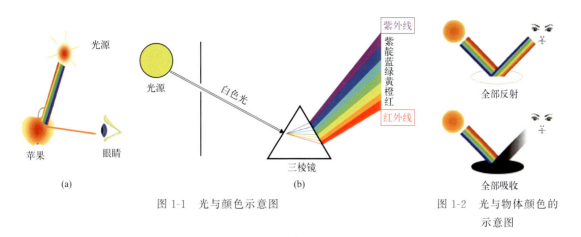

图 1-1 光与颜色示意图

图 1-2 光与物体颜色的示意图

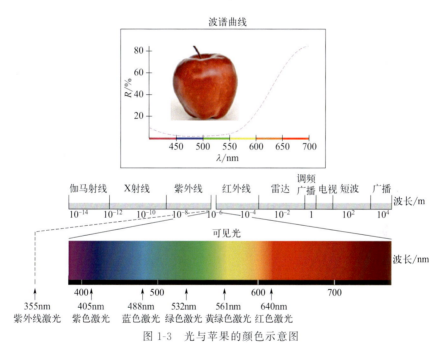

图 1-3 光与苹果的颜色示意图

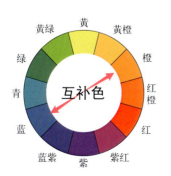

图 1-4 红黄蓝色相环的美术互补色

图 1-5 光学互补色色环

图 1-6 色轮

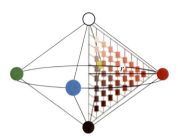

图 1-7 色圈半径图

图 1-8 色值（或亮度）

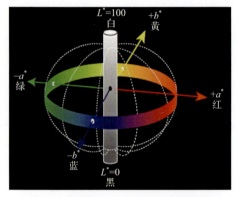

图 1-9 孟塞尔（Mensull）色彩体系

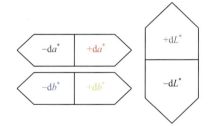

图 1-10 颜色矩形坐标

图 1-11 色彩三维空间

表 1-5　常见 CI 组分名与化学结构、颜色以及水溶液的光稳定性

化学结构			CI	颜色	水溶液的光稳定性	举例
硝基	—NO₂		CI 10300-10999		一般	外部药品与化装品级 Ext. D&C 黄 7
偶氮	—N═N—	单偶氮	CI 11000-19999		一般到好	FD&C 红 4,D&C 红 33, FD&C 黄 5
		双偶氮	CI 2000-29999			
三芳基甲烷			CI 42000-44999		一般到好	FD&C 蓝 1
氧杂蒽			CI 45000-45999		弱	D&C 红 21,D&C 红 28
喹啉			CI 47000-47999		好	D&C 黄 10,喹啉黄
蒽醌			CI 58000-72999		好	Ext. D&C 紫 2 D&C 绿 6
靛蓝			CI 73000-73999		好	靛蓝
酞菁			CI 74000-74999		好	酞菁蓝 15:1,酞菁绿 7
（天然）			CI 75000-75999		弱到好	焦糖,胭脂虫红,胭脂树橙（油溶）,β-胡萝卜素
（无机色粉）			CI 77000-77999		好	钛白粉,氧化铁红、黄、黑

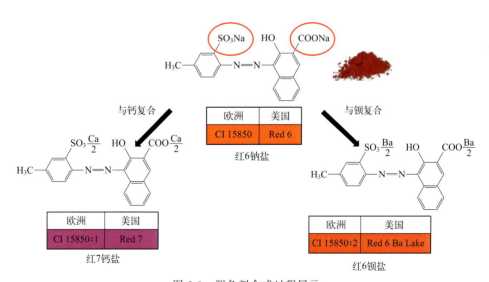

图 2-3　调色剂合成过程展示

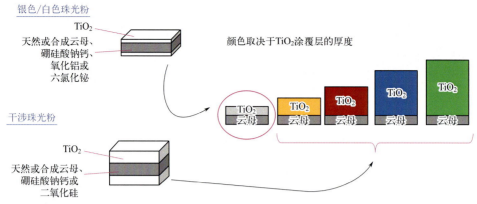

图 2-6 银色/白色珠光粉以及干涉珠光粉结构图展示

第 2 部分的彩图

图 1 0.15% 4-氨基-3-硝基苯酚分别在
香波（左）和发膜（右）体系中的染色效果

图 2 对氨基苯酚与偶合剂复配色调

图 3 甲苯-2,5-二胺硫酸盐与不同的染料偶合剂复配
（摩尔比 1:1）在头发上显示的颜色和色调

图 4 间苯二酚与不同染料中间体复配色调

化妆品着色剂手册

赵寒东
刘从林　编著
王建新

HANDBOOK OF
COSMETIC
COLORANTS

化学工业出版社
·北京·

内容简介 　　《化妆品着色剂手册》分为两大部分。第1部分对化妆品着色理论与基础知识进行了系统介绍，内容包括化妆品着色理论概述、化妆品着色剂简介、发用着色剂简介，并简单介绍了欧洲、美国、中国、日本、韩国等国家和地区的化妆品着色剂相关法规。第2部分对509种化妆品着色剂进行了详细阐述，包括中文名称、英文名称、CAS号，EINECS号、结构式、分子式、分子量、理化性质、安全性和应用等。本手册可帮助广大的化妆品从业者建立初步的理论基础，并在产品的开发应用中合理选择。

　　本手册适合从事化妆品研发、生产、管理的人员，以及高等和大中专院校精细化工专业化妆品方向的师生参考。

图书在版编目（CIP）数据

化妆品着色剂手册 / 赵寒东，刘从林，王建新编著.

北京：化学工业出版社，2025. 3. --ISBN 978-7-122
-47386-8

　Ⅰ. TQ658-62

中国国家版本馆 CIP 数据核字第 2025JJ6050 号

责任编辑：张　艳
文字编辑：陈小滔　范伟鑫
责任校对：王　静
装帧设计：王晓宇

出版发行：化学工业出版社
　　　　　（北京市东城区青年湖南街 13 号　邮政编码 100011）
印　　装：北京建宏印刷有限公司
787mm×1092mm　1/16　印张 20　彩插 2　字数 503 千字
2025 年 6 月北京第 1 版第 1 次印刷

购书咨询：010-64518888
售后服务：010-64518899
网　　址：http://www.cip.com.cn

定　　价：268.00 元

多姿多彩的颜色，自古以来就被赋予了不同的文化、情感色彩，甚至可以具备特定的功能。色彩，无处不在，也无时无刻不在影响着我们的日常生活。在一些没有文字的场景中，色彩尤为重要，例如过马路时的红绿灯就可以无声地给我们不同的指示。特定的颜色甚至会唤起我们特定的情绪和情感，明亮的颜色往往能够带来有趣或者现代感的氛围，低饱和度的色彩搭配更为沉稳也往往会受到商业公司的喜爱。在我们的印象中，红色代表着热情、喜庆，金色代表着丰收、富贵、活力，蓝色代表着放松、广阔……而颜色的搭配更是一门深厚的学问，从家居设计、服饰搭配到日常的妆容，不同的颜色搭配都会带来不一样的体验和感受，从日常的广告或者一些知名的艺术作品中同样也会感受到颜色搭配的魅力。

色彩在我们的化妆品中也扮演着越来越重要的角色。近年来，中国化妆品市场蓬勃发展，市场产品不断推陈出新，以迎合和吸引消费者。一个好的化妆品，功效和安全是核心，如果能够同时赋予产品一个更加吸引人的外观颜色，增加产品的识别度和给消费者带来愉悦的使用体验，将会是锦上添花。而我们也已经看到，实现不同色彩效果的重要工具——也就是着色剂，目前已经被普遍地使用在化妆品配方中，它不仅仅起着调节产品外观颜色的作用，同时在彩妆产品和染发产品中更是起着关键的作用：带来靓丽发色的染发剂，提亮遮瑕的粉底液，美丽多彩的唇膏，修饰眼部带来不同效果的眼线、眼影产品，无不需要着色剂的互相复配来发挥作用，更是能给消费者带来不同的功效和感受。

着色剂作为化妆品配方原料成分之一，其具体使用需要符合各个国家和地区相应的法规要求，同时也要考虑和配方体系的兼容性、颜色的稳定性、安全性等。然而多数的工程师对着色剂知识的了解比较有限，在使用上还无法得心应手，而且中国目前也没有一本详细介绍着色剂的规范类书籍可供参考。中国化妆品行业亟需一本关于着色剂介绍和指导使用的手册，以促进行业更快更好地发展。

着色剂在化妆品中的应用，除了能给化妆品产品本身提供靓丽稳定的外观颜色、提供调节肤色、遮盖皮肤瑕疵从而达到美化容颜的效果之外，它在化妆品中另一个主要应用范畴是给头发着色，作为发用着色剂使用。有些发用着色剂可以提供暂时的上色和遮盖效果，一次洗发就可以完全去除；有些发用着色剂可以提供半永久的上色效果，可以耐洗 6~8 次，上色效果可持续几周；而最常用的就是永久性染发剂，染发效果可以持续几个月。染发剂产品我们通常称之为染料。而染料在化妆品中被定义为高风险物质，各个国家在使用上都有严格的管理规定，明确列出可被允许使用的染料种类，及其最大允许的添加浓度、使用限制和注意事项等。比如在中国目前被允许使用的染料种类是 73 种（包含一种天然来源的染料），日本允许使用的氧化型染料种类是 58 种，欧洲允许使用的染料种类是 114 种。染料的使用种类，会随着科学技术的发展及染料安全数据的进一步收集，进行定期的增补或者删减。关于染料在染发剂产品中的开发使用、物化性质等，中国目前也没有相应的书籍可供参考。

本书将收纳中国、美国、欧盟以及日本等允许使用的化妆品着色剂（包括发用着色剂），并介绍着色剂的分类、结构、理化性质、应用及使用建议等。同时，也会对色彩学和染发理论的机理进行阐述，帮助广大的化妆品从业者建立初步的理论基础，并在产品的开发应用中合理选择。

本书在编纂过程中，得到了周琴同学、郑洁同学的大力协助，他们提供了资料的查询以及编写的支持，也付出了很多的努力，在此表示深深的谢意！

由于作者水平所限，本书难免会有不足之处，也希望读者多多指正并期待在将来能够更加完善。

编著者

2025 年 1 月

目 录
CONTENTS

化妆品着色剂理论与基础知识

第1章 化妆品着色理论概述

1.1 色彩理论

1.1.1 光与颜色

我们生活在一个色彩丰富、五彩斑斓的世界，不知读者们有没有考虑过自然界中的物体为什么会有如此丰富的颜色？试想一下，如果在周围没有光的时候，看一个红色的苹果会是什么样的颜色？我们应该感觉不到苹果的颜色，这说明了什么呢？说明我们如果想要看到一个物体的颜色，必须要有光，如果没有光，就没有颜色。在完全没有光的情况下，我们甚至都看不到物体的任何形状。我们眼睛之所以能够看到物体，是因为我们的眼睛会接收物体发射的或者反射出来的光，光进入眼睛后，在视网膜上形成这些物体的影像，然后连接视网膜的视神经立即把这些光的信号报告给大脑，我们就看到了这些物体。所以，光是我们能看到一个物体形状、颜色的必需条件。物体本身并没有颜色，颜色本质上也并不是物体本身固有的属性。简单来说，我们能看到一个有颜色的物体，则需要三个必要的元素：光源、物体以及正常的视觉系统［图 1-1(a)］。

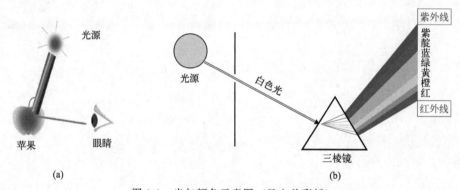

图 1-1 光与颜色示意图（见文前彩插）

光是一种电磁波，其波长与频率的关系为：

$$\lambda = c / \nu$$

式中，λ 为波长；c 为光速；ν 为频率。

光是我们眼睛能够看到颜色的必要条件，是色彩形成的基本因素，也是造成色彩种种变化的主要原因。人眼之所以能看到色谱，是因为特定波长的光刺激了人眼中的视网膜，而且人的眼睛仅对波长 380～780nm 的光波敏感，所以一般 380～780nm 波长的光也称为可见光。可见光是由七种单色光即红、橙、黄、绿、蓝、靛、紫色光复合而成的。单色光颜色不同，波长也不同，波长最长的是红色光，波长为 640～780nm，接下来是橙、黄、绿、蓝、靛、紫，也就是说紫色光波长最短，为380～440nm。光的波长与对应可见光颜色的关系见表1-1。1666年，牛顿做了著名的三棱镜色散实验，他用三棱镜将太阳光分解为红、橙、黄、绿、蓝、靛、紫的七种单色光，依次排列，形成可见光谱。可见光谱的红端之外，为波长更长的红外线，在紫端之外，则为波长更短的紫外线 [图1-1(b)]。

表1-1 光的波长与对应可见光颜色的关系

光谱区域	波长/nm	频率/s^{-1}
红	770～640	$(3.9～4.7)×10^{14}$
橙～黄	640～580	$(4.7～5.2)×10^{14}$
绿	580～495	$(5.2～6.1)×10^{14}$
青～蓝	495～440	$(6.1～6.7)×10^{14}$
紫	440～400	$(6.7～7.5)×10^{14}$

1.1.2 物体的颜色

物体的颜色具体是如何产生的呢？

当太阳光或者其他白光照射在一个物体上，我们看到的物体颜色可能会呈现下面几种情况（图1-2）：

• 无色——光线完全穿透过物体，比如，纯净水、无色透明玻璃；

全部反射

• 白色——光线被物体全部反射，比如，白纸、白色墙壁；

• 黑色——光线被物体全部吸收，比如，木炭、墨水；

• 灰色——光线中各波段的光被物体成比例地吸收，比如，灰色的T恤、灰狼；

全部吸收

• 彩色——光线中某一波长或多个波长的光被物体选择性地吸收，比如，各种颜色的水果，鲜花等。

所以，光照射到物体上时，可能直接透过物体，可能被物体完全反射出去，可能被物体完全吸收，可能被物体成比例地部分吸收，也可能被物体进行选择性地吸收。物体在对光线选择性吸收时，不同的物体对不同色光的反射、吸收和透过的程度是不一样的。如光

图1-2 光与物体颜色的示意图（见文前彩插）

照在"红色"的苹果上时，我们肉眼看到的苹果会是红色，因为苹果果皮中含有一种化学物质"花青素"。花青素是自然界中一类广泛存在于植物中的水溶性天然色素，也是树木叶片中的主要呈色物质，在不同的pH值环境下，呈现不同的颜色。由于花青素的存在，苹果果皮会对光线中的可见光进行选择性地吸收，吸收了除红色光以外的单色光，而只反射出了红色光，因此我们看到的苹果是红色的，如图1-3所示。

物体所呈现出的彩色是物体对可见光中某一或多个波长的光选择性吸收的结果。物体对光没有选择性吸收时，物体的颜色即为无彩色，也称为中性色，即黑、白和灰。一个物体要呈现出彩色必须能够选择性地吸收某一波长的可见光。白光中少了该波长的光后，剩余的其他波长的光穿透过物体或者被物体反射进入人的眼睛，就能感受到色彩。人们感受到物体的颜色为该物体吸收光的补色。

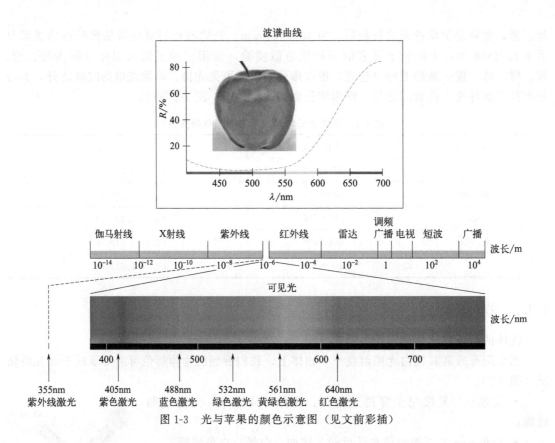

图 1-3 光与苹果的颜色示意图（见文前彩插）

1.1.3 补色原理

补色分为美术互补色和光学互补色两种。

美术互补色指的是红黄蓝色相环中成 180°对角的两种颜色（见图 1-4），红色与绿色互补，蓝色与橙色互补，黄色与紫色互补。色彩中的互补色相互调和会使色彩纯度降低，变成中性色灰色调。

光学互补色指当两种不同颜色的色光混合起来成为白光，这两种光的颜色即为互补色。人们感觉的颜色可以是相应波长的单色光引起的，也可以是从白光中除去这种颜色的补色光后，白光中剩余波长的光的总结果。这两种光在人眼中的反映，效果是一样的。

如果把可见光的颜色按照波长的大小排成一个环，环中对角线的颜色均为互补色，这个环称为色环或色盘，如图 1-5 所示。

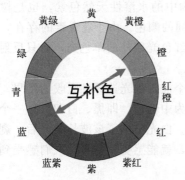

图 1-4 红黄蓝色相环的美术互补色（见文前彩插）

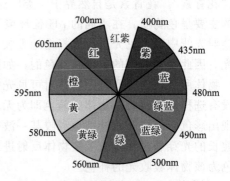

图 1-5 光学互补色色环（见文前彩插）

从色环中可见，黄光与蓝光、红光与青光为互补色光。

红光与紫光之间存在一个空缺（红紫），此空缺处于纯绿色光补色的位置。这一空缺的存在表明，纯绿色光并无与之相对应的补色光。这是因为纯粹的绿色很难通过对一种单色光的吸收来获得，通常情况下，绿色一般需要由两种色光拼合而成。

而表 1-2 则对不同波长的可见光的颜色与其光学互补色之间的关系做了总结。

表 1-2   不同波长的可见光的颜色及其互补色

波长/nm	光谱色	互补色
400～435	紫	黄绿
435～480	蓝	黄
480～490	绿蓝	橙
490～500	蓝绿	红
500～560	绿	
560～580	黄绿	紫
580～595	黄	蓝
595～605	橙	绿蓝
605～700	红	蓝绿

1.1.4   色光与着色剂产生色彩的区别

（1）色光   色光是通过光的加法混合产生的。当红、绿、蓝三种光混合时，可以产生不同颜色的色光，包括白光。色光主要应用于电子屏幕、显示器和投影。

（2）着色剂   着色剂是通过光的减法混合产生的。着色剂通过吸收和反射不同波长的光来表现颜色。通常，红色、黄色和蓝色混合可以产生其他不同的颜色，包括黑色。着色剂被广泛应用于各行各业，主要的应用领域有，食品行业、纺织行业、塑料行业、涂料行业、油墨行业、医药行业和化妆品行业等。化妆品着色剂主要分为两大类，颜料（pigment）和染料（dyestuff，有些公司也称为 dyes）。

1.1.5   色彩空间学以及颜色控制基本原理

前文初步介绍过了色彩的理论知识，这里再回顾一下。首先看下色轮，我们常说的三原色是红、黄、蓝三个颜色，在图 1-6 的色轮中也可以看到红色和黄色混合可以变成橙色，黄色和蓝色混合会变为绿色，而蓝色和红色混合则会变为紫色，而如果将这些颜色混合在一起，将会得到更多的色调，例如红橙色和黄绿色……这些构成了我们完整的色轮。在色轮中我们可以看到相近的颜色，例如黄色、橙色和红色，也会看到互补色或对冲色，互补色在色轮中彼此相对，例如黄色和橙色或经典的红色和绿色。

而真正要了解一个颜色，还需要了解色调、色饱和度和色值（或亮度）。从色彩学上来说，定义一个颜色主要就取决于这三个要素，可以理解为把颜色定义在一个三维空间里，广为使用的是孟塞尔（Mensull）色彩体系。

色调是最简单的，属于感官可见的内容，它基本上就是我们所说的"颜色"，赋予颜色的名称如：紫色，蓝色，绿色，橘色，红色等。

色饱和度是指颜色的强度，换句话说颜色是显得更微妙或者是更有活力，在感官认知中主要用于评估色纯颜色占总视觉感受的比例，可以通过图 1-7 的色环圈中的半径（r）来表示，半径越大，饱和度或纯度越高。日常生活中，明亮的颜色会带来有趣、有活力或者现代感的氛围，而低饱和度的色彩则会显得沉稳，会更受到商业公司的青睐。

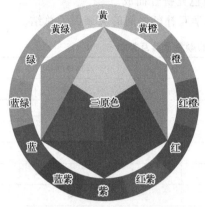

图 1-6　色轮（见文前彩插）

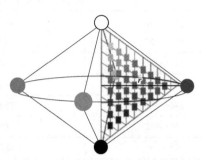

图 1-7　色圈半径图（见文前彩插）

而色值（或亮度）与颜色的深浅相关，从黑到白，可定义为颜色相对于白色到黑色的刻度比例（图 1-8）。例如：亮/暗。

图 1-8　色值（或亮度）（见文前彩插）

三者组合在一起，就可以给予我们许多不同的色调，例如从深红褐色到淡粉色。

目前广为使用的是 CIELAB color space 色彩空间理论，把颜色定义在 L，a，b 的三维空间中，并且可以通过色差仪来测定 L，a，b 的数值。如图 1-9 所示：

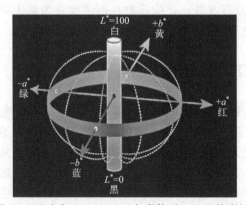

图 1-9　孟塞尔（Mensull）色彩体系（见文前彩插）

L^* 亮度

亮度定义为颜色相对于白色到黑色的刻度比例。

a^* 红-绿轴线；

b^* 黄-蓝轴线；

a^* 和 b^* 通过轴线上的位置表达颜色。

可以通过测定测试样品和标准样品之间颜色 L,a,b 的差值，来对比不同的颜色。L^* 代表 $\mathrm{d}L^*$（$-L$ 表示样品对比标样要更暗，$+L$ 表示样品对比标样要更亮），a^* 代表 $\mathrm{d}a^*$（$-a$ 表示样品对比标样要更绿，$+a$ 表示样品对比标样要更红），b^* 代表 $\mathrm{d}b^*$（$-b$ 表示样品对比标样要更蓝，$+b$ 表示样品对比标样要更黄），差值在图 1-10 的颜色矩形坐标中得以显示。

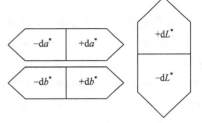

图 1-10　颜色矩形坐标（见文前彩插）

而二者之间的色差可以通过下面的公式得以计算：

$$\mathrm{d}E^* = \left[(\mathrm{d}L^*)^2 + (\mathrm{d}a^*)^2 + (\mathrm{d}b^*)^2\right]^{1/2}$$

一般来说，色差和人眼能感觉到的两个样品之间差异的程度如表 1-3 所示。

表 1-3　色差与人眼感知差异对照表

人眼感觉到的颜色差别的程度	$\mathrm{d}E^*（\Delta E^*）$
几乎无色差	$0\sim0.5$
稍微有色差	$0.5\sim1.5$
有大的色差	$1.5\sim3.0$
色差明显	$3.0\sim6.0$
色差非常明显	$6.0\sim12.0$

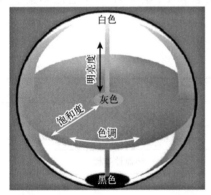

图 1-11　色彩三维空间（见文前彩插）

而另外的一个评价体系是 L（明亮度），C（饱和度），h（色调），会更接近人眼的评价标准，如图 1-11 所示。

而如果将 L,C,h 和 L,a,b 对应起来，绘制在同一张图上的话，对应关系如下。

$$L^* = L^*$$
$$C^* = \left[(\mathrm{d}a^*)^2 + (\mathrm{d}b^*)^2\right]^{1/2}$$
$$h = \arctan(b^*/a^*)$$

而如果进行颜色质量控制的话，每家公司都会有自己对应的颜色控制标准，但一致的是，都要在同样的背景、同样的光源下进行对比。

1.2　化妆品着色剂的分类和命名

了解了光与颜色的基本理论后，那就能明白使化妆品多姿多彩，甚至让我们的肤色矫正和均一的真正原因了。但还是需要了解化妆品中常用着色剂的一些基础知识才能更好地理解它如何起作用以及更好地运用它。首先来一起了解下化妆品着色剂最常用的分类和命名知识。

1.2.1 化妆品着色剂的分类

着色剂的分类方法很多，大类别按照本质来说，可以分为染料和颜料这两大类。如果该着色剂能够完全溶解在一种介质中，那就可以归类为染料也称为色素，例如常见的水溶性染料有 FDA 认证的黄 5、蓝 1、红 40 等以及特殊应用的染发用染料例如硝基染料、酸性或碱性染料，或油溶的染料例如 FDA 认证的黄 17、紫 2 等油溶染料。而颜料或称为色粉则是不能完全溶解在某种介质中，只能分散在介质中的。例如，大家所熟悉的无机矿物来源的二氧化钛、氧化铁、群青、锰紫等，以及合成来源的蓝 1 铝色淀、黄 5 铝色淀，红 6、红 7 以及红 30 等。

着色剂如果按照来源来分，则又可以分为天然着色剂和合成着色剂。

天然着色剂是指天然来源的着色剂，例如可以从天然的红花中可以提取出红花黄，从栀子果中经过提取和发酵工艺可以得到栀子蓝、栀子黄，而雌性胭脂虫晒干后可以榨取胭脂虫酸再和多种的基材（例如氧化铝）反应可以得到胭脂虫红铝色淀，以及经由矿石来源的化合物经过高温煅烧和进一步的反应得到的二氧化钛、氧化铁、群青、锰紫以及铁蓝等。

合成类的着色剂主要是指些经过煤焦油提取的碳氢化合物经过一系列的化学反应得到的着色剂，例如偶氮类的黄 5 染料或其与氧化铝基材结合形成的黄 5 铝色淀这样的颜料，以及酞菁蓝、酞菁绿颜料等。这些在后文中也会继续展开并进行详细的介绍。

1.2.2 化妆品着色剂的命名

而着色剂目前广为接受的命名规则有 2 种：CI 通用名和 CI 组分名。CI 是色彩索引号 color index 的英文缩写。

在化妆品中常用的 CI 通用名，如表 1-4 所示。

表 1-4　常用 CI 通用名

• 酸性染料	• 天然染料
• 碱性染料	• 色粉
• 直接染料	• 溶剂型染料
• 荧光提亮剂	• 还原性染料
• 食品染料	

酸性染料为水溶性的阴离子染料，分子量小。染料分子中含有磺酸基、羧基等酸性基团，通常以钠盐的形式存在，在酸性环境中可以与蛋白质纤维分子中的氨基以离子键结合，故称为酸性染料。本书中涉及的酸性染料有酸性红 195 等；

碱性染料即阳离子染料，可溶于水，呈阳离子状态，故称阳离子染料。因早期的染料分子中具有氨基等碱性基团，与小分子的盐酸根、硫酸根形成分子内盐。染色时能与蛋白质纤维分子中的羧基负离子以盐键形式相结合，故又称为碱性染料。碱性染料如碱性橙 31、碱性蓝 75 等；

直接染料分子中含有磺酸基、羧基等水溶性基团，是一类水溶性的阴离子染料。直接染料分子与纤维分子之间以范德华力和氢键相结合。

溶剂型染料是指不溶于水而能溶解于有机溶剂的染料，如溶剂黄 85 等。

天然染料，一般来源于植物、动物和矿物质，以植物染料为主。植物染料是从植物的花、茎、叶、果实及根系中提取出来，如：茜草、紫草、红花、茶等。动物染料的种类较少，主要取自贝壳类动物和胭脂虫体内，如：虫（紫）胶、胭脂虫红、虫胭脂等。矿物染料是从矿物中提取的有色无机物质，如铬黄、群青、锰棕等。

CI组分名命名规则一般是CI加上5位阿拉伯数字，书写形式为CI ×××××。

我们在化妆品产品的标签背标中就经常会看到诸如CI 19140或者CI 77492等CI组分名。

如：CI 19140＝食品、药品和化妆品级（FD&C）Yellow No.5（偶氮染料）（图1-12）。

CI组分名也会有一些特别的情况。有些时候会看到在色彩索引号后会出现数字的后缀，例如1或者2，也就是会出现CI ×××××：1或CI ×××××：2，表示是着色剂化学结构是不同的，会是不同的盐或者不同的结构，基于某一种着色剂基础的化学结构会有不同的反应，会形成不同结构的盐，所以会出现同样的CI号＋后缀（：1或：2甚至：3等）。

例如：药品和化妆品级（D&C）红28的CI是CI 45410（图1-13），代表的就是其羧酸钠盐的结构，而D&C红27是CI 45410：1（图1-14），代表的就是羧酸酯的结构，而D&C红28的铝色淀的CI则是CI 45410：2（图1-15），代表的就是铝盐的色淀结构。

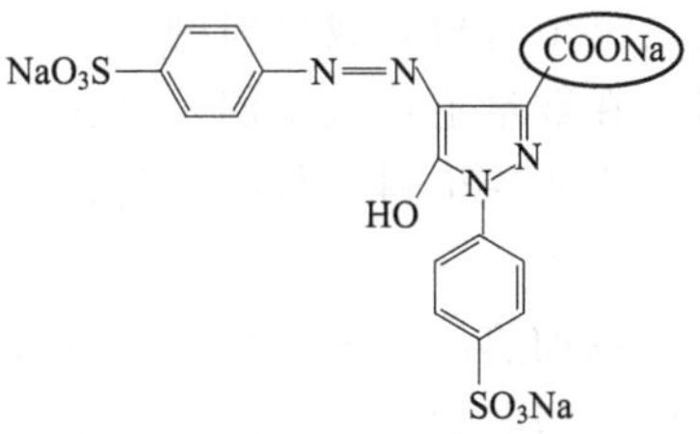

图1-12　FD&C Yellow No.5化学结构图

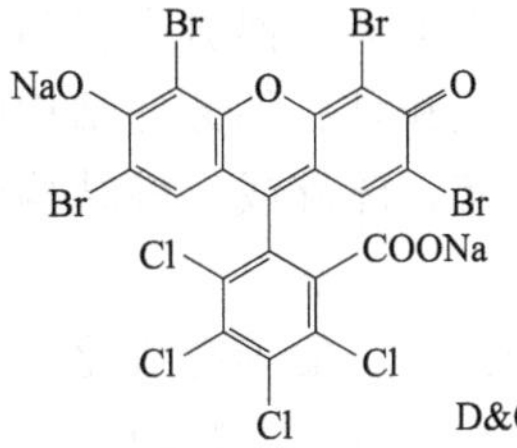

D&C Red No.28-CI 45410

图1-13　D&C红28化学结构图

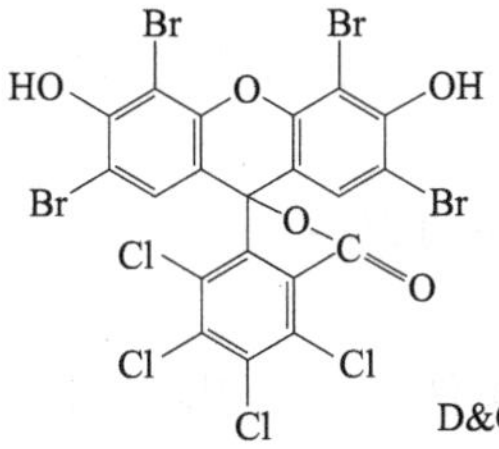

D&C Red No.27-CI 45410:1

图1-14　D&C红27化学结构图

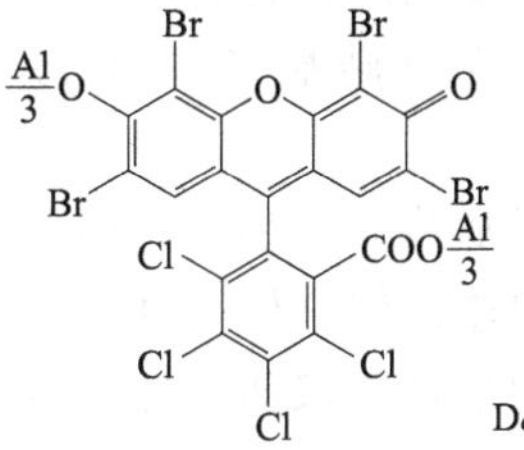

D&C Red No.28 Al.lake-CI 45410:2

图1-15　D&C红28铝色淀化学结构图

还有一个例子就是CI 15850表示的是D&C红6的钠盐（图1-16），而经过置换反应后得到的D&C红7的钙盐结构的CI号就会是CI 15850：1（图1-17），而如果是和钡盐置换反应后得到的D&C红6钡盐结构的CI号则相应地变更为CI 15850：2，具体如图1-18所示。

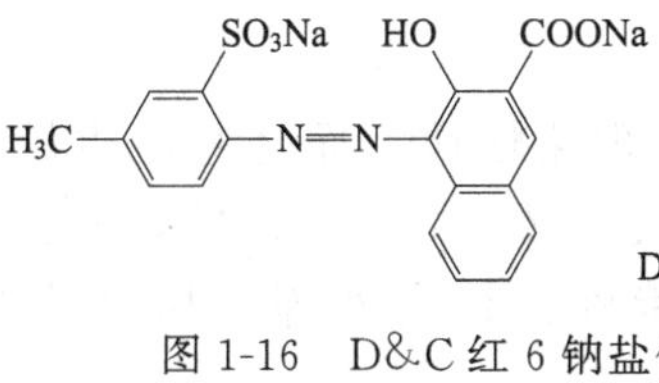

D&C Red No.6-CI 15850

图1-16　D&C红6钠盐化学结构图

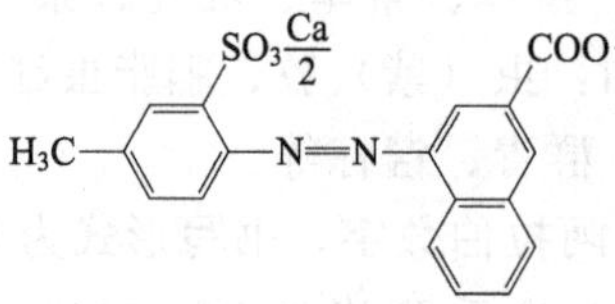

D&C Red No.7-CI 15850: 1

图 1-17　D&C 红 7 钙盐化学结构图

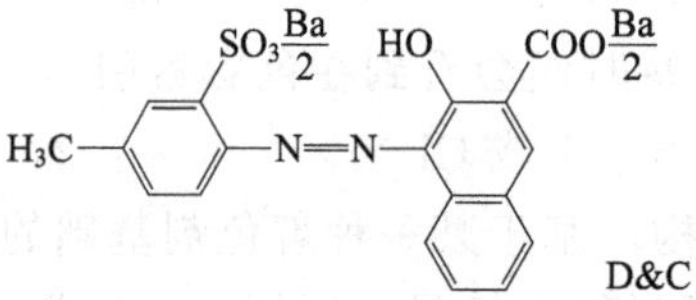

D&C Red No.6 Ba lake-CI 15850: 2

图 1-18　D&C 红 6 钡盐化学结构图

但是，用于染发的着色剂（染发料）则是另一种命名方式。

染发料以合成染料为主，按照染料共轭体系结构的特点，染料的主要结构类型如下。

偶氮染料：含有偶氮基结构（—N═N—）并两端都连接芳香环的染料，可以是单偶氮、双偶氮和多偶氮结构染料。偶氮染料品种最多，约占整个有机合成染料的 50%。

蒽醌染料：包括蒽醌和具有稠芳环结构的醌类染料。在数量上仅次于偶氮染料。

靛族染料：含有靛蓝、硫靛或半靛结构的染料。多数为还原染料，且以蓝色、红色染料居多。

硫化染料：由某些芳胺、酚等有机化合物和硫、硫化钠加热而生成的分子中具有复杂硫类结构的染料叫硫化染料。这类染料由于对被染物存在储存脆弱的缺点，故应用不多。

芳甲烷染料：中心一个碳原子连接两个或三个芳环形成的共轭体系，分别称为二芳甲烷和三芳甲烷类染料。

酞菁染料：含有酞菁金属配位化合物（配合物）结构的染料。

硝基和亚硝基染料：含有硝基（—NO_2）的染料称为硝基染料，含有亚硝基（—NO）的染料称为亚硝基染料。

杂环染料：主要指以呫吨、噁嗪、吖嗪、吖啶等杂环结构形式存在的染料。

它们与许多染料中间体、偶合体一样，一般采用其化学名命名。

本书中所有的命名均来自国家药品监督管理局（简称药监局）的文件、其他国家化妆品协会的文件。

在《化妆品安全技术规范》中，是把发用着色剂和化妆品用着色剂分开归列在不同的应用范畴的，并且会遵循不同的法规限制，所以作者在后文的基础知识介绍也会按照化妆品用着色剂以及发用着色剂这两块不同的应用来分开介绍。

1.3　化妆品着色剂的理化性质

每种化妆品着色剂都有自己独特的理化性质，而这些性质最终都会对使用时的着色效果有影响。着色剂的理化性质有形态、熔沸点、水溶解度、醇溶解度、油溶解度、紫外最大吸收波长、可见光稳定性、紫外光稳定性等。其中最重要的是光稳定性和溶解度这两块。

1.3.1 光稳定性

表 1-5 对化妆品中常用的 CI 组分名与化学结构、颜色以及水溶液的光稳定性做了总结，而该表中涉及的着色剂的不同结构与其发色的原理以及结构变化所带来的颜色改变则会在第四节的发色理论中会有更为详细的阐述。

表 1-5　常见 CI 组分名与化学结构、颜色以及水溶液的光稳定性（见文前彩插）

化学结构			CI	颜色	水溶液的光稳定性	举例
硝基	—NO$_2$		CI 10300-10999		一般	外部药品与化妆品级 Ext. D & C 黄 7
偶氮	—N=N—	单偶氮	CI 11000-19999		一般到好	FD&C 红 4，D&C 红 33，FD&C 黄 5
		双偶氮	CI 2000-29999			
	三芳基甲烷		CI 42000-44999		一般到好	FD&C 蓝 1
	氧杂蒽		CI 45000-45999		弱	D&C 红 21，D&C 红 28
	喹啉		CI 47000-47999		好	D&C 黄 10，喹啉黄
	蒽醌		CI 58000-72999		好	Ext. D&C 紫 2 D&C 绿 6
	靛蓝		CI 73000-73999		好	靛蓝
	酞菁		CI 74000-74999		好	酞菁蓝 15：1，酞菁绿 7
	（天然）		CI 75000-75999		弱到好	焦糖，胭脂虫红，胭脂树橙（油溶），β-胡萝卜素
	（无机色粉）		CI 77000-77999		好	钛白粉，氧化铁红、黄、黑

1.3.2 溶解性

根据溶解性的不同，色素（染料）可以分为水溶色素和油溶色素，其具体的区别可以参见表 1-6。

表 1-6　水溶色素和油溶色素的主要区别

性能	水溶色素	油溶色素
结构	水溶基团—SO$_3$Na/—COONa	无水溶基团—CH$_3$/—OC$_2$H$_5$/—OCH$_3$
pH	敏感	不适用
紫外光(UV)稳定性	敏感	不那么敏感
配方中的常用添加量	<0.1%	<0.01%
溶解度	0.1~50g/L	低

1.4　染料发色理论以及结构与颜色变化的关系

接第 1.3 节表 1-5 中所列的化学结构与颜色的基本总结，在这里展开详细的理论介绍和阐述。

1.4.1　染料发色理论

1.4.1.1　早期发色理论

发色团与助色团理论：有机化合物结构中至少需要有某些不饱和基团存在时才能发色，这些基团称之为发色基团，主要的发色基团有—N=N—、=C=C=、—N=O、—NO₂、=C=O 等。含有发色团的分子称为发色体或色原体。发色团被引入得愈少，颜色愈浅；发色团被引入得愈多，颜色愈深。有机化合物分子中还应含有助色团。助色团是能加强发色团的发色作用，并增加染料与被染物的结合力的各种基团。主要的助色团有—NH₂、—NHR、—NR₂、—OH、—OR 等。

另外磺酸基（—SO₃H）、羧基（—COOH）等为特殊的助色团，它们对发色团并无显著影响，但可以使染料具有水溶性和对某些物质具有染色能力。

醌构理论：染料之所以有颜色，是因为其分子中有醌结构存在。醌型结构可视为分子的发色团。

1.4.1.2　近代发色理论

任何一种物质都是由原子构成，原子都会有自己特定的能级结构，而每种原子都会有一种叫作受激吸收的作用，其基本原理就是处于低能级 E_1 的原子，在外来光子的激励下，在满足能量恰好等于低、高两能级之差 ΔE 时，该原子就吸收这部分的光子，把光子的光能转化为电子的势能，跃迁到高能级 E_h，即 $\Delta E = E_h - E_1$。这个过程在宏观上看，就是物质把光吸收了，那么光的能量对应着自己特定的频率，而光速又不变，那么也就是说对应着一种波长，所以，一个物质，对光波的吸收是有选择性的。正是由于物质对光波的选择性吸收，未被吸收的其他波长的光穿透物体或者被物体反射进入到人的眼睛，人就能感受到色彩。人们感受到物体的颜色为该物体吸收光的补色。

光是一种电磁波，电磁波具有波粒二象性，即波动性和粒子性两重性质。

光波的波长 λ、频率 ν 与光速 c 的关系为：$c = \nu\lambda$，光速 $c = 3 \times 10^8 \, m/s$。

光子的能量 E 与光的频率 ν 的关系为：$E = h\nu = hc/\lambda$，普朗克常数 $h = 6.62 \times 10^{-34} \, J \cdot s$。

根据可见光波长（380～780nm）范围，一个染料分子内部电子跃迁所需的激化能：

最高为：$E = hc/\lambda = 5.23 \times 10^{-19} \, J$

最低为：$E = hc/\lambda = 2.55 \times 10^{-19} \, J$

染料在 $1.54 \times 10^5 \sim 3.15 \times 10^5 \, J/mol$ 能量范围内产生激化状态的分子时才有颜色。

染料（基态）$\xrightarrow{h\nu}$ 染料（激化态）

条件：染料原子间能级差 $\Delta E = $ 光子能量 $h\nu$。

1.4.2　染料颜色与结构的关系

1.4.2.1　共轭双键系统与染料颜色的关系

深色效应：染料的最大吸收波长 λ_{max} 向长波方向移动。

浓色效应：染料的吸收强度 ε_{max} 增大。

染料分子的共轭双键系统中共轭双键越多，则深色效应和浓色效应越明显，如表 1-7 和图 1-19 所示：

表 1-7　共轭双键与着色剂颜色关系表

共轭双键		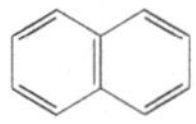	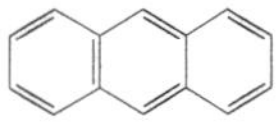
最大吸收波长 λ_{max}/nm	200	285	384
吸收强度 $\lg\varepsilon_{max}$	3.65	3.75	3.8

我们可以看出共轭双键越多，染料的颜色会越深。

1.4.2.2　染料分子的同平面性对颜色的影响

在共轭体系中，如果分子的平面结构受到破坏，π 电子相互重叠的程度就会降低，这样会影响光的吸收，产生浅色效应，如图 1-20 所示。

如果有机化合物的共轭双键系统被单键隔离，如：—CH_2—、—NH—、—$NHCO$—、—$NHCONH$—、—SO_2—、—S—等基团，将共轭双键系统分为两个部分，从而使共轭双键系统变短，而且由于围绕单键的旋转引起分子平面结构的破坏，将导致浅色效应。

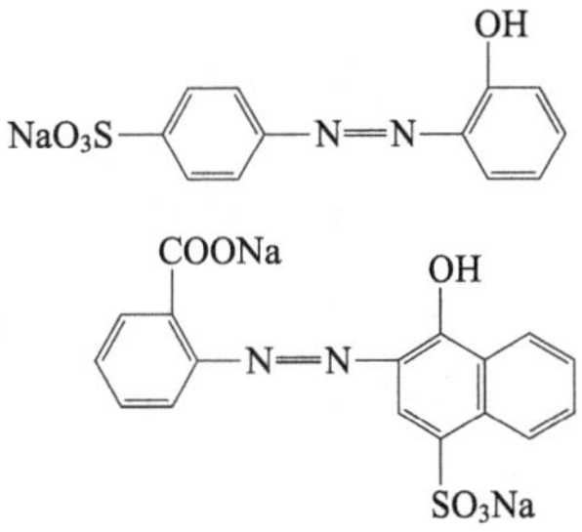

图 1-19　共轭双键与着色剂颜色关系示意图

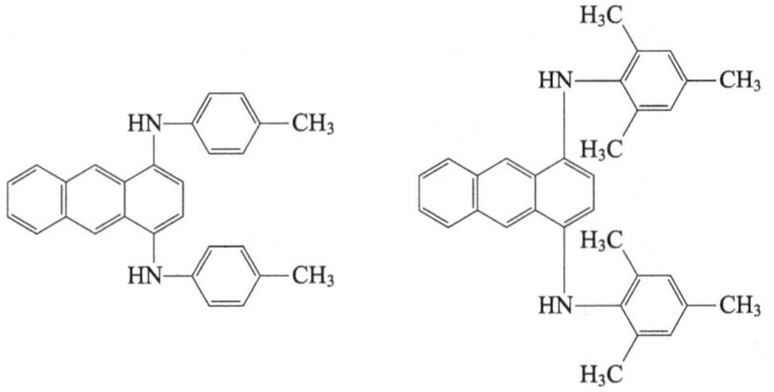

图 1-20　共轭体系平面性与颜色关系示意图

共轭双键系统被—$NHCONH$—隔离，染料的双键数目虽多，但分子共轭双键系统中断，染料为浅色，如图 1-21 所示。

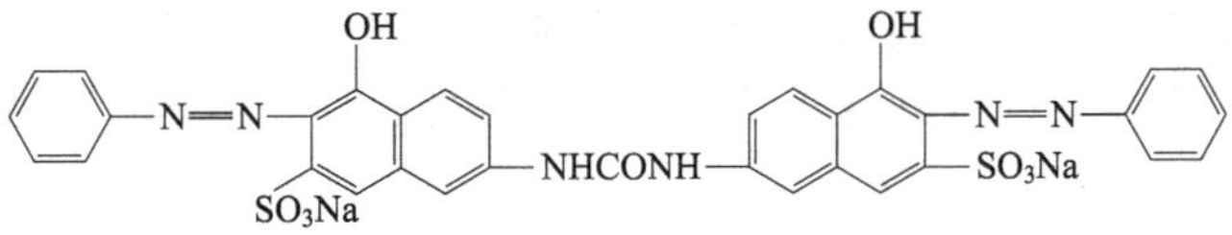

图 1-21　共轭双键系统被单键隔离色示意图

1.4.2.3　共轭双键系统上极性基团对染料的颜色的影响

如果在染料共轭双键系统上引入—NO_2、—NO、—$N=N$—、=$C=O$、—CN 等具有吸电子性的发色团或引入—OH、—OR、—NHR、—NR_2、—NH_2 等具有给电子性的助色团，染料的最大吸收波长向长波方向移动，即深色效应；而且染料的吸收强度也增大，即浓色效应。若在染料共轭双键系统上同时引入吸电子基和给电子基，则效应更明显，如图 1-22 所示。

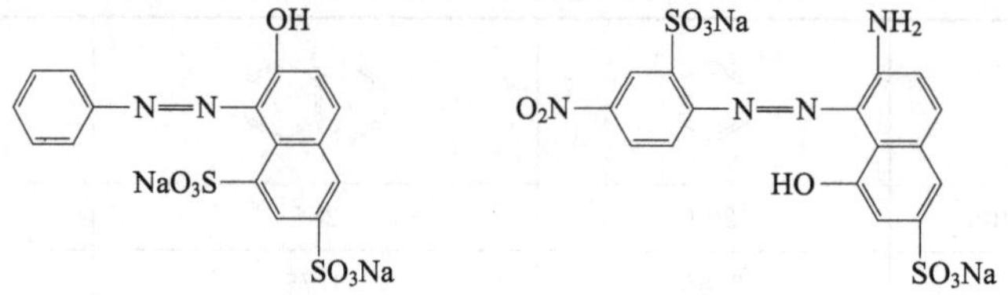

图 1-22　共轭双键系统不同极性基团与颜色关系示意图

1.4.3　外界条件对染料颜色的影响

1.4.3.1　溶液的性质的影响

有色有机化合物在溶剂极性大的情况下，一般表现出深色效应。因为一般 $\pi \rightarrow \pi^*$ 跃迁激发态在极性溶剂中比较稳定，激发能较低。

例如：苯酚蓝，其结构示意图如图 1-23 所示。

分子的左边是给电子基，右边是吸电子基，激发时电子发生转移，变成如图 1-24 所示的激发态。

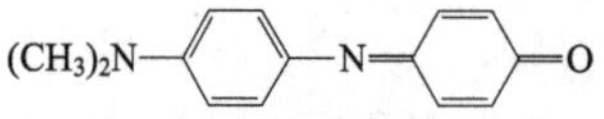

图 1-23　苯酚蓝结构示意图

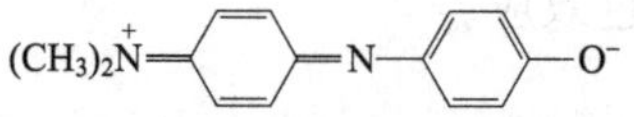

图 1-24　苯酚蓝激发态结构示意图

激发态在极性溶剂中比较稳定，因而产生深色效应。

同理，染料在纤维上的颜色也会因纤维极性不同而不同，一般来说，同一染料上染不同的纤维时，在极性高的纤维上呈深色效应，在极性低的纤维上呈浅色效应。如阳离子染料在涤纶上的颜色较在腈纶上浅。

1.4.3.2　溶液的浓度的影响

当染料溶液浓度很小时，染料在溶液中以单分子状态存在。如果加大溶液的浓度，会使溶质分子聚集成为二聚体或多聚体，一般情况下，聚集态的分子 π 电子流动性较低，会产生浅色效应。

1.4.3.3　温度的影响

溶液中溶质的聚集倾向一般随温度的升高而降低，因此，提高温度会产生深色效应。某些有机化合物能随温度变化改变其分子结构，具有热变色性。例如：热致变色染料。

1.4.3.4　pH 值的影响

有些有机化合物在溶液 pH 值改变时会发生变色。有些情况是由于共轭体系发生了变化，例如甲基橙在酸性溶液中呈腙式结构（图 1-25），一端为强吸电子基，另一端为强给电子基，颜色由橙变红：

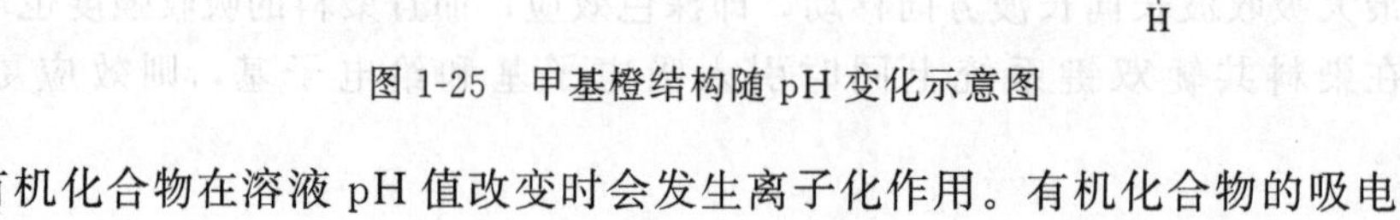

图 1-25　甲基橙结构随 pH 变化示意图

有些有机化合物在溶液 pH 值改变时会发生离子化作用。有机化合物的吸电子基和给电子基发生离子化作用，由于介质及取代基的性质及取代基的位置不同，离子化后，可使颜色的深浅和吸收强度发生变化。

在碱性介质中，中性的含有给电子基—OH 的有机化合物分子转变为阴离子，给电子性质显著增强，也使色泽的深度和强度增加，如图 1-26 所示。

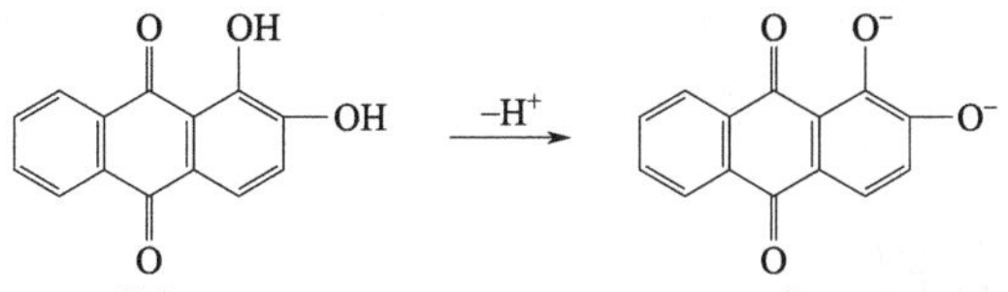

图 1-26　着色剂结构在碱性介质中的变化示意图

在酸性介质中，含有供电子基—NH$_2$ 的化合物分子成为阳离子，供电子性质显著降低，从而使颜色变浅，如图 1-27 所示。

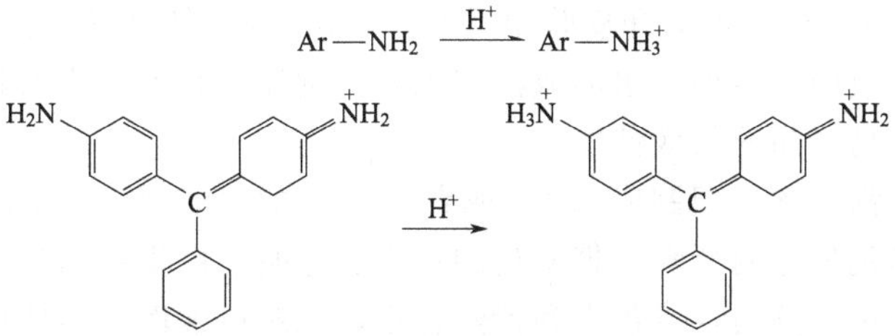

图 1-27　着色剂结构在酸性介质中的变化示意图

第2章　化妆品着色剂简介

2.1　化妆品用染料

前文介绍过，染料又名色素，其是可以完全溶解在介质（例如水或者油脂）中的，形成的溶液是澄清透明的，添加量一般都很少，低于 0.1% 甚至是 10^{-6} 级，主要的作用是给产品着色，提供吸引人的靓丽多彩的外观，而不提供遮盖力，也不会给皮肤着色。但如果使用量高达 0.5% 或以上时，色素也会和皮肤角质蛋白结合，从而给皮肤沾色，并且不容易清洗掉。所以近年中，彩妆中也会加入水溶或油溶色素，例如染唇膏，添加到产品中的色素也会给皮肤沾色，从而提高产品的长效性能。

使用的时候一般都是预先配制成 0.1% 或者 0.01% 的水溶液或油溶液，然后再加到产品中。常见的应用有彩色的透明牙膏、带颜色的香水、透明彩色指甲油和透明彩色沐浴露等。

按照来源分，又可以分为合成色素和天然色素，天然色素例如焦糖色、叶绿素铜配合物等，合成色素常见的就是美国食品药品监督管理局（Food and Drug Administration，FDA）认证的食品、药品或化妆品级别的 FD&C 或 D&C 级别的色素。

按照应用来分，主要分为水溶色素和油溶色素两类，水溶色素是色素的结构中含有足够溶于水的羧酸盐或硫酸盐的结构，例如 FD&C 黄 5 色素。而油溶色素是由于它含有油溶的结构，例如 D&C 绿 6 色素。油溶色素中有一类比较特别的色素是溴酸色素，又名四氯四溴色素，主要是 D&C 橙 5 色素，D&C 红 21 色素和 D&C 红 27 色素。其中 D&C 红 27 色素（缩写名为红 27 色素，下同），结构如图 2-1 所示：

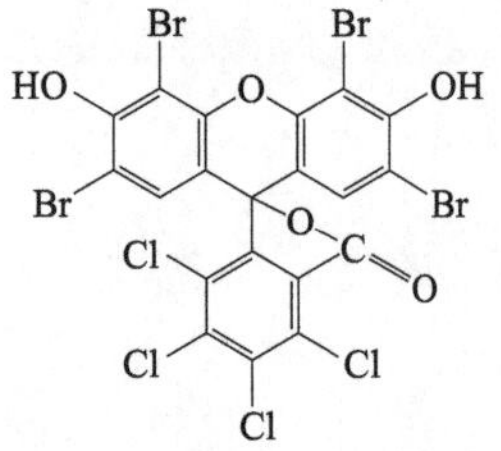

图 2-1　红 27 色素结构图

溴酸色素中的酸性基团会和皮肤中氨基酸的碱性基团发生反应，从而在皮肤上形成不溶的着色化合物，提供长效效果。在美国，FDA 法规规定溴酸色素适用于眼部以外部位的化妆品。这里也提到了美国 FDA 法规以及色素允许使用的部位，所以对于颜色，特别要注意各国的化妆品法规是否允许使用以及具体可以用于身体的哪个部位的问题，这在后文的着色剂法规会有相关的介绍。

而染料在化妆品领域中另外一大应用是用作染发剂。前面根据染料在化学结构和应用性能上的特点进行了详细的分类，但是这些分类针对的更多是染料在纺织和印染行业上的应用。然而，在化妆品中染料的应用主要是用于染发剂产品，考虑到化妆品使用的毒理性、安全性，化妆品用染料在各个国家和地区都有着严格的使用法规限制，允许被使用的染料种类也存在着较大的差异。染料在化妆品染发剂中的使用主要分为两大类，氧化型染料前体和直接染料。

（1）氧化型染料前体　氧化型染料前体为无色或者较浅颜色的小分子有机化合物。在染发过程中，氧化型染料前体与氧化剂接触后，会发生氧化反应进而形成有色大分子的染料化合物。在染发产品中，氧化型染料前体与氧化剂反应，产生氧化聚合染料，从而实现改变头发颜色的效果。氧化型染料前体进一步分为染料中间体和偶合剂两类，它们共同参与染发过程中的化学反应，最终使头发呈现所需的颜色。在化妆品行业中，氧化型染料前体扮演着重要的角色，帮助人们实现各种颜色的头发染色效果。

（2）直接染料　直接染料是一种染发剂产品中常用的染料类型。直接染料的分子量一般较小，通常在几百到几千之间。由于直接染料需要能够直接附着在头发表面并渗透到发丝内部，其分子量相对较小有助于其在头发上的均匀分布和渗透性能。这种较小的分子量也有助于直接染料更容易被头发吸收和固定，从而实现持久的染色效果。直接染料可以直接施加于头发上而无需进行氧化反应，能够直接附着在头发表面，并在头发上形成色素颗粒，从而改变头发的颜色。直接染料通常用于暂时性或半永久性染发产品中，因为它们不需要使用氧化剂来形成最终颜色，可以在头发上形成明亮、饱满的颜色效果。直接染料通常容易清洗，颜色也会随着时间逐渐减退。

2.2　化妆品用颜料

化妆品用颜料又称为色粉，一般按照来源可以分为无机色粉，有机色粉以及珠光粉三大类。

2.2.1　无机色粉

无机色粉按照结构又可以分为金属的氧化物、金属的化合物两大类：

金属的氧化物主要是二氧化钛和氧化铁红、氧化铁黄、氧化铁黑以及氧化铁红黄黑复配的氧化铁棕，以及氧化铬绿、氢氧化镉绿。

金属的化合物主要是硫代硅酸铝钠结构的群青色粉、磷酸锰或焦磷酸锰的锰紫色粉以及亚铁氰化铁结构的铁蓝色粉。

2.2.2　有机色粉

有机色粉主要分为色淀、调色剂以及纯的色粉三大类。

色淀（lake）：FDA 对于色淀有两种定义，第一种就是水溶的色素附着在不溶于水的氧化铝基材上形成的不溶于水的色粉叫作色淀，例如 FD&C 黄 5 铝色淀。第二种就是将纯的调色剂/色粉-色素含量大于 80% 以上的有机色粉用无机的氢氧化铝、碳酸钙和硫酸钡混合冲淡后得到的色粉也叫色淀，例如将高色素含量 90% 以上的调色剂红 7 钙盐加入氢氧化铝冲淡至 50% 后形成的色粉就叫红 7 钙色淀。参见图 2-2。

调色剂（toner）：调色剂的化学结构中有水溶基团，但最终形成的是不溶于水的有机色粉，主要对应的是 D&C 红 6 钠盐，D&C 红 6 钡盐和 D&C 红 7 钙盐（图 2-3），以及 D&C 红 34。

真正的色粉（true pigment）：它的化学结构中不含有任何水溶的基团，例如 D&C 红 30，D&C 红 36，化学结构如图 2-4、图 2-5 所示。

2.2.3　珠光粉

传统意义的珠光粉是将无机或有机色粉包覆在合成或天然云母基材上形成的具有光的干

涉效果或金属光泽或鲜艳的有机色粉颜色的色粉。现在随着技术的进步，基材除了云母粉外，还可以是包含硼硅酸钠钙的玻璃基材、氧化铝基材或六氯化铋基材等，可以具有更鲜艳、更强的珠光效果。在化妆品彩妆产品（如眼影彩盘、高光粉饼以及提亮妆前乳）中都有广泛的应用。现在在护肤产品以及个人护理产品（如沐浴露以及身体乳）中也都能见到它的身影。

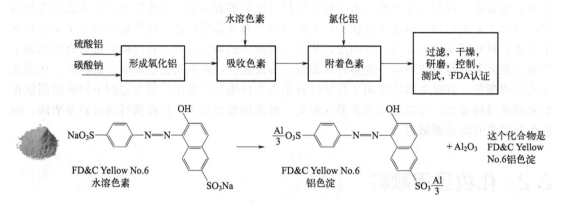

图 2-2 水溶色素合成色淀过程展示

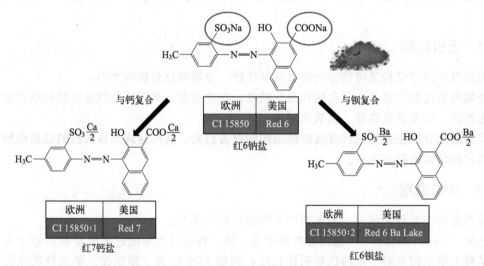

图 2-3 调色剂合成过程展示（见文前彩插）

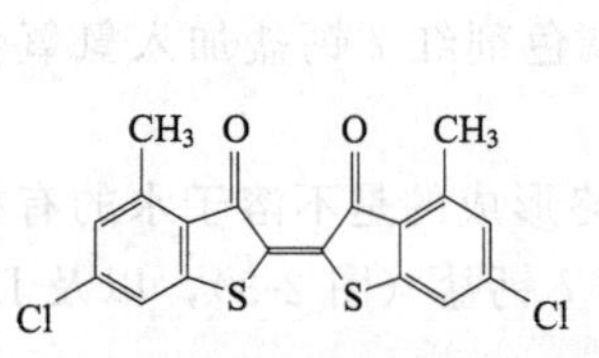

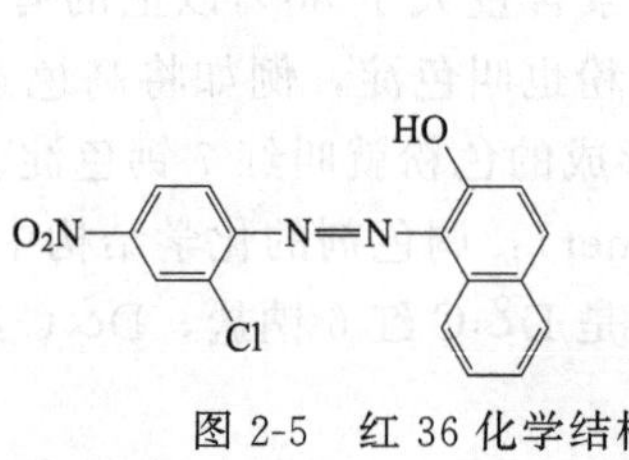

图 2-4 红 30 化学结构图　　　　　　图 2-5 红 36 化学结构图

　　钛白粉包覆在云母上可以形成白色或具不同干涉效果的珠光粉，随着钛白粉包覆的厚度不同则会呈现出具有不同颜色的干涉效果，包裹的厚度从薄到厚的话，颜色也会表现出从银色到黄色、红色、蓝色和绿色的一个变化过程（图 2-6）。

　　如果无机色粉类例如氧化铁红或氧化铬绿等或者有机色粉包覆在云母上的话，则会形成

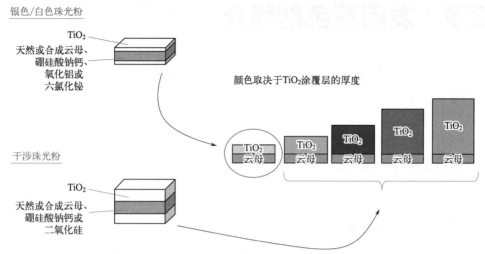

图 2-6 银色/白色珠光粉以及干涉珠光粉结构图展示（见文前彩插）

具有金属光泽或是鲜艳的有机色粉颜色的珠光粉。同样的随着包裹的色粉的厚度不同，也会呈现不同的珠光颜色（图 2-7）。

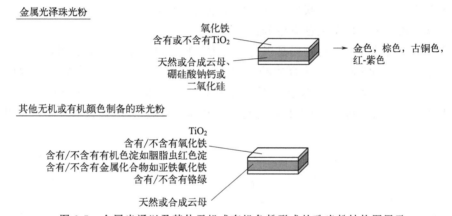

图 2-7 金属光泽以及其他无机或有机色粉形成的珠光粉结构图展示

珠光粉的粒径也会影响珠光效果，一般小粒径的珠光粉，例如 10 微米粒径的珠光粉，会提供自然的提亮效果，而粒径越大的珠光粉，它的闪亮效果则会越强。

2.2.4 其他复合色粉

现在随着技术的进步，更多高科技的色粉也都崭露头角。通过把色粉与其他基材复配，除了提供着色效果之外还可以带来优异的柔滑肤感以及独特的光学效果。例如森馨科技就开发出很多独特的复合色粉，通过将色粉与无机的板晶结构的基材结合提供优异的裸妆效果的新型 Covalumine 色粉，还尝试了将色粉与球形基材结合以开发具有独特丝滑柔软肤感的 Lumisens 系列的复合色粉。

技术一直在进步，肯定会有更多独特、高科技的复合色粉给我们的化妆品应用带来更多的创意！

第3章　发用着色剂简介

3.1　头发染色理论

3.1.1　头发中的天然色素

头发的天然颜色主要是由我们的基因控制的，而且一般来说，特定的头发颜色可以直接反映出不同人的种族群体。因此，金发在斯堪的纳维亚的种族中普遍存在，而黑色头发是亚洲、阿拉伯、南欧和非洲的种族的特征。中欧和北欧的种族通常有各种色调的棕色头发。红头发通常与凯尔特人的种族有关。

在描述人类头发的颜色时，我们通常会使用金色、棕色和黑色，辅以形容词，比如浅、中等和深，以及灰色、冷色和暖色等色调描述。

人类头发中主要的天然着色物质是黑色素，为一种生物色素。研究表明，黑色素是由一系列酶反应导致酪氨酸的渐进氧化合成的（图 3-1）。第一步是酪氨酸在酪氨酸酶的催化下羟基化为 3,4-二羟基苯丙氨酸即多巴，再氧化为多巴醌，然后环化为多巴色素。多巴色素通过脱羧得到 5,6-二羟基吲哚（DHI），它与二羟基吲哚羧酸（DHICA）一起，是黑色素的直接前体。

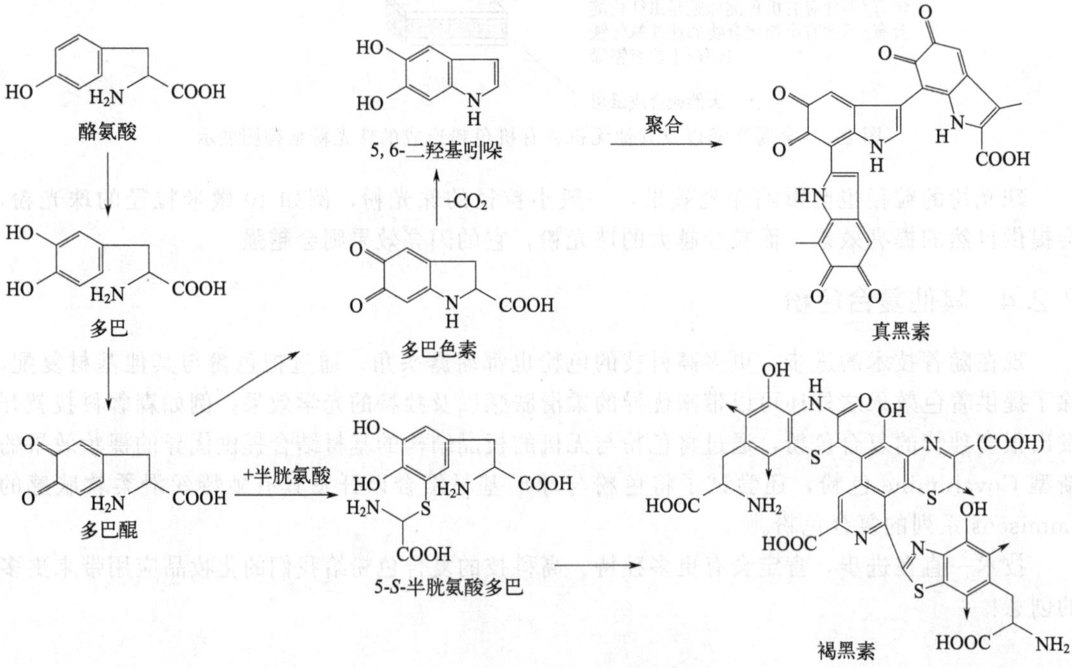

图 3-1　假设的黑色素生物合成路径

黑色素可分为两大类，从黑到棕色的真黑素（eumelanin）和从黄到赤褐色的褐黑素（pheomelanin）。真黑素和褐黑素的量和比率决定了毛发的颜色。真黑素和褐黑素来自共同的前体多巴醌。多巴醌由酪氨酸酶活化酪氨酸产生，是一种高活性的中间产物，经过分子内的环化而产生环多巴。环多巴快速氧化产生多巴色素。当没有任何其他因素促进时，多巴色素主要经过脱羧基化重排形成5,6-二羟基吲哚（DHI）。5,6-二羟吲哚进一步氧化产生真黑素聚合物。

通过5,6-二羟基吲哚（DHI）的聚合产生的黑色素通常为真黑素。这种色素形成于位于毛囊基部的黑素细胞中，在发育的早期阶段插入毛杆，形成离散颗粒，呈扁球状，直径约$0.3\mu m$，长约$1\mu m$。在长好的毛杆中，黑色素颗粒大部分位于生杆的皮质层中，在角质层中很少发现黑色素颗粒。

关于褐黑素的产生，被认为是来自多巴醌和半胱氨酸，在正常产生真黑素的路径过程中，某些因素导致了生物合成路径的偏离，从而产生了褐黑素。造成这种偏离的原因，以及是什么控制了它，目前仍然不是十分清晰。根据研究发现，硫醇化合物（如半胱氨酸）的干预使得黑色素合成路径中只产生多巴的硫醇基加合物（半胱氨酸多巴），其中5-S-半胱氨酸多巴（5-S-CD）是主要的异构体。硫醇加合物的进一步氧化经过苯并噻嗪中间体，最终形成褐黑素。

研究表明，所有的天然头发颜色都位于国际照明委员会（CIE）颜色空间的一个很小部分，对应于586～606nm之间的主导波长。亮度的变化范围很广，从黑头发的2%到白头发（白化病）的90%。

可以使用三色源色度计来测量和记录头发颜色，通过记录L，a和b的三个坐标的数值来表示头发的颜色。L值表示颜色的明亮度，值域由0到100，其中0等于黑色，100等于白色，$L=50$时，就相当于50%的黑；a值表示红绿值，值域由+120至-120，正数表示偏红，负数表示偏绿，+120a就是红色，渐渐过渡到-120a的时候就变成绿色；b值表示黄蓝值，值域由+120至-120，正数表示偏黄，负数表示偏蓝，+120b就是黄色，渐渐过渡到-120b的时候就变成蓝色。所有的颜色都是以这三个值交互变化所组成。在实践中，我们发现头发颜色的a和b值均位于正数的区域，即它们是红色或黄色，而不是绿色或蓝色。表3-1给出了天然头发颜色的L、a和b值，这些值被主观地分配到6个不同的色调类别。

表3-1　天然的头发颜色

头发颜色的主观描述	L 明亮度	a 红色	b 黄色
金发(blond)	>25	3.0～6.0	2.0～13.0
浅棕(light brown)	23～25	2.0～5.0	6.0～9.0
棕色(medium brown)	17～23	0.8～4.0	3.0～7.0
深棕(dark brown)	14～17	0.0～3.0	2.0～5.0
黑色(black)	9～14	0.0～2.0	0.0～2.0
红色(red)	14～35[①]	3.3～8.0[①]	6.0～12.0[①]

① 涵盖了从深红褐色到微红金色的色彩。

3.1.2　头发颜色的改变

3.1.2.1　早期改变发色的方法

渴望改变头发的天然颜色似乎是人类天生的特性，有文献记载，各种染头发的方法已经实行了2500多年。在19世纪之前，头发的颜色变化是通过使用植物的提取物或者使用以粉末形式存在的天然色素而实现的。在中东，海娜（henna）从法老时代就开始被使用，海娜是一种橙红色的染料，见于植物凤仙花中，对头发和皮肤染色非常有效。埃及妇女也使用kohl（一种天然的硫化铅），来将头发染成黑色。

据报道，罗马人也使用硫化铅来染头发。然而，他们的使用方法却有些不同。其中一种方法是使用铅梳，通过铅梳对头发的梳理，一些金属铅可能会转移到头发表面，然后再暴露在硫黄烟雾中，头发就会变黑。类似地，有些其他染发混合物是用醋制成的，这可能导致醋酸铅的形成，涂在头发上后，逐渐产生棕色和黑色。由此可见，以醋酸铅水溶液为基础的现代"染发剂"的前体有着悠久的历史。罗马人还利用了未成熟核桃的提取物，其中含有邻苯三酚，在空气中慢慢氧化从而导致头发颜色逐渐呈深棕色。

在随后的几个世纪里，有其他更多的植物提取物被发现可以用于改变头发颜色。其中最重要的是洋甘菊，它含有一种黄色的染色物质；靛蓝，可以产生深蓝色，可以与指甲花混合产生黑色；墨水树（logwood），其木材及树皮中含有红褐色染料苏木精（haematoxylin），可作为紫色及黑色染料。

在1867年过氧化氢被采用之前，提浅头发的方法主要依赖于碱的使用并结合太阳光线的照射。据报道，罗马妇女会花几个小时的时间坐在阳光下，用烧碱溶液处理头发从而来实现头发的提浅；草木灰，其中含有一定量的氢氧化钾，和碱相同的使用方式处理头发实现头发提浅。事实上，在19世纪早期，氢氧化钾的使用在巴黎变得非常流行。

3.1.2.2　现代改变发色的方法

早期改变头发颜色的各种方法要么非常耗时，要么就是改变头发颜色的效果非常有限，在19世纪的最后25年，随着合成染料的出现，有进取心的美发师们开始寻找更有效的染发剂的材料。对苯二胺在氧化后的染色能力由Hofmann在1863年首次发现，1883年Monnet获得了将对苯二胺作为染发剂的第一个专利。根据这项专利，头发通过浸泡在二胺和过氧化氢的混合溶液中而被染成棕色。这一过程可以被看作是氧化型或永久性染发剂系统的开始，在1888年至1897年期间Erdmann兄弟的一系列专利中，该过程被进一步阐述。

随着科学技术的不断进步，现代染发剂已经发展出多种类型，包括永久性染发剂、半永久性染发剂和暂时性染发剂等。永久性染发剂通过氧化反应将色素牢固地锁定在头发内部，保持较长时间的染色效果；半永久性染发剂则在头发表皮层以下浅层形成色素颗粒，持久性较永久性染发剂短；而暂时性染发剂则在头发表面形成一层着色剂覆盖层，易于清洗，颜色持续时间只能维持到下一次清洗。

值得注意的是，随着人们对健康和环保意识的提高，越来越多的厂商开始研发无氨、低氨、天然植物提取等更加温和、对头皮和头发伤害更小的染发剂产品，在满足消费者对于个性化美发需求的同时，也注重保护头皮和头发的健康。

3.2　染发产品的分类及颜色形成机理

染发产品按照染色效果的持续时间或者使用染料的类型或来源，可分为六大类。永久性（permanent）、准永久性（demi-permanent）、半永久性（semi-permanent）、暂时性（temporary）、金属染发剂和植物染发剂。

按照染发机理的不同，可将染发产品分为氧化型和非氧化型。

按染发产品的剂型和属性可分为乳膏型、水剂型（通过泵头产生摩丝）、凝胶型、气雾剂型、粉剂型等。优质染发产品应该具有以下优势：较好的染色性能；对人体健康安全、对头发的损伤较小；染后颜色持久牢固不易褪色；气味温和，不刺激；膏体细腻均匀，易于使用；使用和配方适配性好的包装材料帮助配方稳定储存。

简单地说，以上六大类染发剂是根据用来产生颜色效果的持久时间以及所使用染发剂原料的类型和来源来区分的。永久和准永久性的染发剂，也被称为氧化型染发剂，利用几乎无色的染料前体，主要为芳香族二元胺、氨基酚类和酚类化合物，通过过氧化氢进行氧化反应在头发纤维内部产生颜色。半永久性的染发剂是利用较低分子量的直接染料，可以渗透到头发纤维中，产生着色效果。这些染料通常是芳香族二胺和氨基酚的硝基衍生物，以及一些氨基蒽醌类和偶氮苯衍生物。暂时性的染发剂使用水溶性酸或碱性着色剂，或者无机颜料，这类着色剂不会穿透发丝角质层并且进入头发内部，只是吸附在头发表层，很容易通过香波洗发时去除。金属染发剂也叫无机染发剂或渐进式染发剂，利用铅银、铋等水溶性金属盐，使用于头发上后，金属离子会与头发蛋白质中的硫元素反应生成有色化合物，或者暴露在空气中会逐渐产生金属的黑色氧化物和硫化物。最后，植物染发剂是利用含有天然色素的植物提取物，通过色素吸附于头发表面上色，或通过植物色素与金属离子配位产生有色配合物对头发进行上色。

3.2.1 永久性染发剂

永久性（permanent）染发剂，由于其染色效果的持久性，耐洗发香波洗涤，不容易褪色，另外色调范围宽，可以染出比其他染发剂更加丰富的染色效果等优点，是当前市面上主流的染发剂产品。永久性染发剂主要为氧化型染发剂，市场上流行的氧化型染发剂包装盒中会含有两个单独的包装组件，分别为 I 剂（染色剂）和 II 剂（显色剂或氧化剂），在使用时需要预先混合 I 剂和 II 剂。

I 剂染色剂主要包含碱和染料。碱主要为氨水、单乙醇胺、氨甲基丙醇、碳酸氢铵和氢氧化钾等碱性物质；染料并非一般意义上的染料，而是氧化染料的前体，包括染料中间体和偶合剂。这些染料前体通常是无色的小分子有机化合物。碱的作用在于打开头发的表层鳞片，使得氧化染料前体能够渗透进入头发内部，达到皮质层。在皮质层中，在氧化剂的作用条件下，氧化染料前体发生氧化聚合反应，形成较大的有色染料分子，然后被永久封闭在头发纤维内部。由于染料大分子是通过染料中间体和偶合剂小分子在头发内部结构中生成，因此在洗涤时不容易通过毛发纤维的孔隙被洗脱掉。

II 剂显色剂，又称为氧化剂，主要包含过氧化氢、过氧化氢的稳定剂和 pH 调节剂。过氧化氢不仅配合参与 I 剂对头发的染色过程，同时还能分解和脱除头发皮质中的黑色素，使头发呈现更明亮的色泽，为后续染色提供可能性，即提浅了头发的底色，从而可在黑发上能够染出明亮的"时尚发色"。一般而言，如果欲将头发染成深色调或者暗色，由于无需强的提浅效果，过氧化氢的使用浓度应相对较低；而若想让黑发或深色头发变得更加明亮，则应增加过氧化氢的使用浓度。换言之，白发或较浅的头发并不需要过多的"提浅力"，更多的是要考虑染料充分进入头发以产生好的"着色力"。相反，黑发或较深头发则需要好的"提浅力"和"着色力"以满足明亮度和色调的需求。此外，当过氧化氢分解和脱除黑色素时，也会氧化并破坏发丝中的角蛋白结构，导致头发受损。因此，过氧化氢的浓度提高，发丝纤维的损伤程度也会相应增加。

I 剂中包含的氧化型染料前体可分为两类，染料中间体和偶合剂（或称颜色改性剂）。
染料中间体基本上为至少有两个给电子团（—OH 和—NH$_2$）在对位取代的苯的衍生

物，通常是对苯二胺或者对氨基苯酚及其衍生物。尽管当前发布的专利文献中包含了数百种已被发现适合作为染料中间体产生颜色的染料化合物。然而，由于染料分子在被正式用于染发剂之前，必须要对其进行彻底完全的毒理学评估，但是由于成本费用、时间花费或毒理学因素，仍然只有相对较少的化合物实际上被应用于商业用途。

表 3-2 列出了目前主要用于染发剂的染料中间体。这些染料中间体都能被过氧化氢氧化，在头发上产生表中所示对应的染色结果。该染色过程的第一步是将对苯二胺或对氨基苯酚氧化为相应的苯醌二亚胺（Ⅲ）或苯醌单亚胺（Ⅳ），如图 3-2 所示。这些亚胺具有高度的活性，在没有偶合剂的情况下，能够与未被氧化的对苯二胺或对氨基苯酚反应，从而产生多环的有色大分子。

表 3-2　使用于永久性染发剂的染料中间体

染料中间体	染后发色
对苯二胺	深棕/黑色
甲苯-2,5-二胺	红棕
N-苯基对苯二胺	灰黑色
N,N-双(2-羟乙基)对苯二胺	棕色
对氨基间甲酚	棕色
羟乙基对苯二胺	棕色
对氨基苯酚	浅红褐色
N-甲基-对氨基苯酚	浅金色

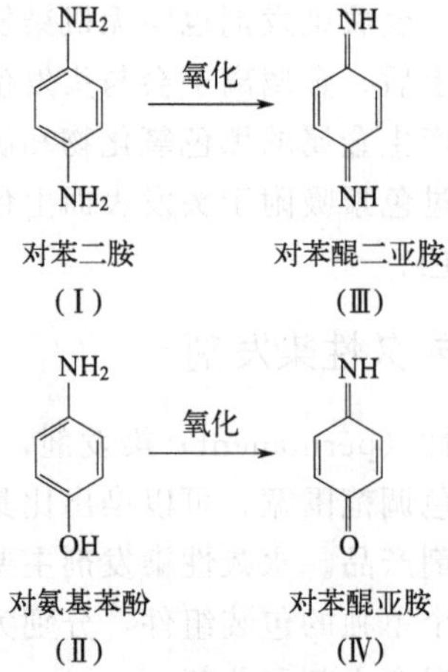

图 3-2　染色过程机理

3.2.1.1　染料中间体

永久性染发剂所用的主要染料中间体，几乎都是至少两个给电子团（如—OH 和—NH$_2$）在对位或邻位取代的苯的衍生物。

对位或邻位取代使苯的衍生物具有较高的反应活性，容易被氧化剂氧化。例如，由于分子结构中存在氨基、羟基等官能基团，这些官能基团可以与其他化合物发生取代、加成、缩合、氧化还原等反应，从而形成具有不同颜色和性能的染料分子。

可用作永久性染发剂的中间体有近 30 种。但市场常用的只有近 10 种，这些染料中间体最重要的化合物有对苯二胺及其盐和衍生物、对氨基苯酚、对氨基间甲酚、羟乙基对苯二胺等。

图 3-3 进一步展示了对苯二胺的氧化和反应机理，如图所示，对苯二胺（Ⅴ）被氧化后形成高度活性的对苯醌二亚胺，其和未反应的对苯二胺迅速发生加成反应。对苯醌二亚胺的共轭酸（Ⅳ）作为亲电试剂进攻对苯二胺的苯环形成三氨基二苯胺（triaminodiphenyl-amine）；加成产物三氨基二苯胺被进一步氧化后，与另一个对苯二胺分子反应产生被称为班德罗斯基碱（Ⅵ）的三苯环化合物。

对氨基苯酚作为染料中间体经过与对苯二胺相同的氧化和反应机理后形成和班德罗斯基碱类似的化合物（Ⅶ）。

对苯二胺和对氨基苯酚在被氧化后，当有偶合剂（或称颜色改性剂）存在的情况下，形成的二亚胺和单亚胺会优先与偶合剂分子发生反应生成吲哚染料。表 3-3 列出了目前主要使用于永久性染发剂的偶合剂，以及它们在与一种染料中间体两两混合后使用时产生的颜色。

从表中可以看出，偶合剂主要为间苯二酚及其衍生物、间氨基苯酚及其衍生物、间苯二酚及其衍生物、萘酚和吡唑啉酮类等。

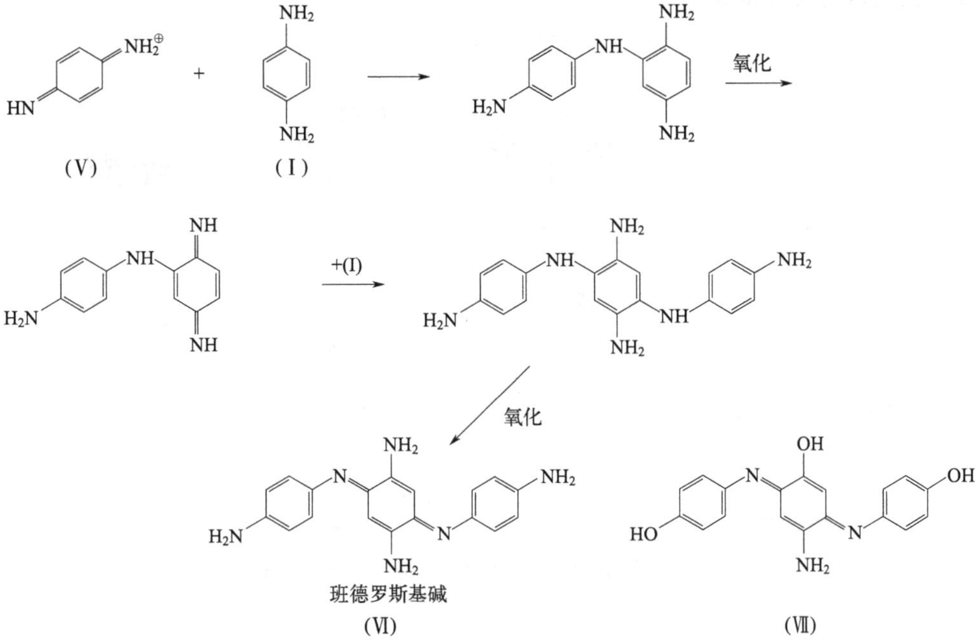

图 3-3　对苯二胺形成班德罗斯基碱（Ⅵ）的氧化反应
机理；对氨基苯酚氧化后形成类似的化合（Ⅶ）

表 3-3　使用于永久性染发剂的偶合剂

偶合剂	配合染料中间体形成的头发颜色
间苯二酚	(A)绿棕色；(B)紫灰色；(C)黄色至灰色；(D)绿棕色
4-氯间苯二酚	(A)绿棕色；(B)灰紫色；(C)黄色至灰色；(D)绿棕色至绿色
二甲基间苯二酚	(A)黄色至棕色；(B)紫灰色；(C)黄色至灰色；(D)灰棕色
1-萘酚	(A)紫色；(B)蓝色；(C)洋红色；(D)紫色
2-甲基-1-萘酚	(A)蓝色至紫色；(C)红色
2,7-萘二酚	(A)紫色；(B)灰绿色；(C)无着色；(D)灰棕色
2-氨基-4-羟乙氨基茴香醚硫酸盐	(A)蓝色；(B)深蓝色；(C)深红色；(D)蓝紫色
2,4-二氨基苯氧基乙醇盐酸盐	(A)蓝色；(B)蓝色；(C)红色；(D)蓝紫色
2-氨基-3-羟基吡啶	(A)铁红色；(B)铁红色；(C)橘黄色；(D)铁红色
4-氨基-2-羟基甲苯	(A)洋红；(B)红色至紫色；(C)橙色至红色；(D)紫红色
间氨基苯酚	(A)洋红/棕色；(B)浅紫色；(C)棕色至红色；(D)灰紫色

注：A＝对苯二胺；B＝N,N-双（2-羟乙基）对苯二胺；C＝对氨基苯酚；D＝甲苯-2,5-二胺硫酸盐

3.2.1.2　偶合剂

　　偶合剂主要是一些基团（如—OH 和—NH₂）在间位取代的苯的衍生物，由于间位取代的苯的衍生物具有适中的反应活性，不容易被氧化剂氧化，但可与染料中间体的氧化产物偶合或缩合，生成各种色调的染料。

　　偶合剂与中间体的区别为：中间体反应活性较高，易于被氧化形成高度活性物质，从而触发染料大分子的生成，而偶合剂反应活性适中，不易被氧化，自身不产生反应也不直接显色，需要配合中间体在氧化剂存在的条件下进行偶合或缩合反应显色。

图 3-4 进一步展示了染料中间体以对苯二胺为例，和不同偶合剂在氧化剂的作用下，逐步形成着色染料的反应步骤。

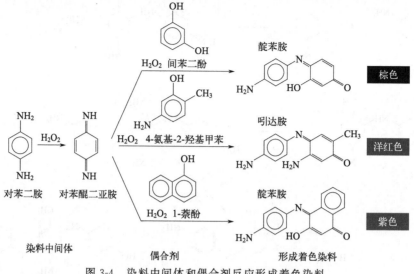

图 3-4　染料中间体和偶合剂反应形成着色染料

3.2.2　准半永久性染发剂

准永久性（demi-permanent）染发剂介于半永久性（semi-permanent）染发剂和永久性（permanent）染发剂之间，使用了与永久性染发剂相同的染料前体但是配合了浓度较低的过氧化氢溶液（混合后在头上的浓度为 1%～2%）。染发的机理和永久性染发剂相同，产生的染色效果比半永久性染发剂产品持久时间长得多，但是短于永久性染发剂。具体时长会因发质、洗发频率等因素有所不同。

在结束氧化型染发剂的分类介绍之前，还有一种值得关注的氧化型染发剂，即空气氧化染发剂或自氧化染发剂。这类染发剂中的染料前体能够在环境空气中的氧气作用下发生氧化反应，而无需过氧化氢作用来产生颜色。因为没有添加过氧化氢参与氧化反应，所以如果使用通常的染料前体来产生颜色会极其缓慢，而且也无法很容易地实现头发颜色显著性的改变。不过，倘若在这些染料前体的分子中引入额外的羟基或氨基基团，就能形成易于空气氧化的化合物。例如，1,2,4-三羟基苯、2,3,5-三羟基甲苯、2,4-二氨基苯酚、2-甲氧基对苯二胺和 3,4-二羟基苯胺等，这些化合物可以作为自氧化染料成分应用于空气氧化染发剂中，用以遮盖白发。自然地，由于不添加过氧化氢，这些化合物并不会产生提浅头发的效果，因此，空气氧化染发剂在染发应用上尚无法像传统氧化型染发剂那样具有广泛的通用性。

空气氧化染发剂原先主要用于男士染发，由于其色调范围较窄，发展相对缓慢。然而，近年来染料中间体的研究和开发取得了显著进展，空气氧化染发剂的应用范围也逐渐扩展，染发焗油、男士洗发水等产品开始采用这种类型的染发剂。例如，汉高公司在欧洲推出的男士自然盖白染发乳（Schwarzkopf MEN Re-Nature），采用了自氧化染料成分 5,6-二羟基吲哚啉氢溴酸盐。欧倍青（Alpecin）也上市了类似的产品，使用的自氧化染料为 5,6-二羟基吲哚。过去，由于自氧化染料的不稳定性，其应用受到一定限制，但如今，通过采用气雾剂或铝管包装，可以有效隔绝产品与空气的接触，从而减少染料在使用前发生自氧化反应。

3.2.3　半永久性染发剂

半永久性染发剂的发展比氧化型染发剂的发展要晚得多。原因是简单的硝基类直接染料，比如，硝基苯二胺和硝基氨基酚等，只能产生黄色到红色的染料。由于缺乏能够产生紫色到蓝色的染料，也就是缺失了色彩三原色中的蓝色，从而无法形成更多自然色调的颜色。开发半永久性染发剂产品的第一步出现在 20 世纪 50 年代，当时发现 2-硝基对苯二胺与环氧乙烷或环氧氯丙烷反应可以产生蓝紫色的物质。从那时起，大量致力于设计商业上可行的合成硝基苯二胺和硝基苯二酚的取代衍生物，以及研究这些染料的颜色与结构关系和其他性质等相关工作就开展了。

将半永久性染发剂产品涂于头发上，停留 10～30 分钟后，用水冲洗，即可使头发上色，洗发时可见到着色剂被洗出。使用半永久性染发剂产品，发色保持的时间介于暂时性和永久性染发产品之间，通常可抵挡 6～12 次的洗发。半永久性染发产品的作用原理是，将分子量相对较小的染料分子渗透进入头发表皮层或部分皮质层组织及髓质，使其比暂时性染料更耐清洗。可在半永久性染发产品中添加适量增效剂，以增强染料向头发皮质中的渗透，但不会因此改变头发的基本结构。这类产品的优点是能使发色保持相对较长的时间，不像暂时性染发产品一洗就掉，同时安全性优于永久性染发产品，尤其适用于有染发需求但对永久性染发产品过敏的人群；缺点是只能加深发色，不能提浅头发，染后颜色会逐渐脱落。

硝基染料是半永久性染发剂中最重要的一类染料。它们可以被看作是含有助色团的硝基苯的衍生物，助色团能够增强硝基发色团的色彩表现。在前面第 1.4 节中有介绍，助色团是能增强发色团的发色作用，并增加染料与被染物的结合力的各种基团。按照助色团的助色的强弱效果排序，依次为氨基、羟基和烷氧基，这些基团均为电子给体基团。硝基苯衍生物中取代基助色团对颜色的影响可以从表 3-4 的数据中看到。单个助色团可将最大吸收波长移到黄色到橙色区域（最大范围为 300～400nm），而第二个助色团的引入对颜色的影响不是很显著。含有两个电子给体取代基的染料最大吸收在 330～474nm 区域，即黄色—橙色—红色。

表 3-4　带有两个电子给体取代基的硝基苯衍生物的可见光最大吸收波长

项目		λ_{max}/nm		
D	D′			
H	H	297	297	297
NH$_2$	H	406	374	376
OH	H	347	331	315
OCH$_3$	H	323	324	306
NH$_2$	NH$_2$	474	408	389
OH	NH$_2$	446	394	394
NH$_2$	OH	354	370	394
NH$_2$	OCH$_3$	443	370	376
OH	OCH$_3$	393	342	328
OH	OH	407	349	368

3.2.4 暂时性染发剂

暂时性染发剂是一种能在头发表面暂时附着颜色的染发剂产品。主要包含分子量相对较大的着色剂组分，通过物理吸附的方式，附着在头发的表面。由于分子量较大，难以穿透头发的表皮层进入头发内部，而是在头发表面形成着色覆盖层，从而改变头发的颜色，就像给头发穿上了一层有颜色的"外衣"。由于这种吸附作用相对较弱，且着色剂并未与头发发生化学反应，所以颜色的保持时间较短，一般在一次洗发后，洗发水中的表面活性剂等成分就会破坏这种物理吸附作用，使着色剂完全被清洗掉，头发便会恢复原来的颜色。

为了让着色剂更好地附着在头发上，产品中通常还会添加一些具有黏附性的组分，如各种蜡、聚合物等，使着色剂可以更牢固地吸附在头发表面，但又不会过于顽固，以便于清洗。目前市场上看到的染发棒、染发压粉、染发摩斯、染发喷雾、染发刷等不同的剂型，都是通过物理吸附达到暂时性的上色效果。

暂时性染发剂对头发几乎没有化学性的损伤，安全性高，几乎适用于所有人群，包括那些担心染发会损伤头发或者不能使用化学染发剂的人。在中国，暂时性染发剂归类为普通类化妆品，实行备案管理，而不像永久性和半永久性染发产品属于染发类特殊化妆品，需进行注册管理。

3.2.5 金属染发剂

金属染发剂，也叫无机染发剂或渐进式（progressive）染发剂，是指染发剂产品的组分中含有铅、银、镍、铋、铜、铁等金属盐类，如醋酸铅、硝酸银等。金属染发剂是最早被应用的染发剂产品，主要通过金属离子与头发蛋白质中的硫元素反应生成有色化合物，或者暴露于空气中逐渐产生金属的黑色氧化物和硫化物，从而改变头发的颜色。以醋酸铅为例，铅离子会和头发中半胱氨酸的硫发生化学反应，生成黑色的硫化铅，从而使头发染黑。并且，这种反应生成的硫化铅等物质相对稳定，使得头发颜色能够持久保持，褪色缓慢。硝酸银与空气接触或光照情况下即可自身变黑，使白发染黑。

由于金属离子与头发蛋白或与空气中的氧气反应需要一定时间和条件，所以通常需要反复多次涂染，让金属离子尽可能充分地进行反应，从而使头发颜色逐渐加深，达到理想的染色效果，故也称之为渐进式染发剂。染色一般以黑色、棕色等深色系为主，可染的色系相对单一，难以满足消费者对于丰富色彩的个性化需求。尽管金属染发剂已经存在了相当长的时间，染色盖白效果也比较理想，但是由于其含有重金属成分，长期使用可能会引发重金属中毒，对身体健康造成不良影响，目前已被市场逐渐淘汰。

3.2.6 植物染发剂

与化学染发剂不同，植物染发剂的成分来源天然，非化学合成，它具有诸多优势，例如可再生资源丰富、可生物降解等。植物染发剂主要以从植物的根系、茎秆、叶片、花和果实中提取的天然色素为原料，其中，黄酮类、花青素类和单宁类多元酚的衍生物应用较为广泛。依据染色原理，植物染发剂可被划分为色素吸附型和媒染型这两大类。色素吸附型染发剂主要是通过水提或者有机溶剂浸提各种植物的色素成分，以色素含量较丰富的植物为代表，如指甲花（海娜）、甘菊兰、靛蓝、姜黄素、紫草、红辣椒、甜菜红、高粱等。媒染型染发剂则以植物活性成分与金属盐络合型染发剂为主，以富含多元酚和单宁酸（鞣酸）的植物为代表，比如五倍子、苏木精、何首乌、黑豆、金缕梅、山茄、诃子、石榴皮、甘草、茶多酚等。

从染发机理来看，色素吸附型染发剂是植物色素直接定向吸附于头发表面上色，这种方式无法使色素渗透到头发内部，与头发的连接作用较弱，因而上色率较低，染色稳定性较差；媒染型染发剂利用植物色素与金属离子配位产生有色的配合物，该配合物能够渗透进头发皮质层，且金属离子同时与头发蛋白质作用，使得色素分子能够固定在头发上。对比而言，媒染型染发剂染色更为牢固。

尽管植物染发剂避免了芳香胺类等化学物质的使用，且对头发内部结构的损伤程度较小，被认为相对安全无毒，但仍然存在应用上的局限性和安全隐患，例如植物色素含量低、提取工艺复杂、生产成本高、稳定性差、着色牢度弱、颜色效果偏单一以及仍会因个人体质原因诱发个别过敏反应。目前植物染发剂在我国市场上尚未得到推广应用，尚处于研发探索阶段，即便许多宣称"天然植物染发剂，染发不伤发"的产品也仅仅是在配方中添加了植物提取物以营造植物染发的概念，我国尚未批准过真正意义上的纯植物染发剂，且我国准用染发剂中仅有"五倍子提取物"属于植物染发剂。

3.3 染发产品中染料的使用安全性

由于染料潜在的生理作用，用于永久性（氧化型）和半永久性（非氧化型）染发产品（染发剂）中的染料化合物比其他任何用于化妆品中的原料都受到了更加密切和严格的毒理学审查。

在 19 世纪初，对苯二胺就已经被认定是一种致敏性物质，其可以导致敏感体质人群产生过敏反应。德国和法国已经禁止在染发剂产品中使用对苯二胺染料，转而使用甲苯-2,5-二胺作为主要的代替染料。然而，甲苯-2,5-二胺及其他连同使用的染料成分，并非没有潜在的致敏性。因此，在染发剂产品的销售包装上需要标注警示语，以提示消费者使用染发剂产品出现过敏反应的可能性，并建议在使用前进行斑贴测试。在美国，除了使用海娜，醋酸铅或者只使用了已认证的染色剂成分作为着色剂的染发产品之外，其他的染发产品都必须标注如下的警示语：

注意事项：本产品含有可能对某些敏感人群引起过敏反应的成分，在使用前应根据相关说明进行皮肤测试；本产品不可用于染睫毛或眉毛，否则可能会导致失明。

上述的警示语是美国在 1938 年颁布的关于食品、药品和化妆品的法案中强制规定的。其他许多国家也要求在产品标签中标注出类似的警示语。比如在中国，《化妆品安全技术规范》中规定，当化妆品中使用准用染发剂清单中的染发剂原料时，需在产品标签上标注以下警示语：

染发剂可能引起严重过敏反应；使用前请阅读说明书，并按照其要求使用；本产品不适合 16 岁以下消费者使用；不可用于染眉毛和眼睫毛，如果不慎入眼，应立即冲洗；专业使用时，应戴合适手套；在下述情况下，请不要染发：面部有皮疹或头皮有过敏、炎症或破损，以前染发时曾有不良反应的经历。

虽然很难准确地估计在使用永久性染发剂产品后出现过敏反应（非原发性刺激）的程度，但是过敏反应的发生概率可能在 $10^{-6} \sim 10^{-5}$ 之间，也就是百万分之一到十万分之一之间。低过敏病率的发生可能部分源于消费者在使用染发剂之前的皮肤测试，同时也源于染发剂产品的生产商正在使用更高纯度的原材料，和更加科学设计的配方。目前市场上主流的染发剂产品，仍然是永久性（氧化型）染发剂，产品包装中通常包含两个独立包装：一个为染色剂，主要包含了染料前体（染料中间体和偶合剂）；另一个为显色剂，主要成分为过氧化氢（双氧水）。

在 20 世纪 70 年代，人们非常担心某些染发剂成分有可能致癌或有可能导致婴儿的出生缺陷。这是因为有研究发现，正在使用的一些染料化合物在鼠伤寒沙门氏菌中具有致突变作用（Ames 试验），并且当以最大耐受剂量喂养大鼠和小鼠时，一些染料化合物会产生过多的肿瘤。

尽管初步的测试结果表明，Ames 试验是致癌可能性的一种特别好的指示方法，但是随着更多数据的出现，它们之间的相关性变得不那么直接了。特别是，在对染发剂的测试案例中，Ames 试验的测试结果与啮齿动物最大耐受剂量喂养研究结果的相关性特别差。因此，虽然在 Ames 试验中发现 2-硝基对苯二胺、4-硝基邻苯二胺和间苯二胺都具有致突变作用，但在美国国家癌症研究所进行的最大耐受剂量喂养研究中却发现它们是非致癌的。相反，N-甲基-N,N-双（2-羟乙基）-2-硝基对苯二胺（HC 蓝 1 号）在 Ames 试验中是非诱变性的，但在对小鼠的终身喂养研究中发现，其导致了小鼠肝脏肿瘤的高发病率。

染发剂行业和动物致癌作用领域的许多专家都质疑最大耐受剂量喂养研究在评估使用条件下染发剂产品的安全性方面的相关性。几乎所有常用的染料都已在大鼠和小鼠的终身局部应用研究中进行了测试，没有显示出任何致癌作用的证据。另外，也对这些染料进行了严格的畸形学测试，除了剂量本身具有母体毒性外，没有任何不良影响的证据。

当我们将动物试验的结果与正常条件下使用染发剂的情况进行比较时，需要注意的是，通过皮肤吸收的染料数量非常少。因为，在正常使用染发剂的过程中，染发剂成分均匀分布在头发和头皮上。我们可以计算出，头发的表面积大约是头皮的 70 倍，因此大约只有 1%～2% 的染发剂成分会与头皮密切接触，也只有这个数量的染料可用于经皮吸收。研究结果表明，在涂抹过程中通过皮肤吸收的染料量通常不超过头发涂抹量的 0～1%。这个数量是已经进行的各种终生喂养研究中给动物的剂量的数千分之一。事实上，据计算，如果人类的反应与啮齿动物一样，使用含有 2,4-二氨基茴香（CI76050）（目前已经不再使用于商业产品中）的染发剂的终生风险将为 160 万分之一。

由于染发剂产品已经被普遍使用了 50 多年，对有职业接触的发型师的癌症发病率的流行病学研究，或对癌症患者以前的染发剂使用模式的研究，可以提供有用的慢性接触数据。国际癌症研究机构对已发表的流行病学数据进行了审查并得出结论，现有的数据并不支持染发剂对职业接触群体或染发剂产品的使用者构成致癌风险的论点。

染发剂及其成分具有中度至低的急性毒性，人体中毒事故的病例是罕见的，只有在口服后才会有相应报告。接触染发剂可能会产生的过敏反应一直是一个安全问题。尽管在过去几十年里，工业化国家对染发剂的使用急剧增加，但在一般人群和专业人群中，对染发剂过敏的流行程度已经稳定或下降。染发剂成分的体外遗传毒性试验往往呈现阳性结果，但是它们与氧化型染发剂成分的体内致癌性的相关性尚不确定。染发剂的体内遗传毒性阳性结果是罕见的，对人类的研究也没有发现染发剂或其成分有遗传毒性作用的证据。在机理研究的基础上，一些体内阳性染发剂成分（对氨基苯酚，指甲花醌）已被证明对人类健康没有或仅存在微不足道的风险。生殖毒性研究和流行病学调查的结果也表明，染发剂及其成分不会对生殖健康造成不利的影响和风险。

总之，现有的证据表明，消费者或者沙龙专业人士使用染发剂产品不会产生致癌作用，现有的染发剂产品不会对人类健康产生风险，或者产生的风险几乎可以忽略不计。

第4章 化妆品着色剂的各国（地区）法规简介

化妆品着色剂的法规主要涉及欧洲化妆品法规、美国化妆品法规、中国大陆的《化妆品安全技术规范》（2015 版）以及中国台湾省的相关法规、日本厚生劳动省关于无机着色剂和有机着色剂以及染发剂的法规、韩国化妆品法规、加拿大化妆品法规、澳大利亚化妆品法规、印度化妆品法规等，而东南亚的化妆品法规则是遵循欧洲化妆品法规的。

众多的法规中关于化妆品允许使用的着色剂、所允许使用的身体部位以及使用的剂量都有明确的规定。

4.1 欧洲化妆品法规

欧洲化妆品法规目前遵循的是欧洲联盟（欧盟）化妆品 EC 1223/2009 的法规，在该法规的附录Ⅳ中明确列出了化妆品中允许使用的着色剂共计 144 种。法规附录Ⅳ表格中允许使用的着色剂，注明了对应的化学名、色彩索引号（CI 号），详细规定了着色剂的相关纯度以及用量的限制，并明确规定了着色剂允许使用的产品种类：洗去型产品、不接触黏膜类的产品等。如果在该法规附录Ⅳ表格中"其他"（Other）那一栏另外注明了欧盟食品添加剂代号 EXXX，就意味着该着色剂在欧盟食品类产品中也有应用，那就表明该着色剂不仅有化妆品法规要遵循，还有对应的欧盟食品法规 EC 231/2012（欧盟食品法规最初始的版本为 95/45/EC）要遵循，否则在欧盟化妆品中就不允许被使用。例如二氧化钛 CI 77891 在表格的"其他"那一栏中显示欧盟食品添加剂代号 E171，那就表明它必须符合相关食品法规 EC 231/2012 中的相关指标才可以在欧盟化妆品使用，而如果它不能符合相关技术指标规定，那就不可以在欧盟化妆品中使用。

下面具体了解下其他国家（地区）的着色剂相关法规。

4.2 美国化妆品法规

在美国，除了染发剂和天然着色剂之外，所有有机合成类的化妆品的颜色添加剂都必须要得到美国食品和药物监督管理局（FDA）的认证之后才可以在美国适用于化妆品，有机合成类的着色剂普遍的定义为："煤焦油着色剂"＝合成有机着色剂，且生产的每一个批次都必须要获得受美国 FDA 认证。合成有机着色剂的种类主要分为：

- 色素或染料（dye）：含有水溶性结构的水溶性色素和含有油溶性结构的油溶性色素。
- 调色剂（toner）：以金属盐的形式将水溶性染料/色素沉淀而形成的着色剂称为调色剂。
- 真正的色粉（ture pigment）：将那些根据其化学结构和组成基团完全不溶于水类的着色剂称为真正的色粉。

• 色淀（lake）：FDA关于色淀有两种不同的定义，第一种最常见的就是将水溶性染料附着在不溶性底物或基材上形成的色粉称为色淀，例如我们熟悉的蓝色1号铝色淀，红色40号铝色淀，黄色5号铝色淀等；第二种定义则是将纯的调色剂/色粉这些色素含量大于80%以上的有机色粉用无机的氢氧化铝、碳酸钙和硫酸钡基材混合冲淡后得到的色粉则也叫色淀。但在中国法规或欧盟法规中，广为接受的则只是第一种定义的色淀，第二种色淀会被认为是混合物，是色粉与基材的混合物。

在美国，有机合成类颜色添加剂的官方名称是由FDA指定的。这些颜色添加剂最初由煤转化成焦炭的副产品制成，现在它们大多是石油化学制品。

具体来看，这些制品每批都需要获得FDA认证，被指定命名的前缀为：

• FD&C（食品、药品和化妆品级）
• D&C（药品和化妆品级）
• Ext. D&C（外部药品和化妆品级）

这些字母后面跟着的则是特定颜色的名称，如蓝色或红色，和No.（表示数字），接着是一个具体的阿拉伯数字。举个例子：FD&C Red No.40就是指红色40（缩写名）。

而不需要FDA批次认证的化妆品颜色则有更常用的名称，具体如下：

• 胭脂树橙
• 焦糖
• β-胡萝卜素（如果是天然来源）
• 鸟嘌呤
• 指甲花
• 云母
• 二氧化钛
• 氧化铁类
• 氧化铬和氢氧化铝
• 氧化锌
• 群青类
• 锰紫
• 亚铁氰化物
• 胭脂红

FDA获准用于化妆品的颜色添加剂具体可以参见FDA 21 CFR章节，73—74部分：

第73部分，子部分C：列出的颜色添加剂，是豁免批次认证的，只需符合相关的技术指标即可，无需获得FDA认证，有29种批准的颜色添加剂（2种未使用）。

第74部分，子部分C：需通过批次认证的，有36种批准的颜色添加剂（2种未使用）。

而针对着色剂具体的应用部位FDA也有具体的要求和限制：

眼睛区域使用：该着色剂添加剂的法规［21 CFR 70.5(a)］需明确其被允许使用在眼部，否则该颜色的着色剂不得在眼睛区域使用。但请注意尽管有一些颜色添加剂被批准用于睫毛膏和眉笔等产品，但目前并没有明确规定特定的添加剂被批准用于染眉毛或睫毛。

外用化妆品：该着色剂添加剂不适用于接触唇部或任何身体黏膜覆盖的表面。例如，如果一种颜色添加剂被批准用于外用化妆品，则不得将其用于口红等产品中，除非法规明确允许这种添加剂可以使用［21 CFR 70.3(v)］。

注射剂：注射剂中不得使用任何颜色添加剂，除非有关法规对此有特别规定。

第 82 部分：列出了暂定可获得认证的颜色和规格要求。在其他扩充的基材上附着的任何色淀：

- 氧化铝是指在水中沉淀的氢氧化铝悬浮物
- 硫酸钡是指水中沉淀的硫酸钡悬浮物
- 铝钡白是指氢氧化铝和硫酸钡共同沉淀在水中的悬浮物
- 黏土
- 二氧化钛
- 氧化锌
- 滑石
- 松香树脂
- 苯甲酸铝
- 碳酸钙

* 氢氧化铝（氧化铝）是 FDA 唯一允许用于生产 FD&C（食品、药品和化妆品级）色淀的基材。而生产 D&C（药品和化妆品级）色淀的基材可选的范围就会更广泛，可以在上述提到的基材中选择。

4.3 中国化妆品法规

中国食品药品监督管理局（CFDA）制定了《化妆品安全技术规范》（2015 版），该法规详细列明了中国化妆品的相关安全技术信息和规范。针对许用着色剂的使用指标和限制在该规范的表 6 中有明确规定，其列出了 157 种允许使用的化妆品着色剂。而该规范中的表 7 则列出了 75 种允许使用的染发剂。

目前，中国台湾省食品药品监督管理局（TFDA）于 2015 年发布了修订后的化妆品中允许使用的着色剂清单：化妆品中合法着色剂清单（2015）。这份新名单包括 93 种染色剂（比 2008 年版本少 21 种）。

中国台湾省化妆品色素品目表（部分内容）如图 4-1 所示：

化粧品色素品目表

色素分類說明：

第1類：所有化粧品均可使用 (Colouring agents allowed in all cosmetic products)

第2類：限用於非接觸眼部周圍之化粧品(Colouring agents allowed in all cosmetic products except those intended to be applied in the vicinity of the eyes)

第3類：限用於非接觸黏膜之化粧品 (Colouring agents allowed exclusively in cosmetic products intended not to come into contact with the mucous membranes)

第4類：限用於用後立即洗去之化粧品 (Colouring agents allowed exclusively in cosmetic products intended to come into contact only briefly with the skin)

編號	CI Index	別名	使用範圍
1	Caramel	Natural Brown 10	1
2	CI 10020	Acid Green 1 Ext. D&C Green No. 1 Naphthol Green B	3

图 4-1

3	CI 10316	Acid Yellow 1 Ext. D&C Yellow No. 7 Naphthol Yellow S	2
4	CI 11680	Pigment Yellow 1 Ext. D&C Yellow No. 5 Hansa Yellow G	3
5	CI 11725	Pigment Orange 1 Hansa Yellow 3R	4
6	CI 12085	Pigment Red 4 D&C Red No. 36 Permanent Red	1
7	CI 12120	Pigment Red 3 D&C Red No. 35 Toluidine Red	4
8	CI 13015	Acid Yellow 9 Food Yellow 2 Fast Yellow	1
9	CI 14700	Food Red 1 FD&C Red No. 4 Ponceau SX	1
10	CI 14720	Acid Red 14 Food Red 3 Azorubin	1
11	CI 15510	Acid Orange 7 D&C Orange No. 4 Orange II	2
12	CI 15620	Acid Red 88 Ext. D&C Red No. 8 Fast Red S	4
13	CI 15630	Pigment Red 49 D&C Red No. 10 Lithol Red Na	1

注：1.从93种着色剂和非禁止成分中提取的任何色淀和盐类都可以用于化妆品。
2.对于被排除在此名单之外的色素，如果其限值已在欧盟、美国或日本的立法框架内公布，则可用于化妆品，但不得超过这些限值；申请人在申请审查和注册时，应提交有关文件，证明该染料在该地区/国家是允许使用的(不适用于19种染料)。

图 4-1　中国台湾省化妆品色素品目表（部分内容）

4.4　日本化妆品法规

在日本，化妆品由厚生劳动省（MHLW）根据《药品管理法》和经修订的 2001 年《药品法》执行条例进行管理。

（1）煤焦油来源着色剂＝合成有机着色剂

《指定可用于医疗药品等的焦油颜料部长条例》（1966 年 MHLW 第 30 号法令）第 3 条的规定应比照适用于化妆品中所含的焦油颜料。

（2）无机类着色剂法规参考

2000-日本化妆品成分标准（JSCI）：英文版

2006-日本准药物成分标准（JSQI）：日文版

（3）食品添加剂法规

在日本食品添加剂规范和标准第 8 版中，明确规定了：

- 准药物可能含有药物材料和食品添加剂。

- 化妆品可能含有食品添加剂

- JSQI 提到，JSQI 可以包括日本的"煤焦油色"
- "煤焦油来源着色剂"＝合成有机着色剂

《指定可用于医疗药品等的焦油颜料部长条例》第 3 条的规定应比照适用于化妆品中所含的焦油颜料；但是，红色 219 号和黄色 204 号只能用于头发和指甲的化妆品中。

目前只有日文版可用。该条例包括三份焦油色清单。具体的日本法规限制是其允许使用的焦油颜色在不同类别中有所不同，具体的为：

准药物：

① 非外用类药物可以使用第一个列表中的焦油色。

② 外用类药物可以使用第一个和第二个列表中的焦油色。

③ 外用类药物（不用于黏膜）可使用所有焦油色。

④ 外用类药物和染发剂产品（不用于接触人体皮肤）可使用所有焦油色。

化妆品：

① 化妆品可以使用第一个和第二个列表中的焦油色。

② 化妆品（不用于黏膜）可以使用所有焦油颜色。

③ 洗发水和染发剂可以使用所有的焦油色。

4.5 韩国化妆品法规

韩国的《准药品焦油色标准及检测方法》（2015 年）（图 4-2）规定了准药品或药品准予使用的焦油色及焦油色标准及检测方法。

화장품의 색소 종류와 기준 및 시험방법

[별표 1]

화장품의 타르색소(제3조 관련)

연번	타르색소	사용제한
1	녹색 204 호 (피라닌콘크, Pyranine Conc)* CI 59040 8-히드록시-1, 3, 6-피렌트리설폰산의 트리나트륨염 ◎ 사용한도 0.01%	눈 주위 및 입술에 사용할 수 없음
2	녹색 401 호 (나프톨그린 B, Naphthol Green B)* CI 10020 5-이소니트로소-6-옥소-5, 6-디히드로-2-나프탈렌설폰산의 철염	눈 주위 및 입술에 사용할 수 없음
3	등색 206 호 (디오오드플루오레세인, Diiodofluorescein)* CI 45425:1 4′, 5′-디요오드-3′, 6′-디히드록시스피로[이소벤조푸란-1(3H), 9′-[9H]크산텐]-3-온	눈 주위 및 입술에 사용할 수 없음
4	등색 207 호 (에리트로신 옐로위쉬 NA, Erythrosine Yellowish NA)* CI 45425 9-(2-카르복시페닐)-6-히드록시-4, 5-디요오드-3H-크산텐-3-온의 디나트륨염	눈 주위 및 입술에 사용할 수 없음
5	자색 401 호 (알리주롤퍼플, Alizurol Purple)* CI 60730 1-히드록시-4-(2-설포-p-톨루이노)-안트라퀴논의 모노나트륨염	눈 주위 및 입술에 사용할 수 없음
6	적색 205 호 (리톨레드, Lithol Red)* CI 15630 2-(2-히드록시-1-나프틸아조)-1-나프탈렌설폰산의 모노나트륨염 ◎ 사용한도 3%	눈 주위 및 입술에 사용할 수 없음
7	적색 206 호 (리톨레드 CA, Lithol Red CA)* CI 15630:2 2-(2-히드록시-1-나프틸아조)-1-나프탈렌설폰산의 칼슘염 ◎ 사용한도 3%	눈 주위 및 입술에 사용할 수 없음

图 4-2

8	적색 207 호 (리톨레드 BA, Lithol Red BA) CI 15630:1 2-(2-히드록시-1-나프틸아조)-1-나프탈렌설폰산의 바륨염 ◎ 사용한도 3%	눈 주위 및 입술에 사용 할 수 없음
9	적색 208 호 (리톨레드 SR, Lithol Red SR) CI 15630:3 2-(2-히드록시-1-나프틸아조)-1-나프탈렌설폰산의 스트론튬염 ◎ 사용한도 3%	눈 주위 및 입술에 사용 할 수 없음
10	적색 219 호 (브릴리안트레이크레드 R, Brilliant Lake Red R)* CI 15800 3-히드록시-4-페닐아조-2-나프토에산의 칼슘염	눈 주위 및 입술에 사용 할 수 없음
11	적색 225 호 (수단 Ⅲ, Sudan Ⅲ)* CI 26100 1-[4-(페닐아조)페닐아조]-2-나프톨	눈 주위 및 입술에 사용 할 수 없음
12	적색 405 호 (퍼머넌트레드 F5R, Permanent Red F5R) CI 15865:2 4-(5-클로로-2-설포-p-톨릴아조)-3-히드록시-2-나프토에산의 칼슘염	눈 주위 및 입술에 사용 할 수 없음
13	적색 504 호 (폰소 SX, Ponceau SX)* CI 14700	눈 주위 및

图 4-2　韩国化妆品法规展示（部分内容）

韩国化妆品法规的具体限制是准药品中的焦油色按用法分为以下三类：

① 可内部使用的焦油色；

② 外用着色剂（可接触黏膜）；

③ 外用着色剂（不可接触黏膜）。

其他的化妆品法规还有加拿大、澳大利亚等国家法规，也都包含各自国家对应的相关着色剂使用法规，而染发剂在不同国家也会有不同的法规，这里就不再赘述。

总之，在使用化妆品着色剂的时候，一定要确认好该着色剂在对应的国家符合当地的法规，并要确认好该地区法规允许其在人体中使用的部位，从而避免不必要的风险。

4.6　东南亚诸国化妆品法规

2003 年 9 月 2 日，东南亚国家联盟（东盟）所有成员国直接受欧洲法规的启发签署了化妆品指令。2017 年 11 月更新的东盟化妆品指令附件中的表 4 就具体列出了允许使用的着色剂。

第2部分

化妆品着色剂

本部分对509种化妆品着色剂（含发用着色剂）进行了详细介绍，包括每种着色剂的英文名称、CAS No.（美国化学文摘服务社编号）、EINECS No.（欧洲现有商业化学品目录编号）、结构式、分子式、分子量、理化性质、安全性、应用等内容。

1 1,2,4-苯三酚

英文名称(INCI)	1,2,4-Trihydroxybenzene
CAS No.	533-73-3
EINECS No.	208-575-1
结构式	
分子式	$C_6H_6O_3$
分子量	126.11
理化性质	米黄色至浅褐色粉末；纯度(UV)97.8%以上；熔点139～144.5℃；紫外可见吸收光谱最大吸收波长291nm；易溶于水，在水中溶解度486g/L(20℃)可溶于乙醇
安全性	大鼠急性皮肤毒性研究的结果表明，1,2,4-三羟基苯的最大的非致命剂量为2000mg/kg。1,2,4-苯三酚水溶液3%(用量，以质量分数计，下同)在半封闭涂敷应用于白兔修剪后的皮肤上，有轻微的刺激性。基于已有的动物研究数据表明，1,2,4-苯三酚是一种潜在的皮肤致敏剂 欧盟消费者安全科学委员会(SCCS)评估表明，1,2,4-三羟基苯作为氧化型染料在染发剂产品中使用是安全的，最大使用量3.0%(混合后在头上的浓度，下同)，在渐变染发洗发水产品中最大使用量为0.7%(混合后在头上的浓度)；欧盟将1,2,4-苯三酚作为自氧化型染料用于永久性(氧化型)染发剂产品中，未见它们外用不安全的报道。但使用前须要进行斑贴试验
应用	用作直接染发剂，不可与氧化剂共用，最大用量3.0%。如1,2,4-苯三酚0.17%、二羟吲哚0.21%和N,N-双(2-羟乙基)对苯二胺硫酸盐0.41%混合，在pH=8时即可将灰发染成自然的黑色

2 1,2,4-苯三酚醋酸酯

英文名称(INCI)	1,2,4-Benezenetriacetate
CAS No.	613-03-6
结构式	
分子式	$C_{12}H_{12}O_6$
分子量	252.22
理化性质	1,2,4-苯三酚三醋酸酯为米色针状结晶，熔点98～100℃，不溶于水；稍溶于乙醇；溶于热乙醇，溶于苯。遇酸或碱易水解，其溶液状态在空气中不稳定
安全性	美国个人护理品协会(PCPC)将1,2,4-苯三酚醋酸酯作为染发剂和头发着色剂，未见它外用不安全的报道。使用前须进行斑贴试验
应用	用作染发剂和发用(头发)着色剂，一般在偏碱性的介质中进行。染色机理与1,2,4-苯三酚类似，但生成的色泽更复杂

3　1,3-双-(2,4-二氨基苯氧基)丙烷/1,3-双-(2,4-二氨基苯氧基)丙烷盐酸盐

英文名称(INCI)	1,3-Bis(2,4-diaminophenoxy)propane/1,3-Bis(2,4-diaminophenoxy)propane HCl
CAS No.	81892-72-0/74918-21-1(盐酸盐)
EINECS No.	279-845-4/278-022-7
结构式	
分子式	$C_{15}H_{20}N_4O_2/C_{15}H_{24}Cl_4N_4O_2$
分子量	288.35/434.19
理化性质	1,3-双-(2,4-二氨基苯氧基)丙烷为白色或灰色粉末,可溶于水和乙醇。1,3-双-(2,4-二氨基苯氧基)丙烷盐酸盐为类白色粉末,纯度(HPLC)93.5%±5%,熔点215℃,极易溶于水(室温溶解度>100g/L),微溶于乙醇(室温溶解度<1g/L),易溶于二甲亚砜(室温溶解度10~100g/L)。两者的水溶液都易在空气中氧化,而双氧水的存在则会加速此氧化过程
安全性	1,3-双-(2,4-二氨基苯氧基)丙烷盐酸盐急性经口(LD_{50}):3570mg/kg(大鼠),根据大鼠单剂量经口毒性的分类,被分类为低毒性。将0.5g该物质在半封闭涂敷应用于白兔修剪后的皮肤上,表现出极小和短暂的反应。基于已有的动物研究数据表明,1,3-双-(2,4-二氨基苯氧基)丙烷盐酸盐是一种中度的皮肤致敏剂 欧盟消费者安全科学委员会(SCCS)评估表明,1,3-双-(2,4-二氨基苯氧基)丙烷盐酸盐作为氧化型染料在染发剂产品中使用是安全的,欧盟规定1,3-双-(2,4-二氨基苯氧基)丙烷及其盐酸盐最大使用量(混合后在头上的浓度,下同)为1.8%,在非氧化型产品中最大使用量为1.8%。中国《化妆品安全技术规范》规定1,3-双-(2,4-二氨基苯氧基)丙烷及其盐酸盐最大使用量为1.0%(以游离基计,混合后在头上的浓度,下同),在非氧化型产品中最大使用量为1.2%。中国和欧盟都将其作为染料中间体或非氧化性染料用于永久性(氧化型)染发剂产品中,未见它们外用不安全的报道。但使用前需要进行斑贴试验
应用	均用作发用染料,比较而言,1,3-双-(2,4-二氨基苯氧基)丙烷的盐酸盐在染发剂中更常用。1,3-双-(2,4-二氨基苯氧基)丙烷及其盐酸盐和不同的染料中间体复配在头发上可染得不同的色调,如和对氨基苯酚配合,在碱性条件(pH=10~10.5)和双氧水作用下,可染得铜棕色头发;和甲苯-2,5-二胺硫酸盐复配可产生墨蓝色色调。又如1,3-双-(2,4-二氨基苯氧基)丙烷的四盐酸盐0.5%、4-氨基间甲酚1.2%、4-氨基-2-羟基甲苯1.2%和2-氨基-4-羟乙氨基茴香醚0.5%配合,在pH=3和双氧水作用下,染得强烈晕光的些许铜样的棕色头发。如1,3-双-(2,4-二氨基苯氧基)丙烷0.35%、间苯二酚1.0%和甲苯-2,5-二胺硫酸盐3.0%配合,在pH=9和双氧水作用下,可将白发染成黑色

4　1,5-萘二酚

英文名称(INCI)	1,5-Naphthalenediol
CAS No.	83-56-7
EINECS No.	201-487-4
结构式	
分子式	$C_{10}H_8O_2$
分子量	160.17

理化性质	1,5-萘二酚为白色针状结晶或灰色至浅棕色粉末,纯度(HPLC)99.9%以上,熔点 259~261℃,沸点 152℃;紫外可见吸收光谱最大吸收波长 330nm,316nm,299nm 和 225nm;微溶于水(室温溶解度 <1g/L),易溶于乙醇(室温溶解度 10~100g/L),极易溶于二甲亚砜(>100g/L),不溶于苯、石油醚
安全性	1,5-萘二酚急性经口毒性 LD_{50}:2000mg/kg(大鼠),根据大鼠单剂量经口毒性的分类,1,5-萘二酚被分类为低毒性。0.5g 1,5-萘二酚与1mL水在半封闭涂敷应用于白兔修剪后的皮肤上,有些许刺激性。基于已有的动物研究数据表明,1,5-萘二酚是一种中度的皮肤致敏剂 欧盟消费者安全科学委员会(SCCS)评估表明,1,5-萘二酚作为氧化型染料在染发剂产品中使用是安全的,最大使用量为 1.0%(混合后在头上的浓度,下同),在非氧化性产品中最大使用量为 1.0%。中国《化妆品安全技术规范》规定 1,5-萘二酚作为氧化型染料最大使用量为 0.5%(混合后在头上的浓度,下同),在非氧化性产品中最大使用量为 1.0%。欧盟和中国都将 1,5-萘二酚作为染料偶合剂(或称颜色改性剂)或非氧化型染料用于永久性(氧化型)染发剂产品中,未见它们外用不安全的报道。但使用前需要进行斑贴试验
应用	1,5-萘二酚可用作氧化型发用染料和非氧化型发用染料。1,5-萘二酚和不同的染料中间体复配在头发上可染得不同的色调,如和对氨基苯酚复配,在碱性条件和双氧水作用下,在白发上可染得黑褐色;和四氨基嘧啶硫酸盐复配可染得浅的哈瓦那雪茄样棕色头发。如 1 份 1,5-萘二酚和 2 份 2,4-二氨基苯酚配合,混合物用量 0.3%,在 pH=9 时,可染得黑褐色头发

5 1,7-萘二酚

英文名称(INCI)	1,7-Naphthalenediol
CAS No.	575-38-2
结构式	
分子式	$C_{10}H_8O_2$
分子量	160.18
理化性质	1,7-萘二酚为白色粉末,熔点 195℃。稍溶于水(室温溶解度 <1g/L),溶于热水,易溶于乙醇、异丙醇、乙醚及乙酸
安全性	1,7-萘二酚急性毒性为雄性小鼠经口 LD_{50}:1700mg/kg;5%溶液涂敷兔损伤皮肤试验无刺激。欧盟和美国 PCPC 将 1,7-萘二酚作为染发剂,未见它们外用不安全的报道
应用	在氧化型染料中最大用量 1%;有双氧水存在时,最大用量 0.5%。如 1,7-萘二酚 0.8%与四氨基嘧啶硫酸盐 1.19%配合,调节 pH 为 9.5,在双氧水作用下可染得橄榄色样的棕色

6 1-己基-4,5-二氨基吡唑硫酸盐

英文名称(INCI)	1-Hexyl-4,5-diaminopyrazole Sulfate
CAS No.	1361000-03-4
结构式	
分子式	$C_{18}H_{36}N_8 \cdot H_2SO_4$

分子量	462.62
理化性质	1-己基-4,5-二氨基吡唑硫酸盐为白色或结晶,纯度(HPLC)99.99%(210nm),100.00%(254nm);熔点84.4℃,沸点184.8℃,密度1.31g/mL;可溶于水(室温溶解度3.28g/L)。其溶液状态在光照和空气中的稳定性不好
安全性	1-己基-4,5-二氨基吡唑硫酸盐未进行急性经口毒性研究,然而在亚慢性(13周)经口毒性研究或在剂量水平高达20mg/(kg·d)的大鼠发育毒性研究中未见死亡。MTT法试验无皮肤刺激。基于已有的动物研究数据表明,己基-4,5-二氨基吡唑硫酸盐是一种中度的皮肤致敏剂 欧盟消费者安全科学委员会(SCCS)评估表明,1-己基-4,5-二氨基吡唑硫酸盐作为氧化型染料在染发剂产品中使用是安全的,最大使用量1.0%(混合后在头上的浓度),不可用于非氧化性产品中。欧盟将1-己基-4,5-二氨基吡唑硫酸盐作为染料偶合剂(或称颜色改性剂)用于永久性(氧化型)染发剂产品中,未见它们外用不安全的报道。但使用前需要进行斑贴试验
应用	用作氧化型发用染料。如1-己基-4,5-二氨基吡唑硫酸盐1.5%,与4-氨基-2-羟基甲苯0.3%、4-氨基间甲酚0.18%和间氨基苯酚0.6%配合,调节pH至9,在双氧水作用下,染得红色头发

7 1-萘酚

英文名称(INCI)	1-Naphthol
CAS No.	90-15-3
EINECS No.	201-969-4
结构式	
分子式	$C_{10}H_8O$
分子量	144.17
理化性质	1-萘酚为无色或淡黄色菱形结晶或粉末,有明显的苯酚类的气味。纯度(HPLC)99%以上;熔点92～96℃;微溶于水(室温溶解度0.019～0.029g/100mL),易溶于乙醇(室温溶解度为50.2～75.3g/100mL),易溶于二甲亚砜(室温溶解度为27.1～40.7g/100mL)。能升华,遇光变黑
安全性	1-萘酚急性经口毒性LD_{50}:2300mg/kg(大鼠),LD_{50}:1000～2000mg/kg(小鼠)。根据大鼠单剂量经口毒性的分类,1-萘酚被分类为低毒性。2.5%的1-萘酚水溶液用于完整和破损的皮肤上,无刺激性。基于已有的动物研究数据表明,1-萘酚是一种中度的皮肤致敏剂。添加有1-萘酚的染发剂产品,在产品标签上需标注警示语"含1-萘酚" 欧盟消费者安全科学委员会(SCCS)评估表明,1-萘酚作为氧化型染料在染发剂产品中使用是安全的,最大使用量2.0%(混合后在头上的浓度),不可用于非氧化型产品中;中国《化妆品安全技术规范》规定1-萘酚作为氧化型染料在染发剂产品中最大使用量1.0%(混合后在头上的浓度),不可用于非氧化型产品中。中国、美国、欧盟和日本都将1-萘酚作为染料偶合剂(或称颜色改性剂)用于永久性(氧化型)染发剂产品中,未见它们外用不安全的报道。但使用前需要进行斑贴试验
应用	用作发用氧化型染料中的偶合剂,不可用于非氧化型染发剂产品。1-萘酚和不同的染料中间体复配时在头发上可染得不同的色调,当和对苯二胺复配时,会产生紫色;和N,N-双(2-羟乙基)对苯二胺或其硫酸盐复配时会产生蓝色调。如1-萘酚1.3%和四氨基嘧啶硫酸盐2.2%配合,在pH=9.5和双氧水作用下,染得带金光的棕色

8　1-羟乙基-4,5-二氨基吡唑硫酸盐

英文名称（INCI）	1-Hydroxyethyl 4,5-Diamino Pyrazole Sulfate
CAS No.	155601-30-2
EINECS No.	429-300-3
结构式	
分子式	$C_5H_{12}N_4O_5S$
分子量	240.24
理化性质	1-羟乙基-4,5-二氨基吡唑硫酸盐为白色-粉红色晶体，纯度（HPLC）99.4%；熔点 174.7℃，沸点 200℃以上，密度 1.87g/cm³（20℃），极易溶于水（20℃溶解度 666g/L），1%水溶液 pH 为 1.82～1.94,5%水溶液 pH 为 1.61～1.66,易溶于 50%的丙酮水溶液（20℃溶解度＞10%，以质量分数计，下同，pH 为 1.1），易溶于二甲亚砜（20℃溶解度＞10%）
安全性	1-羟乙基-4,5-二氨基吡唑硫酸盐急性经口毒性 LD_{50}:2000mg/kg（大鼠），根据大鼠单剂量经口毒性的分类,1-羟乙基-4,5-二氨基吡唑硫酸盐被分类为低毒性。0.5g 1-羟乙基-4,5-二氨基吡唑硫酸盐加 0.5mL 水在半封闭涂敷应用于白兔修剪后的皮肤上，有刺激性。基于已有的动物研究数据表明,1-羟乙基-4,5-二氨基吡唑硫酸盐是一种极强的皮肤致敏剂 欧盟消费者安全科学委员会（SCCS）评估表明,1-羟乙基-4,5-二氨基吡唑硫酸盐作为氧化型染料在染发剂产品中使用是安全的，最大使用量 3.0%（混合后在头上的浓度），不可用于非氧化型产品中。中国《化妆品安全技术规范》规定 1-萘酚作为氧化型染料在染发剂产品中最大使用量 1.13%（混合后在头上的浓度），不可用于非氧化型产品中。中国、美国和欧盟都将 1-羟乙基-4,5-二氨基吡唑硫酸盐作为染料偶合剂用于永久性（氧化型）染发剂产品中，未见它们外用不安全的报道。但使用前需要进行斑贴试验
应用	用作氧化型染发剂，不可用于非氧化型染发剂产品。1-羟乙基-4,5-二氨基吡唑硫酸盐和不同的氧化型染料偶合剂复配在头发上可染得不同的色调：当和间苯二酚复配时，会产生红色色调；和 1-萘酚复配时可产生紫红色色调；和 4-氨基-2-羟基甲苯复配时可产生橙红色色调；和 2,4-二氨基苯氧基乙醇盐酸盐复配时可产生铁红色色调。又如 1-羟乙基-4,5-二氨基吡唑硫酸盐 0.85%，与 4-氨基-2-羟基甲苯 0.5%配合，调节 pH 为 10,在双氧水作用下，可将白发染得明亮的橙色

9　1-乙酰氧基-2-甲基萘

英文名称（INCI）	1-Acetoxy-2-methylnaphthalene
CAS No.	5697-02-9
EINECS No.	454-690-7
结构式	
分子式	$C_{13}H_{12}O_2$
分子量	200.24
理化性质	1-乙酰氧基-2-甲基萘为类白色或奶黄色结晶，纯度（HPLC）97.7%以上；熔点 78～83℃，微溶于水（15min 超声后，室温溶解度为 0.021～0.031mg/mL），易溶于乙醇（15min 超声后，室温溶解度为 82～123mg/mL），极易溶于二甲亚砜（15min 超声后，室温溶解度为 374～561mg/mL）。其在碱性介质中不稳定

安全性	1-乙酰氧基-2-甲基萘大鼠急性经口毒性研究,剂量为 2000mg/kg 时,经口未观察到毒性。500mg 样品在斑贴于兔损伤皮肤试验可观察到炎症发生。基于已有的动物研究数据表明,1-乙酰氧基-2-甲基萘对皮肤不致敏 　欧盟消费者安全科学委员会(SCCS)评估表明,1-乙酰氧基-2-甲基萘作为氧化型染料在染发剂产品中使用是安全的,最大使用量 3.2%(混合后在头上的浓度)。欧盟将 1-乙酰氧基-2-甲基萘作为染料偶合剂(或称颜色改性剂)用于永久性(氧化型)染发剂产品中,未见它们外用不安全的报道。但使用前需要进行斑贴试验
应用	1-乙酰氧基-2-甲基萘可用作氧化型染发剂,最大用量 3.2%。如 1-乙酰氧基-2-甲基萘 0.43% 与 1-羟乙基-4,5-二氨基吡唑硫酸盐 0.48% 配合,调节 pH 为 2.2,在双氧水作用下,染得带青紫光的褐色头发。也可用作头发着色剂,如 1-乙酰氧基-2-甲基萘 0.5%,与对苯二胺 0.27%、4-氨基间甲酚 0.3075%、间苯二酚 0.275% 配合,调节 pH 为 3,可染得彩虹般的金色

10 2,2'-亚甲基双 4-氨基苯酚/2,2'-亚甲基双 4-氨基苯酚盐酸盐

英文名称(INCI)	2,2'-Methylenebis-4-aminophenol/2,2'-Methylenebis-4-aminophenol HCl
CAS No.	63969-46-0/27311-52-0
EINECS No.	440-850-3
结构式	
分子式	$C_{13}H_{14}N_2O_2/C_{13}H_{16}Cl_2N_2O_2$
分子量	230.26/303.18
理化性质	2,2'-亚甲基双 4-氨基苯酚为浅灰色粉末,熔点＞200℃(开始分解)。易溶于水(20℃溶解度 164.3g/L),也溶于乙醇(20℃溶解度 1～10g/L),水溶液在光照下不稳定。染发剂经常使用的是 2,2'-亚甲基双 4-氨基苯酚盐酸盐,为白色或灰色粉末,易溶于水,水溶液较稳定
安全性	2,2'-亚甲基双 4-氨基苯酚的急性毒性与其所含杂质有关,现提供的样品急性毒性为大鼠经口＜200mg/kg;500mg 湿品斑贴于兔皮肤试验无刺激。美国 PCPC 和欧盟将 1,2,4-苯三酚作为染发剂和头发着色剂,未见它外用不安全的报道
应用	2,2'-亚甲基双 4-氨基苯酚盐酸盐用作氧化型染发剂,最大用量 1.0%。如 2,2'-亚甲基双 4-氨基苯酚盐酸盐 0.91% 与 2-氨基-3-羟基吡啶 0.33% 配合,在 pH=9.5 时,不需双氧水,即可染得深红至棕色头发

11 2,3-二氨基二氢吡唑并吡唑啉酮甲基硫酸盐

英文名称(INCI)	2,3-Diaminodihydropyrazolo Pyrazolone Dimethosulfonate
CAS No.	857035-95-1
EINECS No.	469-500-8
结构式	
分子式	$C_8H_{18}N_4O_7S_2$

分子量	346.38
理化性质	2,3-二氨基二氢吡唑并吡唑啉酮甲基硫酸盐为米黄色或黄色粉末，纯度(HPLC)98.2%以上；熔点183~186℃，紫外可见吸收光谱最大吸收波长238nm；可溶于乙醇(23℃溶解度≤10g/L)，易溶于二甲亚砜(23℃溶解度≥200g/L)。极易溶于水(23℃溶解度>603g/L)，其水溶液见光易分解，遇空气易氧化
安全性	2,3-二氨基二氢吡唑并吡唑啉酮甲基硫酸盐急性经口毒性 LD_{50}:2000mg/kg(大鼠)；急性皮肤毒性 LD_{50}:2000mg/kg(大鼠)。根据大鼠单剂量经口毒性的分类，2,3-二氨基二氢吡唑吡唑啉酮甲基硫酸盐被分类为低毒性。500mg 样品水溶液在半封闭涂敷应用于白兔修剪后的皮肤上，无刺激性。基于已有的动物研究数据表明，2,3-二氨基二氢吡唑并吡唑啉酮甲基硫酸盐对皮肤不致敏。 欧盟消费者安全科学委员会(SCCS)评估表明，2,3-二氨基二氢吡唑并吡唑啉酮甲基硫酸盐作为氧化型染料在染发剂产品中使用是安全的，最大使用量 2%(混合后在头上的浓度)。欧盟将 2,3-二氨基二氢吡唑吡唑啉酮甲基硫酸盐作为染料偶合剂(或称颜色改性剂)用于永久性(氧化型)染发剂产品中，未见它们外用不安全的报道。但使用前需要进行斑贴试验
应用	用作染发剂。如 1.9%的 2,3-二氨基二氢吡唑吡唑啉酮甲基硫酸盐、配以对氨基苯酚 0.1%、4-氨基-2-羟基甲苯 0.2%和 5-氨基-6-氯邻甲酚 0.8%，在 pH=3 和双氧水作用下，染得强烈的铜色头发

12 2,3-萘二酚

英文名称(INCI)	2,3-Naphthalenediol
CAS No.	92-44-4
结构式	
分子式	$C_{10}H_8O_2$
分子量	160.17
理化性质	2,3-萘二酚为灰白色至微红色粉末，熔点 161~165℃。稍溶于水(室温溶解度 4g/L)，可溶于乙醇、丙酮和丙二醇。其溶液在光照下不稳定
安全性	2,3-萘二酚急性毒性为大鼠经口 LD_{50}:675.5mg/kg；1%丙二醇溶液涂敷豚鼠皮肤试验显示有肿胀反应。美国 PCPC 将 2,3-萘二酚作为染发剂，未见它们外用不安全的报道。使用前需进行斑贴试验
应用	在染发剂中的最大用量 0.1%。一般以小剂量参与染色，赋予些许红光而又丰润的色泽效果

13 2,4-二氨基-5-甲基苯氧基乙醇盐酸盐

英文名称(INCI)	2,4-Diamino-5-methylphenoxyethanol HCl
结构式	
分子式	255.14
分子量	$C_9H_{16}Cl_2N_2O_2$
理化性质	2,4-二氨基-5-甲基苯氧基乙醇盐酸盐为浅灰色或浅黄色结晶，熔点 74~76℃。可溶于水、甲醇、乙醇、二甲亚砜(DMSO)等有机溶剂

安全性	2,4-二氨基-5-甲基苯氧基乙醇盐酸盐急性毒性为雄性大鼠经口 LD_{50}:725mg/kg;3%水溶液涂敷豚鼠损伤皮肤试验无刺激。中国和美国 PCPC 将 2,4-二氨基-5-甲基苯氧基乙醇盐酸盐作为染发剂,未见它们外用不安全的报道
应用	在氧化型染发剂中最大用量为 3%。如 2,4-二氨基-5-甲基苯氧基乙醇盐酸盐 1.27%,与二羟吲哚 1.0%和 4-氨基-2-羟基甲苯 0.5%配合,在 pH=6.5 和双氧水作用下,染得有点灰白的金色头发

14 2,4-二氨基-5-甲基苯乙醚盐酸盐

英文名称(INCI)	2,4-Diamino-5-methylphenetole HCl
CAS No.	113715-25-6
结构式	H_2N——CH_3 ……OCH_2CH_3 NH_2 ·2HCl
分子式	$C_9H_{16}Cl_2N_2O$
分子量	239.14
理化性质	2,4-二氨基-5-甲基苯乙醚盐酸盐为粉紫色结晶粉末,可溶于水(室温溶解度 10%～20%),也溶于乙醇、二甲亚砜。其水溶液在光照和空气中不稳定
安全性	2,4-二氨基-5-甲基苯乙醚盐酸盐急性毒性为大鼠胃管喂食 LD_{50}:2000mg/kg;3%水溶液涂敷豚鼠损伤皮肤试验无刺激。中国、美国 PCPC 和欧盟将 2,4-二氨基-5-甲基苯乙醚盐酸盐作为染发剂,未见它们外用不安全的报道
应用	在氧化型染发剂中最大用量为 2%

15 2,4-二氨基苯酚/2,4-二氨基苯酚盐酸盐

英文名称(INCI)	2,4-Diaminophenol/2,4-Diaminophenol HCl
CAS No.	95-86-3/137-09-7
结构式	OH / OH H_2N——NH_2 H_2N——NH_2 ·2HCl
分子式	$C_6H_8N_2O$ / $C_6H_{10}Cl_2N_2O$
分子量	124.1/197.06
理化性质	2,4-二氨基苯酚为白色或灰白色片状或叶状晶体,熔点:78～80℃(开始分解),易溶于酸和碱溶液,溶于乙醇和丙醇,难溶于乙醚、氯仿和苯。2,4-二氨基苯酚盐酸盐为白色结晶性粉末,熔点:306℃(开始分解),见光逐渐变黑,易溶于水和乙醇,微溶于乙醚。两者的水溶液在光照和空气中均不稳定
安全性	2,4-二氨基苯酚盐酸盐急性毒性为大鼠经口 LD_{50}:240mg/kg;500mg 湿品斑贴于兔损伤皮肤试验有刺激但不发炎。中国、欧盟和美国 PCPC 将 2,4-二氨基苯酚及其盐酸盐作为染发剂和头发着色剂,未见它们外用不安全的报道。使用前需要进行斑贴试验
应用	用作氧化型染发剂,2,4-二氨基苯酚的最大用量为 0.2%,2,4-二氨基苯酚盐酸盐的用量按分子量的比例增加。如 2,4-二氨基苯酚盐酸盐 0.9%,与甲苯-2,5-二胺硫酸盐 1.0%、间氨基苯酚 0.4%、间苯二酚 0.2%、间苯二胺 0.03%、4-硝基邻苯二胺 0.1%配合,调节 pH 为 9,不需氧化剂,即染得带栗色的黑色头发

16 2,4-二氨基苯氧基乙醇盐酸盐/2,4-二氨基苯氧基乙醇硫酸盐

英文名称(INCI)	2,4-Diaminophenoxyethanol Hydrochloride/Sulfate
CAS No.	66422-95-5/70643-20-8
EINECS No.	266-357-1/274-713-2
结构式	OCH_2CH_2OH ... $\cdot 2HCl$ / OCH_2CH_2OH ... $\cdot H_2SO_4 \cdot 2H_2O$
分子式	$C_8H_{12}N_2O_2 \cdot 2HCl/C_8H_{12}N_2O_2 \cdot H_2SO_4 \cdot 2H_2O$
分子量	241.11/302.30
理化性质	2,4-二氨基苯氧基乙醇盐酸盐为淡灰或淡粉红粉末,纯度(HPLC)99.5%以上;熔点242.5℃,易溶于水(20℃溶解度为425g/L±7g/L),微溶于乙醇(20℃溶解度≤10g/L),易溶于二甲亚砜(20℃溶解度≥10g/L)。2,4-二氨基苯氧基乙醇硫酸盐为类白色粉末,可溶于水(20℃溶解度:50~100g/L,pH=1.9),微溶于乙醇(20℃溶解度<10g/L),易溶于二甲亚砜(20℃溶解度>100g/L)。两者水溶液的稳定性都受空气和光照的影响
安全性	2,4-二氨基苯氧基乙醇盐酸盐急性经口毒性 LD_{50}:1000mg/kg体重(大鼠)。根据大鼠单剂量经口毒性的分类,2,4-二氨基苯氧基乙醇盐酸盐被分类为低毒性。500mg样品半封闭涂敷应用于白兔修剪后的皮肤上,无刺激性。基于已有的动物研究数据表明,2,4-二氨基苯氧基乙醇盐酸盐不是皮肤致敏剂 欧盟消费者安全科学委员会(SCCS)评估表明,2,4-二氨基苯氧基乙醇盐酸盐及硫酸盐作为氧化型染料在染发剂产品中使用是安全的,最大使用量2%(混合后在头上的浓度,以盐酸计),不可用于非氧化型产品中。中国、美国、欧盟和日本都将2,4-二氨基苯氧基乙醇盐酸盐/硫酸盐作为染料偶合剂用于永久性(氧化型)染发剂产品中,未见它们外用不安全的报道。但使用前需要进行斑贴试验
应用	用作染发染料的偶合剂,不可用于非氧化型染发剂产品。2,4-二氨基苯氧基乙醇盐酸盐/硫酸盐和不同的染料中间体复配时在头发上可染得不同的色调,当和对苯二胺复配时,会产生蓝色色调;和对氨基苯酚复配时会产生深红色调。如0.723%的2,4-二氨基苯氧基乙醇盐酸盐和0.46%的2-甲氧基甲基对氨基酚盐酸盐配合,在pH=6.7和双氧水作用下,染得具铜样光泽的棕色

17 2,4-二氨基二苯胺

英文名称(INCI)	2,4-Diaminodiphenylamine
CAS No.	136-17-4
结构式	NH_2 ... H_2N ... H—N—苯环
分子式	$C_{12}H_{13}N_3$
分子量	199.25
理化性质	2,4-二氨基二苯胺为白色-浅紫色晶体粉末,熔点129~131℃。微溶于水,可溶于乙醇、甲醇、异丙醇、二甲亚砜。其溶液状态在光照和空气中不稳定
安全性	2,4-二氨基二苯胺急性毒性为大鼠经口 LD_{50}:300~2000mg/kg。美国PCPC将2,4-二氨基二苯胺作为染发剂,未见它外用不安全的报道
应用	用作氧化型染发剂

18 2,5,6-三氨基-4-嘧啶醇硫酸盐

英文名称(INCI)	2,5,6-Triamino-4-pyrimidinol Sulfate
CAS No.	1603-07-7
EINECS No.	216-500-9
结构式	
分子式	$C_4H_7N_5O \cdot H_2SO_4$
分子量	239.21
理化性质	2,5,6-三氨基-4-嘧啶醇硫酸盐类为白色至淡黄色无气味粉末,纯度(HPLC)98%以上;熔点>300℃,紫外可见吸收光谱最大吸收波长208nm,262nm,微溶于水(室温溶解度>0.2%),难溶于乙醇和二甲亚砜(室温溶解度<0.1%)。水溶液稳定性好
安全性	2,5,6-三氨基-4-嘧啶醇硫酸盐急性经口毒性 LD_{50}>2000mg/kg(大鼠),急性皮肤毒性 LD_{50}>2000mg/kg(大鼠)。根据大鼠单剂量经口毒性的分类,2,5,6-三氨基-4-嘧啶醇硫酸盐被分类为低毒性。3.6g/100mL 水溶液在半封闭涂敷应用于白兔修剪后的皮肤上,无刺激性。基于已有的动物研究数据表明,2,5,6-三氨基-4-嘧啶醇硫酸盐不是一种皮肤致敏剂 欧盟消费者安全科学委员会(SCCS)评估表明,2,5,6-三氨基-4-嘧啶醇硫酸盐作为氧化型染料在染发剂产品中使用是安全的,最大使用量 0.5%(混合后在头上的浓度)。欧盟将 2,5,6-三氨基-4-嘧啶醇硫酸盐作为染料偶合剂(或称颜色改性剂)用于永久性(氧化型)染发剂产品中,未见它们外用不安全的报道,但使用前需要进行斑贴试验
应用	用作氧化型染发剂。如 2,5,6-三氨基-4-嘧啶醇硫酸盐 0.1% 和 2,5-二氨基甲苯硫酸盐 0.55%、4-氯间苯二酚 0.17%、间氨基苯酚 0.03% 配合,Ph=7 时在氧化剂作用下染得棕褐色头发

19 2,6-二氨基-3-[(吡啶-3-基)偶氮]吡啶

英文名称(INCI)	2,6-Diamine-3-[(pyridin-3-yl)-azo]pyridine
CAS No.	28365-08-4
EINECS No.	421-430-9
结构式	
分子式	$C_{10}H_{10}N_6$
分子量	214.23
理化性质	2,6-二氨基-3-[(吡啶-3-基)偶氮]吡啶为黄色粉末,纯度(HPLC)99.9%以上;熔点 197.7℃,沸点 265℃,紫外可见吸收光谱最大吸收波长434nm;微溶于水(室温溶解度 52.1mg/L±3.4mg/L),可溶于乙醇(室温溶解度 20～60g/L),丙二醇(室温溶解度 5～15g/L),二甲亚砜(室温溶解度>50g/L)
安全性	2,6-二氨基-3-[(吡啶-3-基)偶氮]吡啶急性经口毒性 LD_{50}:789mg/kg(大鼠);急性皮肤毒性 LD_{50}:2000mg/kg(大鼠)。根据大鼠单剂量经口毒性的分类,2,6-二氨基-3-[(吡啶-3-基)偶氮]吡啶被分类为低毒性。500mg 样品在半封闭涂敷应用于白兔修剪后的皮肤上,无刺激性。基于已有的动物研究数据表明,2,6-二氨基-3-[(吡啶-3-基)偶氮]吡啶不是皮肤致敏剂

安全性	欧盟消费者安全科学委员会(SCCS)评估表明,2,6-二氨基-3-[(吡啶-3-基)偶氮]吡啶作为氧化型染料在染发剂产品中使用是安全的,最大使用量0.25%(混合后在头上的浓度,下同),在非氧化性产品中最大使用量为0.3%。欧盟将2,6-二氨基-3-[(吡啶-3-基)偶氮]吡啶作为染料偶合剂(或称颜色改性剂)/非氧化型染料用于永久性(氧化型)染发剂产品中,未见它们外用不安全的报道。但使用前需要进行斑贴试验
应用	欧盟的标准是用作直接染发剂。美国PCPC则还可用于氧化染发剂,用量可稍大。如单独使用,用量0.25%,pH为10时,可将白发染成暖黄色。如用于氧化染发剂,2,6-二氨基-3-[(吡啶-3-基)偶氮]吡啶0.3%,与对氨基苯酚1.0%、1-萘酚0.4%、4-氨基-2-羟基甲苯0.4%、间苯二酚0.1%和甲苯-2,5-二胺硫酸盐0.1%配合,调节pH至10,在双氧水作用下染得深金色头发

20 2,6-二氨基甲苯

英文名称(INCI)	2,6-Diaminotoluene
CAS No.	823-40-5
结构式	H_2N —— CH_3 —— NH_2
分子式	$C_7H_{10}N_2$
分子量	122.17
理化性质	2,6-二氨基甲苯为浅棕色棱柱状结晶粉末,熔点104~106℃。可溶于水(15℃溶解度60g/L),也溶于乙醇、丙酮。其水溶液在光照下和空气中不稳定
安全性	2,6-二氨基甲苯急性毒性为大鼠经口LD_{50}:230mg/kg体重;1%水溶液涂敷兔损伤皮肤试验无刺激反应。美国PCPC和欧盟将2,6-二氨基甲苯作为染发剂,未见它外用不安全的报道
应用	在氧化型染发料中最大用量1%。如2,6-二氨基甲苯0.61%与四氨基嘧啶硫酸盐1.19%配合,在pH=9.5,双氧水作用下,得偏黄光的棕色头发

21 2,6-二氨基吡啶/2,6-二氨基吡啶硫酸盐

英文名称(INCI)	2,6-Diaminopyridine/2,6-Diaminopyridine Sulfate
CAS No.	141-86-6/146997-97-9
EINECS No.	205-507-2/NA
结构式	H_2N —— N —— NH_2 / HO—S(OH)(=O)(=O) H_2N —— N —— NH_2
分子式	$C_5H_7N_3$/$C_5H_9N_3O_4S$
分子量	109.1/207.2
理化性质	2,6-二氨基吡啶为灰白色或淡黄色晶体粉末,纯度(HPLC)99.7%;熔点122.1~122.6℃,沸点285℃,闪点155℃(闭杯);紫外可见吸收光谱最大吸收波长245nm±2nm和309nm±2nm;易溶于水、乙醇和二甲亚砜
安全性	2,6-二氨基吡啶急性经口毒性LD_{50}:50~300mg/kg(大鼠);根据大鼠单剂量经口毒性的分类,2,6-二氨基吡啶被分类为中毒性。3%2,6-二氨基吡啶水溶液在半封闭涂敷应用于白兔修剪后的皮肤上,无刺激性。基于已有的动物研究数据表明,2,6-二氨基吡啶是一种重度的皮肤致敏剂

安全性	欧盟消费者安全科学委员会(SCCS)评估表明,2,6-二氨基吡啶作为氧化型染料在染发剂产品中使用是安全的,最大使用量0.15%(混合后在头上的浓度),不可用于非氧化型产品。中国《化妆品安全技术规范》规定2,6-二氨基吡啶及2,6-二氨基吡啶硫酸盐作为氧化型染料在染发剂产品中最大使用量分别为0.15%和0.002%(混合后在头上的浓度,以自由基计),均不可用于非氧化型产品中。中国、美国、欧盟和日本都将2,6-二氨基吡啶作为染料偶合剂(或称颜色改性剂)用于永久性(氧化型)染发剂产品中,未见它们外用不安全的报道。但使用前需要进行斑贴试验
应用	用于氧化型染发剂。如0.5%的2,6-二氨基吡啶、1.1%的2,5,6-三氨基-4-嘧啶醇硫酸盐和0.75%的4-羟丙氨基-3-硝基苯酚配合,pH=9.5时,在氧化剂作用下,可染得深红宝石色头发

22 2,6-二甲基对苯二胺

英文名称(INCI)	2,6-Dimethyl-p-phenylenediamine
CAS No.	7218-02-2
结构式	
分子式	$C_8H_{12}N_2$
分子量	136.19
理化性质	2,6-二甲基对苯二胺为浅棕色液体,沸点282.2℃(760mmHg,1mmHg=133.3224Pa)。染发剂常用的是其二盐酸盐,可溶于水,水溶液在光照和空气中不稳定
安全性	美国PCPC将2,6-二甲基对苯二胺作为染发剂,未见它外用不安全的报道
应用	用作氧化型染发剂,最大用量1%。如2,6-二甲基-p-苯二胺盐酸盐的0.836%,与2-甲基间苯二酚0.248%和2-氯-p-苯二胺硫酸盐0.48%配合,调节pH为6.6,在双氧水作用下,可将白发染为带闪烁金光的深棕色头发

23 2,6-二甲氧基-3,5-吡啶二胺二盐酸盐

英文名称(INCI)	2,6-Dimethoxy-3,5-pyridinediamine HCl
CAS No.	56216-28-5
EINECS No.	260-062-1
结构式	
分子式	$C_7H_{13}Cl_2N_3O_2$
分子量	242.11
理化性质	2,6-二甲氧基-3,5-吡啶二胺二盐酸盐棕色至黑色白结晶固体,纯度(HPLC)60%以上(以自由基计);熔点170℃(开始分解),自燃点379℃,密度1.361g/cm³(20℃);可溶于水(在pH=1.3时溶解度>10%),也溶于50%的丙酮水溶液(在pH=1.0时溶解度为10%),在乙醇中溶解度约5.1%。在溶液或在配方中均可发生降解
安全性	2,6-二甲氧基-3,5-吡啶二胺二盐酸盐急性经口毒性LD_{50}:187.5mg/kg(雄性大鼠);LD_{50}:212.5mg/kg(雌性大鼠)。根据大鼠单剂量经口毒性的分类,2,6-二甲氧基-3,5-吡啶二胺二盐酸盐被分类为中毒性。3%2,6-二甲氧基-3,5-吡啶二胺二盐酸盐水溶液在半封闭涂敷应用于白兔修剪后的皮肤上,无刺激性。基于已有的动物研究数据表明,2,6-二甲氧基-3,5-吡啶二胺二盐酸是一种皮肤致敏剂

安全性	欧盟消费者安全科学委员会(SCCS)评估表明,2,6-二甲氧基-3,5-吡啶二胺二盐酸盐作为氧化型染料在染发剂产品中使用是安全的,最大使用量 0.25%(混合后在头上的浓度),不可用于非氧化型产品。中国《化妆品安全技术规范》规定 2,6-二甲氧基-3,5-吡啶二胺二盐酸盐作为氧化型染料在染发剂产品中最大使用量 0.25%(混合后在头上的浓度),不可用于非氧化型产品。欧盟和中国都将 2,6-二甲氧基-3,5-吡啶二胺二盐酸盐作为染料偶合剂(或称颜色改性剂)用于永久性(氧化型)染发剂产品中,未见它们外用不安全的报道。但使用前需要进行斑贴试验
应用	用作氧化型染发剂。如 2,6-二甲氧基-3,5-吡啶二胺盐酸盐 0.61%和(甲氧基甲基)苯-1,4-二胺盐酸盐 0.56%配合,pH=10~10.5,在双氧水作用下,染得蓝光黑色头发

24 2,6-二羟基-3,4-二甲基吡啶

英文名称(INCI)	2,6-Dihydroxy-3,4-dimethylpyridine
CAS No.	84540-47-6
EINECS No.	283-141-2
结构式	
分子式	$C_7H_9NO_2$
分子量	139.15
理化性质	2,6-二羟基-3,4-二甲基吡啶为浅黄色至米黄色粉末,纯度(HPLC)99.7%(314nm);熔点 185~191℃;难溶于水(室温溶解度<1g/L),难溶于乙醇(室温溶解度<1g/L),可溶于二甲亚砜(室温溶解度 3~30g/L)。其溶液在空气中色泽会加深
安全性	2,6-二羟基-3,4-二甲基吡啶急性经口毒性 LD_{50}:2500~5000mg/kg(大鼠)。根据大鼠单剂量经口毒性的分类,2,6-二羟基-3,4-二甲基吡啶被分类为微毒性。500mg 样品用水湿润半封闭涂敷应用于白兔剪剪后的皮肤上,无刺激性。基于已有的动物研究数据表明,2,6-二羟基-3,4-二甲基吡啶是一种可能的皮肤致敏剂 欧盟消费者安全科学委员会(SCCS)评估表明,2,6-二羟基-3,4-二甲基吡啶作为氧化型染料在染发剂产品中使用是安全的,最大使用量 1%(混合后在头上的浓度)。欧盟将 2,6-二羟基-3,4-二甲基吡啶作为染料偶合剂(或称颜色改性剂)用于永久性(氧化型)染发剂产品中,未见它们外用不安全的报道。但使用前需要进行斑贴试验
应用	可用作氧化型染发剂,也可用作直接染料。如 2,6-二羟基-3,4-二甲基吡啶 0.66%,与 2-甲基间苯二酚 0.48%、甲苯-2,5-二胺硫酸盐 0.6%、羟乙基-p-苯二胺 0.6%、间苯二酚 0.21%、四氨基嘧啶 3.0%、4-氨基-m-甲酚 0.16%、5-氨基-6-氯-o-甲酚 0.11%、4-氨基-2-羟基甲苯 0.03%和 1,5-萘二酚 0.002%配合,调节 pH 至 8.5,可将白发染得石榴石样深红色

25 2,6-二羟乙基氨甲苯

英文名称(INCI)	2,6-Dihydroxyethylaminotoluene
CAS No.	149330-25-6
EINECS No.	443-210-1
结构式	
分子式	$C_{11}H_{18}N_2O_2$

分子量	210.28
理化性质	2,6-二羟乙基氨甲苯为类白色或淡棕色结晶性粉末,纯度(HPLC)99.7%以上;熔点115～121℃;紫外可见吸收光谱最大吸收波长221nm,293nm;可溶于水(20℃溶解度33.9g/L),溶于乙醇(20℃溶解度10～100g/L),易溶于二甲亚砜(20℃溶解度>100g/L)。水溶液可以被空气氧化
安全性	2,6-二羟乙基氨甲苯急性经口毒性 LD_{50} >2000mg/kg(大鼠),根据大鼠单剂量经口毒性的分类,2,6-二羟乙基氨甲苯被分类为低毒性。500mg样品用水湿润半封闭涂敷应用于白兔修剪后的皮肤上,无刺激性。基于已有的动物研究数据表明,2,6-二羟乙基氨甲苯不是皮肤致敏剂 欧盟消费者安全科学委员会(SCCS)评估表明,2,6-二羟乙基氨甲苯作为氧化型染料在染发剂产品中使用是安全的,最大使用量1%(混合后在头上的浓度,下同);在非氧化型产品中最大使用量为1%。中国《化妆品安全技术规范》规定2,6-二羟乙基氨甲苯作为氧化型染料在染发剂产品中最大使用量1%(混合后在头上的浓度);不可用于非氧化型产品。欧盟和中国都将2,6-二羟乙基氨甲苯作为染料偶合剂(或称颜色改性剂)/非氧化型染料用于永久性(氧化型)染发剂产品中,未见它们外用不安全的报道。但使用前需要进行斑贴试验
应用	用作氧化型染发剂,不可用于非氧化型染发剂产品。2,6-二羟乙基氨甲苯和不同的染料中间体复配,在碱性条件和双氧水作用下,在白发上可染得不同的色调,如和对氨基苯酚复配,在白发上可染得紫红色;和四氨基嘧啶硫酸盐复配可染得亮玫红色。如等摩尔的2,6-二羟乙基氨甲苯和羟乙基-p-苯二胺硫酸盐混合,此混合物用量3.45%,pH=10时在双氧水作用下,可染得紫色头发

26 2,6-双(2-羟乙氧基)-3,5-吡啶二胺盐酸盐

英文名称(INCI)	2,6-Bis(2-hydroxyethoxy)-3,5-pyridinediamine HCl
结构式	
分子式	$C_9H_{17}Cl_2N_3O_4$
分子量	302.19
理化性质	2,6-双(2-羟乙氧基)-3,5-吡啶二胺盐酸盐为淡绿色粉末,可溶于水,也溶于甲醇。其水溶液在空气中不稳定
安全性	美国PCPC将2,6-双(2-羟乙氧基)-3,5-吡啶二胺盐酸盐作为头发着色剂,未见它外用不安全的报道
应用	用作染发剂,如2-(2-羟乙氧基)-3,5-吡啶二胺盐酸盐和对苯二胺等摩尔混合,此混合物的0.82%在pH=9.5时,在双氧水作用下,将白发染成蓝色

27 2,7-萘二酚

英文名称(INCI)	2,7-Naphthalenediol
CAS No.	582-17-2
EINECS No.	209-478-7
结构式	
分子式	$C_{10}H_8O_2$
分子量	160.17

理化性质	2,7-萘二酚亮灰色到灰白色粉末,纯度(HPLC)99%以上;熔点184～185℃,紫外可见吸收光谱最大吸收波长229nm;微溶于水(室温溶解度1～10g/L),易溶于乙醇和二甲亚砜(室温溶解度＞100g/L),也溶于乙醚和热水,微溶于苯和氯仿,几乎不溶于轻石油。溶液在空气中色泽迅速变深
安全性	2,7-萘二酚急性经口毒性LD$_{50}$:2160mg/kg(大鼠),根据大鼠单剂量经口毒性的分类,2,7-萘二酚被分类为低毒性。500mg样品润湿后在半封闭涂敷应用于白兔修剪后的皮肤上,无刺激性。基于已有的动物研究数据表明,2,7-萘二酚是一种中度的皮肤致敏剂 欧盟消费者安全科学委员会(SCCS)评估表明,2,7-萘二酚作为氧化型染料在染发剂产品中使用是安全的,最大使用量1.0%(混合后在头上的浓度,下同);在非氧化型产品中最大使用量为1.0%。中国《化妆品安全技术规范》规定2,6-二羟乙基氨甲苯作为氧化型染料在染发剂产品中最大使用量0.5%(混合后在头上的浓度,下同);在非氧化型产品中最大使用量为1.0%。欧盟和中国都将2,7-萘二酚作为染料偶合剂(或称颜色改性剂)/非氧化型染料用于永久性(氧化型)染发剂产品中,未见它们外用不安全的报道。但使用前需要进行斑贴试验
应用	用作氧化型染料和非氧化型染料。2,7-萘二酚和不同的染料中间体复配在头发上可染得不同的色调,如和甲苯-2,5-二胺硫酸盐复配时,在碱性条件和双氧水作用下,在白发上可染得亚麻青色;和N,N-双(2-羟乙基)对苯二胺硫酸盐复配在白发上也染得灰绿色。如非氧化型染料:2,7-萘二酚与羟丙基双(N-羟乙基-p-苯二胺)盐酸盐、2,5,6-三氨基-4-嘧啶醇硫酸盐和2,4-二氨基苯氧基乙醇二盐酸盐等摩尔配合,pH=10,用量0.35%,可染得深蓝色头发。如作为氧化型染料;2,7-萘二酚与四氨基嘧啶硫酸盐等摩尔配合,pH=9.5,用量0.35%,在双氧水作用下,可染得偏黄的棕色

28 2-氨基-3-羟基吡啶

英文名称(INCI)	2-Amino-3-hydroxypyridine
CAS No.	16867-03-1
EINECS No.	240-886-8
结构式	
分子式	C$_5$H$_6$N$_2$O
分子量	110.12
理化性质	2-氨基-3-羟基吡啶为白色或灰白色粉末,纯度(HPLC)95%以上;熔点172℃,紫外可见吸收光谱最大吸收波长208nm,238nm,307nm;可溶于水和乙醇(室温溶解度10～100g/L),水中溶解度3g/100mL(20℃),可溶于二甲亚砜(室温溶解度50～200g/L)。其水溶液稳定性好
安全性	2-氨基-3-羟基吡啶急性经口毒性LD$_{50}$:500mg/kg(大鼠)。根据大鼠单剂量经口毒性的分类,2-氨基-3-羟基吡啶被分类为中毒性。500mg 2-氨基-3-羟基吡啶用水湿润后在半封闭涂敷应用于白兔修剪后的皮肤上,无刺激性。基于已有的动物研究数据表明,2-氨基-3-羟基吡啶不是皮肤致敏剂 欧盟消费者安全科学委员会(SCCS)评估表明,2-氨基-3-羟基吡啶作为氧化型染料在染发剂产品中使用是安全的,最大使用量1%(混合后在头上的浓度)。中国《化妆品安全技术规范》规定2-氨基-3-羟基吡啶作为氧化型染料在染发剂产品中最大使用量0.3%(混合后在头上的浓度),不可用于非氧化型产品。欧盟和中国都将2-氨基-3-羟基吡啶作为染料偶合剂(或称颜色改性剂)用于永久性(氧化型)染发剂产品中,未见它们外用不安全的报道。但使用前需要进行斑贴试验
应用	用作氧化型染发剂,不可用于非氧化型染发剂产品。2-氨基-3-羟基吡啶和不同的染料中间体复配时在头发上可染得不同的色调,当和对氨基苯酚复配时会产生金黄色色调;当和甲苯-2,5-二胺硫酸盐或者乙基对苯二胺硫酸盐复配时,会产生枣红色色调。也可单独使用,如0.1%的2-氨基-3-羟基吡啶在pH=7和双氧水的作用下,染得棕红色头发。更多的是与其他氧化型染料配合。如2-氨基-3-羟基吡啶0.5%、2,5,6-三氨基-4-嘧啶醇硫酸盐1.1%和4-羟丙氨基-3-硝基苯酚0.75%配合,pH=9.5在氧化剂作用下,染得朱红色的头发

29 2-氨基-3-硝基苯酚

英文名称（INCI）	2-Amino-3-nitrophenol
CAS No.	603-85-0
结构式	
分子式	$C_6H_6N_2O_3$
分子量	154.1
理化性质	2-氨基-3-硝基苯酚棕红色结晶，熔点 212～213℃。微溶于水和乙醇。市售品采用其丙二醇的悬浮液形式，为棕红色溶液
安全性	2-氨基-3-硝基苯酚急性毒性为大鼠经口 LD_{50}＞2000mg/kg；500mg 湿品斑贴于兔损伤皮肤试验无刺激。美国 PCPC 将 2-氨基-3-硝基苯酚用作染发剂，未见外用不安全的报道。但使用前须进行斑贴试验
应用	用作氧化型染发剂，最大用量 2%。如 2-氨基-3-硝基苯酚 0.3%，与 N-甲氧乙基-p-苯二胺 HCl 的 1.3%、间苯二酚 0.6%、间氨基苯酚 0.65%、2,4-二氨基苯氧基乙醇 HCl 的 0.03%、N,N′-双(2-羟乙基)-2-硝基-p-苯二胺 0.3%、2-羟丙氨基-5-羟乙氨基硝基苯 0.25%配合，调节 pH 为 9.5，在双氧水作用下，在深栗色的头发上可漂染得有闪光的浅栗色

30 2-氨基-4-羟乙氨基茴香醚/2-氨基-4-羟乙氨基茴香醚硫酸盐

英文名称（INCI）	2-Amino-4-hydroxyethylaminoanisole/sulfate
CAS No.	83763-47-7/83763-48-8
EINECS No.	280-733-2/280-734-8
结构式	
分子式	$C_9H_{14}N_2O_2/C_9H_{16}N_2O_6S$
分子量	182.2/280.3
理化性质	2-氨基-4-羟乙氨基茴香醚/硫酸盐为灰蓝色粉末，纯度（HPLC）99%以上；熔点 138.4～146.5℃，密度 1.541g/mL(20℃)；可溶于水(20℃溶解度约 82g/L，pH=2.3)，微溶于乙醇(20℃溶解度＜10g/L)，微溶于 50%丙酮水溶液(20℃溶解度＞5g/L，pH=2.1)。其水溶液在光照和空气中有分解
安全性	2-氨基-4-羟乙氨基茴香醚硫酸盐急性经口毒性 LD_{50}：475～588mg/kg(大鼠)。根据大鼠单剂量经口毒性的分类，2-氨基-4-羟乙氨基茴香醚硫酸盐被分类为中毒性。0.5g 染发剂样品(含 3% 2-氨基-4-羟乙氨基茴香醚硫酸盐)在半封闭涂敷应用于白兔修剪后的皮肤上，有轻微刺激性 欧盟消费者安全科学委员会(SCCS)以及中国《化妆品安全技术规范》规定 2-氨基-3-羟基吡啶作为氧化型染料在染发剂产品中最大使用量 1.5%(混合后在头上的浓度)，不可用于非氧化型产品。欧盟和中国将 2-氨基-4-羟乙氨基茴香醚硫酸盐作为染料中间体用于永久性(氧化型)染发剂产品中，未见它们外用不安全的报道。但使用前需要进行斑贴试验

应用	用作发用氧化型染料,不可用于非氧化型染发剂产品。2-氨基-4-羟乙氨基茴香醚硫酸盐和不同的染料中间体复配,在碱性条件和双氧水作用下,在白发上可染得不同的色调,如和对氨基苯酚复配,在白发上可染得酒红色;和甲苯-2,5-二胺硫酸盐复配可产生蓝黑色;和四氨基嘧啶硫酸盐复配可产生青绿色。又如 2-氨基-4-羟乙氨基茴香醚硫酸盐 1.5%,与 4,5-二氨基-1-甲基吡唑二盐酸盐 1.0%、甲苯-2,5-二胺硫酸盐 2.0% 和 4-硝基苯氨基乙基脲 0.1% 配合,在 pH=10 和双氧水作用下,将白发染成黑色

31 2-氨基-5-乙基苯酚盐酸盐

英文名称(INCI)	2-Amino-5-ethylphenol HCl
CAS No.	149861-22-3
结构式	
分子式	$C_8H_{12}ClNO$
分子量	173.64
理化性质	2-氨基-5-乙基苯酚盐酸盐为米黄色粉末,纯度(HPLC)98% 以上,熔点 218℃,沸点 225℃,密度 1.22g/cm³;易溶于水(20℃溶解度 428g/L),易溶于丙酮(20℃溶解度>150g/L),易溶于二甲亚砜(20℃溶解度>200g/L)。水溶液在光照和空气下有降解
安全性	2-氨基-5-乙基苯酚盐酸盐急性经口毒性 LD$_{50}$:1476mg/kg(大鼠)。根据大鼠单剂量经口毒性的分类,2-氨基-5-乙基苯酚盐酸盐被分类为低毒性。将 2-氨基-5-乙基苯酚盐酸盐作纯物质直接与雌性大鼠皮肤接触试验,有刺激性。基于已有的动物研究数据表明,2-氨基-5-乙基苯酚盐酸盐是一种中度的皮肤致敏剂 欧盟消费者安全科学委员会(SCCS)评估表明,2-氨基-5-乙基苯酚盐酸盐作为氧化型染料在染发剂产品中使用是安全的,最大使用量 1.0%(在配方中的浓度)。欧盟将 2-氨基-5-乙基苯酚盐酸盐作为染料中间体用于永久性(氧化型)染发剂产品中,未见它们外用不安全的报道。但使用前需要进行斑贴试验
应用	用作染发料。如 0.3% 的 2-氨基-5-乙基苯酚盐酸盐单独使用,在 pH=9.5 和双氧水作用下,染得藏红花似的橘黄色头发。2-氨基-5-乙基苯酚盐酸盐一般与其他染料配合染色

32 2-氨基-6-氯-4-硝基苯酚

英文名称(INCI)	2-Amino-6-chloro-4-nitrophenol
CAS No.	6358-09-4
EINECS No.	228-762-1
结构式	
分子式	$C_6H_5ClN_2O_3$
分子量	188.57
理化性质	2-氨基-6-氯-4-硝基苯酚为黄-绿色粉末,纯度(HPLC)99.8% 以上;熔点 159~163℃,沸点 170℃(开始分解),密度 1.488g/mL(20℃);微溶于水(25℃溶解度 0.045%)。易溶于乙醇和二甲亚砜(室温溶解度>10%),在 50% 丙酮水溶液的溶解度为 8.7%。溶于酸性水溶液,呈橙色。水溶液稳定性好

安全性	2-氨基-6-氯-4-硝基苯酚急性经口毒性 LD_{50} >2000mg/kg(大鼠),根据大鼠单剂量经口毒性的分类,2-氨基-6-氯-4-硝基苯酚被分类为低毒性。0.5mL 5%的丙二醇稀释液(pH=6.0)半封闭涂敷应用于白兔修剪后的皮肤上,无刺激性。基于已有的动物研究数据表明,2-氨基-6-氯-4-硝基苯酚具有一定的皮肤致敏性 欧盟消费者安全科学委员会(SCCS)评估表明,2-氨基-6-氯-4-硝基苯酚作为氧化型染料在染发剂产品中使用是安全的,最大使用量2.0%(混合后在头上的浓度,下同);在非氧化型产品中最大使用量为2.0%。中国《化妆品安全技术规范》规定2-氨基-6-氯-4-硝基苯酚作为氧化型染料在染发剂产品中最大使用量1.0%(混合后在头上的浓度,下同);在非氧化型产品中最大使用量为2.0%。中国、美国、欧盟和日本都将2-氨基-6-氯-4-硝基苯酚作为染料中间体/非氧化型染料用于永久性(氧化型)染发剂产品中,未见它们外用不安全的报道。但使用前需要进行斑贴试验
应用	用作半永久性染发剂,也可在氧化型染料中使用。如2-氨基-6-氯-4-硝基苯酚0.3%和羟乙基-p-苯二胺硫酸盐0.67%、间二苯酚0.2%、2-甲基间二苯酚0.2%配合,在pH=9.5和双氧水作用下,染得带金光的棕色

33 2-氨甲基对氨基苯酚盐酸盐

英文名称(INCI)	2-Aminomethyl-p-aminophenol HCl
CAS No.	135043-64-0
结构式	
分子式	$C_7H_{12}Cl_2N_2O$
分子量	211.1
理化性质	2-氨甲基对氨基苯酚盐酸盐为淡黄色粉末,熔点246℃。可溶于水(室温溶解度约5%),稍溶于乙醇
安全性	2-氨甲基对氨基苯酚盐酸盐急性毒性为雌性大鼠经口 LD_{50}:500mg/kg;5.5%水溶液涂敷豚鼠损伤皮肤试验无刺激。美国PCPC和欧盟将2-氨甲基对氨基苯酚盐酸盐作为染发剂,未见它们外用不安全的报道
应用	在氧化型染发剂中最大用量3%。如2-氨甲基对氨基苯酚盐酸盐0.35%,与羟乙基-p-苯二胺硫酸盐0.25%、2-氨基-6-氯-4-硝基苯酚0.02%、1-羟乙基-4,5-二氨基吡唑硫酸盐0.0001%、6-氨基-m-甲酚0.35%配合,在pH=9.5和双氧水作用下,染得带点紫的红棕色

34 2-甲基-1-萘酚

英文名称(INCI)	2-Methyl-1-naphthol
CAS No.	7469-77-4
EINECS No.	231-265-2
结构式	
分子式	$C_{11}H_{10}O$
分子量	158.2
理化性质	2-甲基-1-萘酚为白色粉末,纯度(HPLC)97.7%以上,熔点63.7~64.5℃;微溶于水(室温溶解度0.28~0.42mg/mL),易溶于乙醇(室温溶解度139~208mg/mL)和二甲亚砜(275~413mg/mL)

安全性	2-甲基-1-萘酚急性经口毒性 LD_{50}:500~2000mg/kg(大鼠)。根据大鼠单剂量经口毒性的分类,2-甲基-1-萘酚被分类为低毒性。5%甲基纤维素水溶液在半封闭涂敷应用于白兔修剪后的皮肤上,有极轻微的刺激性。基于已有的动物研究数据表明,2-甲基-1-萘酚不是皮肤致敏剂 欧盟消费者安全科学委员会(SCCS)评估表明,2-甲基-1-萘酚作为氧化型染料在染发剂产品中使用是安全的,最大使用量2%(混合后在头上的浓度)。中国《化妆品安全技术规范》规定2-甲基-1-萘酚作为氧化型染料在染发剂产品中最大使用量1.0%(混合后在头上的浓度),不可用于非氧化型产品中。欧盟将2-甲基-1-萘酚作为染料偶合剂(或称颜色改性剂)用于永久性(氧化型)染发剂产品中,未见它们外用不安全的报道。但使用前需要进行斑贴试验
应用	用作氧化型染料。如 2-甲基-1-萘酚 1.28%和4-氨基-m-甲酚 1.0%配合,调节 pH 至 3,在双氧水作用下染得红色

35 2-甲基-5-羟乙氨基苯酚

英文名称(INCI)	2-Methyl-5-hydroxyethylaminophenol
CAS No.	55302-96-0
EINECS No.	259-583-7
结构式	
分子式	$C_9H_{13}NO_2$
分子量	167.21
理化性质	2-甲基-5-羟乙氨基苯酚为米黄色结晶,无味,纯度(HPLC)98.7%以上;熔点 88.6~93.6℃;紫外可见吸收光谱最大吸收波长 206.4nm,243.4nm,295.8nm;可溶于水(20℃溶解度37g/L),易溶于乙醇和二甲亚砜(20℃溶解度≥200g/L)。其水溶液和乙醇溶液稳定性均好
安全性	2-甲基-5-羟乙氨基苯酚急性经口毒性 LD_{50}>2000mg/kg(大鼠),根据大鼠单剂量经口毒性的分类,2-甲基-5-羟乙氨基苯酚被分类为低毒性。基于已有的动物研究数据表明,2-甲基-5-羟乙氨基苯酚不是皮肤致敏剂 欧盟消费者安全科学委员会(SCCS)评估表明,2-甲基-5-羟乙氨基苯酚作为氧化型染料在染发剂产品中使用是安全的,最大使用量 1.5%(混合后在头上的浓度)。中国《化妆品安全技术规范》规定2-甲基-5-羟乙氨基苯酚作为氧化型染料在染发剂产品中最大使用量 1.0%(混合后在头上的浓度),不可用于非氧化型产品中。中国、美国和欧盟都将2-甲基-5-羟乙氨基苯酚作为染料中间体用于永久性(氧化型)染发剂产品中,未见它们外用不安全的报道。但使用前需要进行斑贴试验
应用	用于氧化型发用染料。如 2-甲基-5-羟乙氨基苯酚 0.95%、对氨基苯酚 0.05%、间氨基苯酚 0.3%、甲基对苯二胺 0.8%和 HC 蓝 No.14 0.30%配合,调节 pH 为 10,在双氧水作用下,染得具紫光的栗色头发

36 2-甲基间苯二酚

英文名称(INCI)	2-Methylresorcinol
CAS No.	608-25-3
EINECS No.	210-155-8
结构式	

分子式	$C_7H_8O_2$
分子量	124.17
理化性质	2-甲基间苯二酚为无色或浅棕色结晶性粉末,纯度(HPLC)98.3%以上;熔点 116~123℃;易溶于水、甲醇和乙醇,水中溶解度 263g/L(20℃)
安全性	甲基间苯二酚急性经口毒性 LD_{50}:390mg/kg(大鼠),根据大鼠单剂量经口毒性的分类,2-甲基间苯二酚被分类为中等性。500mg 样品湿润后半封闭涂敷应用于白兔修剪后的皮肤上,出现暂时轻微的刺激。基于已有的动物研究数据表明,2-甲基间苯二酚是一种中度的皮肤致敏剂。添加有 2-甲基间苯二酚的染发剂产品,在产品标签上需标注警示语"含 2-甲基间苯二酚" 欧盟消费者安全科学委员会(SCCS)评估表明,2-甲基间苯二酚作为氧化型染料在染发剂产品中使用是安全的,最大使用量1.8%(混合后在头上的浓度,下同),在非氧化型产品中最大使用量为1.8%。中国《化妆品安全技术规范》规定 2-甲基间苯二酚作为氧化型染料在染发剂产品中最大使用量 1.0%(混合后在头上的浓度,下同),在非氧化型产品中最大使用量为1.8%。中国、美国和欧盟都将 2-甲基间苯二酚作为染料偶合剂(或称颜色改性剂)/非氧化型染料用于永久性(氧化型)染发剂产品中,未见它们外用不安全的报道。但使用前需要进行斑贴试验
应用	在染料中用作偶合剂。2-甲基间苯二酚和不同的染料中间体复配时在头发上可染得不同的色调,当和对苯二胺复配时,会产生黄棕色;和对氨基苯酚复配时会产生灰紫色调。如 2-甲基间苯二酚0.18%与甲苯-2,5-二胺硫酸盐 0.32%、分散黑 9 0.3% 和 2-氨基-6-氯-4-硝基苯酚 0.2%配合,在pH=9~10 时,在双氧水作用下,染得深金色头发

37　2-甲氧基对苯二胺硫酸盐

英文名称(INCI)	2-Methoxy-p-phenylenediamine Sulfate
CAS No.	42909-29-5
EINECS No.	255-999-8
结构式	
分子式	$C_7H_{12}N_2O_5S$
分子量	236.2
理化性质	2-甲氧基对苯二胺硫酸盐为白色或淡黄色结晶粉末,纯度(HPLC)96%以上;熔点 107℃,沸点299.1℃,闪点159℃。稍溶于水(室温溶解度约 5g/L),溶于乙醇(20℃溶解度<10g/L),易溶于二甲亚砜
安全性	2-甲氧基对苯二胺硫酸盐急性毒性为大鼠经口 LD_{50}:70mg/kg。美国 PCPC 将 2-甲氧基对苯二胺硫酸盐作为头发着色剂,未见它们外用不安全的报道
应用	用作氧化型染发剂,最大用量 1.0%。如 2-甲氧基对苯二胺硫酸盐与 5-氨基-4-氯-o-甲酚等摩尔混合,此混合物的 0.3%在 pH=9.5 时,在双氧水作用下,可将白发染得深紫色

38　2-甲氧基甲基对氨基酚盐酸盐

英文名称(INCI)	2-Methoxymethyl-p-aminophenol HCl
CAS No.	135043-65-1
结构式	

分子式	$C_8H_{12}ClNO_2$
分子量	189.6
理化性质	2-甲氧基甲基对氨基酚盐酸盐为浅棕色粉末,可溶于水,稍溶于乙醇、异丙醇。其水溶液在光照和空气中不稳定
安全性	美国 PCPC 将 2-甲氧基甲基对氨基酚盐酸盐作为染发剂,未见它们外用不安全的报道
应用	可用作半永久性染发剂,也可用于氧化型染发剂。如 2-甲氧基甲基对氨基酚盐酸盐的 0.5%,与 4-氨基-m-甲酚 1.0%、4-氨基-2-羟基甲苯 1.5%配合,在 pH=9.7 时,将白发染为强烈的铜棕色。又如 2-甲氧基甲基对氨基酚盐酸盐 0.46%,与 2,4-二氨基苯氧基乙醇盐酸盐 0.723%配合,在 pH=6.7 和双氧水作用下,可染得有紫铜光泽的棕色

39 2-甲氧基甲基对苯二胺/2-甲氧基甲基对苯二胺硫酸盐

英文名称(INCI)	Methoxymethyl-p-phenylenediamine/Methoxymethyl-p-phenylene diamine Sulfate
CAS No.	337906-36-2/337906-37-3
结构式	
分子式	$C_8H_{12}N_2O/C_8H_{12}N_2O \cdot H_2SO_4$
分子量	152.2/250.28
理化性质	2-甲氧基甲基对苯二胺为白色或类白色粉末,熔点 80.7~81.1℃,易溶于水(20℃溶解度 284g/L,pH=8.87)。2-甲氧基甲基-p-苯二胺硫酸盐熔点 200℃(开始分解),也溶于水(20℃溶解度 119g/L,pH=1.82)
安全性	2-甲氧基甲基对苯二胺急性毒性为大鼠经口 LD_{50}:91~122mg/kg;对兔皮肤试验无刺激。2-甲氧基甲基对苯二胺硫酸盐急性毒性为大鼠经口 LD_{50}:150~200mg/kg。欧盟和美国 PCPC 将 2-甲氧基甲基对苯二胺及其硫酸盐作为染发剂,未见它们外用不安全的报道。使用前需进行斑贴试验
应用	用于氧化型染发,最大用量 1.8%。如 2-甲氧基甲基对苯二胺硫酸盐 0.62%和间苯二酚 0.28%配合,调节 pH 至 6.6,在双氧水作用下染得棕色头发

40 2-氯-5-硝基-N-羟乙基对苯二胺

英文名称(INCI)	2-Chloro-5-nitro-N-hydroxyethyl-p-phenylenediamine
CAS No.	50610-28-1
结构式	
分子式	$C_8H_{10}ClN_3O_3$
分子量	231.64
理化性质	2-氯-5-硝基-N-羟乙基对苯二胺,熔点 130~131℃,稍溶于水,可溶于乙醇、异丙醇。溶液呈紫红色

安全性	2-氯-5-硝基-N-羟乙基对苯二胺急性毒性为大鼠经口 LD_{50}：2850mg/kg；0.25％水溶液涂敷豚鼠皮肤试验无刺激。美国 PCPC 和欧盟将 2-氯-5-硝基-N-羟乙基对苯二胺作为染发剂，未见它外用不安全的报道。使用前需进行斑贴试验
应用	可用作直接染发剂，最大用量 1％；也用于氧化型染发剂。如 2-氯-5-硝基-N-羟乙基对苯二胺 0.2％，与甲苯-2,5-二胺硫酸盐 0.8％、间苯二酚 0.2％、间氨基苯酚 0.05％配合，在 pH＝9 和双氧水作用下，染出金黄色头发

41　2-氯-6-乙氨基-4-硝基苯酚

英文名称（INCI）	2-Chloro-6-ethylamino-4-nitrophenol
CAS No.	131657-78-8
EINECS No.	411-440-1
结构式	
分子式	$C_8H_9ClN_2O_3$
分子量	216.6
理化性质	2-氯-6-乙氨基-4-硝基苯酚为橙红色粉末，纯度（HPLC）99％以上；熔点 134.6℃，沸点 138.8℃（开始分解）；紫外可见吸收光谱最大吸收波长 207nm，280nm 和 453nm；微溶于水（22℃溶解度 104.7mg/L），易溶于乙醇和二甲亚砜（22℃溶解度大于 10％），可溶于 50％的丙酮水溶液（22℃溶解度为 2.6％），呈橙色。经放置其水溶液在光照和空气中有分解
安全性	2-氯-6-乙氨基-4-硝基苯酚急性经口毒性 LD_{50}：1461mg/kg（雌性大鼠），2026mg/kg（雄性大鼠）和 1728mg/kg（雌雄混合大鼠），根据大鼠单剂量经口毒性的分类，2-氯-6-乙氨基-4-硝基苯酚被分类为低毒性。0.5mL 3％的丙二醇溶液在半封闭涂敷应用于白兔修剪后的皮肤上，无刺激性。基于已有的动物研究数据表明，2-氯-6-乙氨基-4-硝基苯酚是一种潜在的皮肤致敏剂 欧盟消费者安全科学委员会（SCCS）评估表明，2-氯-6-乙氨基-4-硝基苯酚作为氧化型染料在染发剂产品中使用是安全的，最大使用量 1.5％（混合后在头上的浓度，下同），在非氧化型产品中最大使用量为 3％。欧盟将 2-氯-6-乙氨基-4-硝基苯酚作为染料中间体/非氧化型染料用于永久性（氧化型）染发剂产品中，未见它们外用不安全的报道。但使用前需要进行斑贴试验
应用	用作氧化型染发料和半永久性染发料。如 2-氯-6-乙氨基-4-硝基苯酚 0.5％、羟乙基-p-苯二胺硫酸盐 0.3％和 4-氨基-2-羟基甲苯 0.1％配合，在 pH＝9.5 和双氧水作用下，可染出德国人特征的金色头发

42　2-氯对苯二胺/2-氯对苯二胺硫酸盐

英文名称（INCI）	2-Chloro-p-phenylenediamine/2-Chloro-p-phenylenediamine Sulfate
CAS No.	615-66-7/61702-44-1（硫酸盐）
EINECS No.	210-441-2/262-915-3（硫酸盐）
结构式	
分子式	$C_6H_7ClN_2/C_6H_9ClN_2O_4S$

分子量	142.59/240.66
理化性质	2-氯对苯二胺为无色或淡黄色结晶,纯度(HPLC)99%以上,熔点 64℃,紫外可见吸收光谱最大吸收波长 245nm,307nm;可溶于水和乙醇。2-氯对苯二胺硫酸盐为淡红色到灰白色粉末,纯度(HPLC)95%以上,熔点 251～253℃,可溶于水
安全性	2-氯对苯二胺急性经口毒性 LD_{50}:1190mg/kg(大鼠)。根据大鼠单剂量经口毒性的分类,2-氯对苯二胺被分类为低毒性。2.5%水溶液在半封闭涂敷应用于白兔修剪后的皮肤上,无刺激性。基于已有的动物研究数据表明,2-氯对苯二胺是一种强皮肤致敏剂 欧盟消费者安全科学委员会(SCCS)评估表明,2-氯对苯二胺作为氧化型染料在染发剂产品中使用是安全的,最大使用量 4.6%(混合后在头上的浓度)。欧盟将 2-氯对苯二胺作为染料中间体用于永久性(氧化型)染发剂产品中,未见它们外用不安全的报道。但使用前需要进行斑贴试验
应用	用作发用染料,2-氯对苯二胺的最大用量为 4.6%。如 2-氯对苯二胺硫酸盐 0.48%、2,6-二甲基对苯二胺盐酸盐的 0.836%;2-甲基间苯二酚的 0.248%配合,在 pH=6.6 和双氧水的作用下,染得带闪烁金光的深棕色

43 2-萘酚

英文名称(INCI)	2-Naphthol
CAS No.	153-19-2
结构式	
分子式	$C_{10}H_8O$
分子量	144.17
理化性质	2-萘酚为白色至红色片状晶体,熔点 121.6℃。不溶于冷水,易溶于热水。溶于乙醇、甲醇(室温溶解度 100g/L)、乙醚、氯仿、甘油及碱液。其溶液在空气中色泽会加深
安全性	2-萘酚可用作防腐剂,我国规定可用于柑橘保鲜,最大使用量为 0.1g/kg,残留量不大于 70mg/kg。2-萘酚急性毒性为大鼠经口 LD_{50}:2420mg/kg。美国 PCPC 将 2-萘酚作为头发着色剂,未见它们外用不安全的报道
应用	用作染发料。如 2-萘酚和盐酸二甲基哌嗪氨基吡唑吡啶等摩尔混合,此混合物用入 0.925%,调节 pH 为 2.2,在双氧水作用下,将白发染为偏蓝紫光的棕色

44 2-羟乙氨基-5-硝基茴香醚

英文名称(INCI)	2-Hydroxyethylamino-5-nitroanisole
CAS No.	66095-81-6
EINECS No.	266-138-0
结构式	
分子式	$C_9H_{12}N_2O_4$
分子量	212.21

理化性质	2-羟乙氨基-5-硝基茴香醚为橙至红色粉末,纯度(HPLC)99％以上;熔点83~90℃;紫外可见吸收光谱最大吸收波长 228.0nm,264.0nm 和 400.0nm(在 95％乙醇中);微溶于水(20℃溶解度 603mg/L±5mg/L),可溶于乙醇(22℃溶解度 1~10g/100mL)。易溶于二甲亚砜(22℃溶解度≥20g/100mL)
安全性	2-羟乙氨基-5-硝基茴香醚急性经口毒性 LD_{50}:1000mg/kg(大鼠)。根据大鼠单剂量经口毒性的分类,2-羟乙氨基-5-硝基茴香醚被分类为低毒性。10％ 2-羟乙氨基-5-硝基茴香醚水溶液在半封闭涂敷应用于白兔修剪后的皮肤上,有瞬时轻微的刺激性。基于已有的动物研究数据表明,2-羟乙氨基-5-硝基茴香醚不是一种皮肤致敏剂 欧盟消费者安全科学委员会(SCCS)评估表明,2-羟乙氨基-5-硝基茴香醚作为非氧化型染料在染发剂产品中使用是安全的,最大使用量 0.2％(混合后在头上的浓度)。未见它们外用不安全的报道。但使用前需要进行斑贴试验
应用	限用于半永久性染发剂。如 2-羟乙氨基-5-硝基茴香醚 0.05％、HC 紫 No.2 盐酸盐 3.0％、2-硝基-5-甘油基-N-甲基苯胺 0.5％和 3-甲氨基-4-硝基苯氧基乙醇 0.12％配合,pH=7 时染得自然深栗色头发

45 2-羟乙基苦氨酸

英文名称(INCI)	2-Hydroxyethyl Picramic Acid
CAS No.	99610-72-7
EINECS No.	412-520-9
结构式	 O_2N OH NHCH$_2$CH$_2$OH NO$_2$
分子式	$C_8H_9N_3O_6$
分子量	243.17
理化性质	2-羟乙基苦氨酸为橙色粉末,纯度(HPLC)86.7％以上;熔点 134.6~137.1℃,沸点141℃(开始分解),密度 1.58g/cm³(20℃);紫外可见吸收光谱最大吸收波长 410nm;微溶于水(20℃溶解度 0.157g/L),溶于 50％丙酮水溶液(20℃溶解度<10g/L)。易溶于二甲亚砜(20℃溶解度>100g/L)
安全性	2-羟乙基苦氨酸急性经口毒性 LD_{50}:1134mg/kg(雄性大鼠),900mg/kg(雌性大鼠),525mg/kg(小鼠);急性皮肤毒性 LD_{50}>2000mg/kg(大鼠)。根据大鼠单剂量经口毒性的分类,2-羟乙基苦氨酸被分类为低毒性。500mg 样品用水湿润半封闭涂敷应用于白兔修剪后的皮肤上,无刺激性。基于已有的动物研究数据表明,2-羟乙基苦氨酸不是皮肤致敏剂 欧盟消费者安全科学委员会(SCCS)评估表明,2-羟乙基苦氨酸作为氧化型染料在染发剂产品中使用是安全的,最大使用量 1.5％(混合后在头上的浓度,下同),在非氧化型产品中最大使用量为 2.0％。中国《化妆品安全技术规范》规定 2-羟乙基苦氨酸作为氧化型染料在染发剂产品中最大使用量 1.5％(混合后在头上的浓度,下同),在非氧化型产品中最大使用量为 2.0％。中国和欧盟都将 2-羟乙基苦氨酸作为染料中间体/非氧化型染料用于永久性(氧化型)染发剂产品中,未见它们外用不安全的报道。但使用前需要进行斑贴试验
应用	用作发用染料。在氧化型染发产品中最大允许浓度 1.5％。在半永久性染发产品中最大允许浓度 2％。如 2-羟乙基苦氨酸 0.2％与 2,5-二氨基甲苯硫酸盐 3.8％、2,6-二氨基吡啶单盐酸盐 0.8％、4-氨基-2-羟基甲苯 0.1％、间苯二酚 0.8％和间氨基苯酚 1.2％配合,在 pH=9.5 及在双氧水作用下,染得深棕色头发

46 2-硝基-5-甘油基-N-甲基苯胺

英文名称(INCI)	2-Nitro-5-glyceryl Methylaniline
CAS No.	80062-31-3
EINECS No.	279-383-3
结构式	
分子式	$C_{10}H_{14}N_2O_5$
分子量	242.2
理化性质	2-硝基-5-甘油-N-甲基苯胺,纯度(HPLC)99.5%以上;熔点95～97℃;紫外可见吸收光谱最大吸收波长(λ_{max})233.9nm,253.9nm,312.2nm和412.6nm;微溶于水(20℃溶解度1.43g/L),溶于乙醇(20℃溶解度<10g/L),可溶于热异丙醇,易溶于二甲亚砜(>200g/L),易溶于乙酸乙酯。其溶液状态即使在避光和惰性气体中也有些分解
安全性	2-硝基-5-甘油基-N-甲基苯胺急性经口毒性 LD_{50}:1000～2000mg/kg(大鼠)。根据大鼠单剂量经口毒性的分类,2-硝基-5-甘油基-N-甲基苯胺被分类为低毒性。0.5mL 1%的1,2-丙二醇悬浮液半封闭涂敷应用于白兔修剪后的皮肤上,无刺激性。基于已有的动物研究数据表明,2-硝基-5-甘油基-N-甲基苯胺不是皮肤致敏剂 　　欧盟消费者安全科学委员会(SCCS)评估表明,2-硝基-5-甘油基-N-甲基苯胺作为氧化型染料在染发剂产品中使用是安全的,最大使用量0.8%(混合后在头上的浓度,下同),在非氧化型产品中最大使用量为1.0%。欧盟将2-硝基-5-甘油基-N-甲基苯胺作为染料偶合剂(或称颜色改性剂)/非氧化型染料用于永久性(氧化型)染发剂产品中,未见它们外用不安全的报道。但使用前需要进行斑贴试验
应用	用作染发剂。如在半永久性染发剂中单独使用,在pH=7.5,浓度1%时,染得荆豆花样的黄色

47 2-硝基-N-羟乙基对茴香胺

英文名称(INCI)	2-Nitro-N-hydroxyethyl-p-anisidine
CAS No.	57524-53-5
结构式	
分子式	$C_9H_{12}N_2O_4$
分子量	212.2
理化性质	2-硝基-N-羟乙基对茴香胺为白色至淡黄色结晶粉末,熔点90～92℃。微溶于水(20℃溶解度<0.5g/L),易溶于油脂,也溶于乙醇(室温溶解>100g/L)、丙酮和二甲亚砜
安全性	美国PCPC将2-硝基-N-羟乙基对茴香胺作为染发剂和发用着色剂,未见它们外用不安全的报道
应用	用作氧化型染发剂,最大用量1%。如2-硝基-N-羟乙基对茴香胺0.4%,与 N,N-双(2-羟基)-p-苯二胺硫酸盐0.3%、对苯二胺0.3%、对氨基苯酚0.5%、间苯二酚1.2%、氢醌0.15%、N,N'-双(2-羟乙基)-2-硝基-p-苯二胺0.25%配合,调节pH为9.5,在双氧水作用下,将白发染为金黄色

48 2-硝基对苯二胺/2-硝基对苯二胺二盐酸盐

英文名称(INCI)	2-Nitro-*p*-phenylenediamine/2-Nitro-*p*-phenylenediamine Dihydrochloride
CAS No.	5307-14-2
结构式	
分子式	$C_6H_7N_3O_2$/$C_6H_7N_3O_2 \cdot 2HCl$
分子量	153.14/226.06
理化性质	2-硝基对苯二胺为黑色针状并有深绿色光泽粉末,熔点135～138℃,可溶于水(22℃溶解度＜10g/L)。水溶液呈带橙色的红色,紫外最大吸收波长为474.5nm。2-硝基对苯二胺盐酸盐易溶于水
安全性	2-硝基对苯二胺急性毒性为大鼠经口 LD_{50}:2100mg/kg。中国和欧盟将2-硝基对苯二胺及其盐酸盐作为染发剂,美国PCPC仅将2-硝基对苯二胺盐酸盐作为染发剂,未见它外用不安全的报道
应用	在氧化型染发剂中最大用量1%。如2-硝基对苯二胺二盐酸盐1.0%,与对氨基苯酚0.087%、2,4-二氨基苯甲醚硫酸盐0.03%、间苯二酚0.4%、间氨基苯酚0.15%和甲苯-2,5-二胺1.0%配合,在pH＝3和双氧水作用下,染得棕栗色头发

49 3,4-二氨基苯甲酸

英文名称(INCI)	3,4-Diaminobenzoic Acid
CAS No.	619-05-6
结构式	
分子式	$C_7H_8N_2O_2$
分子量	152.15
理化性质	3,4-二氨基苯甲酸为灰棕色结晶粉末,熔点208～210℃(开始分解)。稍溶于冷水(20℃溶解度2.2g/L)和乙醇,可溶于热水。在pH为7的磷酸钠缓冲溶液中,溶解度＞2.5%。溶液在光照和空气中的稳定性不好
安全性	3,4-二氨基苯甲酸急性毒性为大鼠经口 LD_{50}:13500mg/kg。2.5%水溶液涂敷兔损伤皮肤试验无刺激。美国PCPC和欧盟将3,4-二氨基苯甲酸作为染发剂,未见它们外用不安全的报道
应用	在氧化型染发剂中最大用量2%。如3,4-二氨基苯甲酸0.2%,与邻苯三酚0.2%,在pH＝5和双氧水作用下,染得棕色头发

50 3,4-亚甲二氧基苯胺

英文名称(INCI)	3,4-Methylenedioxyaniline
CAS No.	14268-66-7
结构式	

分子式	$C_7H_7NO_2$
分子量	137.14
理化性质	3,4-亚甲二氧基苯胺为白色至淡棕色粉末,熔点 39～41℃,沸点 144℃(16mmHg)。微溶于水,可溶于乙醇、丙酮、异丙醇、二甲亚砜。其溶液状态在光照和空气中不稳定
安全性	美国 PCPC 将 3,4-亚甲二氧基苯胺作为头发着色剂,未见它们外用不安全的报道
应用	用作氧化型染发剂。如 3,4-亚甲二氧基苯胺 0.43%,与(甲氧基甲基)苯-1,4-二胺盐酸盐 0.56%配合,调节 pH 至 10～10.5,在双氧水作用下,可将白发染为深棕色

51 3,4-亚甲二氧基苯酚

英文名称(INCI)	3,4-Methylenedioxyphenol
CAS No.	533-31-3
结构式	HO〔结构式〕O
分子式	$C_7H_6O_3$
分子量	138.12
理化性质	3,4-亚甲二氧基苯酚为白色结晶粉末,熔点 64℃。稍溶于水,溶于乙醇、丙酮、异丙醇、氯仿等。其溶液状态在光照下和空气中不稳定
安全性	该物质天然存在于芝麻油中,但含量极少,现为合成制造。3,4-亚甲二氧基苯酚急性毒性为大鼠经口 LD_{50}:415mg/kg。3%溶液涂敷兔皮肤试验无刺激。美国 PCPC 和欧盟将 3,4-亚甲二氧基苯酚作为染发剂,未见它外用不安全的报道
应用	在氧化型染发剂中最大用量 3%。如 3,4-亚甲二氧基苯酚 0.35%与 2-甲氧基对苯二胺二盐酸盐 0.56%配合,在 pH=9.5 和双氧水的作用下,染得栗色头发

52 3-氨基-2,4-二氯苯酚盐酸盐

英文名称(INCI)	3-Amino-2,4-Dichlorophenol HCl
CAS No.	61693-43-4
结构式	〔结构式〕 OH · HCl Cl Cl NH_2
分子式	$C_6H_6NOCl_3$
分子量	214.5
理化性质	3-氨基-2,4-二氯苯酚盐酸盐为略带粉红到灰白色粉末,纯度(HPLC)99%以上;熔点 184～188℃;紫外可见吸收光谱最大吸收波长 209nm 和 293nm;可溶于水(室温溶解度 1～10g/L),易溶于乙醇和二甲亚砜(室温溶解度＞100g/L)
安全性	3-氨基-2,4-二氯苯酚盐酸盐急性经口毒性 LD_{50}:500mg/kg(大鼠)。根据大鼠单剂量经口毒性的分类,3-氨基-2,4-二氯苯酚盐酸盐被分类为低毒性。500mg 样品用 1mL 水润湿后半封闭涂敷应用于白兔修剪后的皮肤上,有刺激性。基于已有的动物研究数据表明,3-氨基-2,4-二氯苯酚盐酸盐是一种中度的皮肤致敏剂

安全性	欧盟消费者安全科学委员会(SCCS)评估表明,3-氨基-2,4-二氯苯酚盐酸盐作为氧化型染料在染发剂产品中使用是安全的,最大使用量1.5%(混合后在头上的浓度,下同),在非氧化型产品中最大使用量为1.5%。欧盟将3-氨基-2,4-二氯苯酚盐酸盐作为染料中间体/非氧化型染料用于永久性(氧化型)染发剂产品中,未见它们外用不安全的报道。但使用前需要进行斑贴试验
应用	用作氧化型染发剂,最大用量1.5%。如3-氨基-2,4-二氯苯酚0.45%和(甲氧基甲基)苯-1,4-二胺盐酸盐0.56%配合,调节pH至10~10.5,在双氧水作用下染得蓝光黑色

53 3-氨基-2,6-二甲基苯酚

英文名称(INCI)	3-Amino-2,6-dimethylphenol
CAS No.	6994-64-5
EINECS No.	230-268-6
结构式	
分子式	$C_8H_{11}NO$
分子量	137.18
理化性质	3-氨基-2,6-二甲基苯酚为白色或米黄色粉末,纯度(HPLC)99%以上;熔点102.3~103.1℃,沸点250℃(开始分解),密度1.2023g/cm³(20℃);可溶于水(室温溶解度9.34g/L),可溶于丙二醇(室温溶解度约12g/L),易溶于丙酮或50%丙酮水溶液(室温溶解度>200g/L),易溶于二甲亚砜或50%的二甲亚砜水溶液(室温溶解度>200g/L),易溶于二甲基甲酰胺(室温溶解度>200g/L)
安全性	3-氨基-2,6-二甲基苯酚急性经口毒性LD_{50}:300~2000mg/kg(大鼠)。根据大鼠单剂量经口毒性的分类,3-氨基-2,6-二甲基苯酚被分类为微毒性。纯样品或稀释后的样品半封闭涂敷应用于白兔修剪后的皮肤上,无刺激性。基于已有的动物研究数据表明,不能排除3-氨基-2,6-二甲基苯酚有潜在的皮肤致敏性 欧盟消费者安全科学委员会(SCCS)评估表明,3-氨基-2,6-二甲基苯酚作为氧化型染料在染发剂产品中使用是安全的,最大使用量2%(混合后在头上的浓度)。欧盟将3-氨基-2,6-二甲基苯酚作为染料偶合剂(或称颜色改性剂)用于永久性(氧化型)染发剂产品中,未见它们外用不安全的报道。但使用前需要进行斑贴试验
应用	用作氧化型染发剂。如3-氨基-2,6-二甲基苯酚1.37%和四氨基嘧啶硫酸盐2.38%配合,在pH=9.5时,在双氧水作用下染得紫色头发

54 3-甲氨基-4-硝基苯氧基乙醇

英文名称(INCI)	3-Methylamino-4-nitrophenoxyethanol
CAS No.	59820-63-2
EINECS No.	261-940-7
结构式	

分子式	$C_9H_{12}N_2O_4$
分子量	212.2
理化性质	3-甲氨基-4-硝基苯氧基乙醇为黄色结晶粉末,无味。纯度(HPLC)98.5%以上;熔点125~130℃;紫外可见吸收光谱最大吸收波长233nm,312nm,254nm和414nm;微溶于水(20℃溶解度263mg/L±9mg/L),溶于乙醇(22℃溶解度<1g/100mL),易溶于二甲亚砜(22℃溶解度<20g/100mL)
安全性	3-甲氨基-4-硝基苯氧基乙醇急性经口毒性 LD_{50}:1000~2000mg/kg(大鼠)。根据大鼠单剂量经口毒性的分类,3-甲氨基-4-硝基苯氧基乙醇被分类为低毒性。2%样品在0.5%的甲基纤维素水悬浮溶液中半封闭涂敷应用于白兔修剪后的皮肤上,无刺激性。基于已有的动物研究数据表明,3-甲氨基-4-硝基苯氧基乙醇不是皮肤致敏剂 　　欧盟消费者安全科学委员会(SCCS)评估表明,3-甲氨基-4-硝基苯氧基乙醇作为非氧化型染料在染发剂产品中使用是安全的,最大使用量0.15%(混合后在头上的浓度)。美国和欧盟都将3-甲氨基-4-硝基苯氧基乙醇作为染发剂,未见它们外用不安全的报道。但使用前需要进行斑贴试验
应用	用作半永久性(直接)染发剂,使用浓度最高为0.15%(欧盟标准)。如 N,N'-二甲基-N-羟乙基-3-硝基-p-苯二胺3.0%和3-甲氨基-4-硝基苯氧基乙醇1.5%配合,调节pH为9,染得自然的褐黄色

55　3-硝基-4-氨基苯氧基乙醇

英文名称(INCI)	3-Nitro-4-aminophenoxyethanol
CAS No.	50982-74-6
结构式	
分子式	$C_8H_{10}N_2O_4$
分子量	198.2
理化性质	3-硝基-4-氨基苯氧基乙醇为浅棕色粉末,稍溶于水,溶于乙醇、异丙醇、丙酮,极易溶于二甲亚砜。其溶液在光照和空气中有分解
安全性	3-硝基-4-氨基苯氧基乙醇急性毒性为大鼠经口 LD_{50}:5000mg/kg。对兔皮肤试验有刺激。美国PCPC将3-硝基-4-氨基苯氧基乙醇作为头发着色剂,未见它们外用不安全的报道
应用	用作半永久性染发剂,可赋予头发橙黄色的色调

56　3-硝基对甲酚

英文名称(INCI)	3-Nitro-p-cresol
CAS No.	2042-14-0
结构式	
分子式	$C_7H_7NO_3$

分子量	153.14
理化性质	3-硝基对甲酚为黄色-红黄色粉末,熔点78～81℃。极微溶于水,可溶于甲醇、乙醇、二甲亚砜。溶液呈带橙色光的黄色
安全性	3-硝基对甲酚急性毒性为大鼠经口 LD_{50}:300～2000mg/kg。对兔皮肤试验有刺激。美国 PCPC 将3-硝基对甲酚作为头发着色剂,未见它们外用不安全的报道
应用	用作半永久性染发剂

57 3-硝基对羟乙氨基酚

英文名称(INCI)	3-Nitro-*p*-hydroxyethylaminophenol
CAS No.	65235-31-6
EINECS No.	265-648-0
结构式	
分子式	$C_8H_{10}N_2O_4$
分子量	198.18
理化性质	3-硝基对羟乙氨基酚为绿至棕色或暗红色结晶粉末,纯度(HPLC)98.5%以上;熔点133～139℃;紫外可见吸收光谱最大吸收波长237.2nm和477nm;微溶于水(20℃溶解度1.06g/L±0.07g/L),水溶液为大红色;易溶于乙醇(20℃溶解度10～100g/L),其乙醇溶液在光照和空气中不稳定。易溶于二甲亚砜(20℃溶解度>200g/L)
安全性	3-硝基对羟乙氨基酚急性经口毒性 LD_{50}:2000mg/kg(大鼠)。根据大鼠单剂量经口毒性的分类,3-硝基对羟乙氨基酚被分类为低毒性。0.5mL 6% 3-硝基-对-羟乙氨基苯酚溶于0.5%羧甲基纤维素中在半封闭涂敷应用于白兔修剪后的皮肤上,无刺激性。基于已有的动物研究数据表明,3-硝基对羟乙氨基酚是一种极端皮肤致敏剂 欧盟消费者安全科学委员会(SCCS)评估表明,3-硝基对羟乙氨基酚作为氧化型染料在染发剂产品中使用是安全的,最大使用量3%(混合后在头上的浓度,下同),在非氧化型产品中最大使用量为1.85%。中国《化妆品安全技术规范》规定3-硝基对羟乙氨基酚作为氧化型染料在染发剂产品中最大使用量3%(混合后在头上的浓度,下同),在非氧化型产品中最大使用量为1.85%。中国、美国和欧盟都将3-硝基对羟乙氨基酚作为染料中间体/非氧化型染料用于永久性(氧化型)染发剂产品中,未见它们外用不安全的报道。但使用前需要进行斑贴试验
应用	用作氧化型染发剂和半永久性染发剂。单独使用,在 pH=7和双氧水作用,可染得铜红色头发。在半永久性染发剂中与其他染料配合,如3-硝基对羟乙氨基酚0.33%,与3-硝基对甲酚0.35%、HC红 No.3 的0.02%、HC黄 No.9 的0.02%、HC橙 No.2 的0.04%一起,在 pH=10 时染得金色头发

58 3-乙氨基对甲酚硫酸盐

英文名称(INCI)	3-Ethylamino-*p*-cresol Sulfate
CAS No.	68239-79-2
结构式	

分子式	$C_{18}H_{28}N_2O_6S$
分子量	400.49
理化性质	3-乙氨基对甲酚为淡黄色棕色粉末,熔点 85～87℃,不溶于水,可溶于乙醇。染发剂常用的是 3-乙氨基对甲酚硫酸盐,能溶于水,而不溶于乙醇、异丙醇。其溶液状态在光照和空气中不稳定
安全性	美国 PCPC 将 3-乙氨基对甲酚硫酸盐作为染发剂和头发着色剂,未见它外用不安全的报道。使用前需进行斑贴试验
应用	用作氧化型染发剂,如 3-乙氨基对甲酚硫酸盐 0.3%,与甲苯-2,5-二胺硫酸盐 0.165%配合,调节 pH 为 9.5,在 3%双氧水作用下,可将白发染为巧克力色泽

59 4,4′-二氨基二苯胺/4,4′-二氨基二苯胺硫酸盐

英文名称(INCI)	4,4′-Diaminodiphenylamine/4,4′-Diaminodiphenylamine Sulfate
CAS No.	537-65-5/6369-04-6
结构式	
分子式	$C_{12}H_{13}N_3/C_{12}H_{15}N_3O_4S$
分子量	199.25/297.33
理化性质	4,4′-二氨基二苯胺为白色晶体,熔点 158℃。不溶于水。4,4′-二氨基二苯胺硫酸盐为紫色粉末,熔点约 300℃;可溶于水;其水溶液在空气中不稳定
安全性	美国 PCPC 将 4,4′-二氨基二苯胺及其硫酸盐作为染发剂和头发着色剂,未见它外用不安全的报道。前者只用作半永久性染发剂;后者还可用于氧化型染发料,但在使用前需进行斑贴试验
应用	基本用于染得深色的头发。如 4,4′-二氨基二苯胺硫酸盐 1.3%,与 1,5-萘二酚 2.5%、N-苯基对苯二胺 0.5%、间氨基苯酚 0.76%、对甲氨基苯酚硫酸盐 0.32%、1,7-萘二酚 2.0%、2,7-萘二酚 0.4%、邻氨基苯酚 0.5%和间苯二酚 0.4%配合,调节 pH 为 8,在 6%双氧水的作用下,可染得乌黑而又有光泽的头发

60 4,5-二氨基-1-[(4-氯苯基)甲基]-1H-吡唑硫酸盐

英文名称(INCI)	4,5-Diamino-1-[(4-chlorophenyl)methyl]-1H-pyrazole Sulfate
CAS No.	163183-00-4
结构式	
分子式	$C_{20}H_{24}Cl_2N_8O_4S$
分子量	641.5

理化性质	4,5-二氨基-1-[(4-氯苯基)甲基]-1H-吡唑硫酸盐为类白色粉末,熔点 188℃。稍溶于水(室温溶解度约 3g/L)。其溶液状态在光照和空气中稳定性不好
安全性	美国 PCPC 将 4,5-二氨基-1-[(4-氯苯基)甲基]-1H-吡唑硫酸盐作为染发剂和头发着色剂,未见它外用不安全的报道
应用	用作氧化型染发剂。如 16 份 4,5-二氨基-1-[(4-氯苯基)甲基]-1H-吡唑硫酸盐和 5 份 2-氨基-4-N-甲砜氨基苯甲醚混合,此混合物用量 1%,调节 pH=9.5,在 6% 双氧水作用下,将白发染成明亮的紫色

61 1-羟乙基-4,5-二氨基吡唑硫酸盐

英文名称(INCI)	1-Hydroxyethyl 4,5-diamino Pyrazole Sulfate
CAS No.	155601-30-2
结构式	CH2CH2OH ... NH2 ·H2SO4 NH2
分子式	$C_5H_{12}N_4O_5S$
分子量	240.24
理化性质	1-羟乙基-4,5-二氨基吡唑硫酸盐为白色至粉红色晶体,熔点 174.7℃。易溶于水(20℃溶解度 666g/L),溶于 50% 的丙酮水溶液(20℃溶解度>10g/L)。其水溶液在光照和空气中不稳定
安全性	1-羟乙基-4,5-二氨基吡唑硫酸盐急性毒性为大鼠经口 LD$_{50}$>2000mg/kg;500mg 湿品斑贴于兔损伤皮肤试验有刺激反应。中国、欧盟和美国 PCPC 将 1-羟乙基-4,5-二氨基吡唑硫酸盐作为染发剂,未见它们外用不安全的报道。使用前需要进行斑贴试验
应用	用作氧化型染发剂,最大用量 2.4%。如 1-羟乙基-4,5-二氨基吡唑硫酸盐 2.6%,与 4-氨基-2-羟基甲苯 0.6%、4,6-双(2-羟乙氧基)-间苯二胺盐酸盐 1.5% 配合,调节 pH 为 9.5,在双氧水作用下,染得仙客来花的色泽粉红色至紫色

62 4,6-双(2-羟乙氧基)间苯二胺盐酸盐

英文名称(INCI)	4,6-Bis(2-hydroxyethoxy)-m-phenylenediamine HCl
结构式	H'$_2$N OCH2CH2OH ... ·2HCl OCH2CH2OH NH2
分子式	$C_{10}H_{18}Cl_2N_2O_4$
分子量	301.2
理化性质	4,6-双(2-羟乙氧基)间苯二胺盐酸盐为淡粉红粉末,溶于水(20℃溶解度>50g/L)、稍溶于乙醇。其水溶液的稳定性都受空气和光照的影响
安全性	美国 PCPC 将 4,6-双(2-羟乙氧基)间苯二胺盐酸盐作为染发剂和头发着色剂,未见它外用不安全的报道。在使用前需进行斑贴试验
应用	用作氧化型染发剂。如 4,6-双(2-羟乙氧基)-间苯二胺盐酸盐 1.5%,与 1-羟乙基-4,5-二氨基吡唑硫酸盐 2.6% 和 4-氨基-2-羟基甲苯 0.6% 配合,调节 pH 为 9.5,在双氧水作用下,可将白发染为仙客来花样的色泽粉红色至紫色

63 4-氨基-2-羟基甲苯

英文名称(INCI)	4-Amino-2-hydroxytoluene
CAS No.	2835-95-2
EINECS No.	220-618-6
结构式	
分子式	C_7H_9NO
分子量	123.16
理化性质	4-氨基-2-羟基甲苯为米黄色或棕色结晶粉末,纯度(HPLC)99%以上;熔点 160~161℃,沸点 236℃(开始分解),密度 1.244g/cm³(20℃);微溶于水(室温溶解度 4.112g/L),溶于乙醇(室温溶解度 40~80g/L);也溶于 50%的丙酮水溶液,易溶于二甲亚砜(室温溶解度>100g/L)。其溶液状态的稳定性易受空气影响
安全性	4-氨基-2-羟基甲苯急性经口毒性 LD_{50}:3.6g/kg(大鼠)。根据大鼠单剂量经口毒性的分类,4-氨基-2-羟基甲苯被分类为微毒性。0.5mL 的 2.5% 4-氨基-2-羟基甲苯溶于 0.5%水性树胶溶液在半封闭涂敷应用于白兔修剪后的皮肤上,无刺激性。基于已有的动物研究数据表明,4-氨基-2-羟基甲苯是一种强皮肤致敏剂 欧盟消费者安全科学委员会(SCCS)评估表明,4-氨基-2-羟基甲苯作为氧化型染料在染发剂产品中使用是安全的,最大使用量 1.5%(混合后在头上的浓度);中国《化妆品安全技术规范》规定 4-氨基-2-羟基甲苯作为氧化型染料在染发剂产品中最大使用量 1.5%(混合后在头上的浓度),不可用于非氧化型产品中。中国、美国和欧盟都将 4-氨基-2-羟基甲苯作为染料偶合剂用于永久性(氧化型)染发剂产品中,未见它们外用不安全的报道。但使用前需要进行斑贴试验
应用	4-氨基-2-羟基甲苯在染发剂产品中用作料偶合剂,不可用于非氧化型染发剂产品。4-氨基-2-羟基甲苯和不同的染料中间体复配时在头发上可染得不同的色调,当和甲苯-2,5-二胺硫酸盐复配时,会产生紫红色色调;和对氨基苯酚复配时会产生橘黄色色调;当和四氨基嘧啶硫酸盐复配时,会产生紫罗兰色调

64 4-氨基-2-硝基苯二胺-2′-羧酸

英文名称(INCI)	4-Amino-2-nitrodiphenylamine-2′-carboxylic Acid
CAS No.	117907-43-4
EINECS No.	411-260-3
结构式	
分子式	$C_{13}H_{11}N_3O_4$
分子量	273.24
理化性质	4-氨基-2-硝基苯二胺-2′-羧酸为深红色结晶粉末,纯度(HPLC)96%以上;熔点 202~247℃,闪点>200℃;紫外可见吸收光谱最大吸收波长 276nm,305nm 和 503nm;微溶于水(室温溶解度<1g/L),微溶于乙醇(室温溶解度 0.3~3g/L),易溶于二甲亚砜

安全性	4-氨基-2-硝基苯二胺-2′-羧酸急性经口毒性 LD$_{50}$＞2000mg/kg(大鼠),急性皮肤毒性 LD$_{50}$＞2000mg/kg(家兔)。根据大鼠单剂量经口毒性的分类,4-氨基-2-硝基苯二胺-2′-羧酸被分类为低毒性。600mg 样品加水润湿半封闭涂敷应用于白兔修剪后的皮肤上,无刺激性。基于已有的动物研究数据表明,4-氨基-2-硝基苯二胺-2′-羧酸不能排除是皮肤致敏剂的可能性 基于欧盟消费者安全科学委员会(SCCS)当前已有的信息表明,4-氨基-2-硝基苯二胺-2′-羧酸可用于氧化型和非氧化型染发剂产品中,最大使用量为 2%(混合后在头上的浓度),但关于该着色剂的安全使用的评估数据仍然不足,在考虑进一步的安全使用之前,需要收集充足的安全评估数据
应用	可用于氧化型和非氧化型染发剂产品中作为发用着色剂。如永久性染发剂产品:4-氨基-2-硝基苯二胺-2′-羧酸 0.1%,与间氨基苯酚 0.005%;6-甲氧基-2-甲氨基-3-氨基吡啶盐酸盐 0.002%;2-氨基-3-羟基吡啶 0.24%;2,7-萘二酚 0.02%;2-甲基间苯二酚 0.6%;甲基-2,5-二胺基硫酸盐 0.73%;间苯二酚 0.13%;2,6-二羟基-3,4-二甲基吡啶 0.1%;四氨基嘧啶 1.3%;4-氨基-2-羟基甲苯 0.03% 和 2-甲基-5-羟乙氨基苯酚 0.3%配合,配合过氧化氢使用,可染得红宝石样红色

65　4-氨基-2-硝基苯酚

英文名称(INCI)	4-Amino-2-nitrophenol
CAS No.	119-34-6
结构式	
分子式	C$_6$H$_6$N$_2$O$_3$
分子量	154.12
理化性质	4-氨基-2-硝基苯酚为红色结晶,熔点 125~127℃。微溶于水(21℃溶解度 0.1g/L),可溶于乙醇、二甲亚砜
安全性	4-氨基-2-硝基苯酚急性毒性为大鼠经口 LD$_{50}$:3300mg/kg。美国 PCPC 将 4-氨基-2-硝基苯酚作为染发剂,未见它外用不安全的报道
应用	用作氧化型染发料。如 4-氨基-2-硝基苯酚 0.1%,与 N-苯基对苯二胺 0.05%、对氨基苯酚 0.21%、2-硝基对苯二胺 0.2%、4-硝基-o-苯二胺 0.1%、对苯二胺 1.5%、2,4-二氨基茴香醚 0.6%、邻苯三酚 0.2%、间苯二酚 1.5%配合,调节 pH 至 3,在双氧水作用下,染得深棕色头发

66　4-氨基-3-硝基苯酚

英文名称(INCI)	4-Amino-3-nitrophenol
CAS No.	610-81-1
EINECS No.	210-236-8
结构式	
分子式	C$_6$H$_6$N$_2$O$_3$
分子量	154.12
理化性质	深紫色或暗红色结晶粉末;纯度(HPLC)99%以上,熔点 150~154℃;紫外可见吸收光谱最大吸收波长 231.6nm,453nm;微溶于水(1.79g/L±0.08g/L,20℃±0.5℃)。水溶液的 pH 值为 9

安全性	4-氨基-3-硝基苯酚本身不具有潜在致癌性和致突变性,对其现有毒性研究也并未提出安全问题。中国、美国、欧盟和日本都已经批准将 4-氨基-3-硝基苯酚作为调色剂用于半永久性(非氧化型)染发剂和永久性(氧化型)染发剂产品中。但使用前需要进行斑贴试验 欧盟化妆品法规及中国《化妆品安全技术规范》规定,4-氨基-3-硝基苯酚允许作为染发剂使用,在氧化型染发产品中最高浓度不超过 1.5%(混合后在头发上的浓度,下同),在非氧化型染发产品中最高使用浓度不超过 1%。在限定的使用浓度范围内,4-氨基-3-硝基苯酚不会对消费者的健康安全构成风险
应用	在染发产品中,4-氨基-3-硝基苯酚很少单独使用。在氧化型的染发产品中复配 4-氨基-3-硝基苯酚可以提供金色、金黄色和铜色的色调,使用量通常为 0.01% 到 1.0%。在非氧化型染发剂产品中可与其他硝基染料和 HC 染料配伍,用于多种色调
染色性能	 图 1 0.15% 4-氨基-3-硝基苯酚分别在香波(左)和发膜(右)体系中的染色效果(见文前彩插) 图 1 展示了单独使用 0.15% 4-氨基-3-硝基苯酚分别在香波(左)和发膜(右)体系中的染色效果

67 4-氨基间甲酚

英文名称(INCI)	4-Ammo-*m*-cresol
CAS No.	2835-99-6
EINECS No.	220-621-2
结构式	OH CH_3 NH_2
分子式	C_7H_9NO
分子量	123.16
理化性质	4-氨基间甲酚为灰色或棕色粉末,纯度(HPLC)98.8%以上;熔点 178～180℃;可溶于水(室温溶解度 1.2%),可溶于乙醇(室温溶解度 5.5%),易溶于二甲亚砜(室温溶解度＞10%)
安全性	4-氨基间甲酚急性经口毒性 LD_{50}:1010mg/kg(雌性大鼠); LD_{50}:870mg/kg(雄性大鼠); LD_{50}:908mg/kg(雌性小鼠)。根据大鼠单剂量经口毒性的分类,4-氨基间甲酚被分类为低毒性。3% 4-氨基间甲酚水溶液半封闭涂敷应用于白豚鼠皮肤上,无刺激性。基于已有的动物研究数据表明,4-氨基间甲酚是一种中度的皮肤致敏剂 欧盟消费者安全科学委员会(SCCS)评估表明,4-氨基间甲酚作为氧化型染料在染发剂产品中使用是安全的,最大使用量 1.5%(混合后在头上的浓度);中国《化妆品安全技术规范》规定 4-氨基间甲酚作为氧化型染料在染发剂产品中最大使用量 1.5%(混合后在头上的浓度),不可用于非氧化型染发剂产品。中国、美国和欧盟都将 4-氨基间甲酚作为染料中间体用于永久性(氧化型)染发剂产品中,未见它们外用不安全的报道。但使用前需要进行斑贴试验

应用	4-氨基间甲酚用作氧化型染发剂,不可用于非氧化型染发剂产品。4-氨基间甲酚和过氧化氢混合后,自身可进行氧化聚合在头发上染得棕色。和不同的染料偶合剂复配时在头发上可染得不同的色调,当和间苯二酚复配时,会产生绿棕或灰棕色调;和4-氨基-2-羟基苯复配时会产生红棕色;和2,4-二氨基苯氧基乙醇盐酸盐复配时可产生灰紫色。又如4-氨基-m-甲酚0.27%,与1-羟乙基-4,5-二氨基吡唑硫酸盐0.27%和4-氨基-2-羟基甲苯0.13%配合,pH=6.8时在双氧水作用下,可染得深紫铜色头发

68 4-氟-6-甲基间苯二胺硫酸盐

英文名称(INCI)	4-Fluoro-6-methyl-m-phenylenediamine Sulfate
CAS No.	173994-76-8
结构式	
分子式	$C_7H_9N_2F \cdot H_2SO_4$
分子量	238.2
理化性质	4-氟-6-甲基间苯二胺硫酸盐为淡褐色粉末,可溶于水,不溶于乙醇和丙酮。其水溶液稳定性尚好
安全性	美国PCPC将4-氟-6-甲基间苯二胺硫酸盐作为染发剂,未见它们外用不安全的报道
应用	用作氧化型染发剂。如4-氟-6-甲基间苯二胺硫酸盐0.62%与对苯二胺0.27%配合,调节pH为10,在双氧水作用下,可将白发染为深灰色、略带橙色的颜色

69 4-甲酰基-1-甲基喹啉 4-甲基苯磺酸盐

英文名称(INCI)	4-Formyl-1-methyl quinolinium 4-methylbenzenesulfonic Acid Salt
CAS No.	223398-02-5
结构式	
分子式	$C_{10}H_{11}NO \cdot C_7H_7O_3S$
分子量	343.41
理化性质	4-甲酰基-1-甲基喹啉 4-甲基苯磺酸盐为黄色粉末,纯度(HPLC)99%以上;熔点141～145℃,紫外可见吸收光谱最大吸收波长468nm;微溶于水(室温溶解度10g/L),微溶于乙醇(室温溶解度<1g/L),可溶于二甲亚砜(室温溶解度>10g/L)
安全性	4-甲酰基-1-甲基喹啉 4-甲基苯磺酸盐急性经口毒性LD_{50}>2000mg/kg(大鼠),急性皮肤毒性LD_{50}>2000mg/kg(大鼠)。根据大鼠单剂量经口毒性的分类,4-甲酰基-1-甲基喹啉 4-甲基苯磺酸盐被分类为微毒性。500mg用水润湿后半封闭涂敷应用于白兔修剪后的皮肤上,有刺激性。基于已有的动物研究数据表明,4-甲酰基-1-甲基喹啉 4-甲基苯磺酸盐不是皮肤致敏剂 欧盟消费者安全科学委员会(SCCS)评估表明,4-甲酰基-1-甲基喹啉 4-甲基苯磺酸盐作为氧化型染料在染发剂产品中使用是安全的,最大使用量2.5%(混合后在头上的浓度)。未见它们外用不安全的报道。但使用前需要进行斑贴试验
应用	用作氧化型染发剂。如4-甲酰基-1-甲基喹啉 4-甲基苯磺酸盐0.75%,与4-氨基-3-甲基苯酚0.25%配合,在pH=9.5时,可染得强烈的橙红色头发

70 4-甲氧基甲苯-2,5-二胺盐酸盐

英文名称（INCI）	4-Methoxytoluene-2,5-diamine Hydrochloride
CAS No.	56496-88-9
结构式	（结构式图：甲苯环上带有 NH_2、H_2N、O—甲氧基，·HCl）
分子式	$C_8H_{13}ClN_2O$
分子量	188.65
理化性质	4-甲氧基甲苯-2,5-二胺盐酸盐为淡褐色粉末，可溶于水，不溶于乙醇。其水溶液在光照和空气中有变化
安全性	美国 PCPC 将 4-甲氧基甲苯-2,5-二胺盐酸盐作为头发着色剂，未见它们外用不安全的报道
应用	用于氧化型染发剂。如 4-甲氧基甲苯-2,5-二胺硫酸盐 0.2%，与间苯二酚 0.5%、1-萘酚 0.5%、4-氨基苯酚 1.2%、4-氨基-2-羟基甲苯 0.4%、1,7-萘二酚 3.2% 和 5-氨基水杨酸 0.3% 配合，调节 pH 为 8，在 6% 双氧水作用下，可将白发染为铜-铁般的颜色

71 4-甲基苄基-4,5-二氨基吡唑硫酸盐

英文名称（INCI）	4-Methylbenzyl 4,5-diamino Pyrazole Sulfate
CAS No.	173994-77-9
结构式	（结构式图：H_3C—苯环—吡唑环带 NH_2，硫酸盐 H_2SO_4）
分子式	$C_{11}H_{14}N_4 \cdot H_2O_4S$
分子量	300.3
理化性质	4-甲基苄基-4,5-二氨基吡唑硫酸盐为类白色粉末，熔点 163~167℃（开始分解）。可溶于水，稍溶于乙醇。其水溶液在光照和空气中稳定性不怎么好
安全性	美国 PCPC 将 4-甲基苄基-4,5-二氨基吡唑硫酸盐作为头发着色剂，未见它们外用不安全的报道
应用	用作氧化型染发剂，如 4-甲基苄基-4,5-二氨基吡唑硫酸盐的 0.75%，与 1-萘酚的 0.36% 配合，调节 pH 为 9.5，在 6% 双氧水的作用下，可将白发染为有光泽的紫色

72 4-氯-2-氨基苯酚

英文名称（INCI）	4-Chloro-2-aminophenol
CAS No.	95-85-2
结构式	（结构式图：苯环上带 Cl、H_2N、OH）
分子式	C_6H_6ClNO
分子量	143.57
理化性质	4-氯-2-氨基苯酚为淡棕色结晶，熔点 134℃。稍溶于水（室温溶解度<1g/L），易溶于热水，溶于乙醇、丙酮、乙醚、稀酸和稀碱液

安全性	4-氯-2-氨基苯酚大鼠-经口致死剂量:115mg/kg。0.1%溶液斑贴于豚鼠损伤皮肤有反应。美国PCPC 将 4-氯-2-氨基苯酚作为染发剂,未见它们外用不安全的报道
应用	用于氧化型染发剂,最大用量 2%,与足量显色剂和氧化剂共同使用。如 4-氯-2-氨基苯酚盐酸盐 0.8%,与对羟乙氨基苯酚 0.36%和 o-氨基苯酚 0.24%配合,调节 pH 至 9.8,在 6%双氧水作用下,白发可染为驼毛样色泽

73 4-氯间苯二酚

英文名称(INCI)	4-Chlororesorcinol
CAS No.	95-88-5
EINECS No.	202-462-0
结构式	
分子式	$C_6H_5ClO_2$
分子量	144.56
理化性质	4-氯间苯二酚为米黄至棕色粉末,纯度(HPLC)98%以上;熔点 105～108℃,沸点 147℃(18mmHg),紫外可见吸收光谱最大吸收波长 280nm,易溶于水、乙醇和二甲亚砜(室温溶解度>100g/L)
安全性	4-氯间苯二酚急性经口毒性 LD_{50}:369mg/kg(大鼠)。根据大鼠单剂量经口毒性的分类,4-氯间苯二酚被分类为中毒性。500mg 样品半封闭涂敷应用于白兔修剪后的皮肤上,会导致出现严重红斑和轻度或中度水肿。基于已有的动物研究数据表明,4-氯间苯二酚是一种中度的皮肤致敏剂 欧盟消费者安全科学委员会(SCCS)评估表明,4-氯间苯二酚作为氧化型染料在染发剂产品中使用是安全的,最大使用量 2.5%(混合后在头上的浓度);中国《化妆品安全技术规范》规定 4-氯间苯二酚作为氧化型染料在染发剂产品中最大使用量 0.5%(混合后在头上的浓度),不可用于非氧化型产品。中国、美国和欧盟都将 4-氯间苯二酚作为染料偶合剂用于氧化型染发剂产品中,未见它们外用不安全的报道。但使用前需要进行斑贴试验
应用	4-氯间苯二酚在染发剂产品中用作染料偶合剂,不可用于非氧化型染发剂产品。4-氯间苯二酚和不同的染料中间体复配在头发上可染得不同的色调,当和相同的染料中间体复配,4-氯间苯二酚整体染出的颜色和间苯二酚和 2-甲基间苯二酚相似,色调上有轻微差异。如和对氨基苯酚配合,在碱性条件和双氧水作用下,在白发上可染得浅黄绿色色调;和甲苯-2,5-二胺硫酸盐复配可产生闷青色色调;和四氨基嘧啶硫酸盐复配可产生浅桃红色。示例:4-氯间苯二酚的 0.18%与羟乙基-p-苯二胺硫酸盐的 0.3%配合,pH=6.8 时在双氧水作用下,可染得自然的金黄色头发

74 4-羟丙氨基-3-硝基苯酚

英文名称(INCI)	4-Hydroxypropylamino-3-nitrophenol
CAS No.	92952-81-3
EINECS No.	406-305-9
结构式	
分子式	$C_9H_{12}N_2O_4$

分子量	212.2
理化性质	4-羟丙氨基-3-硝基苯酚为深红-棕色结晶粉末,纯度(HPLC)99.2%;熔点 111~115℃;紫外可见吸收光谱最大吸收波长 493nm,291nm 和 237nm;可溶于水(室温溶解度<10g/L),水溶液为有点儿暗的红色,有少许的分解。可溶于乙醇(室温溶解度>50g/L),易溶于二甲亚砜(室温溶解度>100g/L)
安全性	4-羟丙氨基-3-硝基苯酚急性经口毒性 LD_{50} >2000mg/kg(大鼠),根据大鼠单剂量经口毒性的分类,4-羟丙氨基-3-硝基苯酚被分类为低毒性。500mg 润湿样品半封闭涂敷应用于白兔修剪后的皮肤上,无刺激性。基于已有的动物研究数据表明,4-羟丙氨基-3-硝基苯酚不是皮肤致敏剂 欧盟消费者安全科学委员会(SCCS)评估认为,使用 4-羟丙氨基-3-硝基苯酚作为直接染料成分使用于非氧化型和氧化型染发剂配方中,在头上使用浓度最高为 2.6%时,不会对消费者的健康构成风险。中国《化妆品安全技术规范》规定 4-羟丙氨基-3-硝基苯酚作为直接染料使用在氧化型和非氧化型染发剂产品中,混合后允许在头上的最大使用浓度为 2.6%。中国、美国和欧盟都将 4-羟丙氨基-3-硝基苯酚用于非氧化型和氧化型染发剂产品,未见它们外用不安全的报道。但使用前需要进行斑贴试验
应用	4-羟丙氨基-3-硝基苯酚可作为直接染料使用于染发剂产品。如单独使用,调节 pH 至 4.3~5.0,用量 0.3%,可染得带橙光的红色。如复配使用:4-羟丙氨基-3-硝基苯酚 0.1%与碱性蓝 99 的0.3%;HC 黄 No.2 的 0.1%和 HC 蓝 No.2 的 0.2%配合,在 pH=9 时,染得深褐色头发

75 4-硝基间苯二胺/4-硝基间苯二胺硫酸盐

英文名称(INCI)	4-Nitro-*m*-phenylenediamine/4-Nitro-*m*-phenylenediamine Sulfate/CI 76030
CAS No.	5131-58-8/200295-57-4
结构式	
分子式	$C_6H_7N_3O_2/C_6H_9N_3O_6S$
分子量	153.14/251.22
理化性质	4-硝基间苯二胺为黄色晶体状粉末,熔点 161℃,水溶解度<0.1g/100mL(20.5℃),可溶于乙醇、异丙醇等。4-硝基间苯二胺硫酸盐为黄棕色粉状晶体,易溶于水
安全性	4-硝基间苯二胺急性毒性为小鼠经口 LD_{50}:500mg/kg。美国 PCPC 将 4-硝基间苯二胺和 4-硝基间苯二胺硫酸盐作为染发剂和头发着色剂,未见它外用不安全的报道
应用	4-硝基间苯二胺及其硫酸盐可用于直接染发剂,也可用作氧化型染发剂,最大用量 0.1%,因此作为配色料少量使用。如 4-硝基间苯二胺 0.02%,与 N,N'-二甲基-N-羟乙基-3-硝基-*p*-苯二胺0.32%、N-甲基-3-硝基-*p*-苯二胺 0.03%、分散蓝 19 0.23%、分散紫 4 0.23%、分散黄 1 0.7%和分散红 17 0.05%配合,在 pH=10 和双氧水作用下,染得强烈的亚麻色

76 4-硝基邻苯二胺/4-硝基邻苯二胺二盐酸盐

英文名称(INCI)	4-Nitro-*o*-phenylenedlamine/4-Nitro-*o*-phenylenedlamine Dihydrochloride
CAS No.	99-56-9/62199-77-8(二盐酸盐)
EINECS No.	202-766-3/228-293-2(二盐酸盐)
结构式	

分子式	$C_6H_7N_3O_2/C_6H_7N_3O_2 \cdot 2HCl$
分子量	153.14
理化性质	4-硝基邻苯二胺为橙-红色粉末,纯度(HPLC)99%以上,熔点201℃。微溶于水(21.5℃±0.5℃,溶解度0.126g/L,pH=6.5),水溶液为带红光的黄色。溶于乙醇、丙酮。4-硝基-o-苯二胺二盐酸盐溶于水。两者溶液的稳定性尚可
安全性	4-硝基邻苯二胺急性经口毒性LD$_{50}$:3720mg/kg(大鼠)。根据大鼠单剂量经口毒性的分类,4-硝基邻苯二胺被分类为低毒性。2.5%样品悬浮于0.5%黄芪水溶液半封闭涂敷应用于白兔修剪后的皮肤上,无刺激性。基于已有的动物研究数据表明,4-硝基邻苯二胺是一种潜在的皮肤致敏剂 欧盟消费者安全科学委员会(SCCS)评估表明,4-硝基-o-苯二胺作为氧化型染料在染发剂产品中使用是安全的,最大使用量0.5%(混合后在头上的浓度)。中国《化妆品安全技术规范》规定4-硝基-o-苯二胺作为氧化型染料在染发剂产品中最大使用量0.5%(混合后在头上的浓度),不能用于非氧化型产品中。中国、美国和欧盟都将4-硝基-o-苯二胺作为染料偶合剂(或称颜色改性剂)用于永久性(氧化型)染发剂产品中,未见它们外用不安全的报道。但使用前需要进行斑贴试验
应用	用于氧化发用染料。如4-硝基邻苯二胺0.3%与N,N-双(2-羟乙基)-p-苯二胺硫酸盐3.0%、对苯二胺0.1%、对氨基苯酚0.5%、间苯二酚0.1%和4-氨基-2-羟基甲苯0.2%配合,调节pH为9.5,在双氧水作用下,染得自然的黑褐色头发

77 4-硝基苯氨基乙基脲

英文名称(INCI)	4-Nitrophenyl Aminoethylurea
CAS No.	27080-42-8
EINECS No.	410-700-1
结构式	
分子式	$C_9H_{12}N_4O_3$
分子量	224.22
理化性质	4-硝基苯氨基乙基脲为黄色粉末,纯度(HPLC)90%以上;熔点180.9℃(开始分解),密度0.636g/cm^3(20℃),紫外可见吸收光谱最大吸收波长381nm和230nm;微溶于水(21℃溶解度0.0787g/L);可溶于乙醇(21℃溶解度<10g/L),呈明亮的黄色;可溶于50%丙酮水溶液(21℃溶解度<10g/L);易溶于DMSO(20℃溶解度>100g/L),其溶液的稳定性尚可
安全性	4-硝基苯氨基乙基脲急性经口毒性LD$_{50}$:8000mg/kg(大鼠);LD$_{50}$:7320mg/kg(小鼠);急性皮肤毒性LD$_{50}$>2000mg/kg(家兔)。根据大鼠单剂量经口毒性的分类,4-硝基苯氨基乙基脲被分类为微毒。500mg样品用水润湿半封闭涂敷应用于白兔修剪后的皮肤上,无刺激性。基于已有的动物研究数据表明,4-硝基苯氨基乙基脲不是皮肤致敏剂 欧盟消费者安全科学委员会(SCCS)评估表明,4-硝基苯氨基乙基脲作为氧化型染料在染发剂产品中使用是安全的,最大使用量0.25%(混合后在头上的浓度,下同),在非氧化型产品中最大使用量为0.50%。欧盟将4-硝基苯氨基乙基脲作为染料偶合剂(或称颜色改性剂)/非氧化型染料用于永久性(氧化型)染发剂产品中,未见它们外用不安全的报道。但使用前需要进行斑贴试验
应用	用作氧化型染料和半永久性染料。如4-硝基苯氨基乙基脲0.1%与对苯二胺1.5%、m-氨基苯酚0.5%、2,6-二甲氧基-3,5-吡啶二胺盐酸盐1.0%配合,调节pH为10,在双氧水作用下,染得乌黑的黑发

78　4-硝基愈创木酚

英文名称（INCI）	4-Nitroguaiacol
CAS No.	3251-56-7
EINECS No.	221-839-0
结构式	
分子式	$C_7H_7NO_4$
分子量	169.13
理化性质	4-硝基愈创木酚黄色粉末，熔点 $102\sim104℃$，不溶于水，可溶于甲醇、乙醇、丙酮、二甲亚砜。溶液呈带橙色光的黄色
安全性	4-硝基愈创木酚急性毒性小鼠经腹腔最低致死量（LD_{Lo}）：500mg/kg。纯品斑贴于兔皮肤试验有刺激。中国和美国 PCPC 将 4-硝基愈创木酚作为头发着色剂，未见它们外用不安全的报道
应用	用作半永久性染发剂，最大用量 0.1%

79　4-乙氧基间苯二胺硫酸盐

英文名称（INCI）	4-Ethoxy-m-phenylenediamine Sulfate
CAS No.	6219-69-8
结构式	
分子式	$C_8H_{12}N_2O \cdot H_2SO_4$
分子量	250.27
理化性质	4-乙氧基间苯二胺硫酸盐灰白色粉末，溶于水（20℃溶解度>10g/L），水溶液在光照和空气中不稳定
安全性	4-乙氧基间苯二胺硫酸盐急性毒性为大鼠经口 LD_{50}：2540mg/kg，无毒；10%水溶液涂敷兔皮肤试验有中等刺激。美国 PCPC 将 4-乙氧基间苯二胺硫酸盐作为染发剂，未见它们外用不安全的报道。使用前需进行斑贴试验
应用	用作氧化型染料，最大用量 2%；如有双氧水存在，最大用量 1%。如 4-乙氧基间苯二胺硫酸盐 0.049%，与间二苯酚 0.49%、对苯二胺 0.50%、2-甲基间苯二酚 0.17% 和苯基甲基吡唑啉酮 0.15%配合，调节 pH 为 10，在双氧水作用下，染得浅栗色头发

80　5-氨基-2,6-二甲氧基-3-羟基吡啶

英文名称（INCI）	5-Amino-2,6-dimethoxy-3-hydroxypyridine
CAS No.	104333-03-1
结构式	

分子式	$C_7H_{10}N_2O_3$
分子量	170.17
理化性质	5-氨基-2,6-二甲氧基-3-羟基吡啶稍溶于水,可溶于乙醇、丙酮、异丙醇、二甲亚砜。溶液呈橙色
安全性	美国 PCPC 将 5-氨基-2,6-二甲氧基-3-羟基吡啶作为头发着色剂,未见它外用不安全的报道
应用	用作氧化型染发剂

81 5-氨基-4-氟-2-甲酚硫酸盐

英文名称(INCI)	5-Amino-4-fluoro-2-methylphenol Sulfate
CAS No.	163183-01-5
结构式	
分子式	$(C_7H_8NOF)_2 \cdot H_2SO_4$
分子量	380.3
理化性质	5-氨基-4-氟-2-甲酚为淡黄色粉末,熔点 147℃,稍溶于水,可溶于乙醇。染发剂常用的是 5-氨基-4-氟-2-甲酚硫酸盐,可溶于水,其水溶液在光照和空气中不稳定
安全性	美国 PCPC 将 5-氨基-4-氟-2-甲酚硫酸盐作为头发着色剂,未见它外用不安全的报道
应用	用作氧化型染发剂。如 5-氨基-4-氟-2-甲酚硫酸盐 0.37%,与对氨基苯酚 0.22%配合,调节 pH 为 9.5,在 6%双氧水作用下,可将白发染为强烈的橙色

82 5-氨基-4-氯邻甲酚/5-氨基-4-氯邻甲酚盐酸盐

英文名称(INCI)	5-Amino-4-chloro-o-cresol/5-Amino-4-chloro-o-cresol Hydrochloride
CAS No.	110102-86-8/110102-85-7(盐酸盐)
结构式	
分子式	$C_7H_8ClNO/C_7H_8ClNO \cdot HCl$
分子量	157.6/194.06
理化性质	5-氨基-4-氯邻甲酚为淡黄色液体,沸点 289℃,不溶于水,可溶于乙醇、1,2-丙二醇及三乙醇胺。5-氨基-4-氯邻甲酚盐酸盐为米黄色至浅棕色粉末。微溶于水(室温溶解度<1g/L),溶于乙醇(室温溶解度 50~200g/L)。其溶液有很好的稳定性
安全性	5-氨基-4-氯邻甲酚盐酸盐急性经口毒性 LD_{50}:1539~2000mg/kg(大鼠)。根据大鼠单剂量经口毒性的分类,5-氨基-4-氯邻甲酚盐酸盐被分类为微毒性。0.5mL 10%样品水溶液半封闭涂敷应用于白兔修剪后的皮肤上,无刺激性。基于已有的动物研究数据表明,5-氨基-4-氯邻甲酚盐酸盐是一种中度的皮肤致敏剂

安全性	欧盟消费者安全科学委员会(SCCS)评估表明,5-氨基-4-氯邻甲酚作为氧化型染料在染发剂产品中使用是安全的,最大使用量1.5%(混合后在头上的浓度);中国《化妆品安全技术规范》规定5-氨基-4-氯邻甲酚/5-氨基-4-氯邻甲酚盐酸盐作为氧化型染料在染发剂产品中最大使用量1%(混合后在头上的浓度),不能用于非氧化型产品中。中国、美国和欧盟都将5-氨基-4-氯邻甲酚作为染料中间体用于永久性(氧化型)染发剂产品中,未见它们外用不安全的报道。但使用前需要进行斑贴试验
应用	用作染发料。如5-氨基-4-氯邻甲酚1.18%与甲苯-2,5-二胺硫酸盐1.65%配合,调节pH为9.5,在双氧水作用下,染得深紫色头发

83　5-氨基-6-氯邻甲酚/5-氨基-6-氯邻甲酚盐酸盐

英文名称(INCI)	5-Amino-6-Chloro-o-Cresol/5-Amino-6-Chloro-o-Cresol HCl
CAS No.	84540-50-1/80419-48-3(盐酸盐)
EINECS No.	283-144-9
结构式	
分子式	$C_7H_8ClNO/C_7H_8ClNO \cdot HCl$
分子量	157.60/194.1
理化性质	5-氨基-6-氯邻甲酚为白色至棕色结晶性粉状,纯度(HPLC)98%以上熔点82~86℃。稍溶于水(室温溶解度<10g/L),溶于乙醇(室温溶解度<100g/L),易溶于二甲亚砜(室温溶解度>100g/L)。5-氨基-6-氯邻甲酚盐酸盐,为米黄色结晶,纯度(HPLC)86%以上熔点144~183℃,可溶于水。其水溶液在常规留存中小有变化
安全性	5-氨基-6-氯邻甲酚急性为大鼠经口LD$_{50}$:1360(1210~1540)mg/kg,根据大鼠单剂量经口毒性的分类,5-氨基-6-氯邻甲酚被分类为微毒性。500mg样品用水润湿半封闭涂敷应用于白兔修剪后的皮肤上,无刺激性。基于已有的动物研究数据表明,5-氨基-6-氯邻甲酚不是皮肤致敏剂。 欧盟消费者安全科学委员会(SCCS)评估表明,5-氨基-6-氯邻甲酚作为氧化型染料在染发剂产品中使用是安全的,最大使用量1.0%(混合后在头上的浓度,下同),在非氧化型产品中最大使用量为0.5%。中国《化妆品安全技术规范》规定5-氨基-6-氯邻甲酚作为氧化型染料在染发剂产品中最大使用量1.0%(混合后在头上的浓度,下同),在非氧化型产品中最大使用量为0.5%。中国、美国和欧盟都将5-氨基-6-氯邻甲酚作为染料偶合剂(或称颜色改性剂)/非氧化型染料用于永久性(氧化型)染发剂产品中,未见它们外用不安全的报道。但使用前需要进行斑贴试验
应用	5-氨基-6-氯邻甲酚在染发剂产品中用作染料偶合剂。5-氨基-6-氯邻甲酚和不同的染料中间体复配在头发上可染得不同的色调,如5-氨基-6-氯邻甲酚和羟乙基对苯二胺硫酸盐或者甲苯-2,5-二胺硫酸盐配合,pH=10~10.5时,在双氧水作用下,可染得红-紫色头发;和对氨基苯酚复配可产生橘色到橘红色色调

84　5-硝基愈创木酚钠

英文名称(INCI)	Sodium 5-Nitroguaiacolate
CAS No.	67233-85-6
结构式	

分子式	$C_7H_6NNaO_4$
分子量	191.12
理化性质	5-硝基愈创木酚钠为红色结晶,熔点 $105\sim106℃$,可溶于水溶液,也溶于乙醇、甲醇、丙酮。水溶液呈橙红色
安全性	5-硝基愈创木酚钠急性毒性,雌性大鼠急性经口 LD_{50}:$3100mg/kg$;雄性大鼠急性经口 LD_{50}:$1270mg/kg$,无毒;对皮肤无刺激作用。中国和美国 PCPC 将 5-硝基愈创木酚作为头发着色剂,未见它们外用不安全的报道
应用	用作半永久性染发剂

85 6-氨基-2,4-二氯间甲酚盐酸盐

英文名称(INCI)	6-Amino-2,4-dichloro-*m*-cresol HCl
CAS No.	39549-31-0
结构式	
分子式	$C_7H_7NOCl_2 \cdot HCl$
分子量	228.50
理化性质	6-氨基-2,4-二氯-*m*-甲酚盐酸盐为白色粉末,熔点 $134℃$。可溶于水,稍溶于乙醇,易溶于二甲亚砜
安全性	美国 PCPC 将 6-氨基-2,4-二氯间甲酚盐酸盐作为头发着色剂,未见它外用不安全的报道
应用	用作氧化染发剂。如 6-氨基-2,4-二氯间甲酚盐酸盐 0.51%,与 N,N-双(2-羟乙基)对苯二胺硫酸盐 0.66% 配合,调节 pH 为 9.8,在 6% 双氧水的作用下,可将白发染为强烈的土耳其蓝色

86 6-氨基间甲酚

英文名称(INCI)	6-Amlno-*m*-cresol
CAS No.	2835-98-5
EINECS No.	220-620-7
结构式	
分子式	C_7H_9NO
分子量	123.16
理化性质	6-氨基间甲酚为米黄色结晶粉末,熔点 $156\sim159℃$,密度 $0.77g/cm^3$($20℃$);微溶于水($20℃$,$pH=7.65$,溶解度 $5.9g/L$,$pH=7.2$,溶解度 $5.9g/L$),溶于乙腈($20℃$溶解度 $34g/L$),溶于 50% 丙酮水溶液($20℃$溶解度 $33g/L$),易溶于二甲亚砜($20℃$溶解度$>100g/L$)。6-氨基间甲酚处于溶液状态时,有分解
安全性	6-氨基间甲酚急性经口毒性 LD_{50}:$1225mg/kg$(雌性大鼠);LD_{50}:$1375mg/kg$(雄性大鼠);根据大鼠单剂量经口毒性的分类,6-氨基间甲酚被分类为低毒性。1% 样品甲基纤维素水溶液半封闭涂敷应用于白兔修剪后的皮肤上,无刺激性。基于已有的动物研究数据表明,6-氨基间甲酚是一种强皮肤致敏剂

安全性	欧盟消费者安全科学委员会(SCCS)评估表明,6-氨基间甲酚作为氧化型染料在染发剂产品中使用是安全的,最大使用量 1.5%(混合后在头上的浓度)。中国《化妆品安全技术规范》规定 6-氨基间甲酚作为氧化型染料在染发剂产品中最大使用量 1.2%(混合后在头上的浓度,下同),在非氧化型产品中最大使用量为 2.4%。中国、美国和欧盟都将 6-氨基间甲酚作为染料偶合剂(或称颜色改性剂)/非氧化型染料用于永久性(氧化型)染发剂产品中,未见它们外用不安全的报道。但使用前需要进行斑贴试验
应用	用于氧化型发用染料。可单独使用,如 6-氨基间甲酚 0.3%,在 pH=9 和双氧水作用下,染得鲜艳的黄色。更多是复配使用,如 6-氨基间甲酚 0.3% 和对苯二胺 0.2% 配合,在 pH=9 和双氧水作用下,染得很自然的金色头发

87 6-氨基邻甲酚

英文名称(INCI)	6-Amino-o-cresol
CAS No.	17672-22-9
结构式	
分子式	C_7H_9NO
分子量	123.15
理化性质	6-氨基邻甲酚为淡黄色结晶粉末,熔点 86℃。溶于水(室温溶解度>30g/L),易溶于乙醇、丙酮。6-氨基邻甲酚的水溶液在光照和空气中很不稳定,色泽变深
安全性	6-氨基邻甲酚急性毒性为大鼠经口 LD_{50}:1175mg/kg。1%浓度的溶液涂敷豚鼠损伤皮肤试验无刺激。美国 PCPC 和欧盟将 6-氨基邻甲酚作为染发剂,未见它外用不安全的报道。使用前需进行斑贴试验
应用	在氧化型染发剂中最大用量 3%。6-氨基邻甲酚可单独用于染发,0.3%的浓度在 pH=9.5 和双氧水作用下,即染得鲜艳的橙色。也可复配染发,如 6-氨基邻甲酚 0.6%,与甲苯-2,5-二胺硫酸盐 1.1%、间苯二酚 0.2%、4-氨基-2-羟基甲苯 0.1% 配合,调节 pH=9.5,在双氧水作用下,染得深棕红色头发

88 6-甲氧基-2,3-吡啶二胺盐酸盐

英文名称(INCI)	6-Methoxy-2,3-pyridinediamine 2HCl
CAS No.	94166-62-8
结构式	
分子式	$C_6H_9N_3O \cdot 2HCl$
分子量	212.08
理化性质	6-甲氧基-2,3-吡啶二胺盐酸盐为白色粉末,熔点 167~171℃。可溶于水,稍溶于乙醇。其水溶液为有晕光的淡黄色,在空气和光照下色泽会加深
安全性	中国和美国 PCPC 将 6-甲氧基-2,3-吡啶二胺盐酸盐作为头发着色剂,未见它们外用不安全的报道
应用	一般用作半永久性染发剂,最大用量 1%。如 6-甲氧基-2,3-吡啶二胺盐酸盐的 0.636%,与对苯二胺 0.324% 配合,调节 pH 为 7,可将灰白发染成黑至紫色

89　6-甲氧基-2-甲氨基-3-氨基吡啶/6-甲氧基-2-甲氨基-3-氨基吡啶盐酸盐

英文名称（INCI）	6-Methoxy-2-methylamino-3-aminopyridine/6-Methoxy-2-methylamino-3-aminopyridine 2 HCl
CAS No.	90817-34-8/83732-72-3（2HCl）
EINECS No.	280-622-9（2HCl）
结构式	
分子式	$C_7H_{11}N_3O/C_7H_{13}Cl_2N_3O$
分子量	226.11
理化性质	6-甲氧基-2-甲氨基-3-氨基吡啶盐酸盐是类白色至灰紫色粉末，纯度（HPLC）98％以上；沸点＞300℃（开始分解），紫外可见吸收光谱最大吸收波长 241nm，314nm；易溶于水（室温溶解度＞100g/L），微溶于乙醇（室温溶解度 1～10g/L）。易溶于二甲亚砜（室温溶解度＞100g/L），其水溶液的稳定性需重视，有＜10％的分解
安全性	6-甲氧基-2-甲氨基-3-氨基吡啶盐酸盐急性经口毒性 LD_{50}：650mg/kg（雌性大鼠）；LD_{50}：700mg/kg（雄性大鼠）；LD_{50}：813mg/kg（雌性小鼠）。根据大鼠单剂量经口毒性的分类，6-甲氧基-2-甲氨基-3-氨基吡啶盐酸盐被分类为毒性。500mg 样品用水润湿半封闭涂敷应用于白兔修剪后的皮肤上，有轻微刺激性。基于已有的动物研究数据表明，6-甲氧基-2-甲氨基-3-氨基吡啶盐酸盐是一种中度的皮肤致敏剂 欧盟消费者安全科学委员会（SCCS）评估表明，6-甲氧基-2-甲氨基-3-氨基吡啶盐酸盐作为氧化型染料在染发剂产品中使用是安全的，混合后在头上的最大使用浓度 0.68％（以游离基计，下同），在非氧化型染发剂产品中最大使用量也为 0.68％。中国《化妆品安全技术规范》规定 6-甲氧基-2-甲氨基-3-氨基吡啶盐酸盐可以使用在氧化型和非氧化型染发剂产品中，在头上的最大使用浓度均为 0.68％（以游离基计）。中国和欧盟都将 6-甲氧基-2-甲氨基-3-氨基吡啶盐酸盐用于氧化型和非氧化型染发剂产品，未见它们外用不安全的报道。但使用前需要进行斑贴试验
应用	6-甲氧基-2-甲氨基-3-氨基吡啶盐酸盐在染发剂产品中用作染料偶合剂。6-甲氧基-2-甲氨基-3-氨基吡啶盐酸盐和不同的染料中间体复配在头发上可染得不同的色调，若和对氨基苯酚复配，在碱性条件和双氧水作用下，可染得灰绿-灰褐色头发；和甲苯-2,5-二胺硫酸盐复配可产生深咖啡色调。如 6-甲氧基-2-甲氨基-3-氨基吡啶盐酸盐 0.57％与 2-甲氧基对苯二胺二盐酸盐 0.56％配合，在 pH＝10 并在双氧水作用下，将白发染成深的茄紫色

90　6-羟基吲哚

英文名称（INCI）	6-Hydroxyindole
CAS No.	2380-86-1
EINECS No.	417-020-4
结构式	
分子式	C_8H_7NO
分子量	133.15
理化性质	6-羟基吲哚为白色至浅棕色、浅灰色结晶或结晶性粉末，纯度（HPLC）97.4％；熔点 126℃；稍溶于水（室温溶解度 0.1％），易溶于 95％乙醇（室温溶解度 10％），可溶于二甲亚砜（室温溶解度 1％）。其溶液在光照和空气中不稳定

安全性	6-羟基吲哚急性经口毒性 $LD_{50} > 600mg/kg$(大鼠)。根据大鼠单剂量经口毒性的分类,6-羟基吲哚被分类为低毒性。500mg 样品湿润后在半封闭涂敷应用于白兔修剪后的皮肤上,无刺激性。基于已有的动物研究数据表明,6-羟基吲哚是一种中度的皮肤致敏剂 欧盟消费者安全科学委员会(SCCS)评估表明,6-羟基吲哚作为氧化型染料在染发剂产品中使用是安全的,最大使用量 0.5%(混合后在头上的浓度);中国《化妆品安全技术规范》规定 6-羟基吲哚作为氧化型染料在染发剂产品中最大使用量 0.5%(混合后在头上的浓度),不可用于非氧化型产品中。中国、美国和欧盟都将 6-羟基吲哚作为染料偶合剂(或称颜色改性剂)用于永久性(氧化型)染发剂产品中,未见它们外用不安全的报道。但使用前需要进行斑贴试验
应用	用于氧化型染发料。如单独使用,6-羟基吲哚 0.13%,在 pH=7 时与双氧水作用下,可将头发染为橙棕色。更多是复配使用,如 6-羟基吲哚 0.532%与对氨基苯酚 0.432%配合,在 pH=6.6 和双氧水作用下,染成金色头发

91 6-硝基-2,5-二氨基吡啶

英文名称(INCI)	6-Nitro-2,5-pyridinediamine
CAS No.	69825-83-8
结构式	H₂N N NO₂ NH₂（结构式）
分子式	$C_5H_6N_4O_2$
分子量	154.13
理化性质	6-硝基-2,5-二氨基吡啶,熔点 210~212℃。微溶于水,可溶于甲醇、乙醇,溶液呈带金光的橙色,在光照和空气中变色。6-硝基-2,5-二氨基吡啶盐酸盐可溶于水,而不溶于乙醇
安全性	美国 PCPC 将 6-硝基-2,5-二氨基吡啶作为头发着色剂,未见它外用不安全的报道
应用	用作直接染发剂,如染发剂中 6-硝基-2,5-二氨基吡啶 0.5%,调节 pH 为 10,可将白发染为金色-橙色

92 6-硝基邻甲苯胺

英文名称(INCI)	6-Nitro-o-toluidine
CAS No.	570-24-1
结构式	O₂N NH₂ CH₃（结构式）
分子式	$C_7H_8N_2O_2$
分子量	152.0
理化性质	6-硝基邻甲苯胺为深红色结晶粉末,熔点 94.5~95℃。不溶于水,在 96%乙醇中的溶解度为 1%,在乙二醇的溶解度为 10%,可溶于氯仿
安全性	6-硝基邻甲苯胺急性毒性为大鼠经口 $LD_{50} > 2000mg/kg$;3%溶液涂敷兔皮肤试验有很轻微刺激。欧盟和美国 PCPC6-硝基邻甲苯胺作为头发着色剂,未见它外用不安全的报道
应用	用作半永久性染发剂,最大用量 0.35%,与其他直接染料复配,可染得棕、栗、黑、褐等色泽

93　CI 10006

中英文名称	颜料绿 8、Pigment Green 8
CAS No.	16143-80-9
EINECS No.	240-299-7
结构式	
分子式	$C_{30}H_{18}FeN_3NaO_6$　或 $C_{30}H_{18}FeN_3O_6 \cdot Na$
分子量	595.32
理化性质	颜料绿 8 为亚硝基类染料,深绿色粉末。其具有橄榄绿色,色泽鲜艳,着色力高,遮盖力强。不溶于水和一般有机溶剂
安全性	欧盟化妆品法规的准用名为 CI 10006;中国化妆品法规的准用名为 CI 10006 或颜料绿 8。作为化妆品着色剂,未见其外用不安全的报道
应用	化妆品着色剂。在欧盟,CI 10006 仅可用于洗去型产品,例如沐浴露、香波、洗去型护发素等。在中国,CI 10006 或颜料绿 8 应用产品类型同欧盟法规,也专用于仅和皮肤暂时接触的洗去型化妆品。在美国和日本,不允许用于化妆品

94　CI 10020

中英文名称	酸性绿 1、Acid Green 1、Midori 401
CAS No.	19381-50-1
EINECS No.	243-010-2
结构式	
分子式	$C_{30}H_{15}FeN_3Na_3O_{15}S_3$　或 $C_{30}H_{15}FeN_3O_{15}S_3 \cdot 3Na$
分子量	878.45
理化性质	酸性绿 1 为亚硝基类染料,为深绿色粉末,溶于水呈带有暗黄色调的绿色溶液。水溶解度 30g/L;乙醇溶解度 0.9g/L;不溶于油脂和矿物油,可制成偏碱性的乳状液。耐光、酸、碱性好
安全性	欧盟化妆品法规的准用名为 CI 10020;中国化妆品法规的准用名为 CI 10020 或酸性绿 1;日本化妆品法规的准用名为 Midori 401;作为化妆品着色剂,未见其外用不安全的报道
应用	化妆品着色剂。在欧盟,CI 10020 可用于不接触黏膜的化妆品,包括各类外用型化妆品以及洗去型产品,例如面霜、身体乳液,以及沐浴露、香波、洗去型护发素等。在中国,CI 10020 或酸性绿 1 应用产品类型同欧盟法规,也专用于不与黏膜接触的化妆品,但明确规定其禁用于染发产品。在日本,Midori401 可用于除唇部之外的化妆品。在美国不允许用于化妆品

中英文名称	酸性黄 1、Acid Yellow 1、Ext. Yellow 7、Ki 403(1)
CAS No.	846-70-8
EINECS No.	212-690-2
结构式	
分子式	$C_{10}H_4N_2Na_2O_8S$ 或 $C_{10}H_4N_2O_8S \cdot 2Na$
分子量	358.19
理化性质	酸性黄 1 为硝基染料,淡黄色至黄红色粉末,熔点 310℃(开始分解),可溶于水,20℃水溶解度为 4.2%,稍带些绿的黄色;微溶于乙醇,溶解度小于 0.25%;溶于 DMSO,不溶于油脂和矿物油。酸和碱中的稳定性好,光稳定性一般。紫外最大吸收波长为 430nm
安全性	欧盟化妆品法规的准用名为 CI 10316;中国化妆品法规的准用名为 CI 10316 或酸性黄 1;美国 FDA 的准用名为 Ext. Yellow 7;日本化妆品法规的准用名为 Ki 403(1);其急性毒性为大鼠经口 LD_{50}:1000mg/kg。作为化妆品着色剂,未见其外用不安全的报道
应用	化妆品着色剂。在欧盟,CI 10316 可用于除眼部之外的各类外用型化妆品和洗去型化妆品,包括唇部化妆品,例如面霜、身体乳液,以及沐浴露、香波、洗去型护发素等;Acid Yellow 1 也可用作染发剂,也可与其他染料复配使用,最大使用量 1%。如 1%酸性黄 1 染发,pH=10 时,在双氧水作用下,呈淡而偏黄的棕色。在中国,CI 10316 或酸性黄 1 应用产品类型同欧盟法规,也可用于除眼部之外的其他化妆品,同时要符合法规中规定的其他限制和要求;CI 10316 中 1-萘酚(1-naphthol)不超过 0.2%;2,4-二硝基-1-萘酚(2,4-dinitro-1-naphthol)不超过 0.03%。在美国,Ext. Yellow 7 仅可用于外用型化妆品。在日本,Ki 403(1)可用于除接触唇部的其他化妆品

96　CI 10316 铝色淀

中英文名称	黄 7 铝色淀(酸性黄 1 铝色淀)、Ext. Yellow 7 Lake、Ki 403(1)、CI 10316
CAS No.	68698-86-2
结构式	
分子式	$C_{30}H_{12}Al_2N_6O_{24}S_3$
分子量	990.60

理化性质	黄7铝色淀(酸性黄1铝色淀)为黄红色粉末,熔点310℃(分解),不溶于水、油脂和矿物油。酸和碱中的稳定性好,光稳定性一般
安全性	黄7铝色淀(酸性黄1铝色淀)作为 Ext. Yellow7(酸性黄1)的铝盐色淀,欧盟的化妆品法规准用名为 CI 10316(除染发类产品);中国化妆品法规准用名为 CI 10316 或酸性黄1及其色淀;美国 FDA 准用的铝色淀名为 Ext. Yellow 7 Lake;日本化妆品法规准用的铝色淀名为 Ki 403(1);酸性黄1的急性毒性大鼠经口 LD_{50}:1000mg/kg。作为化妆品着色剂,未见其外用不安全的报道
应用	化妆品着色剂。在欧盟,CI 10316 可用于除眼部接触的其他外用型化妆品及洗去型化妆品,例如面霜、身体乳液,以及沐浴露、香波(非染发型)、洗去型护发、染发类产品(使用前需进行斑贴试验),不可用于剃须类产品。在中国,CI 10316 或酸性黄1及其色淀与欧盟法规一致,可用于除眼部之外的其他化妆品,同时要符合法规中规定的其他限制和要求;1-萘酚(1-naphthol)不超过 0.2%;2,4-二硝基-1-萘酚(2,4-dinitro-1-naphthol)不超过 0.03%。在美国批准使用的着色剂 Ext. Yellow 7 规定仅可用于外用型化妆品。在日本,Ki 403(1)可用于除唇部之外的其他化妆品

97 CI 10385

中英文名称	酸性橙 3、Acid Orange 3、Acid Yellow E
CAS No.	6373-74-6
EINECS No.	228-921-5
结构式	
分子式	$C_{18}H_{13}N_4NaO_7S$ 或 $C_{18}H_{13}N_4O_7S \cdot Na$
分子量	452.37
理化性质	酸性橙3为硝基染料,橙黄色粉末,熔点204℃。极易溶于冷水和热水中,在水中溶解度为 50g/L(90℃),水溶液呈黄色;易溶于乙醇,呈橙棕色。紫外最大吸收波长为 480nm
安全性	酸性橙3大鼠经口 LD_{50} 小于 1.5g/kg,无毒性;小鼠经口 LD_{50} 小于 1.0g/kg,无毒性;皮肤接触 0.2%酸性橙3的染发制品不引起副作用。美国 PCPC 将酸性橙3用作染发剂和头发着色剂,使用浓度不超过 0.2%,使用前需进行斑贴试验
应用	美国 PCPC 将其归为染发剂和发用着色剂。在中国目前酸性橙3并未被允许作为化妆品着色剂和染发剂使用。如酸性橙3可单独用作直接染发剂,也可用于拼色染发;酸性橙3可在双氧水参与下染发,单独使用在 pH=9.9 时为铜至棕色

98 CI 10410

中英文名称	酸性棕 13、Acid Brown 13
CAS No.	6373-79-1
EINECS No.	228-922-0

结构式	
分子式	$C_{36}H_{26}N_6Na_2O_{12}S_3$ 或 $C_{36}H_{26}N_6O_{12}S_3 \cdot 2Na$
分子量	876.80
理化性质	酸性棕 13 为一硝基染料,可溶于水
安全性	美国 PCPC 将酸性棕 13 归为染发剂和头发着色剂,未见外用不安全的报道,但使用前需进行斑贴试验
应用	美国 PCPC 将其归为染发剂、发用着色剂以及指甲油用着色剂。在中国目前并未被允许作为化妆品着色剂和染发剂使用

99　CI 11005

中英文名称	分散橙 3、Disperse Orange 3
CAS No.	730-40-5
EINECS No.	211-984-8
结构式	
分子式	$C_{12}H_{10}N_4O_2$
分子量	242.23
理化性质	分散橙 3 为偶氮类染料,深红色粉状,熔点 210~212℃。溶于乙醇、丙酮、甲苯和溶纤素。在浓硫酸中呈绿光黄色;在浓硝酸中呈橙红色;在浓盐酸中呈棕光黄色
安全性	美国 PCPC 将分散橙 3 归为染发剂和头发着色剂,未见外用不安全的报道。使用前需进行斑贴试验
应用	美国 PCPC 将其归为染发剂和发用着色剂。在中国目前并未被允许作为化妆品着色剂和染发剂使用

100　CI 11055

中英文名称	碱性红 22、Basic Red 22
CAS No.	12221-52-2,23532-28-7

EINECS No.	245-718-7
结构式	
分子式	$C_{12}H_{17}N_6$
分子量	245.30
理化性质	碱性红22是偶氮类染料,为浅红色粉末。易溶于水呈蓝光红色。高温(120℃)染色时,色光不变。染色时遇铜离子色泽显著变蓝,遇铁离子色泽也有变化。紫外特征吸收波长为528nm
安全性	美国PCPC将碱性红22归为染发剂和头发着色剂,未见外用不安全的报道。使用前需进行斑贴试验
应用	美国PCPC将其归为染发剂和发用着色剂。在中国目前并未被允许作为化妆品着色剂和染发剂使用

101　CI 11152

中英文名称	分散棕1、Disperse Brown 1
CAS No.	23355-64-8
EINECS No.	245-604-7
结构式	
分子式	$C_{16}H_{15}Cl_3N_4O_4$
分子量	433.67
理化性质	分散棕1为单偶氮类染料,深暗棕色粉末,溶液呈红光棕色
安全性	美国PCPC将分散棕1归为染发剂或头发用着色剂,未见外用不安全的报道
应用	美国PCPC将其归为染发剂和发用着色剂。在中国目前并未被允许作为化妆品着色剂和染发剂使用

102　CI 11154

中英文名称	碱性蓝41、Basic Blue 41
CAS No.	12270-13-2
EINECS No.	235-546-0

结构式	
分子式	$C_{20}H_{26}N_4O_6S_2$ 或 $C_{19}H_{23}N_4O_2S \cdot CH_3O_4S$
分子量	482.57
理化性质	碱性蓝41为偶氮类染料,蓝绿色粉末。易溶于水呈蓝色
安全性	美国PCPC将碱性蓝41归为染发剂和头发着色剂,未见其外用不安全的报道。使用前需进行斑贴试验
应用	美国PCPC将其归为染发剂和发用着色剂。在中国目前并未被允许作为化妆品着色剂和染发剂使用

103 CI 11210

中英文名称	分散红17、Disperse Red 17
CAS No.	3179-89-3
EINECS No.	221-665-5
结构式	
分子式	$C_{17}H_{22}N_4O_4$
分子量	344.37
理化性质	分散红17为偶氮类染料,深棕色粉末,熔点150~152℃,不溶于水;溶于乙醇、丙酮和DMSO等。紫外最大吸收波长为510nm
安全性	分散红17急性毒性为大鼠经口 LD_{50}:2000mg/kg;无毒。美国PCPC将分散红17归为染发剂和头发着色剂,未见外用不安全的报道
应用	美国PCPC将其归为染发剂和发用着色剂。在中国目前并未允许用于化妆品着色剂和染发剂

104 CI 11270

中英文名称	碱性橙2、Basic Orange 2
CAS No.	532-82-1
EINECS No.	208-545-8

结构式	
分子式	$C_{12}H_{12}N_4 \cdot HCl$
分子量	248.71
理化性质	碱性橙 2 为偶氮类染料,其盐酸盐为闪光棕红色结晶或粉末,熔点 118.0～118.5℃。溶于水呈黄光橙色,溶于乙醇和乙二醇乙醚,微溶于丙酮,不溶于苯。紫外最大吸收波长为 449nm
安全性	碱性橙 2 等可作为食用色素,但过量摄取、吸入以及皮肤长期接触该物质,均会造成急性和慢性的中毒伤害。美国 PCPC 将碱性橙 2 归为染发剂和头发着色剂,未见外用不安全的报道
应用	美国 PCPC 将其归为染发剂和发用着色剂。在中国目前并未允许用于化妆品着色剂和染发剂

105　CI 11320

中英文名称	碱性橙 1、Basic Orange 1
CAS No.	4438-16-8
EINECS No.	224-654-3
结构式	
分子式	$C_{13}H_{14}N_4 \cdot HCl$
分子量	262.74
理化性质	碱性橙 1 为偶氮类染料,红棕色粉末,可溶于水。紫外最大吸收波长约为 454nm
安全性	美国 PCPC 将碱性橙 1 归为染发剂和头发着色剂,未见外用不安全的报道
应用	美国 PCPC 将其归为染发剂和发用着色剂。在中国目前并未允许用于化妆品着色剂和染发剂

106　CI 11380

中英文名称	溶剂黄 5、Solvent Yellow 5、Ki404
CAS No.	85-84-7

结构式	
分子式	$C_{16}H_{13}N_3$
分子量	247.29
理化性质	溶剂黄 5 为偶氮类染料,橙至红色粉末,熔点 102~104℃,微溶于水,溶解度 0.3mg/L(37℃);可溶于乙醇,溶解度大于 1%,为微带红光的黄色;可溶于油脂和矿物油。耐光、酸、碱等均较差
安全性	日本化妆品法规将溶剂黄 5 作为着色剂,其准用名为 Ki404。未见外用不安全的报道
应用	化妆品着色剂。日本的准用名为 Ki404。在中国目前并未允许用于化妆品着色剂和染发剂。在欧盟和美国,不允许用于化妆品

107　CI 11390

中英文名称	溶剂黄 6、Solvent Yellow 6、Ki405
CAS No.	131-79-3
结构式	
分子式	$C_{17}H_{15}N_3$
分子量	261.32
理化性质	溶剂黄 6 为偶氮类染料,深红色结晶(从乙醇结晶),熔点 125~126℃,不溶于水;可溶于乙醇,溶解度大于 1%,为带红光的黄色;可溶于油脂和矿物油。耐光、酸、碱等均较差
安全性	日本化妆品法规将溶剂黄 6 作为着色剂,其准用名为 Ki405。未见外用不安全的报道
应用	化妆品着色剂。日本的准用名为 Ki405。在中国目前并未允许用于化妆品着色剂和染发剂。在欧盟和美国,不允许用于化妆品

108　CI 11680

中英文名称	食品黄 1、Pigment Yellow 1、Ki401
CAS No.	2512-29-0
EINECS No.	219-730-8
结构式	
分子式	$C_{17}H_{16}N_4O_4$

分子量	340.34
理化性质	食品黄 1 为偶氮类染料,呈淡黄色细腻粉状,熔点 255℃,不溶于水,微溶于乙醇、丙酮,加热能全溶于乙醇,溶液呈绿光黄色;不溶于油脂和矿物油,但可经均化分散于油脂中
安全性	食品黄 1 急性毒性:大鼠经口 LD_{50}>10g/kg;大鼠经皮 LD_{50}>2g/kg,无毒。欧盟化妆品法规的准用名为 CI 11680;中国化妆品法规的准用名为 CI 11680 或食品黄 1;日本化妆品法规的准用名为 Ki401;作为化妆品着色剂,未见其外用不安全的报道
应用	化妆品着色剂。在欧盟,CI 11680 可用于不接触黏膜的化妆品,包括外用型化妆品以及洗去型产品,例如面霜、身体乳液,以及沐浴露、香波、洗去型护发素等。在中国,CI 11680 或食品黄 1 应用产品类型同欧盟法规,也专用于不与黏膜接触的化妆品。在日本,Ki401 可用于除唇部之外的其他各类化妆品。在美国不允许用于化妆品

109 CI 11710

中英文名称	颜料黄 3、Pigment Yellow 3
CAS No.	6486-23-3
EINECS No.	229-355-1
结构式	
分子式	$C_{16}H_{12}Cl_2N_4O_4$
分子量	395.20
理化性质	颜料黄 3 为偶氮类染料,淡黄色粉末,熔点 256~258℃,不溶于水;加热能溶于乙醇、丙酮等有机溶剂中,溶液为绿光黄色
安全性	颜料黄 3 急性毒性:大鼠经口 LD_{50}:8252mg/kg;大鼠经皮 LD_{50}>2000mg/kg,无毒。欧盟化妆品法规的准用名为 CI 11710;中国化妆品法规的准用名为 CI 11710 或颜料黄 3;作为化妆品着色剂,未见外用不安全的报道
应用	化妆品着色剂。在欧盟,CI 11710 可用于不接触黏膜的化妆品,例如面霜、身体乳液,以及沐浴露、香波、洗去型护发素等。在中国,CI 11710 或颜料黄 3 应用产品类型同欧盟法规,也专用于不与黏膜接触的化妆品。在美国和日本,不允许用于化妆品

110 CI 11725

中英文名称	颜料橙 1、Pigment Orange 1、Daidai401
CAS No.	6371-96-6
EINECS No.	228-907-9
结构式	

分子式	$C_{18}H_{18}N_4O_5$
分子量	370.4
理化性质	颜料橙 1 为偶氮染料,黄光橙色的粉末,熔点 210℃。不溶于水;可分散于油脂中,呈黄光橙色
安全性	欧盟化妆品法规的准用名为 CI 11725;中国化妆品法规的准用名为 CI 11725 或颜料橙 1;日本化妆品法规的准用名为 Daidai401;作为化妆品着色剂,未见外用不安全的报道
应用	化妆品着色剂。在欧盟,CI 11725 可用于洗去型产品,例如沐浴露、香波、洗去型护发素等。在中国,CI 11725 或颜料橙 1 的应用产品类型同欧盟法规,也专用于仅和皮肤暂时性接触的化妆品。在日本,Daidai401 可用于不接触唇部的其他各类化妆品,包括外用型化妆品以及洗去型产品。在美国不允许用于化妆品

111　CI 11738

中英文名称	颜料黄 73、Pigment Yellow 73
CAS No.	13515-40-7
EINECS No.	236-852-7
结构式	
分子式	$C_{17}H_{15}ClN_4O_5$
分子量	390.78
理化性质	颜料黄 73 是偶氮类染料,为红光黄色粉末,熔点 264℃,不溶于水;加热能溶于乙醇、丙酮等有机溶剂
安全性	美国 PCPC 将颜料黄 73 作为其他应用型着色剂,未见它外用不安全的报道
应用	美国 PCPC 将其归为其他应用类型着色剂。在中国目前并未允许用于化妆品着色剂和染发剂。在欧盟和日本,不允许用于化妆品

112　CI 11920

中英文名称	食品橙 3、Food Orange 3、Solvent Orange 1
CAS No.	2051-85-6
EINECS No.	218-131-9
结构式	

分子式	$C_{12}H_{10}N_2O_2$
分子量	214.22
理化性质	食品橙 3 属偶氮类染料,为红-橙色固体粉末,熔点 143~146℃。溶于乙醇,溶解度为 0.2~0.3g/100mL;微溶于水,溶解度为 0.2g/L(20℃);溶于植物油。耐光,但耐碱性差
安全性	欧盟化妆品法规的准用名为 CI 11920;中国化妆品法规的准用名为 CI 11920 或食品橙 3;作为化妆品着色剂,未见其外用不安全的报道
应用	化妆品着色剂。在欧盟,CI 11920 可用于所有类型的化妆品,例如口红、眼部产品,面霜等护肤类产品,以及香波、沐浴露等洗去型产品。在中国,CI 11920 或食品橙 3 的应用产品类型同欧盟法规,可作为着色剂用于所有类型的化妆品,但也明确规定禁用于染发产品。在美国和日本,不允许用于化妆品

113　CI 12010

中英文名称	溶剂红 3、Solvent Red 3
CAS No.	6535-42-8
EINECS No.	229-439-8
结构式	
分子式	$C_{18}H_{16}N_2O_2$
分子量	292.33
理化性质	溶剂红 3 为偶氮类染料,可溶于油脂,色泽为波尔多红
安全性	欧盟化妆品法规的准用名为 CI 12010;中国化妆品法规的准用名为 CI 12010 或溶剂红 3;作为化妆品着色剂,未见其外用不安全的报道
应用	化妆品着色剂。在欧盟,CI 12010 可用于不接触黏膜的化妆品,包括外用型化妆品以及洗去型产品,例如面霜、身体乳液,以及沐浴露、香波、洗去型护发素等。在中国,CI 12010 或溶剂红 3 的应用产品类型同欧盟法规,也专用于不与黏膜接触的化妆品,但也明确规定禁于染发产品。在美国和日本,不允许用于化妆品

114　CI 12075

中英文名称	颜料橙 5、Pigment Orange 5、Daidai203
CAS No.	3468-63-1
EINECS No.	222-429-4

结构式	
分子式	338.27
分子量	$C_{16}H_{10}N_4O_5$
理化性质	颜料橙 5 为偶氮染料,橙色粉末,熔点 302℃。极微溶于乙醇;不溶于水;不溶于油脂和矿物油,但可经均化分散于油脂中,为亮橙色。耐光、耐热、耐酸、耐碱都较好。紫外特征吸收波长为 484nm
安全性	颜料橙 5 的急性毒性数据均符合安全标准,长期高剂量试验尚有异议。日本化妆品法规的准用名为 Daidai203,作为化妆品着色剂,未见其外用不安全的报道
应用	化妆品着色剂。在日本,Daidai203 可用于包括眼部和唇部的所有类型的化妆品,例如口红、眼部产品,面霜等护肤类产品,以及香波、沐浴露等洗去型产品。在中国目前并未允许用于化妆品着色剂和染发剂。在欧盟和美国,不允许用于化妆品

115　CI 12085

中英文名称	颜料红 4、Pigment Red 4、Red 36、Aka228
CAS No.	2814-77-9
EINECS No.	220-562-2
结构式	
分子式	$C_{16}H_{10}ClN_3O_3$
分子量	327.73
理化性质	颜料红 4 为偶氮类染料,红色粉末,呈略带些黄色光的鲜红色泽,不溶于水;微溶于乙醇、丙酮。耐光,但耐热性较差
安全性	欧盟化妆品法规的准用名为 CI 12085;中国化妆品法规的准用名为 CI 12085 或颜料红 4;美国 FDA 准用名为 Red 36;日本化妆品法规的准用名为 Aka228。作为化妆品着色剂,未见其外用不安全的报道
应用	化妆品着色剂。在欧盟,CI 12085 可用于所有类型的化妆品,例如口红、眼部产品,面霜等护肤类产品,以及香波、沐浴露等洗去型产品。在中国,CI 12085 或颜料红 4 的产品应用类型和欧盟法规一致,也可作为着色剂用于所有类型的化妆品,同时要符合法规中规定的其他限制和要求:化妆品中最大浓度 3%;并且 CI 12085 中 2-氯-4-硝基苯胺(2-chloro-4-nitrobenzenamine)不超过 0.3%;2-萘酚(2-naphthalenol)不超过 1%;2,4-二硝基苯胺(2,4-dinitrobenzenamine)不超过 0.02%;1-[(2,4-二硝基苯基)偶氮]-2-萘酚(1-[(2,4-dinitrophenyl)azo]-2-naphthalenol)不超过 0.5%;4-[(2-氯-4-硝基苯基)偶氮]-1-萘酚(4-[(2-chloro-4-nitrophenyl)azo]-1-naphthalenol)不超过 0.5%;1-[(4-硝基苯基)偶氮]-2-萘酚(1-[(4-nitrophenyl)azo]-2-naphthalenol)不超过 0.3%;1-[(4-氯-2-硝基苯基)偶氮]-2-萘酚(1-[(4-chloro-2-nitrophenyl)azo]-2-naphthalenol)不超过 0.3%;并明确规定禁用于染发产品。在美国,Red 36 可用于除接触眼部之外的各类化妆品。在日本,Aka228 可用于所有类型的化妆品

116　CI 12100

中英文名称	溶剂橙 2、Solvent Orange 2、Daidai403
CAS No.	2646-17-5
结构式	
分子式	$C_{17}H_{14}N_2O$
分子量	262.31
理化性质	溶剂橙 2 为偶氮类染料,熔点 124～126℃,不溶于水;可溶于乙醇,溶解度 0.25％～1％,为微红的橙色。可溶于油脂和矿物油。紫外特征吸收波长 489nm
安全性	日本化妆品法规的准用名是 Daidai403,作为化妆品着色剂,未见其外用不安全的报道
应用	化妆品着色剂。在日本,Daidai403 可用于除接触唇部之外的其他各类化妆品,例如眼部产品、面霜等护肤类产品(外用型化妆品),以及香波、沐浴露等洗去型产品。在中国目前并未允许用于化妆品着色剂和染发剂。在欧盟和美国,不允许用于化妆品

117　CI 12120

中英文名称	颜料红 3、Pigment Red 3、Aka221
CAS No.	2425-85-6
EINECS No.	219-372-2
结构式	
分子式	$C_{17}H_{13}N_3O_3$
分子量	307.30
理化性质	颜料红 3 为偶氮类染料,是鲜艳的红色粉末,熔点 270～272℃,粉质细腻,着色力和遮盖力都很高,耐热耐光性好,耐酸碱。微溶于乙醇和丙酮;不溶于水;不溶于油脂和矿物油,但可经均化分散于油脂中,为亮猩红色泽
安全性	颜料红 3 的急性毒性,大鼠和小鼠经口 LD_{50} 均＞10g/kg,无毒;兔皮肤试验无刺激。欧盟化妆品法规的准用名为 CI 12120;中国化妆品法规的准用名为 CI 12120 或颜料红 3;日本化妆品法规的准用名为 Aka221。作为化妆品着色剂,未见其外用不安全的报道
应用	化妆品着色剂。在欧盟,CI 12120 仅可用于洗去型产品,例如沐浴露、香波、洗去型护发素等。在中国,CI 12120 或颜料红 3 的应用产品类型同欧盟法规,专用于仅和皮肤暂时接触的化妆品。在日本,Aka221 可用于包括眼部、唇部以及其他所有类型的外用化妆品,例如口红、眼部产品、面霜等护肤类产品,以及香波、沐浴露等洗去型产品。在美国,不允许用于化妆品

中英文名称	溶剂橙 7、Solvent Orange 7、Aka505
CAS No.	3118-97-6
结构式	
分子式	$C_{18}H_{16}N_2O$
分子量	276.33
理化性质	溶剂橙 7 是偶氮类染料,浅橙色或粉红色粉末,熔点 156~158℃,不溶于水;稍溶于乙醇,溶解度小于 0.25%;可溶于丙酮、油脂和矿物油,为猩红色泽。耐酸、碱、光较差。紫外最大吸收波长 493nm
安全性	溶剂橙 7 的急性毒性为小鼠经口 LD_{50}:0.2g/kg;兔皮肤试验有轻微反应。日本化妆品法规的准用名是 Aka505,作为化妆品着色剂,未见其外用不安全的报道
应用	化妆品着色剂。在日本,Aka505 可用于除接触唇部之外的其他各类化妆品,包括外用型化妆品以及洗去型产品,例如眼部产品、面霜等护肤类产品,以及香波、沐浴露等洗去型产品。在中国目前并未允许用于化妆品着色剂和染发剂。在欧盟和美国,不允许用于化妆品

119　CI 12150

中英文名称	溶剂红 1、Solvent Red 1
CAS No.	1229-55-6
EINECS No.	214-968-9
结构式	
分子式	$C_{17}H_{14}N_2O_2$
分子量	278.30
理化性质	溶剂红 1 是偶氮类染料,黄光橙色至红色粉末,熔点 179℃。不溶于水;微溶于乙醇;可溶于油脂,色泽为偏红的橙色。紫外最大吸收波长为 520nm
安全性	溶剂红 1 的急性毒性:大鼠经口 LD_{50}>5g/kg,无毒。未见其外用不安全的报道
应用	其他应用型着色剂。在中国目前并未允许用于化妆品着色剂和染发剂。在欧盟、日本,不允许用于化妆品

120　CI 12245

中英文名称	碱性红 76、Basic Red 76
CAS No.	68391-30-0
EINECS No.	269-941-4
结构式	
分子式	$C_{20}H_{22}ClN_3O_2$
分子量	371.87
理化性质	碱性红 76 为偶氮类染料,红色粉末,熔点>200℃(开始分解)。可溶于水(室温溶解度>10g/L)、乙醇(室温溶解度 0.3~3.0g/L),水溶液为正红色。紫外特征吸收波长为 503nm
安全性	碱性红 76 的急性毒性为小鼠经口 LD_{50}>10g/kg,无毒;对兔皮肤无刺激。欧盟、中国、美国 PCPC 和日本将碱性红 76 作为染发剂和头发着色剂,未见其外用不安全的报道。使用前须进行斑贴试验
应用	美国 PCPC 将其归为染发剂和发用着色剂。目前在中国允许用作染发剂。欧盟和中国法规把碱性红 76 用在非氧化型染发产品中,最大用量 2%,但一般在 0.05%~1.0%。可单独使用,如 pH=8.5,浓度为 0.4% 可给出强烈红色,也可与其他着色剂配合,如碱性红 76 0.128% 与碱性蓝 75 0.02% 配合,可得到带灰色的紫色

121　CI 12250

中英文名称	碱性棕 16、Basic Brown 16
CAS No.	26381-41-9
EINECS No.	247-640-9
结构式	
分子式	$C_{19}H_{21}ClN_4O$
分子量	356.85
理化性质	碱性棕 16 为偶氮类染料,深绿色或黑色粉末,熔点 169~175℃。可溶于水(20℃溶解度 373g/L),水溶液呈偏暗的棕色;也溶于乙醇。紫外特征吸收波长 478nm

安全性	碱性棕 16 的急性毒性为大鼠经口 LD$_{50}$:2～4g/kg,无毒;兔子皮肤试验无刺激。欧盟、美国 PCPC 和日本将其作为染发剂和头发着色剂,未见外用不安全的报道,但使用前须进行斑贴试验
应用	美国 PCPC 将其归为染发剂和发用着色剂。在欧盟和日本用作半永久染发剂和头发着色剂,一般使用量 0.01%～0.5%,不可与氧化剂共存。如 36 份碱性棕 16、17 份 HC 红 3、33 份 HC 黄 5 和 4 份碱性蓝 99 混合,在 pH=6.5 时,染得有光泽的铜色头发。在中国目前并未允许用于化妆品着色剂和染发剂

122　CI 12251

中英文名称	碱性棕 17、Basic Brown 17
CAS No.	68391-32-2
EINECS No.	269-940-0
结构式	
分子式	C$_{19}$H$_{20}$ClN$_5$O$_3$
分子量	401.85
理化性质	碱性棕 17 是单偶氮类染料,深棕色粉末,熔点 200～202℃。可溶于水(20℃溶解度 16.1g/L),水溶液为明亮的棕色;微溶于乙醇。紫外特征吸收波长为 462nm
安全性	碱性棕 17 的急性毒性为大鼠经口 LD$_{50}$:16g/kg,无毒;对兔皮肤无刺激作用。欧盟、美国 PCPC 和日本将碱性棕 17 用作染发剂和头发着色剂,未见外用不安全的报道,但使用前须进行斑贴试验
应用	美国 PCPC 将其归为染发剂和发用着色剂。在欧盟和日本用作半永久染发剂和头发着色剂,可单独使用或与其他染料配合,一般用量不超过 2%。如 8 份碱性棕 17、1 份碱性红 76 和 1 份碱性黄 57 混合,此混合物在 pH=6、用量为 0.1% 时,可染得自然的棕色头发。目前在中国并未允许用于化妆品着色剂和染发剂

123　CI 12251:1

中英文名称	碱性红 118、Basic Red 118
CAS No.	71134-97-9
EINECS No.	275-216-3
结构式	

分子式	$C_{19}H_{20}ClN_5O_3$
分子量	401.85
理化性质	碱性红 118 为偶氮染料,与碱性棕 17 的分子式和分子量都一样,仅是硝基的位置不同。可溶于水、乙醇,呈红色
安全性	美国 PCPC 将其归为染发剂和发用着色剂。日本将碱性红 118 作为染发剂和头发着色剂,未见其外用不安全的报道
应用	美国 PCPC 将其归为染发剂和发用着色剂。作为染发剂和发用着色剂使用时,欧盟是将 Basic Red 118 作为 Basic Brown 17 含有的杂质。在日本是作为染发剂和头发着色剂。目前在中国并未允许用于化妆品着色剂和染发剂

124 CI 12315

中英文名称	颜料红 22、Pigment Red 22、Aka404
CAS No.	6448-95-9
结构式	
分子式	$C_{24}H_{18}N_4O_4$
分子量	426.42
理化性质	颜料红 22 为偶氮类染料,外观为红色粉末,熔点＞216℃。不溶于水,可溶于乙醇、油脂,为黄光红色
安全性	日本化妆品法规的准用名为 Aka404,作为化妆品着色剂,未见其外用不安全的报道
应用	化妆品着色剂。在日本,Aka404 可用于除接触唇部之外的其他各类化妆品,包括外用型化妆品以及洗去型产品,例如眼部产品、面霜等护肤类产品,以及香波、沐浴露等洗去型产品。在中国目前并未允许用于化妆品着色剂和染发剂。在欧盟和美国,不允许用于化妆品

125 CI 12370

中英文名称	颜料红 112、Pigment Red 112
CAS No.	6535-46-2
EINECS No.	229-440-3

结构式	
分子式	$C_{24}H_{16}Cl_3N_3O_2$
分子量	484.76
理化性质	颜料红112为偶氮染料,红色粉末,不溶于水、乙醇和油脂;可分散于油脂,为艳丽的正红色。紫外特征吸收波长为515nm
安全性	颜料红112急性毒性为雌性大鼠经口 LD_{50} >15g/kg,无毒;兔皮肤试验无刺激。欧盟化妆品法规的准用名为 CI 12370;中国化妆品法规的准用名为 CI 12370 或颜料红112;作为化妆品着色剂,未见其外用不安全的报道
应用	化妆品着色剂。在欧盟,CI 12370 仅可用于洗去型产品,例如沐浴露、香波、洗去型护发素等。在中国,CI 12370 或颜料红112 的应用产品类型同欧盟法规,也专用于仅和皮肤暂时性接触的化妆品,但同时也明确规定禁用于染发产品。在美国和日本,不允许用于化妆品

126 CI 12420

中英文名称	颜料红7、Pigment Red 7
CAS No.	6471-51-8
EINECS No.	229-315-3
结构式	
分子式	$C_{25}H_{19}Cl_2N_3O_2$
分子量	464.34

理化性质	颜料红 7 为偶氮类染料,红色粉末,熔点 285℃,不溶于水;可溶于乙醇等有机溶剂,为蓝光红色
安全性	颜料红 7 的急性毒性为大鼠经口 LD_{50}:5g/kg;兔皮肤试验无刺激。欧盟化妆品法规的准用名为 CI 12420;中国化妆品法规的准用名为 CI 12420 或颜料红 7;作为化妆品着色剂,未见其外用不安全的报道
应用	化妆品着色剂。在欧盟,CI 12420 仅可用于洗去型产品,例如沐浴露、香波、洗去型护发素等。在中国,CI 12420 或颜料红 7 的应用产品类型同欧盟法规,也专用于仅和皮肤暂时接触的化妆品,同时要符合法规中规定的其他限制和要求;该着色剂中 4-氯邻甲苯胺(4-chloro-o-toluidine)的最大浓度:5mg/kg。在美国和日本,不允许用于化妆品

127 CI 12480

中英文名称	颜料棕 1、Pigment Brown 1
CAS No.	6410-40-8
EINECS No.	229-106-7
结构式	
分子式	$C_{25}H_{19}Cl_2N_3O_4$
分子量	496.34
理化性质	颜料棕 1 为单偶氮类染料,耐有机溶剂性能较差,不溶于水,对稀酸、稀碱不变色。如有表面活性剂存在,则易分散于水溶液
安全性	颜料棕 1 的急性毒性为雌性大鼠经口 LD_{50}>15g/kg,无毒;兔皮肤试验无刺激。欧洲化妆品法规的准用名为 CI 12480;中国化妆品法规的准用名为 CI 12480 或颜料棕 1;作为化妆品着色剂,未见外用不安全的报道
应用	化妆品着色剂。在欧盟,CI 12480 仅可用于洗去型产品,例如沐浴露、香波、洗去型护发素等。在中国,CI 12480 或颜料棕 1 的应用产品类型同欧盟法规,也专用于仅和皮肤暂时性接触的化妆品。在美国和日本,不允许用于化妆品

128 CI 12490

中英文名称	颜料红 5、Pigment Red 5
CAS No.	6410-41-9
EINECS No.	229-107-2

结构式	
分子式	$C_{30}H_{31}ClN_4O_7S$
分子量	627.11
理化性质	颜料红 5 为偶氮类染料,橙红色粉末,不溶于水;可溶于乙醇,稍溶于丙酮,呈蓝光红色
安全性	欧盟化妆品法规的准用名是 CI 12490;中国化妆品法规的准用名是 CI 12490 或颜料红 5;作为化妆品着色剂,未见其外用不安全的报道
应用	化妆品着色剂。在欧盟,CI 12490 可用于所有类型的化妆品,包括各类外用型化妆品以及洗去型产品,例如口红、眼部产品,面霜等护肤类产品,以及香波、沐浴露等洗去型产品。在中国,CI 12490 或颜料红 5 的应用产品类型同欧盟法规,可用于所有类型的化妆品,但也明确规定禁用于染发产品。在美国和日本,不允许用于化妆品

129 CI 12700

中英文名称	分散黄 16、Disperse Yellow 16、Solvent Yellow 16
CAS No.	4314-14-1
EINECS No.	224-330-1
结构式	
分子式	$C_{16}H_{14}N_4O$
分子量	278.31
理化性质	分散黄 16 为偶氮类染料,黄色粉末,熔点 155℃。不溶于水;溶于乙醇、丙酮、氯仿等有机溶剂,其乙醇溶液为带点儿绿的亮黄色
安全性	分散黄 16 的急性毒性为雌性大鼠经口 $LD_{50}>15g/kg$,无毒;兔皮肤试验无刺激。欧盟化妆品法规的准用名是 CI 12700;中国化妆品法规的准用名是 CI 12700 或分散黄 16;作为化妆品着色剂,未见其外用不安全的报道
应用	化妆品着色剂。在欧盟,CI 12700 仅可用于洗去型产品,例如沐浴露、香波、洗去型护发素等。在中国,CI 12700 或分散黄 16 的应用产品类型和欧盟法规一致,也专用于仅和皮肤暂时性接触的化妆品。在美国和日本,不允许用于化妆品

130　CI 12719

中英文名称	碱性黄 57、Basic Yellow 57
CAS No.	68391-31-1
EINECS No.	269-943-5
结构式	
分子式	$C_{19}H_{22}ClN_5O$
分子量	371.87
理化性质	碱性黄 57 为偶氮染料,橙黄色粉末,熔点 163~169℃。可溶于水(室温溶解度＞100g/L)、乙醇(室温溶解度 3~30g/L)。水溶液为有点儿灰的黄色。紫外特征吸收波长为 384nm
安全性	碱性黄 57 的急性毒性为大鼠经口 LD_{50}＞2.0g/kg,无毒。欧洲化妆品法规、日本化妆品法规和美国 FDA 的准用名都为 Basic Yellow 57,作为染发剂和头发着色剂,未见其外用不安全的报道。使用前须进行斑贴试验
应用	PCPC 将其归为染发剂和发用着色剂。在欧盟和日本,Basic Yellow 57 用于半永久性染发剂。欧洲法规规定其用于非氧化型染发产品中,用量不超过 2%。在美国,Basic Yellow 57 作为染发剂和头发着色剂。在中国目前并未允许用于化妆品着色剂和染发剂

131　CI 12740

中英文名称	溶剂黄 18、Solvent Yellow 18
CAS No.	6407-78-9
EINECS No.	229-043-5
结构式	
分子式	$C_{18}H_{18}N_4O$
分子量	306.36
理化性质	溶剂黄 18 为偶氮染料,黄色粉末,不溶于水;溶于乙醇、丙酮、油脂等有机溶剂,其乙醇溶液为亮黄色,白油溶液为带红光的黄色
安全性	美国 FDA 的准用名为 Solvent Yellow 18。美国 PCPC 将溶剂黄 18 作为其他应用型着色剂,但目前并未有更多的安全数据可参考
应用	美国用于皂类、洗发香波等的着色,用量约 1%。在中国目前并未允许用于化妆品着色剂和染发剂。欧盟、日本也未允许用于化妆品着色剂

132　CI 13015

中英文名称	食品黄 2、Food Yellow 2、Acid Yellow 6
CAS No.	2706-28-7
EINECS No.	220-293-0
结构式	
分子式	$C_{12}H_9N_3Na_2O_6S_2$
分子量	401.34
理化性质	食品黄 2 为偶氮类染料，黄色粉末，可溶于水，溶解度 18%～19%（室温），紫外最大吸收波长为 447nm
安全性	食品黄 2 的大鼠静脉注射 LD_{50}：2500mg/kg。欧盟化妆品法规的准用名是 CI 13015；中国化妆品法规的准用名是 CI 13015 或食品黄 2；作为化妆品着色剂，未见其外用不安全的报道
应用	化妆品着色剂。在欧盟，CI 13015 可用于所有类型的化妆品，包括各类外用型化妆品以及洗去型产品，例如口红、眼部产品，面霜等护肤类产品，以及香波、沐浴露等洗去型产品。在中国，CI 13015 或食品黄 2 的应用产品类型同欧盟法规，也可用于所有类型的化妆品。在美国和日本，不允许用于化妆品

133　CI 13065

中英文名称	酸性黄 36、Acid Yellow 36、Ki406
CAS No.	587-98-4
结构式	
分子式	$C_{18}H_{14}N_3NaO_3S$
分子量	375.38
理化性质	酸性黄 36 为偶氮类染料，黄色粉末，熔点＞250℃，溶于水、乙醇为橘黄色溶液，水溶解度 2.5%；微溶于丙酮；不溶于油脂和矿物油，可制成偏碱性的乳状液。加少量酸溶液呈品红色，在碱中稳定。紫外最大吸收波长为 435nm
安全性	酸性黄 36 的急性毒性为兔经口 LD_{50}＞2000mg/kg，无毒。日本化妆品法规的准用名为 Ki406；作为化妆品着色剂，未见其外用不安全的报道
应用	化妆品着色剂。在日本，Ki406 可用于除接触唇部之外的其他各类化妆品，例如眼部产品，面霜等护肤类产品，以及香波、沐浴露等洗去型产品。在中国目前并未允许用于化妆品着色剂和染发剂。在欧盟和美国，不允许用于化妆品

134 CI 14270

中英文名称	酸性橙 6、Acid Orange 6
CAS No.	547-57-9
EINECS No.	208-924-8
结构式	
分子式	$C_{12}H_9N_2NaO_5S$
分子量	316.26
理化性质	酸性橙 6 为偶氮类染料,橙色至暗棕色粉末,熔点>300℃,室温时水中溶解度 0.5%,加热溶解度提高,也溶于乙醇。紫外特征吸收波长为 490nm。水溶液 pH=11.0 时为黄色,pH=12.7 时为红色
安全性	酸性橙 6 的急性毒性为大鼠经腹腔 LD_{50}>1g/kg,大鼠经静脉 LD_{50}>1g/kg。欧盟化妆品法规的准用名为 CI 14270;中国化妆品法规的准用名为 CI 14270 或酸性橙 6,作为化妆品着色剂,未见其外用不安全的报道
应用	化妆品着色剂。在欧盟,CI 14270 可用于所有类型的化妆品,例如口红、眼部产品,面霜等护肤类产品,以及香波、沐浴露等洗去型产品。在中国,CI 14270 或酸性橙 6 的应用产品类型和欧盟法规一致,可作为着色剂用于化妆品,但也明确规定,禁用于染发产品。在美国和日本,不允许用于化妆品

135 CI 14600

中英文名称	酸性橙 20、Acid Orange 20、Daidai402
CAS No.	523-44-4
结构式	
分子式	$C_{16}H_{11}N_2NaO_4S$
分子量	350.32
理化性质	酸性橙 20 为偶氮类染料,微带暗红色的橙色粉末,熔点 260℃(开始分解);可溶于水,溶解度大于 1%;也溶于乙醇,溶解度 0.25%～1%;不溶于油脂和矿物油。耐光、酸和碱性还行。变色范围 (pH)7.6(橙)～8.5(红)
安全性	酸性橙 20 的急性毒性为大鼠经腹腔 LD_{50}:1mg/kg。日本化妆品法规的准用名为 Daidai402,作为化妆品着色剂,未见其外用不安全的报道
应用	化妆品着色剂。在日本,Daida402 可用于除接触唇部之外的其他各类化妆品,例如眼部产品,面霜等护肤类产品,以及香波、沐浴露等洗去型产品。在中国目前并未允许用于化妆品着色剂和染发剂。在欧盟和美国,不允许用于化妆品

136 CI 14700

中英文名称	食品红 1、Food Red 1、Ponceau SX、Red 4、Aka504
CAS No.	4548-53-2

EINECS No.	224-909-9
结构式	
分子式	$C_{18}H_{14}N_2Na_2O_7S_2$
分子量	480.42
理化性质	食品红1是偶氮类染料,棕色或暗红色粉末。能溶于水,25℃水溶解度为9%,微溶于乙醇(<0.25%),不溶于植物油中。酸稳定性好,其色调为亮黄光红色至红色。耐光、耐热,但耐碱性较差。紫外最大吸收波长为501nm
安全性	食品红1为食用色素,急性毒性为大鼠经口 $LD_{50}>2g/kg$,无毒。欧盟化妆品法规的准用名为 CI 14700;中国化妆品法规的准用名为 CI 14700 或食品红1;美国 FDA 准用名为 Red 4;日本化妆品法规的准用名为 Aka504,该染料及其色淀作为化妆品着色剂,未见其外用不安全的报道
应用	化妆品着色剂。在欧盟,CI 14700 可用于所有类型的化妆品,包括各类外用型化妆品以及洗去型产品,例如口红、眼部产品,面霜等护肤类产品,以及香波、沐浴露等洗去型产品。在中国,CI 14700 或食品红1的应用产品类型同欧盟法规,可作为着色剂用于所有类型的化妆品,同时要符合法规的相关技术指标:其中的 5-氨基-2,4-二甲基-1-苯磺酸及其钠盐(5-amino-2,4-dimethyl-1-benzenesulfonic acid and its sodium salt)不超过 0.2%;4-羟基-1-萘磺酸及其钠盐(4-hydroxy-1-naphthalenesulfonic acid and its sodium salt)不超过 0.2%;并明确规定禁用于染发产品。在美国,Red 4 可用于除唇部和眼部之外的其他各类外部使用的化妆品。在日本,Aka504 可用于不接触唇部的其他各类化妆品

137　CI 14700 铝色淀

中英文名称	红4铝色淀、食品红1铝色淀、Red 4 Lake、Aka504
CAS No.	84455-18-5
EINECS No.	282-890-2
结构式	
分子式	$C_{18}H_{14}N_2Al_{2/3}O_7S_2$
分子量	454.43
理化性质	红4铝色淀(食品红1铝色淀)非水溶。耐光、耐热,但耐碱性较差

安全性	参考食品红 1 的安全数据:食品红 1 为食用色素,急性毒性为大鼠经口 $LD_{50}>2g/kg$,无毒。欧盟化妆品法规的准用名是 CI 14700;中国化妆品法规的准用名为 CI 14700 铝色淀或食品红 1 铝色淀;美国 FDA 准用名是 Red 4 Lake;日本化妆品法规的准用名为 Aka 504。该色淀作为化妆品着色剂,未见其外用不安全的报道
应用	化妆品着色剂。在欧盟,CI 14700 可用于所有类型的化妆品,包括各类外用型化妆品以及洗去型产品,例如口红、眼部产品、面霜等护肤类产品,以及香波、沐浴露等洗去型产品。在中国,CI 14700 或食品红 1 的色淀应用产品类型和欧盟法规一致,可作为着色剂用于所有类型的化妆品,同时要符合法规的相关技术指标;其中的 5-氨基-2,4-二甲基-1-苯磺酸及其钠盐(5-amino-2,4-dimethyl-1-benzenesulfonic acid and its sodium salt)不超过 0.2%;4-羟基-1-萘磺酸及其钠盐(4-hydroxy-1-naphthalenesulfonic acid and its sodium salt)不超过 0.2%;并明确规定禁用于染发产品。在美国,Red 4 Lake 可用于外部使用的各类化妆品。在日本 Aka504 可用于不接触唇部的化妆品

138 CI 14720

中英文名称	食品红 3、酸性红 14、Acid Red 14
CAS No.	3567-69-9
EINECS No.	222-657-4
结构式	
分子式	$C_{20}H_{12}N_2Na_2O_7S_2$
分子量	502.43
理化性质	食品红 3 是偶氮染料,为暗红色粉末。易溶于水,水溶液为带蓝光的红色,加入浓盐酸呈红色,加入氢氧化钠溶液呈红光橙棕色。稍溶于乙醇呈红色,溶解度小于 0.25%;难溶于丙酮、油脂和矿物油。紫外最大吸收波长为 514nm
安全性	食品红 3 的急性毒性为兔子经口 $LD_{50}>10mg/kg$,无毒。欧盟化妆品法规的准用名是 CI 14720;中国化妆品法规的准用名是 CI 14720 或酸性红 14,作为化妆品着色剂,未见其外用不安全的报道
应用	化妆品着色剂。在欧盟,CI 14720 可用于所有类型的化妆品,包括各类外用型化妆品以及洗去型产品,例如口红、眼部产品、面霜等护肤类产品,以及香波、沐浴露等洗去型产品。在中国,CI 14720 的应用产品类型同欧盟法规,可作为着色剂用于所有类型的化妆品,并要符合相关技术指标;其中的 4-氨基萘-1-磺酸(4-aminonaphthalene-1-sulfonic acid)和 4-羟基萘-1-磺酸(4-hydroxynaphthalene-1-sulfonic acid)总量不超过 0.5%;未磺化芳香伯胺不超过 0.01%(以苯胺计)。在美国和日本,不允许用于化妆品

139 CI 14720 铝色淀

中英文名称	酸性红 14 铝色淀、食品红 3 铝色淀、Acid Red 14 Aluminum Lake
结构式	

分子式	$C_{20}H_{12}N_2Al_{2/3}O_7S_2$
分子量	474.44
理化性质	酸性红 14 铝色淀（食品红 3 铝色淀），不溶于水。不耐碱
安全性	参考食品红 3 的急性毒性为兔子经口 $LD_{50} > 10mg/kg$，无毒。欧盟化妆品法规的准用名是 CI 14720；中国化妆品法规的准用名是 CI 14720 或食品红 3 色淀，作为化妆品着色剂，未见其外用不安全的报道
应用	化妆品着色剂。在欧盟，CI 14720 可用于所有类型的化妆品，例如口红、眼部产品，面霜等护肤类产品，以及香波、沐浴露等洗去型产品。在中国，CI 14720 或食品红 3 色淀（FDA 名称为酸性红 14 铝色淀）的应用产品类型同欧盟法规，可作为着色剂用于所有类型的化妆品，并要符合相关技术指标；其中的 4-氨基萘-1-磺酸（4-aminonaphthalene-1-sulfonic acid）和 4-羟基萘-1-磺酸（4-hydroxynaphthalene-1-sulfonic acid）总量不超过 0.5%；未磺化芳香伯胺不超过 0.01%（以苯胺计）。在美国和日本，不允许用于化妆品

140 CI 14815

中英文名称	食品红 2、Food Red 2
CAS No.	3257-28-1
EINECS No.	221-856-3
结构式	
分子式	$C_{18}H_{14}N_2Na_2O_7S_2$
分子量	480.42
理化性质	食品红 2 为偶氮类染料，红色粉末，可溶于水，微溶于乙醇，不溶于植物油。紫外最大吸收波长为 502nm
安全性	食品红 2 的急性毒性为大鼠静脉 LD_{50}：$1g/kg$；小鼠经口 $LD_{50} > 5g/kg$，无毒。欧盟化妆品法规的准用名是 CI 14815；中国化妆品法规的准用名是 CI 14815 或食品红 2；作为化妆品着色剂，未见其外用不安全的报道
应用	化妆品着色剂。在欧盟，CI 14815 可用于所有类型的化妆品，包括各类外用型化妆品以及洗去型产品，例如口红、眼部产品，面霜等护肤类产品，以及香波、沐浴露等洗去型产品。在中国，CI 14815 或食品红 2 的应用产品类型同欧盟法规，可作为着色剂用于所有类型的化妆品。在美国和日本，不允许用于化妆品

141 CI 15510

中英文名称	酸性橙 7、Acid Organge 7、Orange 4、Daidai205
CAS No.	633-96-5
EINECS No.	211-199-0

结构式	
分子式	$C_{16}H_{11}N_2NaO_4S$
分子量	350.32
理化性质	酸性橙 7 属于偶氮染料,为金黄色粉末,熔点 164℃(开始分解)。溶于水呈红光黄色,30℃水溶解度为 11%;溶于乙醇呈橙色,乙醇中溶解度约 0.25%~1%;不溶于油脂,但可在微碱性下经乳化为乳状液。紫外最大吸收波长为 485nm
安全性	酸性橙 7 的急性毒性为大鼠经口 LD$_{50}$>10g/kg,无毒。欧盟化妆品法规的准用名为 CI 15510;中国化妆品法规的准用名为 CI 15510 或酸性橙 7;美国 FDA 的准用名是 Orange 4;日本化妆品法规的准用名为 Daidai205。作为化妆品着色剂,未见其外用不安全的报道。但用于染发使用前须进行斑贴试验
应用	化妆品着色剂。在欧盟,CI 15510 可用于不接触眼部的化妆品,例如口红、面霜等护肤类产品,以及香波、沐浴露等洗去型产品。在中国,CI 15510 或酸性橙 7 的应用产品类型同欧盟法规,可作为着色剂用于不接触眼部的化妆品,同时要符合法规中规定的其他限制和要求:其中的 2-萘酚(2-naph-thol)不超过 0.4%;磺胺酸钠(sulfanilic acid,sodium salt)不超过 0.2%;4,4′-(二偶氮氨基)-二苯磺酸[4,4′-(diazoamino)-dibenzenesulfonic acid]不超过 0.1%。在美国,Orange 4 仅可用于外部使用的化妆品。在日本,Daidai205 则可用于所有类型的化妆品

142 CI 15510 铝色淀

中英文名称	橙 4 铝色淀、酸性橙 7 铝色淀、Orange 4 Lake、Daidai205
CAS No.	15876-51-4
EINECS No.	240-009-9
结构式	
分子式	$C_{16}H_{10}N_2Al_{1/3}O_4S$
分子量	335.32
理化性质	橙 4 铝色淀不溶于水;不耐碱
安全性	参考酸性橙 7 的急性毒性为大鼠经口 LD$_{50}$>10g/kg,无毒。欧盟化妆品法规的准用名为 CI 15510;中国化妆品法规的准用名为 CI 15510 或酸性橙 7 及其色淀;美国 FDA 的准用名是 Orange 4 Lake;日本化妆品法规的准用名为 Daidai205。作为化妆品着色剂,未见其外用不安全的报道。但用于染发前须进行斑贴试验

应用	化妆品着色剂。在欧盟,CI 15510 可用于除接触眼部的其他各类化妆品,例如口红、面霜等护肤类产品,以及香波、沐浴露等洗去型产品。在中国,CI 15510 或酸性橙 7 及其色淀的应用产品类型同欧盟法规,可作为着色剂可用于不接触眼部的化妆品,同时要符合法规中规定的其他限制和要求:2-萘酚(2-naphthol)不超过 0.4%;磺胺酸钠(sulfanilic acid,sodium salt)不超过 0.2%;4,4′-(二偶氮氨基)-二苯磺酸[4,4′-(diazoamino)-dibenzenesulfonic acid]不超过 0.1%。在美国,Orange 4 Lake 仅可用于外部使用的化妆品,在日本,Daidai205 可用于所有类型的化妆品

143 CI 15525

中英文名称	颜料红 68、Pigment Red 68
CAS No.	5850-80-6
EINECS No.	227-456-5
结构式	
分子式	$C_{17}H_9ClN_2Ca_{1/2}NaO_6S$
分子量	447.77
理化性质	颜料红 68 是偶氮类染料,常用的是钙色淀。颜料红 68 钙色淀为黄光红色的粉末,比颜料红 53:1 微偏蓝光,不溶于水;可分散于油脂,耐酸耐碱性较差
安全性	欧盟化妆品法规的准用名为 CI 15525;中国化妆品法规的准用名是 CI 15525 或颜料红 68。中国和欧盟都将颜料红 68 及其色淀作为化妆品着色剂,未见其外用不安全的报道
应用	化妆品着色剂。在欧盟,CI 15525 可用于所有类型的化妆品,包括各类外用型化妆品以及洗去型产品,例如口红、眼部产品,面霜等护肤类产品,以及香波、沐浴露等洗去型产品。在中国,CI 15525 或颜料红 68 的应用产品类型同欧盟法规,可作为着色剂用于所有类型的化妆品。在美国和日本,不允许用于化妆品

144 CI 15580

中英文名称	颜料红 51、Pigment Red 51
CAS No.	5850-87-3
EINECS No.	227-459-1
结构式	

分子式	$C_{17}H_{13}N_2NaO_4S$
分子量	364.36
理化性质	颜料红51为偶氮类染料,可溶于水和乙醇,不溶于油脂。最常用的是颜料红51钡色淀,不溶于水
安全性	欧盟化妆品法规的准用名是CI 15580;中国化妆品法规的准用名是CI 15580或颜料红51。中国和欧盟将其作为化妆品着色剂,未见其外用不安全的报道
应用	化妆品着色剂。在欧盟,CI 15580可用于所有类型的化妆品,包括各类外用型化妆品以及洗去型产品,例如口红、眼部产品,面霜等护肤类产品,以及香波、沐浴露等洗去型产品。在中国,CI 15580或颜料红51的应用产品类型同欧盟法规,可作为着色剂用于所有类型的化妆品。在美国和日本,不允许用于化妆品

145　CI 15585

中英文名称	颜料红53、Pigment Red 53、Aka203
CAS No.	2092-56-0
EINECS No.	218-248-5
结构式	
分子式	$C_{17}H_{12}ClN_2NaO_4S$
分子量	398.80
理化性质	颜料红53为偶氮类染料,可溶于水,为亮红光橙色。紫外特征吸收波长为484nm
安全性	颜料红53的急性毒性的安全数据均认可,但高剂量和长期毒性数据尚有异议。日本化妆品法规的准用名是Aka203。日本将颜料红53及其色淀作为化妆品着色剂,未见其外用不安全的报道
应用	化妆品着色剂。在日本,Aka203可用于所有类型的化妆品,包括各类外用型化妆品以及洗去型产品,例如口红、眼部产品,面霜等护肤类产品,以及香波、沐浴露等洗去型产品。目前在中国,颜料红53并未允许用于化妆品着色剂和染发剂。在欧盟和美国,不允许用于化妆品

146　CI 15585:1

中英文名称	颜料红53:1、Pigment Red 53:1、Aka204
CAS No.	5160-02-1
EINECS No.	225-935-3
结构式	

分子式	$C_{17}H_{12}ClN_2Ba_{1/2}O_4S$
分子量	444.46
理化性质	常用的颜料红 53 钡色淀,为红色带荧光的粉末,色泽鲜艳,显示强烈的金光彩色。微溶于水和乙醇,色调为偏橙的红色,不溶于丙酮。耐光和耐热性较好
安全性	颜料红 53 的急性毒性的数据均认可,但高剂量和长期毒性数据尚有异议。日本化妆品法规的准用名是 Aka204。日本将颜料红 53 及其色淀作为化妆品着色剂,未见其外用不安全的报道
应用	化妆品着色剂。在日本,Aka204 可用于所有类型的化妆品,包括各类外用型化妆品以及洗去型产品,例如口红、眼部产品,面霜等护肤类产品,以及香波、沐浴露等洗去型产品。目前在中国,颜料红 53:1 并未允许用于化妆品着色剂和染发剂。在欧盟和美国,不允许用于化妆品

147　CI 15620

中英文名称	酸性红 88、Acid Red 88、Aka506
CAS No.	1658-56-6
EINECS No.	216-760-3
结构式	
分子式	$C_{20}H_{13}N_2NaO_4S$
分子量	400.38
理化性质	酸性红 88 为偶氮染料,深红色粉末,熔点 280℃,可溶于水,为带黄光的红色;稍溶于乙醇,溶解度小于 0.25%;不溶于矿物油和油脂。耐光性好。紫外最大吸收波长为 494nm
安全性	酸性红 88 的急性毒性为大鼠经口 $LD_{50}>3.66g/kg$;兔皮肤试验显示有轻微刺激。欧盟化妆品法规的准用名为 CI 15620;中国化妆品法规的准用名为 CI 15620 或酸性红 88;日本化妆品法规的准用名为 Aka506。欧盟、中国和日本将其作为化妆品着色剂,未见其外用不安全的报道
应用	化妆品着色剂。在欧盟,CI 15620 仅可用于洗去型产品,例如沐浴露、香波、洗去型护发素等。在中国,CI 15620 或酸性红 88 的应用产品类型同欧盟法规,也专用于仅和皮肤暂时性接触的化妆品,应用产品品类参见欧盟产品应用品类。在日本,Aka506 则可用于不和唇部接触的产品。而在美国不允许使用于化妆品

148　CI 15630

中英文名称	颜料红 49、Pigment Red 49、Aka205
CAS No.	1248-18-6
EINECS No.	214-998-2
结构式	

分子式	$C_{20}H_{13}N_2NaO_4S$
分子量	402.38
理化性质	颜料红49为偶氮类染料,可溶于水,为带黄光的红色调;稍溶于乙醇,溶解度小于0.25%;不溶于油脂和矿物油,但可经均化分散于油中。耐光、耐酸、耐碱性均为中等。颜料红49紫外最大吸收波长为494nm
安全性	欧盟化妆品法规的准用名是CI 15630;中国化妆品法规的准用名是CI 15630或颜料红49;日本化妆品法规的准用名是Aka205。欧盟、中国和日本将颜料红49及其色淀作为化妆品着色剂,未见其外用不安全的报道
应用	化妆品着色剂。在欧盟,CI 15630可用于所有类型的化妆品,包括各类外用型化妆品以及洗去型产品,例如口红、眼部产品,面霜等护肤类产品,以及香波、沐浴露等洗去型产品。在中国,CI 15630或颜料红49的应用产品类型同欧盟法规,可作为着色剂用于所有类型的化妆品,并规定化妆品最大浓度为3%。在日本,Aka205也可用于所有类型的化妆品。在美国不允许使用于化妆品

149　CI 15630:1

中英文名称	颜料红49:1、Pigment Red 49:1、Aka207
CAS No.	1103-38-4、1248-18-6
EINECS No.	214-998-2
结构式	
分子式	$C_{40}H_{26}N_4BaO_8S_2$
分子量	892.11
理化性质	颜料红49的钡色淀不溶于水;色调与颜料红49大致相同,但耐光性优于原色
安全性	欧盟化妆品法规的准用名是CI 15630;中国化妆品法规的准用名是CI 15630或颜料红49,及其不溶性钡、锶、锆色淀,盐和颜料也被允许使用。日本化妆品法规的准用名是Aka207。欧盟、中国和日本将颜料红49及其钡色淀作为化妆品着色剂,未见其外用不安全的报道
应用	化妆品着色剂。在欧盟,CI 15630可用于所有类型的化妆品,包括各类外用型化妆品以及洗去型产品,例如口红、眼部产品,面霜等护肤类产品,以及香波、沐浴露等洗去型产品。在中国,CI 15630或颜料红49及其不溶性钡、锶、锆色淀,盐和颜料的应用产品类型同欧盟法规,可作为着色剂用于所有类型的化妆品,并规定化妆品最大浓度为3%。在日本,Aka207也可用于所有类型的化妆品。在美国,不允许用于化妆品

150　CI 15630:2

INCI名称/英文名称	颜料红49:2、Pigment Red 49:2、Aka206
CAS No.	1103-39-5、1248-18-6
EINECS No.	214-998-2
结构式	

分子式	$C_{40}H_{26}N_4CaO_8S_2$
分子量	794.86
理化性质	颜料红 49 的钙色淀不溶于水;色调与颜料红 49 大致相同,但耐光性优于原色
安全性	欧盟化妆品法规的准用名是 CI 15630;中国化妆品法规的准用名是 CI 15630 或颜料红 49,及其不溶性钡、锶、锆色淀,盐和颜料也被允许使用;日本化妆品法规的准用名是 Aka206。欧盟、中国和日本将颜料红 49 及其钙色淀作为化妆品着色剂,未见其外用不安全的报道
应用	化妆品着色剂。在欧盟,CI 15630 可用于所有类型的化妆品,包括各类外用型化妆品以及洗去型产品,例如口红、眼部产品,面霜等护肤类产品,以及香波、沐浴露等洗去型产品。在中国,CI 15630 或颜料红 49 及其不溶性钡、锶、锆色淀,盐和颜料的应用产品类型同欧盟法规,可作为着色剂用于所有类型的化妆品,并规定化妆品最大浓度为 3%。在日本,Aka206 也可用于所有类型的化妆品。在美国,不允许用于化妆品

151　CI 15630:3

中英文名称	颜料红 49:3、Pigment Red 49:3、Aka208
CAS No.	6371-67-1、1248-18-6
EINECS No.	214-998-2
结构式	
分子式	$C_{40}H_{26}N_4SrO_8S_2$
分子量	842.41
理化性质	颜料红 49 的锶色淀不溶于水;色调与颜料红 49 大致相同,但耐光性优于原色
安全性	欧盟化妆品法规的准用名是 CI 15630;中国化妆品法规的准用名是 CI 15630 或颜料红 49,及其不溶性钡、锶、锆色淀,盐和颜料也被允许使用;日本化妆品法规的准用名是 Aka208。欧盟、中国和日本将颜料红 49 及其锶色淀作为化妆品着色剂,未见其外用不安全的报道
应用	化妆品着色剂。在欧盟,CI 15630 可用于所有类型的化妆品,包括各类外用型化妆品以及洗去型产品,例如口红、眼部产品,面霜等护肤类产品,以及香波、沐浴露等洗去型产品。在中国,CI 15630 或颜料红 49 及其不溶性钡、锶、锆色淀,盐和颜料的应用产品类型同欧盟法规,可作为着色剂用于所有类型的化妆品,并规定化妆品最大浓度为 3%。在日本,Aka208 也可用于所有类型的化妆品。在美国,不允许用于化妆品

152　CI 15685

中英文名称	酸性红 184、Acid Red 184
CAS No.	6370-15-6
EINECS No.	228-876-1
结构式	

分子式	$C_{16}H_9CrN_3NaO_8S$
分子量	478.31
理化性质	酸性红 184 为含铬的偶氮类染料,可溶于水
安全性	美国 PCPC 将酸性红 184 作为染发剂和头发着色剂,未见其外用不安全的报道
应用	美国 PCPC 将其归为染发剂和头发着色剂。目前在中国酸性红 184 并未允许用于化妆品着色剂和染发剂。在欧盟和美国,不允许用于化妆品

153　CI 15711

中英文名称	酸性黑 52、Acid Black 52
CAS No.	5610-64-0
EINECS No.	227-029-3
结构式	
分子式	$C_{60}H_{36}Cr_2N_9Na_3O_2S_3$
分子量	1488.13
理化性质	酸性黑 52 为一偶氮染料,是一种含铬的配合物。黑色粉末,溶于水呈红光黑色,可溶于乙醇和溶纤素,微溶于丙酮,不溶于其他有机溶剂
安全性	美国 PCPC 将酸性黑 52 作为其他应用型着色剂,未见其外用不安全的报道
应用	美国 PCPC 将其归为其他应用类型着色剂。目前在中国并未允许用于化妆品着色剂和染发剂。在欧盟、美国和日本,不允许用于化妆品

154　CI 15800

中英文名称	颜料红 64、Pigment Red 64:1、Aka219、Red 31
CAS No.	6371-76-2

EINECS No.	228-899-7
结构式	
分子式	$C_{17}H_{11}Ca_{1/2}N_2O_3$
分子量	311.32
理化性质	颜料红 64 为偶氮类染料,可溶于水,溶解度 0.25%～1%,色调为带蓝光的红色;略溶于乙醇,溶解度小于 0.25%;不溶于油脂。颜料红 64:1 是其钙色淀,不溶于水
安全性	颜料红 64 的急性毒性为大鼠经口 LD_{50}:920mg/kg;颜料红 64:1 是钙色淀,其急性毒性大鼠经口 $LD_{50}>750$mg/kg。欧盟化妆品法规的准用名为 CI 15800,但不允许用于染发;中国化妆品法规的准用名为 CI 15800 或颜料红 64,其不溶性钡、锶、锆色淀,盐和颜料也被允许使用;美国 FDA 准用名为 Red 31;日本化妆品法规的准用名为 Aka219。作为化妆品着色剂,未见其外用不安全的报道
应用	化妆品着色剂。在欧盟,CI 15800 可用于不与黏膜接触的化妆品,主要是各类外用型化妆品以及洗去型产品,例如面霜等护肤类产品,以及香波、沐浴露、洗去型护发素等。在中国,CI 15800 或颜料红 64 及其不溶性钡、锶、锆色淀,盐和颜料的应用产品类型同欧盟法规,专用于不与黏膜接触的化妆品,同时要符合法规中规定的其他限制和要求;其中的苯胺(aniline)不超过 0.2%;3-羟基-2-萘甲酸钙(3-hydroxy-2-naphthoic acid,calcium salt)不超过 0.4%,并明确规定禁用于染发产品。Red 31 在美国以及 Aka219 在日本,可用于外用型化妆品,但不可用于接触黏膜类的产品

155 CI 15850

中英文名称	颜料红 57、红 6、Red 6、Pigment Red 57、Aka201
CAS No.	5858-81-1
EINECS No.	227-497-9
结构式	
分子式	$C_{18}H_{12}N_2Na_2O_6S$
分子量	430.34
理化性质	颜料红 57(红 6)为偶氮染料,橙红色粉末,熔点 320℃(开始分解)。稍溶于水(20℃溶解度 3.78g/L),呈蓝光红色调,极微溶于乙醇,不溶于矿物油。紫外最大吸收波长为 500nm
安全性	颜料红 57(红 6)的急性毒性为大鼠经口 LD_{50}:10.8g/kg,无毒。欧盟化妆品法规的准用名为 CI 15850;中国化妆品法规的准用名为 CI 15850 或颜料红 57,其不溶性钡、锶、锆色淀,盐和颜料也被允许使用;美国 FDA 准用名为 Red 6;日本化妆品法规的准用名为 Aka201。作为化妆品着色剂,未见其外用不安全的报道
应用	化妆品着色剂。在欧盟,CI 15850 可用于所有类型的化妆品,例如口红、眼部产品、面霜等护肤类外用型产品,以及香波、沐浴露等洗去型产品。在中国,CI 15850 或颜料红 57 及其不溶性钡、锶、锆色淀,盐和颜料的应用产品类型同欧盟法规一致,可作为着色剂用于所有类型的化妆品,同时要符合法规中规定的其他限制和要求;其中的 2-氨基-5-甲基苯磺酸钙盐(2-amino-5-methylbenzensulfonic acid,calcium salt)不超过 0.2%;3-羟基-2-萘基羰酸钙盐(3-hydroxy-2-naphthalene carboxylic acid, calcium salt)不超过 0.4%;未磺化芳香伯胺不超过 0.01%(以苯胺计)。在美国,Red 6 可用于除了接触眼部的其他各类化妆品。在日本,Aka201 可用于所有类型的化妆品

156　CI 15850:1

中英文名称	颜料红 57(红 7、红 7 钙色淀)、Red 7、Red 7 Lake、Pigment Red 57:1、Aka202
CAS No.	5281-04-9、29092-56-6
EINECS No.	226-109-5
结构式	
分子式	$C_{18}H_{12}CaN_2O_6S$
分子量	424.44
理化性质	颜料红 57(红 7、红 7 钙色淀)为红色粉末,不溶于水,光稳定性好
安全性	颜料红 57(红 7、红 7 钙色淀)的急性毒性为大鼠经口 LD_{50}:10.8g/kg,无毒。欧盟化妆品法规的准用名为 CI 15850;中国化妆品法规的准用名为 CI 15850 或颜料红 57 及其不溶性钡、锶、锆色淀,盐和颜料也被允许使用;美国 FDA 的准用名为 Red 7(纯色素高于 90%)或 Red 7 Lake(纯色素含量低于 90%);日本化妆品法规的准用名为 Aka202。作为化妆品着色剂,未见其外用不安全的报道
应用	化妆品着色剂。在欧盟 CI 15850 可用于所有类型的化妆品,例如口红、眼部产品,面霜等护肤类产品,以及香波、沐浴露等洗去型产品。在中国 CI 15850 或红 7 及其不溶性钡、锶、锆色淀,盐和颜料的应用同欧盟法规一致,可作为着色剂用于所有类型的化妆品,同时要符合法规中规定的其他限制和要求;其中的 2-氨基-5-甲基苯磺酸钙盐(2-amino-5-methylbenzensulfonic acid,calcium salt)不超过 0.2%;3-羟基-2-萘基羰酸钙盐(3-hydroxy-2-naphthalene carboxylic acid,calcium salt)不超过 0.4%;未磺化芳香伯胺不超过 0.01%(以苯胺计)。在美国,Red 7 或 Red 7 Lake 可用于不接触眼部的各类化妆品。在日本,Aka202 可用于所有类型的化妆品

157　CI 15850:2

中英文名称	颜料红 57(红 6 钡色淀)、Red 6 Lake
CAS No.	17852-98-1
EINECS No.	241-806-4
结构式	
分子式	$C_{18}H_{12}BaN_2O_6S$
分子量	521.69
理化性质	颜料红 57(红 6 钡色淀)为橙红色粉末,不溶于水,耐光性好
安全性	参考颜料红 57 的急性毒性为大鼠经口 LD_{50}:10.8g/kg,无毒。欧盟化妆品法规的准用名为 CI 15850;中国化妆品法规的准用名为 CI 15850 或颜料红 57 及其不溶性钡、锶、锆色淀,盐和颜料也被允许使用;美国 FDA 的准用名为 Red 6 Lake;日本红 6 钡色淀不允许使用。欧盟、中国和美国将其作为化妆品着色剂,未见其外用不安全的报道
应用	化妆品着色剂。在欧盟,CI 15850 可用于所有类型的化妆品,例如口红、眼部产品,面霜等护肤类产品,以及香波、沐浴露等洗去型产品。在中国 CI 15850 或颜料红 57 及其不溶性钡、锶、锆色淀,盐和颜料的产品应用同欧盟法规一致,也可作为着色剂用于所有类型的化妆品,同时要符合法规中规定的其他限制和要求;其中的 2-氨基-5-甲基苯磺酸钙盐(2-amino-5-methylbenzensulfonic acid,calcium salt)不超过 0.2%;3-羟基-2-萘基羰酸钙盐(3-hydroxy-2-naphthalene carboxylic acid,calcium salt)不超过 0.4%;未磺化芳香伯胺不超过 0.01%(以苯胺计)。在美国,Red 6 Lake 可用于不接触眼部的各类化妆品。但在日本不允许使用红 6 钡色淀

158　CI 15865

中英文名称	颜料红 48、Pigment Red 48、Aka405
CAS No.	3564-21-4、5280-66-0
EINECS No.	222-642-2、226-102-7
结构式	
分子式	$C_{18}H_{11}ClN_2Na_2O_6S$
分子量	464.79
理化性质	颜料红 48 为偶氮类染料,橙红色粉末,熔点>300℃,不溶于水和乙醇。耐光耐热性能优良。耐酸碱性较差。紫外最大吸收波长约为 492nm
安全性	欧盟化妆品法规的准用名为 CI 15865;中国化妆品法规的准用名为 CI 15865 或颜料红 48;日本化妆品法规的准用名为 Aka405。作为化妆品着色剂,未见其外用不安全的报道
应用	化妆品着色剂。在欧盟,CI 15865 可用于所有类型的化妆品,例如口红、眼部产品,面霜等护肤类产品,以及香波、沐浴露等洗去型产品。在中国,CI 15865 或颜料红 48 的应用产品类型同欧盟法规一致,也可作为着色剂用于所有类型的化妆品,并明确规定禁用于染发产品。在日本,Aka405 可用于不接触唇部的各类化妆品。在美国,不允许用于化妆品

159　CI 15880

中英文名称	颜料红 63、Pigment Red 63:1、Red 34、Aka220
CAS No.	6417-83-0
EINECS No.	229-142-3
结构式	
分子式	$C_{21}H_{12}CaN_2O_6S$
分子量	460.47
理化性质	颜料红 63 钙色淀为偶氮类染料,红酱色粉末,不溶于水;微溶于乙醇。不溶于油脂,但可经分散于油脂中,呈枣红色
安全性	欧盟化妆品法规的准用名是 CI 15880;中国的准用名是 CI 15880 或颜料红 63;美国 FDA 的准用名为 Red 34,(未获得 FDA 认证级别的为 Pigment Red 63:1);日本化妆品法规的准用名是 Aka220。作为化妆品着色剂,未见其外用不安全的报道
应用	化妆品着色剂。在欧盟,CI 15880 可用于所有类型的化妆品,例如口红、眼部产品、面霜等护肤类产品,以及香波、沐浴露等洗去型产品。在中国,CI 15880 或颜料红 64 的应用产品类型和欧盟法规一致,可作为着色剂用于所有类型的化妆品,同时要符合法规中规定的其他限制和要求:其中的 2-氨基-1-萘磺酸钙(2-amino-1-naphthalenesulfonic acid,calcium salt)不超过 0.2%;3-羟基-2-萘甲酸(3-hydroxy-2-naphthoic acid)不超过 0.4%,并明确规定禁用于染发产品。在美国,Red 34 可用于外用型化妆品,但不可用于接触黏膜类的产品。在日本,Aka220 也可用于所有类型的化妆品

160   CI 15980

中英文名称	食品橙 2、Food Orange 2
CAS No.	2347-72-0
EINECS No.	219-073-7
结构式	
分子式	$C_{16}H_{10}N_2Na_2O_7S_2$
分子量	452.37
理化性质	食品橙 2 为偶氮类染料。易溶于水,紫外特征吸收波长为 475nm
安全性	食品橙 2 为一食品添加剂。欧盟化妆品法规的准用名为 CI 15980;中国化妆品法规的准用名为 CI 15980 或食品橙 2。作为化妆品着色剂,未见其外用不安全的报道
应用	化妆品着色剂。在欧盟,CI 15980 可用于所有类型的化妆品,例如口红、眼部产品,面霜等护肤类产品,以及香波、沐浴露等洗去型产品。在中国,CI 15980 或食品橙 2 的应用产品类型同欧盟法规一致,可作为着色剂用于所有类型的化妆品。在美国和日本,不允许用于化妆品

161   CI 15985

中英文名称	食品黄 3、Food Yellow 3、Sunset Yellow、Yellow 6、Ki5
CAS No.	2783-94-0
EINECS No.	220-491-7
结构式	
分子式	$C_{16}H_{10}N_2Na_2O_7S_2$
分子量	452.37
理化性质	食品黄 3 为偶氮类染料,橙红色粉末或颗粒,熔点 390℃(开始分解)。无臭,吸湿性强,耐光、耐热性强。在柠檬酸、酒石酸中稳定,碱稳定性一般,遇碱变为带褐的红色。易溶于水,25℃水溶解度为 19%。中性和酸性水溶液呈橙黄色,碱性水溶液呈红棕色。溶于甘油、丙二醇,微溶于乙醇,溶解度小于 0.25%,不溶于油脂和矿物油。紫外最大吸收波长为 430nm
安全性	食品黄 3 是食用色素,它的急性毒性为大鼠经口 $LD_{50} > 2.0g/kg$,无毒。欧盟化妆品法规的准用名是 CI 15985;中国化妆品法规的准用名为 CI 15985 或食品黄 3;美国 FDA 准用名为 Yellow 6;日本化妆品法规的准用名是 Ki5。作为化妆品着色剂,未见其外用不安全的报道

应用	化妆品着色剂。在欧盟,CI 15985 可用于所有类型的化妆品,例如口红、眼部产品,面霜等护肤类产品,以及香波、沐浴露等洗去型产品。在中国,CI 15985 或食品黄 3 的应用产品类型同欧盟法规一致,可作为着色剂用于所有类型的化妆品,同时要符合法规中规定的其他限制和要求:其中的 4-氨基苯-1-磺酸(4-aminobenzene-1-sulfonic acid)、3-羟基萘-2,7-二磺酸(3-hydroxynaphthalene-2,7-disulfonic acid)、6-羟基萘-2-磺酸(6-hydroxynaphthalene-2-sulfonic acid)、7-羟基萘-1,3-二磺酸(7-hydroxynaphthalene-1,3-disulfonic acid)和 4,4'-双偶氮氨基二苯磺酸[4,4'-diazoaminodi(benzene sulfonic acid)]总量不超过 0.5%;6,6'-羟基双(2-萘磺酸)二钠盐[6,6'-oxydi(2-naphthalene sulfonic acid)disodium salt]不超过 1.0%;未磺化芳香伯胺不超过 0.01%(以苯胺计)。美国,Yellow 6 可用于除了接触眼部的各类化妆品。在日本,Ki5 可用于所有类型的化妆品

162　CI 15985 铝色淀

中英文名称	黄 6 铝色淀(食品黄 3 铝色淀)、Yellow 6 Lake、Sunset Yellow Aluminium Lake、Ki5 Aluminium Lake
CAS No.	15790-07-5
EINECS No.	239-888-1
结构式	
分子式	$C_{16}H_{10}N_2Al_{2/3}O_7S_2$
分子量	424.39
理化性质	黄 6 铝色淀(食品黄 3 铝色淀)为橙色粉末,不溶于水;耐光、耐热性强。耐碱性差
安全性	欧盟化妆品法规的准用名是 CI 15985;中国化妆品法规的准用名为 CI 15985 或食品黄 3 及其不溶性钡、锶、锆色淀,盐和颜料也被允许使用;美国准用名为 Yellow 6 Lake;日本化妆品法规的准用名是 Ki5 Aluminium Lake。作为化妆品着色剂,未见其外用不安全的报道
应用	化妆品着色剂。在欧盟,CI 15985 可用于所有类型的化妆品,例如口红、眼部产品,面霜等护肤类产品,以及香波、沐浴露等洗去型产品。在中国,CI 15985 或食品黄 3 及其不溶性钡、锶、锆色淀,盐和颜料也被允许使用,其应用产品类型同欧盟法规一致,可作为着色剂用于所有类型的化妆品,同时要符合法规中规定的其他限制和要求:其中的 4-氨基苯-1-磺酸(4-aminobenzene-1-sulfonic acid)、3-羟基萘-2,7-二磺酸(3-hydroxynaphthalene-2,7-disulfonic acid)、6-羟基萘-2-磺酸(6-hydroxynaphthalene-2-sulfonic acid)、7-羟基萘-1,3-二磺酸(7-hydroxynaphthalene-1,3-disulfonic acid)和 4,4'-双偶氮氨基二苯磺酸[4,4'-diazoaminodi(benzene sulfonic acid)]总量不超过 0.5%;6,6'-羟基双(2-萘磺酸)二钠盐[6,6'-oxydi(2-naphthalene sulfonic acid)disodium salt]不超过 1.0%;未磺化芳香伯胺不超过 0.01%(以苯胺计)。美国,Yellow 6 Lake 可用于不接触眼部的各类化妆品。在日本,Ki5 Aluminium Lake 可用于所有类型的化妆品

163　CI 16035

中英文名称	食品红 17、Food Red 17、Curry Red、Red 40
CAS No.	25956-17-6
EINECS No.	247-368-0

结构式	
分子式	$C_{18}H_{14}N_2Na_2O_8S_2$
分子量	496.42
理化性质	食品红 17 是偶氮类染料,深红色粉末,熔点 349.8℃。溶于水,25℃水溶解度 22%,也溶于甘油和丙二醇,微溶于乙醇,不溶于油脂。酸稳定性好,中性和酸性水溶液中呈红色;碱中不稳定,碱性条件下则暗红色。耐光、耐热性好,耐碱、耐氧化还原性差。紫外最大吸收波长约为 510nm
安全性	食品红 17 的急性毒性:小鼠经口 LD_{50} > 10g/kg,无毒;兔皮肤试验无刺激。欧盟化妆品法规的准用名为 CI 16035;中国化妆品法规的准用名为 CI 16035 或食品红 17;美国准用名为 Red 40。作为化妆品着色剂,未见其外用不安全的报道
应用	化妆品着色剂。在欧盟,CI 16035 可用于所有类型的化妆品,例如口红、眼部产品,面霜等护肤类产品,以及香波、沐浴露等洗去型产品。在中国,CI 16035 或食品红 17 的应用产品类型同欧盟法规一致,可作为着色剂应用于所有类型的化妆品,同时要符合法规中规定的其他限制和要求的相关技术指标:其中的 6-羟基-2-萘磺酸钠(6-hydroxy-2-naphthalene sulfonic acid, sodium salt)不超过 0.3%;4-氨基-5-甲氧基-2-甲苯基磺酸(4-amino-5-methoxy-2-methylbenezene sulfonic acid)不超过 0.2%;6,6'-氧代双(2-萘磺酸)二钠盐[6,6'-oxydi(2-naphthalene sulfonic acid)disodium salt]不超过 1.0%;未磺化芳香伯胺不超过 0.01%(以苯胺计)。在美国,Red 40 也可用于所有类型的化妆品。在日本,不允许用于化妆品

164　CI 16035 铝色淀

中英文名称	红 40 铝色淀(食品红 17 铝色淀)、Food Red 17 Lake、Red 40 Lake
CAS No.	68583-95-9
EINECS No.	271-524-7
结构式	
分子式	$C_{18}H_{14}Al_{2/3}N_2O_8S_2$
分子量	458.42
理化性质	红 40 铝色淀(食品红 17 铝色淀)为红色粉末,不溶于水;酸稳定性好,碱中不稳定。耐光、耐热性好,耐碱、耐氧化还原性差
安全性	红 40 铝色淀(食品红 17 铝色淀)的急性毒性:小鼠经口 LD_{50} > 10g/kg,无毒;兔皮肤试验无刺激。欧盟化妆品法规的准用名为 CI 16035;中国化妆品法规的准用名为 CI 16035 或食品红 17 及其不溶性钡、锶、锆色淀,盐和颜料也被允许使用;美国 FDA 准用名为 Red 40 Lake。作为化妆品着色剂,未见其外用不安全的报道

应用	化妆品着色剂。在欧盟,CI 16035 可用于所有类型的化妆品,例如口红、眼部产品,面霜等护肤类产品,以及香波、沐浴露等洗去型产品。在中国,CI 16035 或食品红 17 及其不溶性钡、锶、锆色淀,盐和颜料同欧盟法规一致,可作为着色剂用于所有类型的化妆品,同时要符合法规中规定的其他限制和要求的相关技术指标:其中的 6-羟基-2-萘磺酸钠(6-hydroxy-2-naphthalene sulfonic acid,sodium salt)不超过 0.3%;4-氨基-5-甲氧基-2-甲苯基磺酸(4-amino-5-methoxy-2-methylbenezene sulfonic acid)不超过 0.2%;6,6′-氧代双(2-萘磺酸)二钠盐[6,6′-oxydi(2-naphthalene sulfonic acid)disodium salt]不超过 1.0%;未磺化芳香伯胺不超过 0.01%(以苯胺计)。在美国,Red 40 Lake 也可用于所有类型的化妆品,包括各类外用型化妆品以及洗去型产品。在日本,不允许用于化妆品

165 CI 16150

中英文名称	酸性红 26、Acid Red 26、Aka503
CAS No.	3761-53-3
结构式	
分子式	$C_{18}H_{14}N_2Na_2O_7S_2$
分子量	480.42
理化性质	酸性红 26 为偶氮染料,深红色粉末,熔点 248℃。可溶于水,稍溶于乙醇,呈艳丽红色。紫外特征吸收波长为 540nm
安全性	酸性红 26 的急性毒性为大鼠经口 LD_{50}:23.16g/kg;小鼠经口 LD_{50}:6.6g/kg,无毒。日本化妆品法规的准用名为 Aka503。日本将酸性红 26 作为化妆品着色剂,未见其外用不安全的报道
应用	化妆品着色剂。在日本,Aka503 可用于不接触唇部的外用型化妆品及洗去型化妆品,例如眼部产品,面霜等护肤类产品,以及香波、沐浴露等产品。目前在中国并未允许用于化妆品着色剂和染发剂。在欧盟和美国,不允许用于化妆品

166 CI 16155

中英文名称	食品红 6、Food Red 6、Aka502
CAS No.	3564-09-8
结构式	
分子式	$C_{19}H_{16}N_2Na_2O_7S_2$
分子量	494.45

理化性质	食品红 6 为偶氮类染料,深红色粉末,可溶于水,呈带蓝色的猩红色泽;稍溶于乙醇,溶解度小于 0.25%;不溶于油脂和矿物油,但可在偏碱性的条件下形成乳状液。耐光、耐酸和耐碱性均优。紫外特征吸收波长为 540nm
安全性	食品红 6 是食用色素,其急性毒性为大鼠经口 LD_{50}:730mg/kg,无毒。日本化妆品法规的准用名为 Aka502,作为化妆品着色剂,未见其外用不安全的报道
应用	化妆品着色剂。在日本,Aka502 可用于不接触唇部的外用型化妆品及洗去型化妆品,例如眼部产品,面霜等护肤类产品,以及香波、沐浴露等产品。目前在中国并未允许用于化妆品着色剂和染发剂。在欧盟和美国,不允许用于化妆品

167 CI 16185

INCI 名称/英文名称	食品红 9、Food Red 9、Acid Red 27、Aka2
CAS No.	642-59-1、915-67-3
EINECS No.	211-385-1、213-022-2
结构式	
分子式	$C_{20}H_{11}N_2Na_3O_{10}S_3$
分子量	604.47
理化性质	食品红 9 为偶氮染料,红棕色至暗红棕色粉末或颗粒,熔点>300℃。易溶于水(17.2g/100mL,21℃)及甘油,水溶液带紫色。微溶于乙醇(0.5g/100mL 50%乙醇),无臭。紫外最大吸收波长为 520nm
安全性	食品红 9 为食用色素,它的急性毒性为小鼠经口 LD_{50}>10g/kg,无毒。欧盟化妆品法规的准用名是 CI 16185;中国化妆品法规的准用名是 CI 16185 或食品红 9;日本化妆品法规的准用名为 Aka2
应用	化妆品着色剂。在欧盟,CI 16185 可用于所有类型的化妆品,例如口红、眼部产品,面霜等护肤类产品,以及香波、沐浴露等洗去型产品。在中国,CI 16185 或食品红 9 的应用产品类型同欧盟法规一致,可作为着色剂用于所有类型的化妆品,同时要符合法规中规定的其他限制和要求的相关技术指标;其中的 4-氨基萘-1-磺酸(4-aminonaphthalene-1-sulfonic acid)、3-羟基萘-2,7-二磺酸(3-hydroxynaphthalene-2,7-disulfonic acid)、6-羟基萘-2-磺酸(6-hydroxynaphthalene-2-sulfonic acid)、7-羟基萘-1,3-二磺酸(7-hydroxynaphthalene-1,3-disulfonic acid)和 7-羟基萘-1,3,6-三磺酸(7-hydroxy naphthalene-1,3,6-trisulfonic acid)总量不超过 0.5%;未磺化芳香伯胺不超过 0.01%(以苯胺计);也明确规定禁用于染发产品。在日本,Aka2 可用于所有类型的化妆品。在美国,不允许用于化妆品

168 CI 16185 铝色淀

中英文名称	酸性红 27 铝色淀(食品红 9 铝色淀)、Acid Red 27 Aluminum Lake、Aka2 Aluminum Lake
CAS No.	12227-62-2
EINECS No.	235-437-8

结构式	
分子式	$C_{20}H_{11}N_2AlO_{10}S_3$
分子量	562.48
理化性质	酸性红 27 铝色淀（食品红 9 铝色淀）为红色粉末，不溶于水
安全性	参考酸性红 27（食品红 9）的急性毒性为小鼠经口 $LD_{50}>10g/kg$，无毒。欧盟化妆品法规的准用名是 CI 16185；中国化妆品法规的准用名是 CI 16185 或食品红 9 及其不溶性钡、锶、锆色淀、盐和颜料也被允许使用；日本化妆品法规的准用名为 Aluminum Lake
应用	化妆品着色剂。在欧盟，CI 16185 可用于所有类型的化妆品，例如口红、眼部产品，面霜等护肤类产品，以及香波、沐浴露等洗去型产品。在中国，CI 16185 或食品红 9 及其不溶性钡、锶、锆色淀、盐和颜料的应用产品类型同欧盟法规一致，可作为着色剂用于所有类型的化妆品，同时要符合法规中规定的其他限制和要求的相关技术指标；其中的 4-氨基萘-1-磺酸（4-aminonaphthalene-1-sulfonic acid）、3-羟基萘-2,7-二磺酸（3-hydroxynaphthalene-2,7-disulfonic acid）、6-羟基萘-2-磺酸（6-hydroxynaphthalene-2-sulfonic acid）、7-羟基萘-1,3-二磺酸（7-hydroxynaphthalene-1,3-disulfonic acid）和 7-羟基萘-1,3,6-三磺酸（7-hydroxy naphthalene-1,3,6-trisulfonic acid）总量不超过 0.5%；未磺化芳香伯胺不超过 0.01%（以苯胺计）；也明确规定禁用于染发产品。在日本，Aka2 Aluminum Lake 也可用于所有类型的化妆品。在美国，不允许用于化妆品

169　CI 16230

中英文名称	酸性橙 10、Acid Orange 10、Food Orange 4
CAS No.	1936-15-8
EINECS No.	217-705-6
结构式	
分子式	$C_{16}H_{10}N_2Na_2O_7S_2$
分子量	452.37
理化性质	酸性橙 10 为橙色结晶或粉末，熔点 141℃，可溶于水，水溶解度为 5g/100mL（20℃），色调为亮橙色，色调随 pH 而变化，水溶液在 pH=11.5 时为黄色，pH=14.0 时为红色。也溶于乙醇，溶解度 0.25%～1%；不溶于油脂和矿物油，但可制成偏碱性的乳状液。耐光、酸和碱性都好。紫外特征吸收波长为 475nm
安全性	酸性橙 10 的急性毒性为兔子经口 $LD_{50}>3000mg/kg$，无毒。欧盟化妆品法规的准用名为 CI 16230；中国化妆品法规的准用名为 CI 16230 或酸性橙 10；未见其外用不安全的报道
应用	化妆品着色剂。在欧盟，CI 16230 可用于不接触黏膜的化妆品，包括外用型化妆品以及洗去型产品，例如面霜、身体乳液，以及沐浴露、香波、洗去型护发素等。在中国，CI 16230 或酸性橙 10 的应用产品类型同欧盟法规一致，也专用于不与黏膜接触的化妆品。在美国和日本，不允许用于化妆品

170　CI 16255

中英文名称	食品红 7、Food Red 7、Aka102、Acid Red 18
CAS No.	2611-82-7
EINECS No.	220-036-2
结构式	
分子式	$C_{20}H_{11}N_2Na_3O_{10}S_3$
分子量	604.47
理化性质	食品红 7 为偶氮染料，红色至深红色粉末，易溶于水，水溶液呈红色，能溶于甘油，微溶于乙醇，不溶于油脂。紫外最大吸收波长为 506nm
安全性	食品红 7 的急性毒性为大鼠经口 $LD_{50}>8000mg/kg$；小鼠经口 LD_{50}：19300mg/kg，无毒。欧盟化妆品法规的准用名为 CI 16255；中国化妆品法规的准用名是 CI 16255 或食品红 7；日本化妆品法规的准用名为 Aka102。作为化妆品着色剂，未见其外用不安全的报道
应用	化妆品着色剂。在欧盟，CI 16255 可用于所有类型的化妆品，例如口红、眼部产品，面霜等护肤类产品，以及香波、沐浴露等洗去型产品。在中国，CI 16255 或食品红 7 的应用产品类型同欧盟法规一致，也可用于所有类型的化妆品，同时要符合法规中规定的其他限制和要求的相关技术指标；其中的 4-氨基萘-1-磺酸(4-aminonaphthalene-1-sulfonic acid)、3-羟基萘-2,7-二磺酸(3-hydroxynaphthalene-2,7-disulfonic acid)、6-羟基萘-2-磺酸(6-hydroxynaphthalene-2-sulfonic acid)、7-羟基萘-1,3-二磺酸(7-hydroxynaphthalene-1,3-disulfonic acid)和 7-羟基萘-1,3,6-三磺酸(7-hydroxy naphthalene-1,3,6-trisulfonic acid)总量不超过 0.5%；未磺化芳香伯胺不超过 0.01%（以苯胺计）。在日本，Aka202 也可用于所有类型的化妆品，包括各类外用型化妆品以及洗去型产品。在美国，不允许用于化妆品

171　CI 16255 铝色淀

中英文名称	酸性红 18 铝色淀(食品红 7 铝色淀)、Acid Red 18 Aluminum Lake、Ponceau 4R Lake
CAS No.	12227-64-4
EINECS No.	235-438-3
结构式	
分子式	$C_{20}H_{11}AlN_2O_{10}S_3$
分子量	562.48
理化性质	酸性红 18 铝色淀(食品红 7 铝色淀)为红色粉末，不溶于水。耐光性一般，不耐碱

安全性	参考食品红 7 的急性毒性为大鼠经口 $LD_{50} > 8000mg/kg$；小鼠经口 LD_{50}：$19300mg/kg$，无毒。欧盟化妆品法规的准用名为 CI 16255；中国化妆品法规的准用名是 CI 16255 或食品红 7 及其不溶性钡、锶、锆色淀，盐和颜料也被允许使用；日本化妆品法规的准用名为 Aka102 Aluminum Lake。作为化妆品着色剂，未见其外用不安全的报道
应用	化妆品着色剂。在欧盟，CI 16255 可用于所有类型的化妆品，例如口红、眼部产品，面霜等护肤类产品，以及香波、沐浴露等洗去型产品。在中国，CI 16255 或食品红 7 及其不溶性钡、锶、锆色淀，盐和颜料的应用产品类型同欧盟法规一致，可作为着色剂用于所有类型的化妆品，同时要符合法规中规定的其他限制和要求的相关技术指标；其中的 4-氨基萘-1-磺酸（4-aminonaphthalene-1-sulfonic acid）、3-羟基萘-2,7-二磺酸（3-hydroxynaphthalene-2,7-disulfonic acid）、6-羟基萘-2-磺酸（6-hydroxynaphthalene-2-sulfonic acid）、7-羟基萘-1,3-二磺酸（7-hydroxynaphthalene-1,3-disulfonic acid）和 7-羟基萘-1,3,6-三磺酸（7-hydroxy naphthalene-1,3,6-trisulfonic acid）总量不超过 0.5%；未磺化芳香伯胺不超过 0.01%（以苯胺计）。在日本，Aka102 Aluminum Lake 也可用于所有类型的化妆品，包括各类外用型化妆品以及洗去型产品。在美国，不允许用于化妆品

172　CI 16290

中英文名称	食品红 8、Food Red 8、Acid Red 41
CAS No.	5850-44-2
EINECS No.	227-454-4
结构式	
分子式	$C_{20}H_{10}N_2Na_4O_{13}S_4$
分子量	706.52
理化性质	食品红 8 为偶氮染料，外观为蓝光红色的粉末，熔点 $>300℃$，易溶于水，水溶液为品红色；极微溶于酒精，呈黄光红色；不溶于植物油。耐光性好，耐热性好，不耐碱，在酸中稳定。紫外最大吸收波长为 510nm
安全性	食品红 8 的急性毒性为大鼠静脉 LD_{50}：$2500mg/kg$，无毒。欧盟化妆品法规的准用名为 CI 16290；中国化妆品法规的准用名为 CI 16290 或食品红 8。作为化妆品着色剂，未见其外用不安全的报道
应用	化妆品着色剂。在欧盟，CI 16290 可用于所有类型的化妆品，例如口红、眼部产品，面霜等护肤类产品，以及香波、沐浴露等洗去型产品。在中国，CI 16290 或食品红 8 的应用产品类型同欧盟法规一致，可用于所有类型的化妆品。在美国和日本，不允许用于化妆品

173　CI 17200

中英文名称	食品红 12、Food Red 12、Acid Red 33、Red 33、Aka227
CAS No.	3567-66-6
EINECS No.	222-656-9

结构式	
分子式	$C_{16}H_{11}N_3Na_2O_7S_2$
分子量	467.38
理化性质	食品红 12 为偶氮染料,深红或棕色粉末,易溶于水,25℃水溶解度为 7%,为微暗蓝色调的红色,微溶于酒精,溶解度小于 0.25%,在油脂中不溶。在酸、碱中稳定性均好,耐光性好。紫外最大吸收波长为 531nm
安全性	食品红 12 的急性毒性为大鼠经口 LD_{50}:3160mg/kg,无毒。欧盟化妆品法规的准用名是 CI 17200;中国化妆品法规的准用名是 CI 17200 或食品红 12;美国 FDA 准用名是 Red 33;日本化妆品法规的准用名是 Aka227。作为化妆品着色剂,未见其外用不安全的报道
应用	化妆品着色剂。在欧盟,CI 17200 可用于所有类型的化妆品,例如口红、眼部产品,面霜等护肤类产品,以及香波、沐浴露等洗去型产品。在中国,CI 17200 或食品红 12 的应用产品类型同欧盟法规一致,可作为着色剂用于所有类型的化妆品,同时要符合法规中规定的其他限制和要求的相关技术指标:其中的 4-氨基-5-羟基-2,7-萘二磺酸二钠(4-amino-5-hydroxy-2,7-naphthalenedisulfonic acid, disodium salt)不超过 0.3%;4,5-二羟基-3-(苯基偶氮)-2,7-萘二磺酸二钠[4,5-dihydroxy-3-(phenylazo)-2,7-naphthalenedisulfonic acid,disodium salt]不超过 3%;苯胺(Aniline)不超过 25mg/kg;4-氨基偶氮苯(4-aminoazobenzene)不超过 100μg/kg;1,3-二苯基三嗪(1,3-diphenyltriazene)不超过 125μg/kg;4-氨基联苯(4-aminobiphenyl)不超过 275μg/kg;偶氮苯(azobenzene)不超过 1mg/kg;联苯胺(benzidine)不超过 20μg/kg。在美国,Red 33 可用于不接触眼部的化妆品。在日本,Aka227 可用于所有类型的化妆品

174 CI 17200 铝色淀

中英文名称	红 33 铝色淀(食品红 12 铝色淀)、Red 33 Lake、Aka227
CAS No.	68475-50-3
EINECS No.	270-648-9
结构式	
分子式	$C_{16}H_{11}N_3Al_{1/3}NaO_7S_2$
分子量	453.38
理化性质	红 33 铝色淀(食品红 12 铝色淀)为红色粉末,不溶于水。光稳定性好,碱稳定性差
安全性	欧盟化妆品法规的准用名是 CI 17200;中国化妆品法规的准用名是 CI 17200 或食品红 12 及其不溶性钡、锶、锆色淀,盐和颜料也被允许使用;美国 FDA 准用名是 Red 33 Lake;日本化妆品法规的准用名是 Aka227。作为化妆品着色剂,未见其外用不安全的报道
应用	化妆品着色剂。在欧盟,CI 17200 可用于所有类型的化妆品,例如口红、眼部产品,面霜等护肤类产品,以及香波、沐浴露等洗去型产品。在中国,CI 17200 或食品红 12 及其不溶性钡、锶、锆色淀,盐和颜料的应用产品类型同欧盟法规一致,可作为着色剂用于所有类型的化妆品,同时要符合法规中规定的其他限制和要求的相关技术指标:其中的 4-氨基-5-羟基-2,7-萘二磺酸二钠(4-amino-5-hydroxy-2,7-naphthalenedisulfonic acid,disodium salt)不超过 0.3%;4,5-二羟基-3-(苯基偶氮)-2,7-萘二磺酸二钠[4,5-dihydroxy-3-(phenylazo)-2,7-naphthalenedisulfonic acid,disodium salt]不超过 3%;苯胺(aniline)不超过 25mg/kg;4-氨基偶氮苯(4-aminoazobenzene)不超过 100μg/kg;1,3-二苯基三嗪(1,3-diphenyltriazene)不超过 125μg/kg;4-氨基联苯(4-aminobiphenyl)不超过 275μg/kg;偶氮苯(azobenzene)不超过 1mg/kg;联苯胺(benzidine)不超过 20μg/kg。在美国,Red 33 Lake 可用于不接触眼部的化妆品。在日本,Aka227 可用于所有类型的化妆品

175 CI 18050

中英文名称	食品红 10、Food Red 10、Acid Red 1
CAS No.	3734-67-6
EINECS No.	223-098-9
结构式	
分子式	$C_{18}H_{13}N_3Na_2O_8S_2$
分子量	509.42
理化性质	食品红 10 为偶氮染料,暗红色粉末或颗粒。可溶于水,水溶液为大红色溶液。也溶于乙醇,不溶于其他有机溶剂。紫外最大吸收波长为 534nm
安全性	食品红 10 可用作食用色素,其急性毒性为大鼠经口 LD_{50}:11.44g/kg;兔皮肤试验有轻微反应。欧盟化妆品法规的准用名为 CI 18050;中国化妆品法规的准用名为 CI 18050 或食品红 10。作为化妆品着色剂,未见其外用不安全的报道
应用	化妆品着色剂。在欧盟,CI 18050 可用于不接触黏膜的化妆品,包括外用型化妆品以及洗去型产品,例如面霜、身体乳液,以及沐浴露、香波、洗去型护发素等。在中国,CI 18050 或食品红 10 的应用产品类型同欧盟法规,也专用于不与黏膜接触的化妆品,同时要符合法规中规定的其他限制和要求;其中的 5-乙酰胺-4-羟基萘-2,7-二磺酸(5-acetamido-4-hydroxynaphthalene-2,7-disulfonic acid)和 5-氨基-4-羟基萘-2,7-二磺酸(5-amino-4-hydroxynaphthalene-2,7-disulfonic acid)总量不超过 0.5%;未磺化芳香伯胺不超过 0.01%(以苯胺计)。在美国和日本,不允许用于化妆品

176 CI 18065

中英文名称	酸性红 35、Acid Red 35
CAS No.	6441-93-6
EINECS No.	229-231-7
结构式	
分子式	$C_{19}H_{15}N_3Na_2O_8S_2$
分子量	523.45
理化性质	酸性红 35 为偶氮染料,可溶于水,水溶液呈蓝光红色至品红色,微溶于乙醇、丙酮,不溶于其他有机溶剂。紫外最大吸收波长为 539nm
安全性	美国 PCPC 将酸性红 35 归为其他应用类型着色剂
应用	其他应用类型着色剂。目前在中国并未允许用于化妆品着色剂和染发剂。在欧盟、美国和日本,不允许用于化妆品

177 CI 18130

中英文名称	酸性红 155、Acid Red 155
CAS No.	10236-37-0
结构式	
分子式	$C_{30}H_{28}N_3Na_2O_9S_3$
分子量	717.74
理化性质	酸性红 155 为偶氮类染料。可溶于水和乙醇,不溶于矿物油
安全性	酸性红 155 的急性毒性为雄性小鼠 $LD_{50}>5g/kg$,无毒;兔皮肤试验无刺激。欧盟化妆品法规的准用名为 CI 18130;中国化妆品法规的准用名为 CI 18130 或酸性红 155。作为化妆品着色剂,未见其外用不安全的报道
应用	化妆品着色剂。在欧盟,CI 18130 可用于洗去型化妆品,例如香波、沐浴露、洗去型护发素等。在中国 CI18130 或酸性红 155 也专用于仅和皮肤暂时性接触的化妆品,应用产品类型同欧盟法规。在美国和日本,不允许用于化妆品

178 CI 18690

中英文名称	酸性黄 121、Acid Yellow 121
CAS No.	5601-29-6
EINECS No.	227-022-5
结构式	
分子式	$C_{34}H_{25}CrN_8O_6$
分子量	693.61

理化性质	酸性黄 121 是偶氮类染料与铬的配合物,深黄色粉末。可溶于水,易溶于乙二醇乙醚,N,N-二甲基甲酰胺(DMF)和乙醇等,乙醇溶液呈艳丽的带金色光的黄色
安全性	酸性黄 121 的急性毒性为雌性和雄性大鼠经口 $LD_{50} > 1.5g/kg$,无毒;兔皮肤试验无刺激。欧盟化妆品法规的准用名是 CI 18690;中国化妆品法规的准用名是 CI 18690 或酸性黄 121。作为化妆品着色剂,未见它外用不安全的报道
应用	化妆品着色剂。在欧盟,CI 18690 可用于洗去型产品,例如沐浴露、香波、洗去型护发素等。在中国,CI 18690 或酸性黄 121 的应用产品类型同欧盟法规一致,也是专用于仅和皮肤暂时性接触的化妆品。在美国和日本,不允许用于化妆品

179　CI 18736

中英文名称	酸性红 180、Acid Red 180
CAS No.	6408-26-0
EINECS No.	229-051-9
结构式	
分子式	$C_{34}H_{27}Cl_2CrN_8Na_2O_4$
分子量	780.50
理化性质	酸性红 180 为偶氮类染料。可溶于水和乙醇
安全性	酸性红 180 的急性毒性为雌性大鼠经口 $LD_{50} > 15g/kg$,无毒;豚鼠皮肤试验显示轻微刺激。欧盟化妆品法规的准用名为 CI 18736;中国化妆品法规的准用名为 CI 18736 或酸性红 180。作为化妆品着色剂,未见它外用不安全的报道
应用	化妆品着色剂。在欧盟,CI 18736 可用于洗去型产品,例如沐浴露、香波、洗去型护发素等。在中国,CI 18736 或酸性红 180 的应用产品类型同欧盟法规一致,也是专用于仅和皮肤暂时接触的化妆品。在美国和日本,不允许用于化妆品

180　CI 18820

中英文名称	酸性黄 11、Acid Yellow 11、Ki407
CAS No.	6359-82-6
EINECS No.	228-808-0

结构式	
分子式	$C_{16}H_{13}N_4NaO_4S$
分子量	380.35
理化性质	酸性黄11为偶氮染料,黄色粉末,易溶于水,水溶液为带橙光的黄色。溶于乙醇,呈黄色;微溶于苯,不溶于油脂、矿物油和其他有机溶剂。耐光、酸、碱性强
安全性	酸性黄11的急性毒性为雌性大鼠经口 LD_{50}:10.12g/kg;雄性大鼠经口 LD_{50}:9.12g/kg,无毒;兔皮肤试验无刺激。欧盟化妆品法规的准用名为 CI 18820;中国化妆品法规的准用名为 CI 18820 或酸性黄11;日本化妆品法规的准用名为 Ki 407。作为化妆品着色剂,未见它外用不安全的报道
应用	化妆品着色剂。在欧盟,CI 18820 可用于洗去型产品,例如沐浴露、香波、洗去型护发素等。在中国,CI 18820 或酸性黄11的应用产品类型同欧盟法规一致,也是专用于仅和皮肤暂时接触的化妆品。在日本,Ki407 可用于不接触唇部的化妆品,例如眼部产品,面霜等护肤类产品,以及香波、沐浴露等洗去型产品。在美国,不允许用于化妆品

181 CI 18950

中英文名称	酸性黄 40、Acid Yellow 40、Ki402		
CAS No.	6372-96-9		
结构式			
分子式	$C_{23}H_{18}ClN_4NaO_7S_2$		
分子量	584.98		
理化性质	酸性黄40为偶氮类染料,黄色粉末。易溶于水、乙醇和丙酮。溶于乙醇,会呈现微有绿光的黄色;不溶于油脂、矿物油。耐光、酸、碱性强		
安全性	日本化妆品法规的准用名是 Ki402,作为化妆品着色剂,未见它外用不安全的报道		
应用	化妆品着色剂。在日本,Ki402 可用于不接触唇部的化妆品,例如眼部产品,面霜等护肤类产品,以及香波、沐浴露等洗去型产品。在中国目前并未被允许作为化妆品着色剂和染发剂使用。在欧盟和美国,不允许用于化妆品		

182　CI 18965

中英文名称	食品黄 5、Food Yellow 5、Acid Yellow 17
CAS No.	6359-98-4
EINECS No.	228-819-0
结构式	
分子式	$C_{16}H_{10}Cl_2N_4Na_2O_7S_2$
分子量	551.29
理化性质	食品黄 5 为偶氮类染料，浅黄色粉末。可溶于水，水溶液呈绿光黄色，微溶于乙醇、丙酮，不溶于其他有机溶剂。紫外最大吸收波长为 402nm
安全性	食品黄 5 为食用黄色色素，急性毒性为大鼠经口 $LD_{50}>5g/kg$，无毒；兔皮肤试验有细微反应。欧盟化妆品法规的准用名为 CI 18965；中国化妆品法规的准用名为 CI 18965 或食品黄 5，作为化妆品着色剂，未见它外用不安全的报道
应用	化妆品着色剂。在欧盟，CI 18965 可用于所有类型的化妆品，例如口红、眼部产品，面霜等护肤类产品，以及香波、沐浴露等洗去型产品。在中国，CI 18965 或食品黄 5 的应用产品类型同欧盟法规一致，可作为着色剂用于所有类型的化妆品。在美国和日本，不允许用于化妆品

183　CI 19140

INCI 名称/英文名称	食品黄 4、Food Yellow 4、Acid Yellow 23、Yellow 5、Ki4
CAS No.	1934-21-0
EINECS No.	217-699-5
结构式	
分子式	$C_{16}H_9N_4Na_3O_9S_2$
分子量	534.36

理化性质	食品黄4属偶氮型酸性染料,是橙黄色粉末,熔点300℃。21℃时水溶解度为11.8%,水溶液为微带绿光的黄色。溶于乙醇、甘油、丙二醇,不溶于油脂。耐热性、耐酸性、耐光性、耐盐性均好,在柠檬酸及酒石酸等溶液中很稳定。耐氧化性较差,遇碱稍变红,被还原时会褪色。食品黄4的紫外最大吸收波长为428nm
安全性	食品黄4是食用色素,急性毒性为大鼠经口$LD_{50}>2g/kg$,无毒。欧盟化妆品法规的准用名是CI 19140;中国化妆品法规的准用名是CI 19140或食品黄4;美国FDA的准用名是Yellow 5;日本化妆品法规的准用名为Ki4。作为化妆品着色剂,未见它外用不安全的报道
应用	化妆品着色剂。在欧盟,CI 19140可用于所有类型的化妆品,例如口红、眼部产品,面霜等护肤类产品,以及香波、沐浴露等洗去型产品。在中国,CI 19140或食品黄4的应用产品类型同欧盟法规,可作为着色剂用于所有类型的化妆品,同时要符合法规中规定的其他限制和要求;其中的4-苯肼磺酸(4-hydrazinobenzene sulfonic acid)、4-氨基苯-1-磺酸(4-aminobenzene-1-sulfonic acid)、5-羰基-1-(4-磺苯基)-2-吡唑啉-3-羧酸(5-oxo-1-(4-sulfophenyl)-2-pyrazoline-3-carboxylic acid)、4,4′-二偶氮氨基二苯磺酸[4,4′-diazoaminodi(benzene sulfonic acid)]和四羟基丁二酸(tetrahydroxy succinic acid)总量不超过0.5%;未磺化芳香伯胺不超过0.01%(以苯胺计)。在美国,Yellow 5可用于所有类型的化妆品。在日本,Ki4也可用于所有类型的化妆品

184 CI 19140 铝色淀

中英文名称	黄5铝色淀(食品黄4铝色淀)、Acid Yellow 23 Aluminum Lake、Yellow 5 Lake、Ki4
CAS No.	12225-21-7
EINECS No.	235-428-9
结构式	
分子式	$C_{16}H_9N_4AlO_9S_2$
分子量	492.38
理化性质	黄5铝色淀(食品黄4铝色淀)为黄色细粉,几乎不溶于水和有机溶剂,缓慢溶于含酸和含碱的水溶液中。其色淀的覆盖能力远比对应的色素食品黄4要好
安全性	欧盟化妆品法规的准用名是CI 19140;中国化妆品法规的准用名是CI 19140或食品黄4,其不溶性钡、锶、锆色淀,盐和颜料也被允许使用;美国FDA的准用名是Yellow 5 Lake;日本化妆品法规的准用名为Ki4。作为化妆品着色剂,未见它外用不安全的报道
应用	化妆品着色剂。在欧盟,CI 19140可用于所有类型的化妆品,例如口红、眼部产品,面霜等护肤类产品,以及香波、沐浴露等洗去型产品。在中国,CI 19140或食品黄4及其不溶性钡、锶、锆色淀,盐和颜料的应用产品类型同欧盟法规,可作为着色剂用于所有类型的化妆品,同时要符合法规中规定的其他限制和要求;其中的4-苯肼磺酸(4-hydrazinobenzene sulfonic acid)、4-氨基苯-1-磺酸(4-aminobenzene-1-sulfonic acid)、5-羰基-1-(4-磺苯基)-2-吡唑啉-3-羧酸[5-oxo-1-(4-sulfophenyl)-2-pyrazoline-3-carboxylic acid]、4,4′-二偶氮氨基二苯磺酸[4,4′-diazoaminodi(benzene sulfonic acid)]和四羟基丁二酸(tetrahydroxy succinic acid)总量不超过0.5%;未磺化芳香伯胺不超过0.01%(以苯胺计)。在美国,Yellow 5可用于所有类型的化妆品。在日本,Ki4也可用于所有类型的化妆品

185 CI 20040

中英文名称	颜料黄 16、Pigment Yellow 16
CAS No.	5979-28-2
EINECS No.	227-783-3
结构式	
分子式	$C_{34}H_{28}Cl_4N_6O_4$
分子量	726.44
理化性质	颜料黄 16 为双偶氮类染料,黄色粉末,熔点 325℃,不溶于水,可溶于乙醇和油脂中,呈绿光黄色。对稀酸、稀碱不变色
安全性	颜料黄 16 的急性毒性为雌性大鼠经口 LD_{50}>15g/kg,无毒;兔皮肤试验无刺激。欧盟化妆品法规的准用名为 CI 20040;中国化妆品法规的准用名为 CI 20040 或颜料黄 16。作为化妆品着色剂,未见它外用不安全的报道
应用	化妆品着色剂。在欧盟,CI 20040 可用于洗去型产品,例如沐浴露、香波、洗去型护发素等。在中国,CI 20040 或颜料黄 16 的应用产品类型同欧盟法规,可作为着色剂专用于仅和皮肤暂时接触的化妆品,同时要符合法规中规定的其他限制和要求;该着色剂中 3,3′-二甲基联苯胺(3,3-dimethylbenzidine)的最大浓度:5mg/kg。在美国和日本,不允许用于化妆品

186 CI 20170

中英文名称	酸性橙 24、Acid Orange 24、Brown 1、Katsu201
CAS No.	1320-07-6,6371-84-2
EINECS No.	215-296-9
结构式	
分子式	$C_{20}H_{17}N_4NaO_5S$
分子量	448.43
理化性质	酸性橙 24 为双偶氮类染料,可溶于水,为带棕色泽的橙色;稍溶于乙醇,溶解度小于 0.25%;不溶于油脂和矿物油,但可用于微碱性的乳状液体系。耐酸性较好

安全性	酸性橙 24 的急性毒性为雌性大鼠经口 $LD_{50}>5g/kg$,无毒;兔皮肤试验无刺激。美国 FDA 的准用名为 Brown 1;日本化妆品法规的准用名为 Katsu201。作为化妆品着色剂,未见它外用不安全的报道
应用	化妆品着色剂。在美国,Brown 1 仅可用于外部使用的化妆品,不可接触黏膜,例如面霜、香波、沐浴露等。在日本,Katsu201 可用于所有类型的化妆品,例如口红、眼部产品,面霜等护肤类产品,以及香波、沐浴露等洗去型产品。在欧盟和中国,不允许用于化妆品

187 CI 20470

中英文名称	酸性黑 1、Acid Black 1、Kuro401
CAS No.	1064-48-8
EINECS No.	213-903-1
结构式	
分子式	$C_{22}H_{14}N_6Na_2O_9S_2$
分子量	616.49
理化性质	酸性黑 1 为双偶氮染料,深红至黑褐色粉末,熔点$>350℃$。可溶于水呈蓝黑色,溶解度$>3\%$;溶于酒精呈蓝色,溶解度$<0.2\%$;易溶于 DMSO,溶解度$>10\%$;微溶于丙酮,不溶于油脂和其他有机溶剂。紫外最大吸收波长为 620nm
安全性	酸性黑 1 的急性毒性为雄性大鼠经口 $LD_{50}>14g/kg$,无毒;兔皮肤试验无刺激。欧洲化妆品法规的准用名为 CI 20470;中国化妆品法规的准用名为 CI 20470 或酸性黑 1;日本化妆品法规的准用名是 Kuro401
应用	化妆品着色剂。在欧盟,CI 20470 可用于洗去型产品,例如沐浴露、香波、洗去型护发素等。在中国,CI 20470 或酸性黑 1 的应用产品类型同欧盟法规,也是专用于仅和皮肤暂时接触的化妆品。在日本,Kuro401 可用于不接触唇部的其他各类化妆品,例如眼部产品,面霜等护肤类产品,以及香波、沐浴露等洗去型产品。在美国,不允许用于化妆品

188 CI 21010

中英文名称	碱性棕 4、Basic Brown 4
CAS No.	4482-25-1、8005-78-5
EINECS No.	224-764-1、232-341-8
结构式	

分子式	$C_{21}H_{24}N_8$
分子量	388.47
理化性质	碱性棕 4 为双偶氮类染料,暗黄色棕色粉末,熔点 222℃。可溶于水,呈黄褐色;也溶于乙醇和乙二醇乙醚;微溶于丙酮,不溶于苯
安全性	美国 PCPC 将碱性棕 4 归为染发剂和发用着色剂,未见其外用不安全的报道
应用	美国 PCPC 将其归为染发剂和发用着色剂。在中国目前并未被允许作为化妆品着色剂和染发剂使用

189 CI 21090

中英文名称	颜料黄 12、Pigment Yellow 12、Ki205
CAS No.	6358-85-6
EINECS No.	228-787-8
结构式	
分子式	$C_{32}H_{26}Cl_2N_6O_4$
分子量	629.49
理化性质	颜料黄 12 为双偶氮类染料,是无气味的细黄色粉末,熔点 312～320℃。22℃水中的溶解度＜0.1g/100mL。在 150℃加热 20min 微变绿。密度 1.24～1.53g/cm³。在浓硫酸中为红光橙色,稀释后呈红光红色;在浓硝酸中为棕光黄色。抗溶剂及抗迁移性强,着色力高,耐晒性和透明性亦较好
安全性	日本化妆品法规的准用名为 Ki205
应用	化妆品着色剂。在日本,Ki205 可作为化妆品着色剂使用。在中国目前并未被允许作为化妆品着色剂和染发剂使用。在欧盟和美国,不允许用于化妆品

190 CI 21095

中英文名称	颜料黄 14、Pigment Yellow 14
CAS No.	5468-75-7
EINECS No.	226-789-3

结构式	
分子式	$C_{34}H_{30}Cl_2N_6O_4$
分子量	657.55
理化性质	颜料黄14为双偶氮类染料,绿光黄色粉末,熔点320～336℃。密度1.24～1.53g/cm³。不溶于水,微溶于甲苯;在浓硫酸中呈鲜艳的红光橙色。常温常压下稳定,在150℃加热20min微变绿。抗溶剂及抗迁移性强,着色力高,耐晒性和透明性亦较好
安全性	颜料黄14的急性毒性为小鼠经口LD_{50}大于5mg/kg。美国PCPC将其归为染发剂和发用着色剂
应用	美国PCPC将其归为染发剂和发用着色剂。在中国目前并未被允许作为化妆品着色剂和染发剂使用

191　CI 21100

中英文名称	颜料黄13、Pigment Yellow 13
CAS No.	5102-83-0
EINECS No.	225-822-9
结构式	
分子式	$C_{36}H_{34}Cl_2N_6O_4$
分子量	685.60
理化性质	颜料黄13为双偶氮类染料,黄色粉末,熔点317℃。微溶于水,溶解度<0.1g/100mL(22℃),微溶于乙醇,可分散于油脂中
安全性	颜料黄13急性毒性为大鼠经口LD_{50}>10g/kg,无毒;兔皮肤试验有细微反应。欧盟化妆品法规的准用名为CI 21100;中国化妆品法规的准用名为CI 21100或颜料黄13。作为化妆品着色剂,未见它外用不安全的报道

应用	化妆品着色剂。在欧盟,CI 21100 可用于洗去型产品,例如沐浴露、香波、洗去型护发素等。在中国,CI 21100 或颜料黄 13 的应用产品类型同欧盟法规,也专用于仅和皮肤暂时性接触的化妆品,同时要符合法规中规定的其他限制和要求;该着色剂中 3,3′-二甲基联苯胺(3,3′-dimethylbenzidine)的最大浓度:5mg/kg;并明确规定其禁用于染发产品。在美国和日本,不允许用于化妆品

192　CI 21108

中英文名称	颜料黄 83、Pigment Yellow 83
CAS No.	5567-15-7
EINECS No.	226-939-8
结构式	
分子式	$C_{36}H_{32}Cl_4N_6O_8$
分子量	818.49
理化性质	颜料黄 83 为双偶氮类染料,红光黄色粉末,熔点:380～420℃。不溶于水,可溶于二甲亚砜,能分散在油脂中。紫外特征吸收波长为 433nm
安全性	颜料黄 83 急性毒性为大鼠经口 LD_{50}＞16g/kg,无毒;兔皮肤试验有细微反应。欧盟化妆品法规的准用名是 CI 21108;中国化妆品法规的准用名是 CI 21108 或颜料黄 83。作为化妆品着色剂,未见它外用不安全的报道
应用	化妆品着色剂。在欧盟,CI 21108 可用于洗去型产品,例如沐浴露、香波、洗去型护发素等。在中国,CI 21108 或颜料黄 83 的应用产品类型同欧盟法规,也专用于仅和皮肤暂时性接触的化妆品,同时要符合法规中规定的其他限制和要求;该着色剂中 3,3′-二甲基联苯胺(3,3-dimethylbenzidine)的最大浓度:5mg/kg。在美国和日本,不允许用于化妆品

193　CI 21110

中英文名称	颜料橙 13、Pigment Orange 13、Daidai204
CAS No.	3520-72-7
结构式	
分子式	$C_{32}H_{24}Cl_2N_8O_2$
分子量	623.49
理化性质	颜料橙 13 为双偶氮类染料,黄橙色粉末。不溶于水和乙醇,微溶于植物油和丙酮
安全性	颜料橙 13 急性毒性为大鼠经口 LD_{50}＞16g/kg,无毒;兔皮肤试验无刺激。日本化妆品法规的准用名为 Daidai204。作为化妆品着色剂,未见它外用不安全的报道
应用	化妆品着色剂。在日本,Daidai204 允许用于所有类型的化妆品,例如口红、眼部产品,面霜等护肤类产品,以及香波、沐浴露等洗去型产品。在中国目前并未允许用于化妆品着色剂和染发剂。在欧盟和美国,不允许用于化妆品

194　CI 21230

中英文名称	溶解黄 29、Solvent Yellow 29
CAS No.	6706-82-7
EINECS No.	229-754-0
结构式	
分子式	$C_{44}H_{52}N_4O_2$
分子量	668.91
理化性质	溶剂黄 29 为双偶氮染料,绿-黄色粉末,不溶于水,稍溶于乙醇(溶解度 1%),溶于丙酮和油脂,其丙酮溶液为偏点绿的黄色。紫外特征吸收波长为 485nm
安全性	溶剂黄 29 急性毒性为大鼠经口 LD$_{50}$>10g/kg,无毒;兔皮肤试验无刺激。欧盟化妆品法规的准用名为 CI 21230;中国化妆品法规的准用名为 CI 21230 或溶剂黄 29。作为化妆品着色剂,未见它外用不安全的报道
应用	化妆品着色剂。在欧盟,CI 21230 可用于不与黏膜接触的化妆品,例如护肤霜、身体乳、沐浴露、香波、洗去型护发素等。在中国,CI 21230 或溶剂黄 29 的应用产品类型同欧盟法规,也专用于不与黏膜接触的化妆品,并明确规定不可用于染发产品。在美国和日本,不允许用于化妆品

195　CI 24790

中英文名称	酸性红 163、Acid Red 163
CAS No.	13421-53-9
EINECS No.	236-531-1
结构式	

分子式	$C_{44}H_{36}N_4Na_2O_{12}S_3$
分子量	952.93
理化性质	酸性红163为双偶氮类染料。红色粉末。极易溶于水,也溶于乙醇,微溶于丙酮
安全性	酸性红163急性毒性为雌性大鼠经口 LD_{50} >5g/kg,无毒;豚鼠皮肤试验无刺激。欧盟化妆品法规的准用名为 CI 24790;中国化妆品法规的准用名为 CI 24790 或酸性红163。作为化妆品着色剂,未见它外用不安全的报道
应用	化妆品着色剂。在欧盟,CI 24790 可用于洗去型产品,例如沐浴露、香波、洗去型护发素等。在中国,CI 24790 或酸性红163 的应用产品类型同欧盟法规,也是专用于仅和皮肤暂时接触的化妆品。在美国和日本,不允许用于化妆品

196 CI 24895

中英文名称	直接黄12、Direct Yellow 12
CAS No.	2870-32-8
EINECS No.	220-698-2
结构式	
分子式	$C_{30}H_{26}N_4Na_2O_8S_2$
分子量	680.66
理化性质	直接黄12为双偶氮类染料,橙色结晶粉末,可溶于水,水溶液呈黄色至金黄色。微溶于乙醇(呈柠檬色)、乙二醇乙醚和丙酮(呈绿光黄色)。紫外最大吸收波长为420nm
安全性	美国 PCPC 将直接黄12作为染发剂和发用着色剂,未见它外用不安全的报道
应用	美国 PCPC 将其归为染发剂和发用着色剂。在中国目前并未被批准作为化妆品着色剂和染发剂使用

197 CI 26100

中英文名称	溶剂红23、Solvent Red 23、Red 17、Aka225
CAS No.	85-86-9
EINECS No.	201-638-4
结构式	

分子式	$C_{22}H_{16}N_4O$
分子量	352.39
理化性质	溶剂红 23 为双偶氮类染料,不溶于水,微溶于乙醇,溶解度＜0.25％,可溶于丙酮和油脂,25℃在白油中的溶解度为 1％。光稳定性一般。色调为微暗蓝的红色。紫外最大吸收波长为 507nm
安全性	溶剂红 23 的市售品大鼠经口 LD_{50} 显示有低毒性,原因是内含杂质所致。提纯的急性毒性大鼠经口 LD_{50}＞16g/kg,无毒;兔皮肤试验有少许刺激。欧盟化妆品法规的准用名为 CI 26100;美国 FDA 的准用名为 Red 17;日本化妆品法规的准用名为 Aka225。作为化妆品着色剂,未见它外用不安全的报道
应用	化妆品着色剂。在欧盟,CI 26100 可用于不接触黏膜的化妆品,例如面霜、沐浴露、香波、洗去型护发素等。在美国,Red 17 仅可用于外用型化妆品,不可接触眼部和黏膜。在日本,Aka225 可用于所有类型的化妆品,包括接触眼部和黏膜的化妆品。而在中国目前并未被批准作为化妆品着色剂和染发剂使用

198　CI 26105

中英文名称	溶剂红 24、Solvent Red 24、Aka501
CAS No.	85-83-6
EINECS No.	201-635-8
结构式	
分子式	$C_{24}H_{20}N_4O$
分子量	380.44
理化性质	溶剂红 24 为双偶氮类染料,暗红色粉末,熔点 199℃(乙醇水溶液结晶)。不溶于水,溶于乙醇和丙酮,易溶于苯、油脂和矿物油,其矿物油溶液的色泽为带点蓝的红色。紫外最大吸收波长约为 520nm 和 537nm
安全性	溶剂红 24 急性毒性为大鼠经口 LD_{50}＞5g/kg,无毒;兔皮肤试验浓度 0.5g/mL 时有轻微刺激。日本化妆品法规的准用名是 Aka501。作为化妆品着色剂,未见它外用不安全的报道
应用	化妆品着色剂。在日本,Aka501 可用于所有类型的化妆品,例如口红、眼部产品,面霜等护肤类产品,以及香波、沐浴露等洗去型产品。在欧盟和美国,不允许用于化妆品。在中国目前并未被批准作为化妆品着色剂和染发剂使用

199　CI 26150

中英文名称	溶剂黑 3、Solvent Black 3
CAS No.	4197-25-5
EINECS No.	224-087-1
结构式	

分子式	C$_{29}$H$_{24}$N$_6$
分子量	456.54
理化性质	溶剂黑 3 为偶氮型染料,呈黑色粉末状,熔点 120～124℃。可溶于油、脂肪、石蜡、乙醇、甲苯、丙酮等溶剂,不溶于水。紫外最大吸收波长为 590～600nm
安全性	急性毒性为小鼠静脉 LD$_{50}$ 为 63mg/kg。美国 PCPC 将溶剂黑 3 作为染发剂和发用着色剂,未见它外用不安全的报道
应用	美国 PCPC 将其归为作为染发剂和发用着色剂。在中国目前并未被批准作为化妆品着色剂和染发剂使用

200 CI 27290

中英文名称	酸性红 73、Acid Red 73
CAS No.	5413-75-2
EINECS No.	226-502-1
结构式	
分子式	C$_{22}$H$_{14}$N$_4$Na$_2$O$_7$S$_2$
分子量	556.48
理化性质	酸性红 73 为双偶氮类染料,黄光红色均匀粉末,溶于水呈亮猩红色溶液;能溶于酒精,溶解度小于 0.25%;难溶于丙酮,不溶于油脂、矿物油和其他有机溶剂。紫外最大吸收波长为 510nm
安全性	酸性红 73 急性毒性为大鼠经口 LD$_{50}$>5g/kg,无毒;兔皮肤试验无刺激。美国 PCPC 将其归为其他应用型着色剂
应用	美国 PCPC 将其归为其他应用型着色剂。在中国目前并未被批准作为化妆品着色剂和染发剂使用。在欧盟、美国和日本,也不允许用于化妆品

201 CI 27720

中英文名称	直接黑 51、Direct Black 51
CAS No.	3442-21-5、34977-63-4
EINECS No.	222-351-0、252-305-5
结构式	

分子式	$C_{27}H_{17}N_5Na_2O_7S$
分子量	601.50
理化性质	直接黑 51 为偶氮类染料
安全性	PCPC 将直接黑 51 作为染发剂和发用着色剂,未见它外用不安全的报道。使用前须进行斑贴试验
应用	美国 PCPC 将其归为染发剂和发用着色剂。在欧盟,不允许用于化妆品。在中国目前并未被批准作为化妆品着色剂和染发剂使用

202　CI 27755

中英文名称	食品黑 2、Food Black 2
CAS No.	2118-39-0
EINECS No.	218-326-9
结构式	
分子式	$C_{26}H_{15}N_5Na_4O_{13}S_4$
分子量	825.64
理化性质	食品黑 2 为双偶氮类染料,黑色粉末,易溶于水,微溶于乙醇
安全性	食品黑 2 是食用色素。急性毒性为大鼠经口 $LD_{50} > 5g/kg$,无毒。欧盟化妆品法规的准用名为 CI 27755;中国化妆品法规的准用名为 CI 27755 或食品黑 2。作为化妆品着色剂,未见它外用不安全的报道
应用	化妆品着色剂。在欧盟,CI 27755 可用于所有类型的化妆品,例如口红、眼部产品,面霜等护肤类产品,以及香波、沐浴露等洗去型产品。在中国,CI 27755 或食品黑 2 的应用产品类型同欧盟法规,也可作为着色剂用于所有类型的化妆品,但也明确规定禁用于染发产品。在美国和日本,不允许用于化妆品

203　CI 28160

中英文名称	直接红 81、Direct Red 81
CAS No.	2610-11-9

EINECS No.	220-028-9
结构式	
分子式	$C_{29}H_{19}N_5Na_2O_8S_2$
分子量	675.60
理化性质	直接红 81 是双偶氮类染料,棕色粉末,熔点 240℃。水溶性好,其水溶液呈品红色。溶于乙二醇乙醚,微溶于乙醇,不溶于其他有机溶剂。紫外最大吸收波长为 510nm
安全性	直接红 81 的急性毒性为大鼠腹腔 LD_{50}:1048mg/kg。美国 PCPC 将直接红 81 作为染发剂和发用着色剂,未见它外用不安全的报道
应用	美国 PCPC 将其归为发用着色剂和染发剂。在中国目前并未被批准作为化妆品着色剂和染发剂使用

204 CI 28440

中英文名称	食品黑 1、Food Black 1、Brilliant Black 1
CAS No.	2519-30-4
EINECS No.	219-746-5
结构式	
分子式	$C_{28}H_{17}N_5Na_4O_{14}S_4$
分子量	867.68
理化性质	食品黑 1 为双偶氮染料。黑色粉末,溶于水;微溶于乙醇
安全性	食品黑 1 的急性毒性为大鼠经口 LD_{50}>5g/kg;大鼠腹腔 LD_{50}:900mg/kg;大鼠静脉 LD_{50}:2500mg/kg;小鼠经口 LD_{50}>2g/kg,无毒。欧盟化妆品法规的准用名是 CI 28440;中国化妆品法规的准用名是 CI 28440 或食品黑 1。作为化妆品着色剂,未见它外用不安全的报道
应用	化妆品着色剂。在欧盟,CI 27755 可用于所有类型的化妆品,例如口红、眼部产品,面霜等护肤类产品,以及香波、沐浴露等洗去型产品。在中国,CI 28440 或食品黑 1 的应用产品类型同欧盟法规,可作为着色剂用于所有类型的化妆品,同时要符合法规中规定的其他限制和要求;着色剂中 4-乙酰氨基-5-羟基萘-1,7-二磺酸(4-acetamido-5-hydroxy naphthalene-1,7-disulfonic acid)、4-氨基-5-羟基萘-1,7-二磺酸(4-amino-5-hydroxy naphthalene-1,7-disulfonic acid)、8-氨基萘-2-磺酸(8-aminonaphthalene-2-sulfonic acid)和 4,4'-双偶氮氨基二苯磺酸[4,4'-diazoaminodi-(benzenesulfonic acid)]总量不超过 0.8%;未磺化芳香伯胺不超过 0.01%(以苯胺计)。在美国和日本,不允许用于化妆品

205　CI 29125

中英文名称	直接紫 48、Rirect Violet 48
CAS No.	37279-54-2
EINECS No.	253-441-8
结构式	
分子式	$C_{34}H_{23}Cu_2N_7Na_2O_{14}S_4$
分子量	1054.92
理化性质	直接紫 48 是双偶氮类染料。可溶于水;微溶于乙醇
安全性	美国 PCPC 将直接紫 48 用作染发剂和发用着色剂,未见外用不安全的报道
应用	美国 PCPC 将其归为发用着色剂和染发剂。在中国目前并未被批准作为化妆品着色剂和染发剂使用

206　CI 29160

中英文名称	直接红 23、Direct Red 23
CAS No.	3441-14-3
EINECS No.	222-348-4
结构式	
分子式	$C_{35}H_{25}N_7Na_2O_{10}S_2$
分子量	813.72
理化性质	直接红 23 是双偶氮类染料。紫红色粉末。水溶性中等,溶于水呈亮红色;微溶于乙醇呈橙色,不溶于丙酮。紫外最大吸收波长为 503nm
安全性	美国 PCPC 将直接红 23 作为染发剂和发用着色剂,未见它外用不安全的报道
应用	美国 PCPC 将其归为发用着色剂和染发剂。在中国目前并未被批准作为化妆品着色剂和染发剂使用

207 CI 35780

中英文名称	直接红 80、Direct Red 80
CAS No.	2610-10-8
EINECS No.	220-027-3
结构式	
分子式	$C_{45}H_{26}N_{10}Na_6O_{21}S_6$
分子量	1373.07
理化性质	直接红 80 为四偶氮类染料,红棕色粉末。溶于水,水中溶解度(60℃)为 30g/L。水溶液呈蓝光红色至品红色,难溶于乙醇、乙二醇乙醚,不溶于其他有机溶剂。紫外最大吸收波长为 543nm
安全性	美国 PCPC 将直接红 80 作为染发剂和发用着色剂,未见它外用不安全的报道。使用前须进行斑贴试验
应用	美国 PCPC 将其归为发用着色剂和染发剂。在中国目前并未被批准作为化妆品着色剂和染发剂使用

208 CI 40215

中英文名称	直接橙 39、Direct Orange 39
CAS No.	1325-54-8
EINECS No.	215-397-8
结构式	
分子式	$C_{12}H_{10}N_3NaO_3S$
分子量	299.28
理化性质	直接橙 39 为偶氮类染料,红褐色固体粉末,熔点 165℃(开始分解);易溶于水,水溶解度为 142g/L(20℃),pH 为 10.9。稍溶于乙醇。紫外特征吸收波长为 410nm
安全性	直接橙 39 的急性毒性为大鼠经口 LD_{50}:2g/kg(无毒);豚鼠皮肤试验无刺激。欧盟化妆品法规的准用名为 CI 40215;中国化妆品法规的准用名为 CI 40215 或直接橙 39。作为化妆品着色剂,未见它外用不安全的报道
应用	化妆品着色剂。在欧盟,CI 40215 仅可用于洗去型产品,例如沐浴露、香波、洗去型护发素等。在中国,CI 40215 或直接橙 39 的应用产品类型同欧盟法规,也是专用于仅和皮肤暂时接触的化妆品。在美国和日本,不允许用于化妆品

209 CI 40800

中英文名称	食品橙 5、β-胡萝卜素、Beta-Carotene、Food Orange 5
CAS No.	116-32-5、31797-85-0、7235-40-7
EINECS No.	230-636-6
结构式	
分子式	$C_{40}H_{56}$
分子量	536.87
理化性质	食品橙 5(β-胡萝卜素)为深紫色或红色结晶,熔点 176～184℃(开始分解),能溶于二硫化碳、苯和氯仿,略溶于乙醚、石油醚和油类,极难溶于乙醇和甲醇,几乎不溶于水、酸或碱。其稀溶液呈黄色,能从空气中吸收氧气变成无色氧化物而失去活性,紫外特征吸收波长为 497nm
安全性	食品橙 5(β-胡萝卜素)是食用色素。欧盟化妆品法规的准用名为 CI 40800;中国化妆品法规的准用名为 CI 40800 或食品橙 5(β-胡萝卜素);美国 FDA 的准用名为 Beta-Carotene;日本化妆品法规的准用名也是 Beta-Carotene。作为化妆品着色剂,未见它外用不安全的报道
应用	化妆品着色剂。在欧盟,CI 40800 可用于所有类型的化妆品,例如口红、眼部产品,面霜等护肤类产品,以及香波、沐浴露等洗去型产品。在中国,CI 40800 或食品橙 5(β-胡萝卜素)的应用产品类型和欧盟法规一致,可作为着色剂用于所有类型的化妆品。在美国和日本,Beta-Carotene 也可用于化妆品

210 CI 40820

中英文名称	食品橙 6、8'-apo-β-胡萝卜素-8'-醛、Food Oragne 6
CAS No.	1107-26-2
EINECS No.	214-171-6
结构式	
分子式	$C_{30}H_{40}O$
分子量	416.64
理化性质	食品橙 6(8'-apo-β-胡萝卜素-8'-醛)是带金属光泽的深紫色晶体或结晶性细粉,熔点 138～141℃,不溶于水,能分散于热水中。易溶于氯仿,难溶于乙醇。微溶于植物油、丙酮。溶于油脂或有机溶剂中的工业制品,性能稳定。或为可分散于水中的橙至红色粉末或颗粒,无味。其晶体对氧和光不稳定,需保存于充有惰性气体的遮光容器内。紫外吸收特征波长为 461～488nm
安全性	食品橙 6(8'-apo-β-胡萝卜素-8'-醛)天然存在于橙子皮中,是一种天然色素。小鼠经口:$LD_{50}>$10g/kg,无毒。欧盟化妆品法规的准用名为 CI 40820;中国化妆品法规的准用名为 CI 40820 或食品橙 6(8'-apo-β-胡萝卜素-8'-醛)。作为化妆品着色剂,未见它外用不安全的报道
应用	化妆品着色剂。在欧盟,CI 40820 可用于所有类型的化妆品,例如口红、眼部产品,面霜等护肤类产品,以及香波、沐浴露等洗去型产品。在中国,CI 40820 或食品橙 6(8'-apo-β-胡萝卜素-8'-醛)的应用产品类型和欧盟法规一致,可作为着色剂用于所有类型的化妆品。在美国和日本,不允许用于化妆品

211　CI 40825

中英文名称	食品橙 7、8′-apo-β-胡萝卜素-8′-酸乙酯、Food Orange 7
CAS No.	1109-11-1
EINECS No.	214-173-7
结构式	
分子式	$C_{32}H_{44}O_2$
分子量	460.69
理化性质	食品橙 7(8′-apo-β-胡萝卜素-8′-酸乙酯)属于类胡萝卜素，为红色至紫红色晶体或结晶性粉末，熔点 134～138℃。不溶于水和甘油，极难溶于乙醇，微溶于植物油脂(0.7g/100mL)，易溶于氯仿(30g/100mL)。工业制品为黄色至橙色油脂或有机溶剂溶液，性能稳定。亦可为能分散于水中的粉末或颗粒。对氧和光不稳定，须保存于充惰性气体的遮光容器中。紫外最大吸收波长为 449nm
安全性	食品橙 7(8′-apo-β-胡萝卜素-8′-酸乙酯)天然存在于蛋黄等中，是一种天然色素，可用作食品添加剂。欧盟化妆品法规的准用名为 CI 40825；中国化妆品法规的准用名为 CI 40825 或食品橙 7(8′-apo-β-胡萝卜素-8′-酸乙酯)。作为化妆品着色剂，未见它外用不安全的报道
应用	化妆品着色剂。在欧盟，CI 40825 可用于所有类型的化妆品，例如口红、眼部产品，面霜等护肤类产品，以及香波、沐浴露等洗去型产品。在中国，CI 40825 或食品橙 7(8′-apo-β-胡萝卜素-8′-酸乙酯)的产品应用类型同欧盟法规，可作为着色剂用于所有类型的化妆品。在美国和日本，不允许用于化妆品

212　CI 40850

中英文名称	食品橙 8(斑蝥黄)、Food Orange 8
CAS No.	514-78-3
EINECS No.	208-187-2
结构式	
分子式	$C_{40}H_{52}O_2$
分子量	564.84
理化性质	食品橙 8(斑蝥黄)为类胡萝卜素色素，天然存在于某种蘑菇、甲壳类、鱼类、藻类、蛋、血液、肝脏等中。斑蝥黄为深紫色晶体或结晶性粉末，熔点 217～218℃，不溶于水；微溶于乙醇；溶于氯仿(10%)和环己烷，微溶于植物油(0.005%)、丙酮(0.03%)。在环己烷溶液中，于 468nm 和 472nm 波长处有最大吸收峰。工业产品为溶于油脂或有机溶剂中的溶液形式，或水分散性的橙至红色粉末或颗粒形式。色调不受 pH 值影响，对日光亦相当稳定，不易褪色
安全性	食品橙 8(斑蝥黄)可用作食品添加剂，急性毒性为小鼠经口 $LD_{50}\geqslant 10g/kg$，无毒；豚鼠皮肤试验无刺激。欧盟化妆品法规的准用名为 CI 40850；中国化妆品法规的准用名为 CI 40850 或食品橙 8(斑蝥黄)。作为化妆品着色剂，未见它外用不安全的报道
应用	化妆品着色剂。在欧盟，CI 40850 可用于所有类型的化妆品，例如口红、眼部产品，面霜等护肤类产品，以及香波、沐浴露等洗去型产品。在中国，CI 40850 或食品橙 8(斑蝥黄)的应用产品类型同欧盟法规，可作为着色剂用于所有类型的化妆品。在美国和日本，不允许用于化妆品

213 CI 42000

中英文名称	碱性绿 4、Basic Green 4
CAS No.	569-64-2
EINECS No.	209-322-8
结构式	
分子式	$C_{23}H_{25}ClN_2$
分子量	364.91
理化性质	碱性绿 4 属三苯基甲烷系碱性染料,为绿色闪光结晶,熔点 158～160℃。溶于冷水和热水呈蓝绿色,易溶于酒精、甲醇,也呈蓝绿色。紫外最大吸收波长为 425nm,616.9nm
安全性	美国 PCPC 将碱性绿 4 作为染发剂和发用着色剂,未见它外用不安全的报道
应用	美国 PCPC 将其归为发用着色剂和染发剂。在中国目前并未被批准作为化妆品着色剂和染发剂使用

214 CI 42040

中英文名称	碱性绿 1、Basic Green 1
CAS No.	633-03-4
EINECS No.	215-406-5
结构式	
分子式	$C_{27}H_{34}N_2O_4S$
分子量	482.64
理化性质	碱性绿 1 为三苯基甲烷类染料,绿色闪金光砂状物,熔点 210℃(开始分解)。溶于冷水和热水,水溶液呈绿色,25℃水溶解度为 100g/L。极易溶于乙醇,呈绿色。紫外最大吸收波长为 624nm
安全性	美国 PCPC 将碱性绿 1 归为染发剂和发用着色剂,未见它外用不安全的报道
应用	美国 PCPC 将其用作染发剂和发用着色剂。在中国目前并未被批准作为化妆品着色剂和染发剂使用

215 CI 42045

中英文名称	酸性蓝 1、Acid Blue 1
CAS No.	129-17-9
EINECS No.	204-934-1
结构式	
分子式	$C_{27}H_{31}N_2NaO_6S_2$
分子量	566.66
理化性质	酸性蓝 1 为三苯基甲烷类染料,深蓝色粉末,熔点>250℃。极易溶解于冷水和热水呈蓝色,20℃水溶解度为 5%;溶于酒精呈蓝色。紫外最大吸收波长为 635nm
安全性	酸性蓝 1 的急性毒性为大鼠经口 LD_{50}>10g/kg,无毒;兔皮肤试验无刺激。欧盟化妆品法规的准用名是 CI 42045;中国化妆品法规的准用名为 CI 42045 或酸性蓝 1。作为化妆品着色剂,未见它外用不安全的报道
应用	化妆品着色剂。在欧盟,CI 42045 可用于不接触黏膜的产品,例如面霜、沐浴露、香波、洗去型护发素等。在中国,CI 42045 或酸性蓝 1 的应用产品类型同欧盟法规,也专用于不与黏膜接触的化妆品,并明确规定禁用于染发产品。在美国和日本,不允许用于化妆品

216 CI 42051

中英文名称	食品蓝 5、Food Blue 5、Acid Blue 3
CAS No.	3536-49-0
EINECS No.	222-573-8
结构式	
分子式	$C_{27}H_{32}N_2O_7S_2 \cdot 1/2Ca$
分子量	579.71
理化性质	食品蓝 5 为三苯基甲烷类染料,深蓝紫色粉末或颗粒,熔点>300℃,可溶于水。难溶于乙醇。紫外最大吸收波长为 638nm
安全性	食品蓝 5 是食用色素。急性毒性为大鼠静脉 LD_{50}:5000mg/kg;小鼠静脉 LD_{50}:1200mg/kg。欧盟化妆品法规的准用名是 CI 42051;中国化妆品法规的准用名是 CI 42051 或食品蓝 5。作为化妆品着色剂,未见它外用不安全的报道

应用	化妆品着色剂。在欧盟,CI 42051 可用于所有类型的化妆品,例如口红、眼部产品,面霜等护肤类产品,以及香波、沐浴露等洗去型产品。在中国,CI 42051 或食品蓝 5 的应用产品类型同欧盟法规,可作为着色剂用于所有类型的化妆品,同时要符合法规的相关技术指标:着色剂中 3-羟基苯乙醛(3-hydroxy benzaldehyde)、3-羟基苯甲酸(3-hydroxy benzoic acid)、3-羟基对磺基苯甲酸(3-hydroxy-4-sulfobenzoic acid)和 N,N-二乙氨基苯磺酸(N,N-diethylamino benzenesulfonic acid)总量不超过 0.5%;隐色基(leuco base)不超过 4.0%;未磺化芳香伯胺不超过 0.01%(以苯胺计);并明确规定禁用于染发产品。在美国和日本,不允许用于化妆品

217 CI 42052

中英文名称	酸性蓝 5、Acid Blue 5、Ao202
CAS No.	3374-30-9
EINECS No.	—
结构式	
分子式	$C_{37}H_{35}N_2NaO_7S_2$
分子量	706.80
理化性质	酸性蓝 5 为三苯基甲烷类染料,可溶于水和乙醇,呈偏点儿绿的亮蓝色;不溶于油脂和矿物油。紫外最大吸收波长为 638nm
安全性	酸性蓝 5 为钠盐结构。日本化妆品法规的准用名是 Ao202。作为化妆品着色剂,未见它外用不安全的报道
应用	化妆品着色剂。在日本,Ao202 可用于所有类型的化妆品中,例如口红、眼部产品,面霜等护肤类产品,以及香波、沐浴露等洗去型产品。在中国目前并未被批准作为化妆品着色剂和染发剂使用。在欧盟和美国,也不允许用于化妆品

218 CI 42052:1

中英文名称	酸性蓝 5 钙色淀、Acid Blue 5 Lake、Ao203
CAS No.	3374-30-9
结构式	

分子式	$C_{37}H_{35}N_2Ca_{1/2}O_7S_2$
分子量	703.86
理化性质	酸性蓝 5 钙色淀为三苯基甲烷类染料的钙色淀,不溶于水
安全性	日本化妆品法规的准用名是 Ao203。在日本酸性蓝 5 钠盐 Ao202 和钙色淀 Ao203 均可作为化妆品着色剂,未见它外用不安全的报道
应用	化妆品着色剂。在日本,Ao203酸性蓝 5 色钙色淀可用于所有类型的化妆品,例如口红、眼部产品,面霜等护肤类产品,以及香波、沐浴露等洗去型产品。在中国目前并未被批准作为化妆品着色剂和染发剂使用。在欧盟和美国,也不允许用于化妆品

219　CI 42053

中英文名称	食品绿 3、Food Green 3、Fast Green FCF、Green 3、Midori 3
CAS No.	2353-45-9
EINECS No.	219-091-5
结构式	
分子式	$C_{37}H_{34}N_2Na_2O_{10}S_3$
分子量	808.85
理化性质	食品绿 3 为三苯基甲烷类染料,带金属光泽的红至棕紫色颗粒或粉末,熔点290℃。无臭。溶于水,25℃水溶解度为 20%。中性水溶液呈带蓝光的绿色,酸性呈绿色,碱性呈蓝至蓝紫色,耐碱性弱。可溶于乙醇,溶解度约 1%。紫外特征吸收波长为 597~610nm
安全性	食品绿 3 是食用色素,急性毒性为大鼠经口 $LD_{50} > 2g/kg$,无毒。欧盟化妆品法规的准用名 CI 42053;中国化妆品法规的准用名为 CI 42053 或食品绿 3;美国 FDA 的准用名为 Green 3;日本化妆品法规的准用名是 Midori 3。作为化妆品着色剂,未见它外用不安全的报道
应用	化妆品着色剂。在欧盟,CI 42053 可用于所有类型的化妆品,例如口红、眼部产品,面霜等护肤类产品,以及香波、沐浴露等洗去型产品。在中国,CI 42053 或食品绿 3 的应用产品类型同和欧盟法规,可作为着色剂用于所有类型的化妆品,同时要符合法规的相关技术指标:隐色基(leuco base)不超过 5%;2-、3-、4-甲酰基苯磺酸及其钠盐(2-、3-、4-formylbenzenesulfonic acids and their sodium salts)总量不超过 0.5%;3-和 4-[乙基(4-磺苯基)氨基]甲基苯磺酸及其二钠盐[3-and 4-([ethyl(4-sulfophenyl) amino]methyl) benzenesulfonic acid and its disodium salts]总量不超过 0.3%;2-甲酰基-5-羟基苯磺酸及其钠盐(2-formyl-5-hydroxybenzenesulfonic acid and its sodium salt)不超过 0.5%;并明确规定禁用于染发产品。在美国,Green 3 可用于不接触眼部的化妆品。在日本,Midori 3 可用于所有类型的化妆品

220　CI 42080

中英文名称	酸性蓝 7、Acid Blue 7
CAS No.	3486-30-4
EINECS No.	222-476-0

结构式	
分子式	$C_{37}H_{35}N_2NaO_6S_2$
分子量	690.80
理化性质	酸性蓝 7 为三苯基甲烷类染料,蓝色或深紫色粉末,熔点 290℃(开始分解),易溶于冷水、热水和酒精,呈亮绿蓝色,耐氧化性好。紫外特征吸收波长为 615nm
安全性	酸性蓝 7 的急性毒性为大鼠经口 $LD_{50} > 11.4g/kg$,无毒;兔皮肤试验无刺激。欧盟化妆品法规的准用名是 CI 42080;中国化妆品法规的准用名是 CI 42080 或酸性蓝 7。作为化妆品着色剂,未见它外用不安全的报道
应用	化妆品着色剂。在欧盟,CI 42080 可用于洗去型产品,例如沐浴露、香波、洗去型护发素等。在中国,CI 42080 或酸性蓝 7 的应用产品类型同欧盟法规,是专用于仅和皮肤暂时接触的化妆品。在美国和日本,不允许用于化妆品

221　CI 42085

中英文名称	酸性绿 3、Acid Green 3、Midori402
CAS No.	4680-78-8
结构式	
分子式	$C_{37}H_{35}N_2NaO_6S_2$
分子量	690.80
理化性质	酸性绿 3 为三苯基甲烷类染料,熔点 255℃,可溶于水,呈亮绿色;也易溶于乙醇,溶解度大于 1%;不溶于油脂和矿物油。耐酸性好,耐光、碱性一般
安全性	酸性绿 3 是一种食用色素。日本化妆品法规的准用名为 Midori402,作为化妆品着色剂,未见它外用不安全的报道
应用	化妆品着色剂。在日本,Midori402 可用于不接触唇部的其他各类化妆品,例如面霜、眼霜、身体乳以及香波、沐浴露等洗去型产品。在中国目前并未被批准作为化妆品着色剂和染发剂使用。在欧盟和美国,也不允许用于化妆品

中英文名称	食品蓝 2、Food Blue 2、Ao1、Ao205、Acid Blue 9、Blue 1
CAS No.	3844-45-9、2650-18-2、37307-56-5
EINECS No.	223-339-8、272-939-6
结构式	
分子式	$C_{37}H_{34}N_2Na_2O_9S_3$
分子量	792.85
理化性质	食品蓝 2 为三苯基甲烷类染料,带金属光泽的深紫至青铜色颗粒或粉末,熔点为 283℃(开始分解)。易溶于水(18.7g/100mL,21℃),0.05% 中性水溶液呈清澈亮蓝色。溶于乙醇(1.5g/100mL,95% 乙醇溶液,21℃)。溶于甘油和丙二醇。不溶于矿物油,但可在偏酸性条件下组成乳状液。紫外特征吸收波长为 630nm
安全性	食品蓝 2 急性毒性为大鼠经口 $LD_{50}>2000mg/kg$,无毒。欧盟化妆品法规的准用名是 CI 42090;中国化妆品法规的准用名是 CI 42090 或食品蓝 2;美国 FDA 的准用名是 Blue 1;日本化妆品法规的准用名是 Ao1 或 Ao205,作为化妆品着色剂,未见它外用不安全的报道
应用	化妆品着色剂。在欧盟,CI 42090 可用于所有类型的化妆品,例如口红、眼部产品,面霜等护肤类产品,以及香波、沐浴露等洗去型产品。在中国,CI 42090 或食品蓝 2 的应用产品类型同欧盟法规,可作为着色剂用于所有类型的化妆品,同时要符合法规中规定的其他限制和要求的相关技术指标:其中的 2-,3-和 4-甲酰基苯磺酸(2-,3-and 4-formyl benzene sulfonic acids)总量不超过 1.5%;3-[乙基(4-磺苯基)氨基]甲基苯磺酸(3-[Ethyl(4-sulfophenyl)amino]methyl benzene sulfonic acid)不超过 0.3%;隐色基(leuco base)不超过 5.0%;未磺化芳香伯胺不超过 0.01%(以苯胺计)。在美国,Blue 1 可用于所有类型的化妆品。在日本,Ao1 或 Ao205 也可用于所有类型的化妆品

223　CI 42090 铝色淀

INCI 名称/英文名称	蓝 1 铝色淀(食品蓝 2 铝色淀)、Blue 1 Lake、Acid Blue 9 Aluminum Lake、Ao1 Aluminium Lake
CAS No.	68921-42-6、53026-57-6、15792-67-3
EINECS No.	272-939-6
结构式	

分子式	$C_{37}H_{34}Al_{2/3}N_2O_9S_3$
分子量	764.85
理化性质	蓝1铝色淀是带紫光的青色细粉,无臭,几乎不溶于水和有机溶剂
安全性	蓝1铝色淀的水生生物急性毒性:半数致死浓度$_{鱼类}$＝413.04480mg/L,96h;水生生物急性毒性:半最大效应浓度$_{水蚤}$＝31.48925mg/L,48h;水生生物急性毒性:无可见影响浓度$_{藻类}$＝5.93610mg/L,72h。欧盟化妆品法规的准用名是CI 42090;中国化妆品法规的准用名是CI 42090或食品蓝2,其不溶性钡、锶、锆色淀,盐和颜料也被允许使用;美国FDA准用名是Blue 1 Lake;日本化妆品法规的准用名是Ao1 Aluminium Lake。作为化妆品着色剂,未见它外用不安全的报道
应用	化妆品着色剂。在欧盟,CI 42090可用于所有类型的化妆品,例如口红、眼部产品,面霜等护肤类产品,以及香波、沐浴露等洗去型产品。在中国,CI 42090或食品蓝2及其不溶性钡、锶、锆色淀,盐和颜料的应用产品类型同欧盟法规,可作为着色剂用于所有类型的化妆品,同时要符合法规中规定的其他限制和要求:2-,3-和4-甲酰基苯磺酸(2-,3-and 4-formyl benzene sulfonic acids)总量不超过1.5%;3-[乙基(4-磺苯基)氨基]甲基苯磺酸(3-[ethyl(4-sulfophenyl)amino]methyl benzene sulfonic acid)不超过0.3%;隐色基(leuco base)不超过5.0%;未磺化芳香伯胺不超过0.01%(以苯胺计)。在美国,Blue 1 Lake可用于所有类型化妆品。在日本,Ao1 Aluminium Lake也可用于所有类型化妆品

224 CI 42095

中英文名称	酸性绿5、Acid Green 5、Midori 205
CAS No.	5141-20-8
结构式	
分子式	$C_{37}H_{34}N_2Na_2O_9S_3$
分子量	792.85
理化性质	酸性绿5为三苯基甲烷类染料,红色至深紫色粉末,熔点290℃(开始分解),易溶于水,为中等强度的绿色;可溶于乙醇,溶解度在0.25%～1%;不溶于油脂和矿物油。耐酸,但耐碱、光性一般。紫外最大吸收波长为422nm和620nm
安全性	酸性绿5是一种食用色素,急性毒性为大鼠经口LD_{50}＞2g/kg,无毒。日本化妆品法规的准用名为Midori205,将其作为化妆品着色剂,未见它外用不安全的报道
应用	化妆品着色剂。在日本,Midori 205可用于所有类型的化妆品,例如口红、眼部产品,面霜等护肤类产品,以及香波、沐浴露等洗去型产品。在中国目前并未被允许作为化妆品着色剂和染发剂使用。在欧盟和美国,不允许用于化妆品

225 CI 42100

中英文名称	酸性绿 9、Acid Green 9
CAS No.	4857-81-2
EINECS No.	225-458-0
结构式	
分子式	$C_{37}H_{34}ClN_2NaO_6S_2$
分子量	725.25
理化性质	酸性绿 9 为三苯基甲烷类染料,暗绿色粉末,熔点 340℃。可溶于水,1%水溶液 pH 值为 7.15。可溶于乙醇和邻氯苯酚,微溶于丙酮和吡啶,不溶于氯仿和甲苯。紫外最大吸收波长为 639～643nm
安全性	酸性绿 9 的急性毒性为大鼠经口 LD_{50}:11.5g/kg,无毒;兔皮肤试验有极轻微反应。欧盟化妆品法规的准用名是 CI 42100;中国化妆品法规的准用名是 CI 42100 或酸性绿 9。作为化妆品着色剂,未见它外用不安全的报道
应用	化妆品着色剂。在欧盟,CI 42100 可用于洗去型产品,例如沐浴露、香波、洗去型护发素等。在中国,CI 42100 或酸性绿 9 的应用产品类型同欧盟法规,也是专用于仅和皮肤暂时接触的化妆品。在美国和日本,不允许用于化妆品

226 CI 42170

中英文名称	酸性绿 22、Acid Green 22
CAS No.	5863-51-4
EINECS No.	227-513-4
结构式	
分子式	$C_{39}H_{38}ClN_2NaO_6S_2$
分子量	753.30
理化性质	酸性绿 22 为三苯基甲烷类染料,深绿色粉末。可溶于水,也溶于乙醇,微溶于丙酮和吡啶,不溶于甲苯。紫外最大吸收波长为 645nm
安全性	酸性绿 22 的急性毒性与食用色素酸性绿 3 相似。欧盟化妆品法规的准用名为 CI 42170;中国化妆品法规的准用名为 CI 42170 或酸性绿 22。作为化妆品着色剂,未见它外用不安全的报道
应用	化妆品着色剂。在欧盟,CI 42170 可用于洗去型产品,例如沐浴露、香波、洗去型护发素等。在中国,CI 42170 或酸性绿 22 的应用产品类型同欧盟法规,也是专用于仅和皮肤暂时接触的化妆品。在美国和日本,不允许用于化妆品

227　CI 42510

中英文名称	碱性紫 14、Basic Violet 14
CAS No.	632-99-5
EINECS No.	211-189-6
结构式	
分子式	$C_{20}H_{20}ClN_3$
分子量	337.85
理化性质	碱性紫 14 为三苯基甲烷类染料,黄绿色结晶,熔点为 250℃。稍溶于水,溶于热水呈红紫色,极易溶于酒精为红色;也溶于丙酮。在碱中不稳定。紫外最大吸收波长为 543nm
安全性	碱性紫 14 的 40% 悬浮液的急性毒性为:大鼠经口 $LD_{50}>15g/kg$,无毒;兔和豚鼠皮肤试验无刺激。欧盟化妆品法规的准用名是 CI 42510;中国化妆品法规的准用名为 CI 42510 或碱性紫 14。作为化妆品着色剂,未见外用不安全的报道
应用	化妆品着色剂。在欧盟,CI 42051 可用于不与黏膜接触的化妆品,例如面霜、身体乳、沐浴露、香波、洗去型护发素等。在中国,CI 42510 或碱性紫 14 的应用产品类型同欧盟法规,也是专用于不与黏膜接触的化妆品,但也明确规定禁用于染发产品。在美国和日本,不允许用于化妆品

228　CI 42520

中英文名称	碱性紫 2、Basic Violet 2
CAS No.	3248-91-7
EINECS No.	221-831-7
结构式	
分子式	$C_{22}H_{24}ClN_3$
分子量	365.90
理化性质	碱性紫 2 为三苯基甲烷类染料,深绿色粉末,熔点 280℃(开始分解)。能溶于水,20℃时溶解度约 2.2%;在甲醇的溶解度为 8%,在丙二醇的溶解度为 5.5%。最大紫外吸收波长 550nm
安全性	碱性紫 2 的急性毒性为大鼠经口 $LD_{50}>2000mg/kg$,无毒;对兔皮肤也无刺激作用。欧盟化妆品法规的准用名是 CI 42520;中国化妆品法规的准用名为 CI 42520 或碱性紫 2。作为化妆品着色剂,未见外用不安全的报道
应用	化妆品着色剂。在欧盟,CI 42520 可用于洗去型的化妆品,沐浴露、香波、洗去型护发素等。在中国,CI 42520 或碱性紫 2 的应用产品类型同欧盟法规,是专用于仅和皮肤暂时接触的化妆品,同时要符合法规中规定的其他限制和要求:化妆品中最大浓度 5mg/kg。在美国和日本,不允许用于化妆品

229　CI 42535

中英文名称	碱性紫1、Basic Violet 1
CAS No.	8004-87-3
结构式	
分子式	$C_{24}H_{28}ClN_3$
分子量	393.95
理化性质	碱性紫1为三苯基甲烷类染料,深绿紫色粉末,熔点137℃。溶于水、乙醇、氯仿,溶液都呈紫色,不溶于乙醚、甲苯。紫外最大吸收波长为584nm
安全性	碱性紫1的急性毒性为大鼠经口 LD_{50}:2.6g/kg,无毒;兔皮肤试验无刺激。美国PCPC将碱性紫1归为染发剂和发用着色剂,未见外用不安全的报道
应用	美国PCPC将其归为发用着色剂和染发剂。在中国目前并未被批准作为化妆品着色剂和染发剂使用

230　CI 42555

中英文名称	碱性紫3、Basic Violet 3
CAS No.	548-62-9
EINECS No.	208-953-6
结构式	
分子式	$C_{25}H_{30}ClN_3$
分子量	407.98
理化性质	碱性紫3为三苯基甲烷类染料,绿色粉末,熔点205℃(开始分解),溶于水,水溶解度为16g/L(25℃),溶于乙醇、氯仿;水溶液和乙醇溶液呈深紫色。不溶于乙醚。紫外最大吸收波长为590.9nm
安全性	碱性紫3的急性毒性为大鼠经口 LD_{50}:420mg/kg;小鼠经口 LD_{50}:96mg/kg。PCPC将碱性紫3归为染发剂和发用着色剂,未见外用不安全的报道
应用	美国PCPC将其归为发用着色剂和染发剂。在中国目前并未被批准作为化妆品着色剂和染发剂使用

231　CI 42595

中英文名称	碱性蓝 7、Basic Blue 7
CAS No.	2390-60-5
EINECS No.	219-232-0
结构式	
分子式	$C_{33}H_{40}ClN_3$
分子量	514.14
理化性质	碱性蓝 7 为三芳基甲烷类染料,为棕褐色均匀粉状物,微溶于水,溶于热水呈蓝色,易溶于酒精(也呈蓝色)。紫外最大吸收波长约为 615nm
安全性	美国 PCPC 将碱性蓝 7 归为染发剂和发用着色剂,未见它外用不安全的报道
应用	美国 PCPC 将其归为发用着色剂和染发剂。在中国目前并未被批准作为化妆品着色剂和染发剂使用

232　CI 42600

中英文名称	碱性紫 4、Basic Violet 4
CAS No.	2390-59-2
EINECS No.	219-231-5
结构式	
分子式	$C_{31}H_{42}ClN_3$
分子量	492.14
理化性质	碱性紫 4 为三苯基甲烷类染料,橄榄绿色粉末,熔点>250℃,稍溶于水,溶解度约 1%,呈深紫色。紫外最大吸收波长为 596nm
安全性	碱性紫 4 的急性毒性为小鼠经口 LD_{Lo} 为 320mg/kg。PCPC 将碱性紫 4 归为染发剂和发用着色剂,未见外用不安全的报道
应用	美国 PCPC 将其归为染发剂和发用着色剂。用作半永久性染发剂和发用着色剂,可单独使用,也可与其他直接染料复配。如单独使用,pH 为 7,浓度 1.13%时可染得紫色头发。在中国目前并未被允许作为化妆品着色剂和染发剂使用。在欧盟也未允许用于化妆品

中英文名称	酸性蓝 104、Acid Blue 104
CAS No.	6505-30-2
EINECS No.	229-390-2
结构式	
分子式	$C_{43}H_{48}N_3NaO_6S_2$
分子量	789.98
理化性质	酸性蓝 104 为三苯基甲烷类染料,蓝色粉末,易溶于水,水溶液呈紫蓝色;溶于乙醇为纯蓝色。紫外特征吸收波长为 618nm
安全性	酸性蓝 104 急性毒性为雌性大鼠经口 $LD_{50}>8g/kg$,无毒;兔皮肤试验无刺激。欧盟化妆品法规的准用名是 CI 42735;中国化妆品法规的准用名是 CI 42735 或酸性蓝 104;作为化妆品着色剂,未见它外用不安全的报道
应用	化妆品着色剂。在欧盟,CI 42735 可用于不接触黏膜的化妆品,包括外用型化妆品以及洗去型产品,例如面霜、身体乳液,以及沐浴露、香波、洗去型护发素等。在中国,CI 42735 或酸性蓝 104 的应用产品类型同欧盟法规一致,也专用于不与黏膜接触的化妆品。在美国和日本,不允许用于化妆品

234 CI 42775

中英文名称	碱性蓝 3、Basic Blue 3
CAS No.	33203-82-6
EINECS No.	251-403-5
结构式	
分子式	$C_{20}H_{26}ClN_3O$
分子量	359.89
理化性质	碱性蓝 3 为噁嗪阳离子类染料,古铜色粉状物,熔点 205℃,易溶于水和乙醇,均呈绿光蓝色。紫外最大吸收波长为 654nm
安全性	PCPC 将碱性蓝 3 作为染发剂和发用着色剂,未见它外用不安全的报道
应用	美国 PCPC 将其归为染发剂和发用着色剂。与其他染发剂和发用着色剂复配用于染发。单独使用建议用量 0.1%,pH 为 7,染得蓝色。复配用如碱性蓝 3 的 0.3%,与碱性红 76 的 0.05% 和碱性棕 17 的 0.05% 配合,pH 为 7,染得黑褐色。在中国目前并未被允许作为化妆品着色剂和染发剂使用。在欧盟也未允许用于化妆品

235　CI 44045

中英文名称	碱性蓝 26、Basic Blue 26
CAS No.	2580-56-5
EINECS No.	219-943-6
结构式	
分子式	$C_{33}H_{32}ClN_3$
分子量	506.08
理化性质	碱性蓝 26 为三芳基甲烷类染料,为深紫色或灰绿色粉状物,熔点 206℃(开始分解),能溶于冷水和热水呈蓝色,也溶于乙醇。紫外最大吸收波长为 616nm
安全性	碱性蓝 26 急性毒性为大鼠经口 LD_{50}:1034mg/kg;兔皮肤试验有轻微反应。欧盟化妆品法规的准用名是 CI 44045;中国化妆品法规的准用名是 CI 44045 或碱性蓝 26;作为化妆品着色剂,未见它外用不安全的报道
应用	化妆品着色剂。在欧盟,CI 44045 可用于不接触黏膜的化妆品,包括外用型化妆品以及洗去型产品,例如面霜、身体乳液,以及沐浴露、香波、洗去型护发素等。在中国,CI 44045 或碱性蓝 26 的应用产品类型同欧盟法规一致,也专用于不与黏膜接触的化妆品,并明确规定禁用于染发产品。在美国和日本,不允许用于化妆品

236　CI 44090

中英文名称	食品绿 4、Food Green 4、Acid Green 50
CAS No.	3087-16-9
EINECS No.	221-409-2
结构式	
分子式	$C_{27}H_{25}N_2NaO_7S_2$
分子量	576.62
理化性质	食品绿 4 为三芳基甲烷类染料,深褐色至黑色粉末,可溶于冷水,极易溶于热水,水溶液呈绿蓝色;溶于乙醇呈天蓝色。紫外特征吸收波长为 633nm
安全性	食品绿 4 是食用色素,急性毒性为大鼠经口 LD_{50}:2000mg/kg。欧盟化妆品法规的准用名是 CI 44090;中国化妆品法规的准用名是 CI 44090 或食品绿 4;作为化妆品着色剂,未见它外用不安全的报道

应用	化妆品着色剂。在欧盟，CI 44090 可用于所有类型的化妆品，例如口红、眼部产品，面霜等护肤类产品，以及香波、沐浴露等洗去型产品。在中国，CI 44090 或食品绿 4 的应用产品类型同欧盟法规，可作为着色剂用于所有类型的化妆品，并要符合相关技术指标：其中对的 4,4′-双(二甲氨基)二苯甲醇[4,4′-bis(dimethylamino)benzhydryl alcohol]不超过 0.1%；4,4′-双(二甲氨基)二苯酮[4,4′-bis(dimethylamino)benzophenone]不超过 0.1%；3-羟基萘-2,7-二磺酸(3-hydroxynaphthalene-2,7-disulfonic acid)不超过 0.2%；无色母体(leuco base)不超过 5.0%；未磺化芳香伯胺不超过 0.01%(以苯胺计)。在美国和日本，不允许用于化妆品

237　CI 45100

中英文名称	酸性红 52、Acid Red 52、Aka106
CAS No.	3520-42-1
EINECS No.	222-529-8
结构式	
分子式	$C_{27}H_{29}N_2NaO_7S_2$
分子量	580.65
理化性质	酸性红 52 为呫吨类染料，绿棕色或粉红色粉末。易溶于水，水溶解度约 7.5%，水溶液呈带黄色荧光的蓝光红色，加入氢氧化钠溶液为蓝光红色。可溶于乙醇。紫外最大吸收波长为 565nm
安全性	酸性红 52 是食品添加剂，在糖果等中的最大使用量为 0.05g/kg；急性毒性为大鼠经口 $LD_{50}>$ 10g/kg；对兔皮肤也无刺激作用。欧盟化妆品法规的准用名是 CI 45100；中国化妆品法规的准用名是 CI 45100 或酸性红 52；日本化妆品法规的准用名为 Aka106；作为化妆品着色剂，未见它外用不安全的报道
应用	化妆品着色剂。在欧盟，CI 45100 仅可用于洗去型产品，例如沐浴露、香波、洗去型护发素等。在中国，CI 45100 或酸性红 52 的应用产品类型同欧盟法规，也专用于仅和皮肤暂时性接触的化妆品，应用产品品类参见欧盟产品应用品类。在日本，Aka106 可用于所有类型的化妆品。在美国，不允许用于化妆品

238　CI 45160

中英文名称	碱性红 1、Basic Red 1
CAS No.	989-38-8
EINECS No.	213-584-9
结构式	
分子式	$C_{28}H_{31}ClN_2O_3$

分子量	479.01
理化性质	碱性红 1 属呫吨类染料,为红色或黄棕色粉末,熔点 290℃。溶于水呈猩红色带绿色荧光;溶于醇呈红色带黄色荧光或黄红色带绿色荧光。紫外特征吸收波长为 528nm
安全性	碱性红 1 急性毒性为大鼠经口 LD_L。为 125mg/kg。PCPC 将碱性红 1 作为染发剂和发用着色剂,未见它外用不安全的报道
应用	美国 PCPC 将其归为染发剂和发用着色剂。在中国目前并未被允许作为化妆品着色剂和染发剂使用

239 CI 45161

中英文名称	碱性红 1:1、Basic Red 1:1
CAS No.	3068-39-1
EINECS No.	221-326-1
结构式	
分子式	$C_{27}H_{29}ClN_2O_3$
分子量	464.98
理化性质	碱性红 1:1 为呫吨类染料,亮红色晶体,可溶于水和乙醇,紫外特征吸收波长为 525nm
安全性	PCPC 将碱性红 1:1 作为染发剂和发用着色剂,未见它外用不安全的报道
应用	美国 PCPC 将其归为染发剂和发用着色剂。在中国目前并未被允许作为化妆品着色剂和染发剂使用。在欧盟,不允许用于化妆品

240 CI 45170

中英文名称	颜料红 173、碱性紫 10、Basic Violet 10、Aka213
CAS No.	81-88-9
EINECS No.	201-383-9
结构式	
分子式	$C_{28}H_{31}ClN_2O_3$
分子量	479.01
理化性质	碱性紫 10 为呫吨类染料,易溶于水、乙醇,微溶于丙酮、氯仿、盐酸和氢氧化钠溶液。水溶液为蓝红色,稀释后有强烈荧光。紫外最大吸收波长为 548.2nm

安全性	碱性紫 10 的急性毒性数据符合要求,高剂量和长期毒性数据尚有异议。日本化妆品法规的准用名为 Aka213
应用	化妆品着色剂。在日本,Aka213 可用于唇部之外的化妆品,例如眼部产品,面霜等护肤类产品,以及香波、沐浴露等洗去型产品。在欧盟和美国,不允许用于化妆品。在中国目前并未被允许作为化妆品着色剂和染发剂使用

241 CI 45170 醋酸酯

中英文名称	颜料红 173 醋酸酯、Aka214
结构式	
分子式	$C_{30}H_{34}N_2O_5$
分子量	502.60
理化性质	Aka214 为呫吨类染料,是颜料红 173 的醋酸酯。不溶于水和乙醇,可溶于油脂
安全性	日本化妆品的准用名为 Aka214
应用	化妆品着色剂。在日本,Aka214 可用于所有类型的化妆品,例如口红、眼部产品,面霜等护肤类产品,以及香波、沐浴露等洗去型产品。在欧盟和美国,不允许用于化妆品。在中国目前并未被允许作为化妆品着色剂和染发剂使用

242 CI 45170:1

中英文名称	溶剂红 49:1、Solvent Red 49:1、Aka215
CAS No.	6373-07-5
EINECS No.	228-908-4
结构式	
分子式	$C_{46}H_{66}N_2O_5$
分子量	727.02
理化性质	溶剂红 49:1 为呫吨类染料,是颜料红 173 的硬脂酸酯。不溶于水和乙醇,可溶于油脂,呈蓝光红色
安全性	溶剂红 49:1 的急性毒性数据符合要求,高剂量和长期毒性数据尚有异议。日本化妆品的准用名为 Aka215
应用	化妆品着色剂。在日本,Aka215 可用于所有类型的化妆品,例如口红、眼部产品,面霜等护肤类产品,以及香波、沐浴露等洗去型产品。在欧盟和美国,不允许用于化妆品。在中国目前并未被允许作为化妆品着色剂和染发剂使用

243 CI 45170:3

中英文名称	颜料红 173 铝色淀、Pigment Red 173 Aluminum Lake
CAS No.	12227-77-9
结构式	
分子式	$C_{84}H_{90}Cl_3AlN_6O_9$
分子量	1460.99
理化性质	颜料红 173 铝色淀是亮绿色闪光的结晶粉末。溶于水及酒精呈带强荧光的蓝光红色溶液,溶解度均>1%,微溶于丙酮,不溶于矿物油
安全性	颜料红 173 铝色淀的急性毒性数据符合要求,高剂量和长期毒性数据尚有异议
应用	美国 PCPC 将其归为其他应用型着色剂。在中国目前并未被允许作为化妆品着色剂和染发剂使用。在欧盟和美国,不允许用于化妆品

244 CI 45174

中英文名称	碱性紫 11:1、Basic Violet 11:1
CAS No.	73398-89-7
EINECS No.	277-459-0
结构式	
分子式	$C_{29}H_{33}N_2O_3 \cdot 1/2ZnCl_4$
分子量	561.18
理化性质	碱性紫 11:1 为呫吨类染料,但灰白色粉末,熔点>98℃。可溶于丙酮、苯、甲苯、氯仿等,不溶于水,极微溶于乙醇。紫外最大吸收波长为 557nm
安全性	PCPC 将碱性紫 11:1 归为染发剂和发用着色剂,未见外用不安全的报道
应用	美国 PCPC 将其归为染发剂和发用着色剂。在中国目前并未被批准作为化妆品着色剂和染发剂使用。在欧盟,不允许用于化妆品

中英文名称	酸性紫 9、Acid Violet 9、Aka401
CAS No.	6252-76-2
EINECS No.	228-377-9
结构式	
分子式	$C_{34}H_{25}N_2NaO_6S$
分子量	612.63
理化性质	酸性紫9为呫吨类染料,深棕色固体粉末,可溶于水,水溶解度14.3g/100mL。也溶于乙醇
安全性	酸性紫9急性毒性为大鼠经口 LD_{50}>5g/kg,无毒;兔皮肤试验有轻微刺激;豚鼠皮肤试验无刺激。欧盟化妆品法规的准用名是 CI 45190;中国化妆品法规的准用名是 CI 45190 或酸性紫9;日本化妆品法规的准用名是Aka401;用作化妆品着色剂,未见外用不安全的报道
应用	化妆品着色剂。在欧盟,CI 45190可用于洗去型产品,例如沐浴露、香波、洗去型护发素等。在中国,CI 45190 或酸性紫9的应用产品类型同欧盟法规,也专用于仅和皮肤暂时性接触的化妆品,并明确规定禁用于染发产品。在日本,Aka401可用于不接触唇部的化妆品,例如眼部产品,面霜等护肤类产品,以及香波、沐浴露等洗去型产品。在美国,不允许用于化妆品

246 CI 45220

中英文名称	酸性红 50、Acid Red 50
CAS No.	5873-16-5
EINECS No.	227-528-6
结构式	
分子式	$C_{25}H_{25}N_2NaO_7S_2$
分子量	552.59

理化性质	酸性红 50 为呫吨类染料,可溶于水和乙醇,紫外最大吸收波长为 548nm
安全性	酸性红 50 急性毒性为雌性大鼠经口 LD$_{50}$>10g/kg,无毒;兔皮肤试验无刺激。欧盟化妆品法规的准用名是 CI 45220;中国化妆品法规的准用名是 CI 45220 或酸性红 50;作为化妆品着色剂,未见它外用不安全的报道
应用	化妆品着色剂。在欧盟,CI 45220 可用于洗去型产品,例如沐浴露、香波、洗去型护发素等。在中国,CI 45220 或酸性红 50 的应用产品类型同欧盟法规,也专用于仅和皮肤暂时性接触的化妆品。在美国和日本,不允许用于化妆品

247　CI 45350

中英文名称	酸性黄 73、Acid Yellow 73、Yellow 7、Ki201 为酸结构;Acid Yellow 73 Sodium Salt、Yellow 8、Ki202(1)为钠盐结构;Ki202(2)为钾盐结构
CAS No.	518-45-6 或 2321-07-5(酸结构);518-47-8(钠盐结构)
EINECS No.	208-253-0
结构式	(酸结构)或　(钠盐结构)或　(钾盐结构)
分子式	C$_{20}$H$_{12}$O$_5$(酸结构)或 C$_{20}$H$_{12}$Na$_2$O$_5$(钠盐结构)、C$_{20}$H$_{12}$K$_2$O$_5$(钾盐结构)
分子量	332.31(酸结构)、378.29(钠盐结构)、410.50(钾盐结构)
理化性质	酸性黄 73 是呫吨类染料,橙红色粉末,熔点 320℃。无气味。有吸湿性。易溶于水,25℃时在水中的溶解度为 36%,水溶液呈黄红色,并带极强的黄绿色荧光,酸化后消失,中和或碱化后又出现。稍溶于乙醇,溶解度小于 0.25%。不溶于油脂,可经均化分散于油脂或矿物油中。不溶于酸、碱中稳定性好,不耐光。紫外最大吸收波长约为 490nm
安全性	酸性黄 73 的急性毒性为大鼠经口 LD$_{50}$:6721mg/kg,无毒。欧盟化妆品法规的准用名是 CI 45350;中国化妆品准用名是 CI 45350 或酸性黄 73;美国 FDA 的准用名是 Yellow 7(酸结构)和 Yellow 8(钠盐结构);日本化妆品法规的准用名是 Ki201(酸结构)、Ki202(1)(钠盐结构)和 Ki202(2)(钾盐结构);作为化妆品着色剂,未见它外用不安全的报道
应用	化妆品着色剂。在欧盟,CI 45350 可用于所有类型的化妆品,例如口红、眼部产品,面霜等护肤类产品,以及香波、沐浴露等洗去型产品。在中国,CI 45350 或酸性黄 73 的应用产品类型和欧盟法规一致,也可用于所有类型的化妆品,同时要符合法规中规定的其他限制和要求的相关技术指标:化妆品中最大浓度 6%;酸性黄 73 中的间苯二酚(resorcinol)不超过 0.5%;邻苯二甲酸(phthalic acid)不超过 1%;2-(2,4-二羟基苯酰基)苯甲酸[2-(2,4-dihydroxybenzoyl) benzoic acid]不超过 0.5%;并明确规定禁用于染发产品。在美国,Yellow 7 和 Yellow 8 仅可用于外用化妆品,不可接触眼部和黏膜。在日本,Ki201、Ki202(1)和 Ki202(2)可用于所有类型的化妆品

248　CI 45370

中英文名称	酸性橙 11、橙 5、Acid Orange 11、Solvent Red 72、Orange 5、Daidai201
CAS No.	596-03-2(酸结构);4372-02-5(钠盐结构)
EINECS No.	209-876-0(酸结构)、224-468-2(钠盐结构)

结构式	（酸结构）或 （钠盐结构）
分子式	$C_{20}H_{10}Br_2O_5$（酸结构）或 $C_{20}H_8Br_2Na_2O_5$（钠盐结构）
分子量	490.10（酸结构）或 534.06（钠盐结构）
理化性质	酸性橙 11 为呫吨类染料，橙色粉末，熔点 270～273℃，微溶于水，稍溶于乙醇，溶解度 0.25%～1%，色调为带红光的橙色；不溶于油脂和矿物油，但可经均化或乳化分散于油脂中。遇碱不稳定，光稳定性不好
安全性	酸性橙 11 的急性毒性为大鼠经口 LD_{50}：6720mg/kg，无毒。欧盟化妆品法规的准用名为 CI 45370（酸结构和钠盐结构都可以使用）；中国化妆品法规的准用名为 CI 45370 或酸性橙 11（酸结构和钠盐结构都可以使用）；美国 FDA 的准用名为 Orange 5（酸结构）；日本化妆品法规的准用名为 Daidai 201（酸结构）；作为化妆品着色剂，未见它外用不安全的报道
应用	化妆品着色剂。在欧盟，CI 45370 可用于所有类型的化妆品，例如口红、眼部产品，面霜等护肤类产品，以及香波、沐浴露等洗去型产品。在中国，CI 45370 或酸性橙 11 的应用产品类型和欧盟法规一致，也可用于所有类型的化妆品，同时要符合法规中规定的其他限制和要求的相关技术指标：着色剂的 2-(6-羟基-3-氧-3H-呫吨-9-基)苯甲酸[2-(6-hydroxy-3-oxo-3H-xanthen-9-yl)benzoic acid]不超过 1%；2-(溴-6-羟基-3-氧-3H-呫吨-9-基)苯甲酸[2-(bromo-6-hydroxy-3-oxo-3H-xanthen-9-yl)benzoic acid]不超过 2%；并明确规定禁用于染发产品。在美国，Orange 5 可用于不接触眼部的化妆品。在日本，Daidai201 可用于所有类型的化妆品

249   CI 45380

中英文名称	酸性红 87、Acid Red 87、Red 22、Aka230(1)为钠盐结构；Solvent Red 43、Red 21、Aka223、CI 45380；2 为酸结构；Aka230(2)为钾盐结构
CAS No.	15086-94-9（酸结构）、548-26-5（酸结构）、17372-87-1（钠盐结构）
EINECS No.	239-138-3（酸结构）241-409-6（钠盐结构）
结构式	（酸结构）或 （钠盐结构） 或 （钾盐结构）
分子式	$C_{20}H_8Br_4O_5$（酸结构）、$C_{20}H_6Br_4Na_2O_5$（钠盐结构）、$C_{20}H_6Br_4K_2O_5$（钾盐结构）
分子量	647.89（酸结构）、691.85（钠盐结构）、724.07（钾盐结构）

理化性质	酸性红 87 为呫吨类染料,橙色粉末,熔点 270～273℃,微溶于水;稍溶于乙醇,溶解度 0.25%～1%;色调为带红光的橙色;不溶于油脂和矿物油,但可经均化或乳化分散于油脂中。遇碱不稳定,光稳定性不好
安全性	酸性红 87 急性毒性:小鼠静脉 LD_{50}:550mg/kg。欧盟化妆品法规的准用名为 CI 45380;中国化妆品法规准用名是 CI 45380 或酸性红 87;美国 FDA 的准用名为 Red 21(酸结构)和 Red 22(钠盐结构);日本化妆品法规的准用名为 Aka223(酸结构)、Aka230(1)(钠盐结构)以及 Aka230(2)(钾盐结构)
应用	化妆品着色剂。在欧盟,CI 45380 可用于所有类型的化妆品,例如口红、眼部产品,面霜等护肤类产品,以及香波、沐浴露等洗去型产品。在中国,CI 45380 或酸性红 87 的应用产品类型和欧盟法规一致,也可用于所有类型的化妆品,同时要符合法规中规定的其他限制和要求的相关技术指标:其中的 2-(6-羟基-3-氧-3H-呫吨-9-基)苯甲酸[2-(6-hydroxy-3-oxo-3H-xanthen-9-yl]benzoic acid)不超过 1%;2-(溴-6-羟基-3-氧-3H-呫吨-9-基)苯甲酸[2-(bromo-6-hydroxy-3-oxo-3H-xanthen-9-yl)benzoic acid]不超过 2%;并明确规定禁用于染发产品。在美国,Red 21 和 Red 22 可用于不接触眼部的化妆品。在日本,Aka223(酸结构)、Aka230(1)(钠盐结构)以及 Aka230(2)(钾盐结构)也可用于所有类型的化妆品

250　CI 45380 红 21 铝色淀

中英文名称	红 21 铝色淀、Red 21 Lake
CAS No.	15876-39-8
EINECS No.	240-005-7
结构式	
分子式	$C_{20}H_6Br_4Al_{2/3}O_5$
分子量	663.86
理化性质	红 21 铝色淀为红色粉末,不溶于水;不溶于油脂和矿物油,但可经均化或乳化分散于油脂中。遇碱不稳定,光稳定性不好
安全性	参考酸性红 87(红 21)急性毒性:小鼠静脉 LD_{50}:550mg/kg。欧盟化妆品法规的准用名为 CI 45380;中国化妆品法规准用名是 CI 45380 或酸性红 87,其不溶性铝、钡、锶、锆色淀、盐和颜料也被允许使用,酸性红 87 或红 21 铝色淀就在其中;美国 FDA 的准用名为 Red 21 Lake
应用	化妆品着色剂。在欧盟,CI 45380 可用于所有类型的化妆品,例如口红、眼部产品,面霜等护肤类产品,以及香波、沐浴露等洗去型产品。在中国,CI 45380 或酸性红 87 及其不溶性铝、钡、锶、锆色淀,盐和颜料的应用产品类型和欧盟法规一致,也可用于所有类型的化妆品,同时要符合法规中规定的其他限制和要求的相关技术指标:其中的 2-(6-羟基-3-氧-3H-呫吨-9-基)苯甲酸[2-(6-hydroxy-3-oxo-3H-xanthen-9-yl)benzoic acid]不超过 1%;2-(溴-6-羟基-3-氧-3H-呫吨-9-基)苯甲酸[2-(bromo-6-hydroxy-3-oxo-3H-xanthen-9-yl)benzoic acid]不超过 2%;并明确规定禁用于染发产品。在美国,Red 21 Lake 可用于不接触眼部的化妆品。在日本,不允许用于化妆品

251　CI 45380 红 22 铝色淀

中英文名称	红 22 铝色淀、Red 22 Lake、Aka230(1)
CAS No.	17372-87-1

EINECS No.	241-409-6
结构式	
分子式	$C_{20}H_6Br_4Al_{2/3}O_5$
分子量	663.86
理化性质	红22铝色淀为红色粉末,不溶于水;不溶于油脂和矿物油,但可经均化或乳化分散于油脂中。遇碱不稳定,光稳定性不好
安全性	参考酸性红87(红22)急性毒性:小鼠静脉 LD_{50}:550mg/kg。欧盟化妆品法规的准用名为CI 45380;中国化妆品法规的准用名是CI 45380红22铝色淀;美国FDA的准用名为Red 22 Lake;日本化妆品的准用名为Aka230(1)
应用	化妆品着色剂。在欧盟,CI 45380可用于所有类型的化妆品,例如口红、眼部产品,面霜等护肤类产品,以及香波、沐浴露等洗去型产品。在中国,CI 45380或酸性红87及其不溶性铝、钡、锶、锆色淀、盐和颜料的应用产品类型和欧盟法规一致,也可用于所有类型的化妆品,同时要符合法规中规定的其他限制和要求的相关技术指标;其中的2-(6-羟基-3-氧-3H-呫吨-9-基)苯甲酸[2-(6-hydroxy-3-oxo-3H-xanthen-9-yl)benzoic acid]不超过1%;2-(溴-6-羟基-3-氧-3H-呫吨-9-基)苯甲酸[2-(bromo-6-hydroxy-3-oxo-3H-xanthen-9-yl)benzoic acid]不超过2%;并明确规定禁用于染发产品。在美国,Red 22 Lake可用于不接触眼部的化妆品。在日本,Aka230(1)可用于所有类型的化妆品

252 CI 45396

中英文名称	溶剂橙16、Solvent Orange 16
CAS No.	24545-86-6
EINECS No.	246-308-0
结构式	
分子式	$C_{20}H_{10}N_2O_9$
分子量	422.30
理化性质	溶剂橙16为呫吨类染料,橙红色粉末,熔点185℃,微溶于水,稍溶于乙醇,溶于四氢呋喃、油脂等,呈带荧光的橙红色。紫外特征吸收波长为492nm
安全性	欧盟化妆品的准用名是CI 45396;中国化妆品的准用名是溶剂橙16或CI 45396。其用作着色剂,未见它外用不安全的报道
应用	化妆品着色剂。在欧盟,CI 45396可用于所有类型的化妆品,例如口红、眼部产品,面霜等护肤类产品,以及香波、沐浴露等洗去型产品,但也规定用于唇部产品时,仅许可着色剂以游离酸的形式,并且最大浓度为1%。在中国,CI 45396或溶剂橙16的应用产品类型和欧盟法规一致,也可用于所有类型的化妆品,同时要符合法规中规定的其他限制和要求的相关技术指标;用于唇膏时,仅许可着色剂以游离酸的形式,并且最大浓度为1%。但用于唇膏时,最大浓度为1%。在美国和日本,不允许用于化妆品

253 CI 45405

中英文名称	酸性红98、Acid Red 98
CAS No.	6441-77-6
EINECS No.	229-225-4
结构式	
分子式	$C_{20}H_4Br_4Cl_2K_2O_5$
分子量	793.0
理化性质	酸性红98属呫吨类染料,为红色粉末,溶于水显橙红色,发出绿黄色荧光;微溶于酒精和溶纤素,不溶于其他有机溶剂。紫外最大吸收波长为538nm
安全性	欧盟化妆品法规的准用名为CI 45405;中国化妆品法规的准用名为CI 45405或酸性红98。作为化妆品着色剂,未见它外用不安全的报道
应用	化妆品着色剂。在欧盟,CI 45405是可用于不接触眼部的化妆品,例如唇膏、面霜等护肤类产品,以及香波、沐浴露等洗去型产品。在中国,CI 45405或酸性红98的应用产品类型和欧盟法规一致,可用于除眼部化妆品之外的其他化妆品,同时要符合法规中规定的其他限制和要求的相关技术指标:其中的 2-(6-羟基-3-氧-3H-呫吨-9-基)苯甲酸[2-(6-hydroxy-3-oxo-3H-xanthen-9-yl) benzoic acid]不超过1%;2-(溴-6-羟基-3-氧-3H-呫吨-9-基)苯甲酸[2-(bromo-6-hydroxy-3-oxo-3H-xanthen-9-yl) benzoic acid]不超过2%。在美国和日本,不允许用于化妆品

254 CI 45410 钠盐

中英文名称	酸性红92、Acid Red 92、Red 28、Aka104(1)
CAS No.	18472-87-2
EINECS No.	242-355-6
结构式	
分子式	$C_{20}H_2Br_4Cl_4Na_2O_5$
分子量	829.64
理化性质	酸性红92是呫吨类染料,是 CI 45410 的盐结构形式。红至暗红褐色颗粒或粉末,熔点>250℃,无臭。易溶于水和乙醇,25℃水溶解度为17%,呈橙红色,并有黄绿色荧光;0.1%水溶液的 pH 为9.7。溶于甘油、丙二醇,不溶于油脂、醚。耐光性差,耐热性(105℃)较佳,碱性条件时稳定,遇酸产生沉淀。紫外最大吸收波长为538nm。酸性红92的色淀为其钾盐
安全性	酸性红92为一种食用色素,急性毒性为小鼠经口 LD_{50}:2.08~3.17g/kg,无毒。欧盟化妆品法规的准用名为CI 45410;中国化妆品法规的准用名是 CI 45410 或酸性红92;美国准用名是 Red 28;日本准用名为 Aka104(1)

应用	化妆品着色剂。在欧盟,CI 45410 可用于所有类型的化妆品,例如口红、眼部产品,面霜等护肤类产品,以及香波、沐浴露等洗去型产品。在中国,CI 45410 或酸性红 92 的应用产品类型和欧盟法规一致,可用于所有类型的化妆品,并要符合法规中规定的其他限制和要求的相关技术指标:其中的 2-(6-羟基-3-氧-3H-呫吨-9-基)苯甲酸[2-(6-hydroxy-3-oxo-3H-xanthen-9-yl) benzoic acid]不超过 1%;2-(溴-6-羟基-3-氧-3H-呫吨-9-基)苯甲酸[2-(bromo-6-hydroxy-3-oxo-3H-xanthen-9-yl) benzoic acid]不超过 2%。在美国,Red 28 可用于不接触眼部的化妆品。在日本,Aka104(1)也可用于所有类型的化妆品

255 CI 45410 钾盐

中英文名称	酸性红 92、Aka231
CAS No.	75888-73-2、18472-87-2
EINECS No.	242-355-6
结构式	
分子式	$C_{20}H_2Br_4Cl_4K_2O_5$
分子量	861.85
理化性质	Aka231 是钾盐结构的 CI 45410 呫吨染料,水溶,不溶于油
安全性	欧盟化妆品法规的准用名为 CI 45410;中国化妆品法规的准用名是 CI 45410 或酸性红 92 及其不溶性钡、锶、锆色淀,盐和颜料也被允许使用;日本化妆品法规的准用名为 Aka231
应用	化妆品着色剂。在欧盟,CI 45410 可用于所有类型的化妆品,例如口红、眼部产品,面霜等护肤类产品,以及香波、沐浴露等洗去型产品。在中国,CI45410 或酸性红 92 及其不溶性钡、锶、锆色淀,盐和颜料也被允许使用的应用产品类型和欧盟法规一致,可用于所有类型的化妆品,并要符合法规中规定的其他限制和要求的相关技术指标:着色剂中的 2-(6-羟基-3-氧-3H-呫吨-9-基)苯甲酸[2-(6-hydroxy-3-oxo-3H-xanthen-9-yl) benzoic acid]不超过 1%;2-(溴-6-羟基-3-氧-3H-呫吨-9-基)苯甲酸[2-(bromo-6-hydroxy-3-oxo-3H-xanthen-9-yl) benzoic acid]不超过 2%。在日本,Aka231 也可用于所有类型的化妆品。在美国,钾盐结构不允许使用

256 CI 45410 红 27 铝色淀

中英文名称	红 27 铝色淀、Red 27 Lake
CAS No.	84473-86-9
EINECS No.	282-941-9
结构式	

分子式	$C_{20}H_5Br_4Cl_4Al_{2/3}O_5$
分子量	804.67
理化性质	红27铝色淀是油溶性 FDA 认证级别的色素红27附着在氧化铝基材上形成的色淀,外观为红色的粉末,不溶于水,可分散在油脂中。耐光性差,耐热性(105℃)较佳
安全性	欧盟化妆品法规的准用名为 CI 45410;中国化妆品法规的准用名是 CI 45410 或酸性红92及其不溶性钡、锶、锆色淀,盐和颜料也被允许使用;美国 FDA 准用名是 Red 27 Lake
应用	化妆品着色剂。在欧盟,CI 45410 可用于所有类型的化妆品,例如口红、眼部产品,面霜等护肤类产品,以及香波、沐浴露等洗去型产品。在中国,CI 45410 或酸性红92及其不溶性钡、锶、锆色淀,盐和颜料被允许使用的应用产品类型和欧盟法规一致,可用于所有类型的化妆品,并要符合法规中规定的其他限制和要求的相关技术指标:着色剂中的 2-(6-羟基-3-氧-3H-咕吨-9-基)苯甲酸[2-(6-hydroxy-3-oxo-3H-xanthen-9-yl)benzoic acid]不超过 1%;2-(溴-6-羟基-3-氧-3H-咕吨-9-基)苯甲酸[2-(bromo-6-hydroxy-3-oxo-3H-xanthen-9-yl)benzoic acid]不超过 2%。在美国,Red 28 Lake 可用于不接触眼部的化妆品。在日本不允许用于化妆品

257 CI 45410:1

INCI 名称/英文名称	溶剂红 48、Solvent Red 48、Red 27、Aka218
CAS No.	13473-26-2
EINECS No.	236-747-6
结构式	
分子式	$C_{20}H_4Br_4Cl_4O_5$
分子量	785.67
理化性质	溶剂红48是 CI 45410 的酸结构形式。红至暗红褐色颗粒或粉末,熔点>250℃,无臭。不溶于水,25℃水中溶解度为 0.022ng/L,可溶于油脂。耐光性差,耐热性(105℃)较佳
安全性	溶剂红48为一种食用色素,急性毒性为小鼠经口 LD_{50}:2.08~3.17g/kg,无毒。欧盟化妆品法规的准用名为 CI 45410:1;中国化妆品法规的准用名是 CI 45410:1 或溶剂红48;美国 FDA 准用名是 Red 27;日本化妆品法规的准用名为 Aka218
应用	化妆品着色剂。在欧盟,CI 45410 可用于所有类型的化妆品,例如口红、眼部产品,面霜等护肤类产品,以及香波、沐浴露等洗去型产品。在中国,CI 45410:1 或溶剂红48 的应用产品类型和欧盟法规一致,可用于所有类型的化妆品,并要符合法规中规定的其他限制和要求的相关技术指标:2-(6-羟基-3-氧-3H-咕吨-9-基)苯甲酸[2-(6-hydroxy-3-oxo-3H-xanthen-9-yl)benzoic acid]不超过 1%;2-(溴-6-羟基-3-氧-3H-咕吨-9-基)苯甲酸[2-(bromo-6-hydroxy-3-oxo-3H-xanthen-9-yl)benzoic acid]不超过 2%。在美国,Red 27 可用于不接触眼部的化妆品。在日本,Aka218 也可用于所有类型的化妆品

258 CI 45410:2

中英文名称	红 28 铝色淀、Red 28 Lake、Aka104(1)
CAS No.	84473-86-9、15876-58-1

EINECS No.	282-941-9、240-012-5
结构式	
分子式	$C_{20}H_5Br_4Cl_4Al_{2/3}O_5$
分子量	804.67
理化性质	红 28 铝色淀是水溶性 FDA 认证级别的色素红 28 附着在氧化铝基材上形成的色淀，外观为红色的粉末，不溶于水，可分散在油脂中。耐光性差，耐热性(105℃)较佳
安全性	欧盟化妆品法规的准用名为 CI 45410；中国化妆品法规的准用名是 CI 45410 或酸性红 92 及其不溶性钡、锶、锆色淀，盐和颜料也被允许使用；美国 FDA 准用名是 Red 28 Lake；日本准用名为 Aka104(1)
应用	化妆品着色剂。在欧盟，CI 45410 可用于所有类型的化妆品，例如口红、眼部产品，面霜等护肤类产品，以及香波、沐浴露等洗去型产品。在中国，CI 45410 或酸性红 92 及其不溶性钡、锶、锆色淀，盐和颜料也被允许使用的应用产品类型和欧盟法规一致，可用于所有类型的化妆品，并要符合法规中规定的其他限制和要求的相关技术指标：其中的 2-(6-羟基-3-氧-3H-呫吨-9-基)苯甲酸[2-(6-hy-droxy-3-oxo-3H-xanthen-9-yl)benzoic acid]不超过 1%；2-(溴-6-羟基-3-氧-3H-呫吨-9-基)苯甲酸[2-(bromo-6-hydroxy-3-oxo-3H-xanthen-9-yl)benzoic acid]不超过 2%。在美国，Red 28 Lake 可用于不接触眼部的化妆品。在日本，Aka104(1)也可用于所有类型的化妆品

259　CI 45425

中英文名称	酸性红 95、Acid Red 95、Orange 11、Daidai207
CAS No.	33239-19-9
EINECS No.	251-419-2
结构式	
分子式	$C_{20}H_8I_2Na_2O_5$
分子量	628.06
理化性质	酸性红 95 属盐结构的呫吨类染料，熔点 240℃，可溶于水和乙醇，溶解度均＞1%，红色调；不溶于油脂，但可在偏碱的乳化体系中乳化。紫外最大吸收波长约为 505nm
安全性	中国化妆品法规的准用名为 CI 45425 或酸性红 95；日本化妆品法规的准用名是 Daidai207；美国 FDA 的准用名为 Orange 11。作为化妆品着色剂，未见它外用不安全的报道
应用	化妆品着色剂。在中国，CI 45425 或酸性红 95 可用于所有类型的化妆品，例如口红、眼部产品，面霜等护肤类产品，以及香波、沐浴露等洗去型产品，同时要符合法规中规定的其他限制和要求的相关技术指标：其中的三碘间苯二酚（triiodoresorcinol）不超过 0.2%；2-(2,4-二羟基-3,5-二羰基苯甲酰)苯甲酸[2-(2,4-dihydroxy-3,5-dioxobenzoyl)benzoic acid]不超过 0.2%；并明确规定禁用于染发产品。在日本，Daidai207 也可用于所有类型的化妆品，应用产品类型和中国法规一致。在美国，Orange 11 仅可用于不接触眼部和唇部的外用型产品，例如沐浴露、香波、洗去型护发素等。在欧盟，不允许用于化妆品

260 CI 45425:1

中英文名称	溶剂红 73、Solvent Red 73、Orange 10、Daidai206
CAS No.	38577-97-8、518-40-1
EINECS No.	245-010-7
结构式	
分子式	$C_{20}H_{10}I_2O_5$
分子量	584.10
理化性质	溶剂红 73 属酸形式的呫吨类染料,不溶于水,溶于酒精
安全性	中国化妆品法规的准用名为 CI 45425:1 或酸性红 95;日本化妆品法规的准用名是 Daidai206;美国 FDA 的准用名为 Orange 10。作为化妆品着色剂,未见它外用不安全的报道
应用	化妆品着色剂。在中国,CI 45425:1 或酸性红 95 可用于所有类型的化妆品,例如口红、眼部产品、面霜等护肤类产品,以及香波、沐浴露等洗去型产品,同时要符合法规中规定的其他限制和要求的相关技术指标:其中的三碘间苯二酚(triiodoresorcinol)不超过 0.2%;2-(2,4-二羟基-3,5-二羰基苯甲酰)苯甲酸[2-(2,4-dihydroxy-3,5-dioxobenzoyl)benzoic acid]不超过 0.2%;并明确规定禁用于染发产品。在日本,Daidai2067 也可用于所有类型的化妆品,应用产品类型和中国法规一致。在美国,Orange 10 仅可用于除接触眼部和唇部之外的外用型产品,例如沐浴露、香波、洗去型护发素等。在欧盟,不允许用于化妆品

261 CI 45430

中英文名称	食品红 14、Food Red 14、Aka3、Acid Red 51
CAS No.	16423-68-0、12227-78-0、1342-25-2
EINECS No.	240-474-8、235-440-4
结构式	
分子式	$C_{20}H_6I_4Na_2O_5$
分子量	879.86
理化性质	食品红 14 为呫吨类染料,红色至棕色粉末,熔点 303℃,溶于水,溶液呈樱红色,水溶解度>1%;也溶于乙醇、甘油和甲醇,不溶于油脂。紫外最大吸收波长为 530nm
安全性	食品红 14 的急性毒性为大鼠经口 LD_{50}:2559mg/kg,无毒。欧盟化妆品法规的准用名是 CI 45430;中国化妆品法规准用名是 CI 45430 或食品黄 14;日本化妆品法规的准用名为 Aka3。CI 45430 及其铝色淀作为化妆品着色剂,未见它外用不安全的报道
应用	化妆品着色剂。在欧盟,CI 45430 可用于所有类型的化妆品,例如口红、眼部产品,面霜等护肤类产品,以及香波、沐浴露等洗去型产品。在中国,CI 45430 或食品红 14 的应用产品类型和欧盟法规一致,可用于所有类型的化妆品,并要符合法规中规定的其他限制和要求的相关技术指标:其中的三碘间苯二酚(triiodoresorcinol)不超过 0.2%;2-(2,4-二羟基-3,5-二羰基苯甲酰)苯甲酸[2-(2,4-dihydroxy-3,5-dioxobenzoyl)benzoic acid]不超过 0.2%,并明确规定禁用于染发产品。在日本,Aka3 也可用于所有类型的化妆品。在美国,不允许用于化妆品

262   CI 45430 铝色淀

中英文名称	颜料红 172 铝色淀、食品红 14 铝色淀、Pigment Red 172 Aluminim Lake、Aka3 Aluminim Lake
CAS No.	12227-78-0
EINECS No.	235-440-4
结构式	
分子式	$C_{20}H_6I_4Al_{2/3}O_5$
分子量	851.87
理化性质	颜料红 172 铝色淀(食品红 14 铝色淀)为紫红色粉末,无臭,与水溶液的色调相同,几乎不溶于水和有机溶剂,易溶于含盐液并染色,缓慢溶于含酸、碱的水溶液。耐光、耐热性比 Acid Red 51 好
安全性	欧盟化妆品法规的准用名是 CI 45430;中国化妆品法规的准用名是 CI 45430 或食品红 14 及其不溶性钡、锶、锆色淀、盐和颜料也被允许使用;日本化妆品法规的准用名为 Aka3 Aluminim Lake。作为化妆品着色剂,未见它外用不安全的报道
应用	化妆品着色剂。在欧盟,CI 45430 可用于所有类型的化妆品,例如口红、眼部产品,面霜等护肤类产品,以及香波、沐浴露等洗去型产品。在中国,CI 45430 或食品红 14 及其不溶性钡、锶、锆色淀,盐和颜料的应用产品类型和欧盟法规一致,可用于所有类型的化妆品,并要符合法规中规定的其他限制和要求的相关技术指标:其中的三碘间苯二酚(triiodoresorcinol)不超过 0.2%;2-(2,4-二羟基-3,5-二羰基苯甲酰)苯甲酸[2-(2,4-dihydroxy-3,5-dioxobenzoyl)benzoic acid]不超过 0.2%,并明确规定禁用于染发产品。在日本,Aka3 Aluminim Lake 也可用于所有类型的化妆品。在美国,不允许用于化妆品

263   CI 45440 钠盐

INCI 名称/英文名称	酸性红 94(钠盐)、Acid Red 94、Aka105(1)
CAS No.	632-69-9
结构式	
分子式	$C_{20}H_2Cl_4I_4Na_2O_5$
分子量	1017.64
理化性质	酸性红 94 是呫吨类染料-钠盐结构,为紫红至红褐色颗粒或粉末,易溶于水(30g/100mL)及乙醇,难溶于硬度高的水。可溶于甘油、乙二醇。不溶于油脂、乙醚。1%水溶液 pH 值为 6.5～10,呈带蓝的红色。耐光、耐酸性弱。紫外最大吸收波长为 548nm
安全性	酸性红 94 是食用红色素,急性毒性为雄小鼠经口 LD_{50}:6.48g/kg。日本准用名为 Aka105(1),作为化妆品着色剂,未见它外用不安全的报道
应用	化妆品着色剂。在日本,Aka105(1)可用于所有类型的化妆品,例如口红、眼部产品,面霜等护肤类产品,以及香波、沐浴露等洗去型产品。在中国,目前并未被批准作为化妆品着色剂和染发剂使用。在欧盟和美国不允许用于化妆品

264 CI 45440 钾盐

中英文名称	酸性红 94(钾盐)、Acid Red 94、Aka232
CAS No.	632-68-8
结构式	
分子式	$C_{20}H_2Cl_4I_4K_2O_5$
分子量	1049.85
理化性质	酸性红 94 是呫吨类染料-钾盐结构,为紫红至红褐色颗粒或粉末,易溶于水(30g/100mL)及乙醇,难溶于硬度高的水。可溶于甘油、乙二醇。不溶于油脂、乙醚。1%水溶液 pH 值为 6.5~10,呈带蓝的红色。耐光、耐酸性弱
安全性	日本化妆品法规的准用名为 Aka232,作为化妆品着色剂,未见它外用不安全的报道
应用	化妆品着色剂。在日本,Aka232 可用于所有类型的化妆品,例如口红、眼部产品,面霜等护肤类产品,以及香波、沐浴露等洗去型产品。在中国,目前并未被批准作为化妆品着色剂和染发剂使用。在欧盟和美国,不允许用于化妆品

265 CI 47000

中英文名称	溶剂黄 33、Solvent Yellow 33、Yellow 11、Ki204
CAS No.	83-08-9;8003-22-3
EINECS No.	232-318-2;201-453-9
结构式	
分子式	$C_{18}H_{11}NO_2$
分子量	273.28
理化性质	溶剂黄 33 为喹啉类染料,黄色粉末,熔点 160℃,不溶于水,可溶于丙酮和甲苯,在白油中的溶解度为 0.6%,在乙醇中溶解度大于 1%,其乙醇溶液为带绿光的黄色。耐光性好。紫外最大吸收波长为 429nm
安全性	溶剂黄 33 的急性毒性为大鼠经口 $LD_{50} > 10g/kg$,无毒;兔皮肤试验有轻微反应。欧盟化妆品法规的准用名为 CI 47000;中国化妆品法规的准用名为 CI 47000 或溶剂黄 33;美国 FDA 的准用名为 Yellow 11;日本化妆品法规的准用名为 Ki204。作为化妆品着色剂,未见它外用不安全的报道
应用	化妆品着色剂。在欧盟,CI 47000 可用于不与黏膜接触的外用以及洗去型产品,例如面霜、身体乳、沐浴露、香波、洗去型护发素等。在中国,CI 47000 或溶剂黄 33 的应用产品类型和欧盟法规一致,是专用于不与黏膜接触的化妆品,并要符合法规中规定的其他限制和要求的相关技术指标;其中的邻苯二甲酸(phthalic acid)不超过 0.3%;2-甲基喹啉(2-methylquinoline)不超过 0.2%;并明确规定禁用于染发产品。在美国,Yellow 11 可用于外用型产品。在日本,Ki204 也被允许用于外用型产品

中英文名称	食品黄 13、Food Yellow 13、Acid Yellow 3、Yellow 10、Quinoleine Yellow、Ki203
CAS No.	8004-92-0;38615-46-2;95193-83-2
EINECS No.	305-897-5
结构式	
分子式	$C_{18}H_9NNa_2O_8S_2$（二磺酸）
分子量	477.38（二磺酸）
理化性质	食品黄 13 是单磺酸钠盐和二磺酸钠盐的混合物，为黄色粉末或颗粒，熔点＞150℃（开始分解）。溶于水，25℃的水溶解度为 20%。微溶于乙醇，溶解度小于 0.25%。不溶于油脂。酸中的稳定性好，在碱中的稳定性一般，耐光性好，食品黄 13 的紫外最大吸收波长为 420nm。比较特别的是虽然色彩索引号都是 CI 47005，但符合欧洲法规的 Quinoleine Yellow（喹啉黄）中的单磺酸盐、二磺酸盐以及三磺酸盐的限量与符合美国 FDA 法规的 Yellow 10（黄 10）有所不同，所以 CI 47005 在美国和欧洲符合相关法规的产品分别称为 Quinoleine Yellow（喹啉黄）和 Yellow 10（黄 10）
安全性	食品黄 13 的急性毒性为大鼠经口 LD_{50}＞2g/kg，无毒；兔皮肤试验显示有极轻微的促进反应。欧盟化妆品法规的准用名是 CI 47005；中国化妆品法规的准用名是 CI 47005 或食品黄 13；美国 FDA 的准用名是 Yellow 10；日本化妆品法规的准用名是 Ki203。作为化妆品着色剂，未见它外用不安全的报道
应用	化妆品着色剂。在欧盟，CI 47005 可用于所有的化妆品，例如口红、眼部产品，面霜等护肤类产品，以及香波、沐浴露等洗去型产品。在中国，CI 47005 或食品黄 13 的应用产品类型和欧盟法规一致，可用于所有类型的化妆品，并要符合法规中规定的其他限制和要求的相关技术指标；其中的 2-甲基喹啉（2-methylquinoline）、2-甲基喹啉磺酸（2-methylquinoline sulfonic acid）、邻苯二甲酸（phthalic acid）、2,6-二甲基喹啉（2,6-dimethyl quinoline）和 2,6-二甲基喹啉磺酸（2,6-dimethyl quinoline sulfonic acid）总量不超过 0.5%；2-(2-喹啉基)2,3-二氢-1,3-茚二酮[2-(2-quinolyl)indan-1,3-dione]不超过 4mg/kg；未磺化芳香伯胺不超过 0.01%（以苯胺计）。在美国，Yellow 10 可用于不接触眼部的化妆品。在日本，Ki203 可用于所有的化妆品

267　CI 47005 铝色淀

INCI 名称/英文名称	黄 10 铝色淀、食品黄 13 铝色淀、Yellow 10 Alumimum Lake、Acid Yellow 3 Alumimum Lake、Ki203 Aluminum Lake
CAS No.	68814-04-0
EINECS No.	305-897-5
结构式	
分子式	$C_{18}H_9NAl_{2/3}O_8S_2$（二磺酸）
分子量	449.39（二磺酸）
理化性质	黄 10 铝色淀（食品黄 13 铝色淀）为黄色粉末，无臭，几乎不溶于水和醇，耐光、耐热性能良好

安全性	欧盟化妆品法规准用名是 CI 47005(喹啉黄铝色淀),磺酸盐比例和黄 10 色淀有所不同;中国化妆品法规的准用名是 CI 47005 或食品黄 13 及其不溶性钡、锶、锆色淀,盐和颜料也被允许使用;美国 FDA 的准用名是 Yellow 10 Aluminum Lake;日本化妆品法规的准用名是 Ki203 Aluminum Lake。化妆品着色剂,未见它外用不安全的报道
应用	化妆品着色剂。在欧盟,CI 47005 可用于所有的化妆品,例如口红、眼部产品,面霜等护肤类产品,以及香波、沐浴露等洗去型产品。在中国,CI 47005 或食品黄 13 及其不溶性钡、锶、锆色淀,盐和颜料的应用产品类型和欧盟法规一致,可用于所有类型的化妆品,并要符合法规中规定的其他限制和要求的相关技术指标:2-甲基喹啉(2-methylquinoline)、2-甲基喹啉磺酸(2-methylquinoline sulfonic acid)、邻苯二甲酸(phthalic acid)、2,6-二甲基喹啉(2,6-dimethyl quinoline)和 2,6-二甲基喹啉磺酸(2,6-dimethyl quinoline sulfonic acid)总量不超过 0.5%;2-(2-喹啉基)2,3-二氢-1,3-茚二酮[2-(2-quinolyl)indan-1,3-dione]不超过 4mg/kg;未磺化芳香伯胺不超过 0.01%(以苯胺计)。在美国,Yellow 10 Aluminum Lake 可用于不接触眼部的化妆品。在日本,Ki203 Aluminum Lake 可用于所有的化妆品

268 CI 48013

中英文名称	碱性紫 16、Basic Violet 16
CAS No.	6359-45-1
EINECS No.	228-799-3
结构式	
分子式	$C_{23}H_{29}ClN_2$
分子量	368.94
理化性质	碱性紫 16 为吲哚类染料,深红色粉末,可溶于水,水溶液呈亮蓝紫色
安全性	美国 PCPC 将碱性紫 16 用作染发剂和发用着色剂,未见外用不安全的报道
应用	美国 PCPC 将其归为染发剂和发用着色剂。在中国目前并未被批准作为化妆品着色剂和染发剂使用

269 CI 48054

中英文名称	碱性黄 28、Basic Yellow 28
CAS No.	54060-92-3
EINECS No.	258-946-7
结构式	

分子式	$C_{21}H_{27}N_3O_5S$
分子量	433.52
理化性质	碱性黄 28 为次甲基类染料,棕黄色粉末。易溶于水呈黄色。紫外最大吸收波长为 450nm
安全性	美国 PCPC 将碱性黄 28 作为染发剂和发用着色剂,未见它外用不安全的报道
应用	美国 PCPC 将其归为染发剂和发用着色剂。在中国目前并未被批准作为化妆品着色剂和染发剂使用

270 CI 48055

中英文名称	碱性黄 11、Basic Yellow 11
CAS No.	4208-80-4
EINECS No.	224-132-5
结构式	
分子式	$C_{21}H_{25}ClN_2O_2$
分子量	372.89
理化性质	碱性黄 11 为吲哚类染料,微带绿光的黄色粉末,溶于热水和乙醇,均呈黄色。紫外最大吸收波长约为 445nm
安全性	美国 PCPC 将碱性黄 11 作为其他应用型着色剂,未见它外用不安全的报道
应用	美国 PCPC 将其归为其他应用型着色剂。在中国目前并未被批准作为化妆品着色剂和染发剂使用

271 CI 50240

中英文名称	碱性红 2、Basic Red 2
CAS No.	477-73-6
EINECS No.	207-518-8
结构式	
分子式	$C_{20}H_{19}ClN_4$
分子量	350.85
理化性质	碱性红 2 为吩嗪类染料,红棕色粉末,熔点>240℃(开始分解),易溶于水,成红色溶液,溶解度为 5%,水溶液的 pH 值为 10;也溶于乙醇,溶于乙醇为红色带黄色荧光。最大吸收波长 530nm

安全性	碱性红 2 的急性毒性为小鼠-经口 LD_{Lo}:1600mg/kg。美国 PCPC 将碱性红 2 作为染发剂和发用着色剂,未见它外用不安全的报道。使用前须进行斑贴试验
应用	美国 PCPC 将其归为染发剂和发用着色剂。在中国目前并未被批准作为化妆品着色剂和染发剂使用

272 CI 50325

中英文名称	酸性紫 50、Acid Violet 50
CAS No.	6837-46-3
EINECS No.	229-951-1
结构式	
分子式	$C_{29}H_{21}N_4NaO_7S_2$
分子量	625.63
理化性质	酸性紫 50 为苯并吩嗪类染料,深色粉末,可溶于水,稍溶于乙醇(20℃ 溶解度 0.2g/L)和丙酮(20℃ 溶解度 2.0g/L),溶于二氯甲烷(20℃ 溶解度 20g/L)
安全性	酸性紫 50 的急性毒性为雄性大鼠经口 LD_{50}:10g/kg,无毒;兔皮肤试验无刺激。欧盟化妆品法规的准用名是 CI 50325;中国化妆品法规的准用名为 CI 50325 或酸性紫 50。用作化妆品着色剂,未见外用不安全的报道
应用	化妆品着色剂。在欧盟,CI 50325 可用于洗去型产品,例如沐浴露、香波、洗去型护发素等。在中国,CI 50325 或酸性紫 50 的应用产品类型同欧盟法规,是专用于和皮肤暂时接触的化妆品。在美国和日本,不允许使用

273 CI 50415

中英文名称	溶剂黑 5、Solvent Black 5
CAS No.	11099-03-9
结构式	
分子式	$C_8H_{19}ClN_2O$
分子量	194.70
理化性质	溶剂黑 5 为双偶氮染料,黑色粉末,熔点 275℃,不溶于水,溶于乙醇(呈蓝光黑色),苯和甲苯,易溶于油酸和硬脂酸。紫外特征吸收波长为 565.0~569.0nm(乙醇)
安全性	美国 PCPC 将溶剂黑 5 作为染发剂和发用着色剂,避免与皮肤和眼睛接触。未见它外用不安全的报道
应用	美国 PCPC 将其归为染发剂和发用着色剂。在中国目前并未被批准作为化妆品着色剂和染发剂使用

274　CI 50420

中英文名称	酸性黑 2、Acid Black 2
CAS No.	8005-03-6
结构式	
分子式	$C_{22}H_{14}N_6Na_2O_9S_2$
分子量	616.49
理化性质	酸性黑 2 为磺化的黑色素染料,黑色带有闪光的粒状,熔点 275℃,可溶于水,水溶液呈蓝紫色,溶于 50% 酒精水溶液呈蓝色,不溶于乙醇和丙酮。紫外最大吸收波长为 570nm
安全性	酸性黑 2 的急性毒性为大鼠经口 LD_{50}>4g/kg,无毒;兔皮肤试验无刺激。欧盟化妆品法规的准用名为 CI 50420;中国化妆品法规的准用名是 CI 50420 或酸性黑 2。作为化妆品着色剂,未见它外用不安全的报道
应用	化妆品着色剂。在欧盟,CI 50420 可用于不与黏膜接触的外用以及洗去型产品,例如沐浴露、香波、洗去型护发素等。在中国,CI 50420 或酸性黑 2 的应用产品类型同欧盟法规,是专用于不与黏膜接触的化妆品,并明确规定禁用于染发产品。在美国和日本,不允许使用于化妆品

275　CI 51175

中英文名称	碱性蓝 6、Basic Blue 6
CAS No.	966-62-1、7057-57-0
EINECS No.	230-338-6、213-524-1
结构式	
分子式	$C_{18}H_{15}ClN_2O$
分子量	310.78
理化性质	碱性蓝 6 为噁嗪阳离子类染料,深绿色粉末,可溶于水,紫外最大吸收波长为 570nm
安全性	美国 PCPC 将碱性蓝 6 作为其他应用型着色剂
应用	美国 PCPC 将其归为其他应用型着色剂。在中国目前并未被批准作为化妆品着色剂和染发剂使用

276　CI 51319

中英文名称	颜料紫 23、Pigment Violet 23
CAS No.	6358-30-1
EINECS No.	228-767-9

结构式	
分子式	$C_{34}H_{22}Cl_2N_4O_2$
分子量	589.47
理化性质	颜料紫 23 属噁嗪类颜料,为蓝光紫色粉末,熔点 385℃(开始分解),不溶于水、矿物油、脂肪和油脂,可分散于油脂或溶剂中,稍溶于二甲亚砜,呈蓝光紫色。紫外特征吸收波长为 570~580nm
安全性	颜料紫 23 的急性毒性为大鼠经口 $LD_{50}>10g/kg$,无毒;兔皮肤试验无刺激。欧盟化妆品法规的准用名是 CI 51319;中国化妆品法规的准用名是 CI 51319 或颜料紫 23。用作化妆品着色剂,未见外用不安全的报道
应用	化妆品着色剂。在欧盟,CI 51319 可用于洗去型产品,例如沐浴露、香波、洗去型护发素等。在中国,CI 51319 或颜料紫 23 的应用产品类型同欧盟法规,也是专用于和皮肤暂时接触的化妆品,并明确规定禁用于染发产品。在美国和日本,不允许使用

277　CI 52015

中英文名称	碱性蓝 9、Basic Blue 9
CAS No.	61-73-4
EINECS No.	200-515-2
结构式	
分子式	$C_{16}H_{18}ClN_3S$
分子量	319.85
理化性质	碱性蓝 9 为噻嗪类阳离子染料,深绿色粉末,熔点 190℃(开始分解)。可溶于水呈蓝色,水溶解度 40 g/L(20℃);也溶于乙醇,为亮天蓝色调;不溶于油脂和矿物油。耐酸性好。紫外最大吸收波长为 661nm
安全性	碱性蓝 9 的急性毒性为大鼠经口 LD_{50}:1180mg/kg;小鼠-经口 LD_{50}:3500mg/kg;无毒。美国 PCPC 将碱性蓝 9 作为染发剂和发用着色剂,未见它外用不安全的报道
应用	美国 PCPC 将其归为染发剂和发用着色剂。在中国目前并未被批准作为化妆品着色剂和染发剂使用

278　CI 55135

中英文名称	荧光增白剂 236、Fluorescent Brightener 236
CAS No.	3333-62-8

EINECS No.	222-067-7
结构式	
分子式	$C_{25}H_{15}N_3O_2$
分子量	389.41
理化性质	荧光增白剂 236 为萘并三嗪类结构,白色粉末,熔点为 250～251℃,微溶于水,25℃时水溶解度为 23mg/mL。紫外特征吸收波长为 380～400nm
安全性	美国 PCPC 将荧光增白剂 236 作为其他类型着色剂
应用	美国 PCPC 将其归为其他应用型着色剂。在中国目前并未被批准作为化妆品着色剂和染发剂使用

279 CI 56059

中英文名称	碱性蓝 99、Basic Blue 99
CAS No.	68123-13-7
EINECS No.	268-544-3
结构式	
分子式	$C_{19}H_{20}BrClN_4O_2$
分子量	451.74
理化性质	碱性蓝 99 为萘醌类阳离子染料,蓝黑色粉末,熔点＞200℃(开始分解),可溶于水,也溶于 DMSO、乙二醇单丁醚等有机溶剂,呈带点儿蓝的铁灰色。紫外特征吸收波长为 576nm 和 630nm
安全性	碱性蓝 99 的急性毒性为大鼠经口 LD_{50}＞2.7g/kg,无毒。美国 PCPC 将碱性蓝 99 作为染发剂和发用着色剂,未见它外用不安全的报道。使用前须进行斑贴试验
应用	美国 PCPC 将其归为染发剂和发用着色剂。在中国目前并未被批准作为化妆品着色剂和染发剂使用

280 CI 56200

中英文名称	溶剂黄 44、Solvet Yellow 44
CAS No.	2478-20-8
EINECS No.	219-607-9

结构式	
分子式	$C_{20}H_{16}N_2O_2$
分子量	316.35
理化性质	溶剂黄 44 为萘二甲酰亚胺类染料,黄色粉末,熔点 265~267℃。不溶于水,可溶于有机溶剂如矿物油中,带有荧光的绿光亮黄色。紫外最大吸收波长约为 460nm
安全性	PCPC 将溶剂黄 44 作为其他应用型着色剂,未见它外用不安全的报道
应用	美国 PCPC 将其归为其他应用型着色剂。在中国目前并未被批准作为化妆品着色剂和染发剂使用

281　CI 58000

中英文名称	颜料红 83、Pigment Red 83
CAS No.	72-48-0、104074-25-1
EINECS No.	200-782-5
结构式	
分子式	$C_{14}H_8O_4$
分子量	240.21
理化性质	颜料红 83 为蒽醌类染料,以其葡萄糖苷的形式存在于植物茜草的根中。橘黄色晶体或粉末,熔点 289~290℃;微溶于水,微溶于乙醇,为微暗的橙色;易溶于热甲醇和 25℃的乙醚。能溶于苯、冰醋酸、吡啶、二硫化碳。不溶于油脂和矿物油,但在偏碱性条件下以乳状液体系存在。与铝离子结合为鲜艳红色,与铬离子结合为红光棕色,与铁离子结合为紫色,与锡离子结合为黄光红色。颜料红 83 的紫外特征吸收波长为 426nm
安全性	颜料红 83 的急性毒性为小鼠静脉 LD_{50}:90mg/kg。欧盟化妆品法规的准用名为 CI 58000;中国化妆品法规的准用名为 CI 58000 或颜料红 83。作为化妆品着色剂,未见它外用不安全的报道
应用	化妆品着色剂。在欧盟,CI 58000 可用于所有类型的化妆品,例如口红、眼部产品,面霜等护肤类产品,以及香波、沐浴露等洗去型产品。在中国,CI 58000 或颜料红 83 的产品应用类型和欧盟法规一致,也可作为着色剂用于所有类型的化妆品,但也明确规定禁用于染发产品。在美国和日本,不允许用于化妆品

中英文名称	溶剂绿 7、Solvent Green 7、Green 8、Midori204
CAS No.	6358-69-6
EINECS No.	228-783-6
结构式	
分子式	$C_{16}H_7Na_3O_{10}S_3$
分子量	524.39
理化性质	溶剂绿 7 为芘类染料,黄色至黄绿色粉末,熔点 62～63.5℃,易溶于水,25℃水溶液溶解度为 300g/L,为带荧光的绿色调。微溶于乙醇,溶解度小于 0.25%。不溶于油脂和矿物油。不溶于酸, 在碱中稳定,耐光性差
安全性	溶剂绿 7 的急性毒性为大鼠经口 LD_{50}:16g/kg,无毒;兔皮肤试验无刺激。欧盟化妆品法规的准 用名为 CI 59040;中国化妆品法规的准用名是 CI 59040 或溶剂绿 7;美国 FDA 的准用名为 Green 8; 日本化妆品法规的准用名是 Midori204。作为化妆品着色剂,未见它外用不安全的报道
应用	化妆品着色剂。在欧盟,CI 50940 可用于外用和洗去型化妆品,例如面霜、沐浴露、香波、洗去型 护发素等。在中国,CI 59040 或溶剂绿 7 的产品应用类型和欧盟法规一致,也可作为着色剂专用于 不与黏膜接触的化妆品,同时要符合法规中规定的其他限制和要求:1,3,6-芘三磺酸三钠(trisodium salt of 1,3,6-pyrene trisulfonic acid)不超过 6%;1,3,6,8-芘四磺酸四钠(tetrasodium salt of 1,3,6, 8-pyrene tetrasulfonic acid)不超过 1%;芘(pyrene)不超过 0.2%;并明确规定禁用于染发产品。在 美国,Green 8 可用于外用型化妆品。在日本,Midori204 可用于所有类型的化妆品

中英文名称	分散红 15、Disperse Red 15
CAS No.	116-85-8
EINECS No.	204-163-0
结构式	
分子式	$C_{14}H_9NO_3$
分子量	239.23
理化性质	分散红 15 为蒽醌类染料,红色结晶,熔点 207～209℃,可溶于水、乙醇、丙酮和苯
安全性	分散红 15 的急性毒性为大鼠腹腔 LD_{50}:2700mg/kg。美国 PCPC 将其作为其他应用型着色剂
应用	美国 PCPC 将其归为其他应用型着色剂。在中国目前并未被批准作为化妆品着色剂和染发剂 使用

284 CI 60724

INCI 名称/英文名称	分散紫 27、Disperse Violet 27
CAS No.	19286-75-0
EINECS No.	242-939-0
结构式	
分子式	$C_{20}H_{13}NO_3$
分子量	315.32
理化性质	分散紫 27 为蒽醌类染料,不溶于水,可溶于丙酮和油脂,为明艳的淡紫色
安全性	分散紫 27 的急性毒性为大鼠经口 $LD_{50}>5g/kg$,无毒;兔皮肤试验有轻微反应。欧盟化妆品法规的准用名为 CI 60724;中国化妆品法规的准用名为 CI 60724 或分散紫 27。作为化妆品着色剂,未见其外用不安全的报道
应用	化妆品着色剂。在欧盟,CI 60724 可用于洗去型产品,例如沐浴露、香波、洗去型护发素等。在中国,CI 60724 或分散紫 27 的应用产品类型同欧盟法规,也是专用于和皮肤暂时接触的化妆品。在美国和日本,不允许用于化妆品

285 CI 60725

INCI 名称/英文名称	溶剂紫 13、Solvent Violet 13、Violet 2、Murasaki201
CAS No.	81-48-1
EINECS No.	201-353-5
结构式	
分子式	$C_{21}H_{15}NO_3$
分子量	329.35
理化性质	溶剂紫 13 为蒽醌类染料,紫黑色粉末,熔点 186.1℃。不溶于水;微溶于乙醇,乙醇中溶解度小于 0.25%;可溶于苯、氯苯、二甲苯、DMF 等有机溶剂,可溶于油脂和矿物油,25℃ 在白油中溶解度为 0.3%,为带微暗蓝的紫色。光稳定性很好
安全性	溶剂紫 13 的急性毒性为大鼠气管滴入 LD_{50}:250mg/kg。欧盟化妆品法规的准用名是 CI 60725;中国化妆品法规的准用名是 CI 60725 或溶剂紫 13;美国 FDA 的准用名是 Violet 2;日本化妆品法规的准用名为 Murasaki 201。用作化妆品着色剂,未见外用不安全的报道

应用	化妆品着色剂。在欧盟,CI 60725可用于所有类型的化妆品,例如口红、眼部产品,面霜等护肤类产品,以及香波、沐浴露等洗去型产品。在中国,CI 60725或溶剂紫13和欧盟法规一致,可作为着色剂用于所有类型的化妆品,同时要符合法规中规定的其他限制和要求的相关技术指标;其中的对甲苯胺(p-toluidine)不超过0.2%;1-羟基-9,10-蒽二酮(1-hydroxy-9,10-anthracenedione)不超过0.5%;1,4-二羟基-9,10-蒽二酮(1,4-dihydroxy-9,10-anthracenedione)不超过0.5%;但也明确规定禁用于染发产品。在美国,Violet 2可用于外用型化妆品。在日本,Murasaki 201可用于所有类型化妆品

286 CI 60730

中英文名称	酸性紫43、Acid Violet 43、Ext. Violet 2、Murasaki 401
CAS No.	4430-18-6
EINECS No.	224-618-7
结构式	
分子式	$C_{21}H_{14}NNaO_6S$
分子量	431.39
理化性质	酸性紫43是蒽醌类染料,深紫色结晶粉末,稍溶于水,25℃水的溶解度<1%,为带点蓝的紫色;稍溶于乙醇,溶解度<0.25%;不溶于油脂和矿物油。紫外最大吸收波长为566~570nm
安全性	酸性紫43的急性毒性为大鼠经口 LD_{50}:2150mg/kg,无毒;对兔子进行的亚慢性皮肤毒性试验中,未有全身毒性迹象和显著的局部皮肤反应。欧盟化妆品法规的准用名是CI 60730;中国化妆品法规的准用名是CI 60730或酸性紫43;美国FDA的准用名是Ext. Violet 2;日本化妆品法规的准用名是Murasaki401。用作化妆品着色剂,未见外用不安全的报道
应用	化妆品着色剂。在欧盟,CI 60730可用于不接触黏膜的外用和洗去型化妆品,例如面霜、沐浴露、香波、洗去型护发素等。在中国,CI 60730或酸性紫43的应用产品类型同欧盟法规,也是专用于不与黏膜接触的化妆品,同时要符合法规中规定的其他限制和要求的相关技术指标;其中的1-羟基-9,10-蒽二酮(1-hydroxy-9,10-anthracenedione)不超过0.2%;1,4-二羟基-9,10-蒽二酮(1,4-dihydroxy-9,10-anthracenedione)不超过0.2%;对甲苯胺(p-toluidine)不超过0.1%;对甲苯胺磺酸钠(p-toluidine sulfonic acids,sodium salts)不超过0.2%。在美国,Ext. Violet 2可用于外用型产品。在日本,Murasaki401可用于不接触唇部的化妆品

287 CI 61100

中英文名称	分散紫1、Disperse Violet 1
CAS No.	128-95-0
EINECS No.	204-922-6
结构式	

分子式	$C_{14}H_{10}N_2O_2$
分子量	238.24
理化性质	分散紫 1 属蒽醌类染料,为深紫色针状结晶。熔点 266.9～267.4℃。稍溶于乙醇(室温溶解度 0.1%),在二甲亚砜的溶解度为 9%,也溶于苯和硝基苯,极微溶于水。紫外最大吸收波长为 546.5nm 和 585.6nm
安全性	分散紫 1 的急性毒性为雌性大鼠经口 LD_{50}:3550mg/kg,无毒;使用浓度在 5% 以下对皮肤无刺激。美国 PCPC 将 Disperse Violet 1 作为染发剂和发用着色剂,未见它外用不安全的报道。使用前须进行斑贴试验
应用	美国 PCPC 将其归为染发剂和发用着色剂。在中国,分散紫 1 号目前是作为非氧化型染发产品使用,并规定其最大使用量不能超过 0.5%,同时要符合法规中规定的其他限制和要求的相关技术指标;作为原料杂质分散红 15 应小于 1%

288 CI 61105

中英文名称	分散紫 4、Disperse Violet 4
CAS No.	1220-94-6
EINECS No.	214-944-8
结构式	
分子式	$C_{15}H_{12}N_2O_2$
分子量	252.27
理化性质	分散紫 4 为蒽醌类染料。熔点 193℃,微溶于水,溶于酸性水溶液,也可溶于丙酮、乙醇,为带蓝色光的紫色。紫外最大吸收波长为 586nm
安全性	分散紫 4 的急性毒性为大鼠腹腔 LD_{50}:1000mg/kg。美国 PCPC 将 Disperse Violet 4 作为染发剂和发用着色剂,未见它外用不安全的报道。使用前须进行斑贴试验
应用	美国 PCPC 将其归为染发剂和发用着色剂。在中国目前并未被批准作为化妆品着色剂和染发剂使用

289 CI 61111

中英文名称	碱性蓝 47、Basic Blue 47
CAS No.	12217-43-5、67905-56-0(盐酸结构)
EINECS No.	235-398-7、267-677-4(盐酸结构)
结构式	

分子式	$C_{23}H_{21}N_3O_2$ 或 $C_{23}H_{22}ClN_3O_2$
分子量	371.43 或 407.89
理化性质	碱性蓝 47 为蒽醌类染料，可溶于水，呈蓝色
安全性	美国 PCPC 将 Basic Blue 47 作为染发剂和发用着色剂，未见它外用不安全的报道
应用	美国 PCPC 将其归为染发剂和发用着色剂。在中国目前并未被批准作为化妆品着色剂和染发剂使用

290　CI 61505

中英文名称	分散蓝 3、Disperse Blue 3
CAS No.	2475-46-9、86722-66-9
EINECS No.	219-604-2、289-276-3
结构式	
分子式	$C_{17}H_{16}N_2O_3$
分子量	296.32
理化性质	分散蓝 3 为蒽醌类染料，海军蓝色的粉末，熔点 187℃。不溶于水，溶于丙酮、乙醇和苯，溶液呈亮蓝色。也溶于稀酸如醋酸溶液。紫外最大吸收波长约为 640nm
安全性	分散蓝 3 的急性毒性为大鼠经口 LD_{50}：1345mg/kg；小鼠经口 LD_{50}：1600mg/kg。美国 PCPC 将 Disperse Blue 3 作为染发剂和发用着色剂，未见它外用不安全的报道。使用前须进行斑贴试验
应用	美国 PCPC 将其归为染发剂和发用着色剂。在中国目前并未被批准作为化妆品着色剂和染发剂使用

291　CI 61520

中英文名称	溶剂蓝 63、Solvent Blue 63、Ao403
CAS No.	64553-79-3
结构式	
分子式	$C_{22}H_{18}N_2O_2$
分子量	342.39
理化性质	溶剂蓝 63 是蒽醌类染料。蓝色粉末，不溶于水，易溶于有机溶剂，呈蓝色

安全性	日本化妆品法规的准用名是 Ao403,作为化妆品着色剂,未见它外用不安全的报道
应用	化妆品着色剂。在日本,Ao403 可作为化妆品着色剂使用。在中国目前并未被批准作为化妆品着色剂和染发剂使用

292 CI 61554

中英文名称	溶剂蓝 35、Solvent Blue 35
CAS No.	17354-14-2、12769-17-4
EINECS No.	241-379-4
结构式	
分子式	$C_{22}H_{26}N_2O_2$
分子量	350.45
理化性质	溶剂蓝 35 是蒽醌型染料,深蓝色粉末,熔点 120~122℃。不溶于水,易溶于有机溶剂。紫外最大吸收波长为 640nm
安全性	溶剂蓝 35 的急性毒性为大鼠经口 LD_{50}:4.35g/kg,无毒;兔皮肤试验无刺激。美国 PCPC 将溶剂蓝 35 作为染发剂和发用着色剂,未见它外用不安全的报道
应用	美国 PCPC 将其归为染发剂和发用着色剂。在中国目前并未被批准作为化妆品着色剂和染发剂使用

293 CI 61565

中英文名称	溶剂绿 3、Solvent Green 3、Green 6、Midori 202
CAS No.	128-80-3
EINECS No.	204-909-5
结构式	
分子式	$C_{28}H_{22}N_2O_2$
分子量	418.49
理化性质	溶剂绿 3 为蒽醌类染料,蓝黑色粉末,熔点 220~221℃。不溶于水,微溶于乙醇,溶解度小于 0.25%。可溶于三氯甲烷、苯、氯苯、二甲苯、DMF 等有机溶剂,25℃在白油中溶解度为 2%,为微带暗蓝光的绿色。紫外最大吸收波长为 620nm

安全性	溶剂绿 3 的急性毒性为大鼠经口 LD_{50}：3660mg/kg，无毒。欧盟化妆品法规的准用名为 CI 61565；中国化妆品法规的准用名是 CI 61565 或溶剂绿 3；美国 FDA 的准用名是 Green 6；日本化妆品法规的准用名是 Midori 202。作为化妆品着色剂，未见外用不安全的报道
应用	化妆品着色剂。在欧盟，CI 61565 可用于所有类型的化妆品，例如口红、眼部产品，面霜等护肤类产品，以及香波、沐浴露等洗去型产品。在中国，CI 61565 或溶剂绿 3 的应用类型同欧盟法规，可用于所有类型的化妆品，同时要符合法规中规定的其他限制和要求的相关技术指标：对甲苯胺（p-toluidine）不超过 0.1%；1,4-二羟基蒽醌，（1,4-dihydroxyanthraquinone）不超过 0.2%；1-羟基-4-[(4-甲基苯基)氨基]-9,10-蒽二酮（1-hydroxy-4-[(4-methyl phenyl)amino]-9,10-anthracenedione）不超过 5%，并明确规定禁用于染发产品。在美国，Green 6 可用于外用型化妆品。在日本，Midori 202 可用于所有类型的化妆品

294 CI 61570

中英文名称	酸性绿 25、Acid Green 25、Green 5、Midori 201
CAS No.	4403-90-1
EINECS No.	224-546-6
结构式	
分子式	$C_{28}H_{20}N_2Na_2O_8S_2$
分子量	622.58
理化性质	酸性绿 25 为蒽醌类染料，深绿色粉末，熔点 255℃（开始分解），稍溶于水，20℃ 水溶解度为 0.9g/L，溶于邻氯苯酚，在丙酮的溶解度为 0.2%，在乙醇的溶解度小于 0.25%。不溶于氯仿和甲苯。不溶于油脂，但可在偏碱性的条件下组成乳状液。在酸、碱中稳定性好，耐光性强。紫外最大吸收波长为 602nm、645nm
安全性	酸性绿 25 的急性毒性为大鼠经口 LD_{50}＞10g/kg；小鼠经口 LC_{50}：6700mg/kg，无毒。欧盟化妆品法规的准用名为 CI 61570；中国化妆品法规的准用名是 CI 61570 或酸性绿 25；美国 FDA 的准用名是 Green 5；日本化妆品法规的准用名是 Midori201。作为化妆品着色剂，未见外用不安全的报道
应用	化妆品着色剂。在欧盟，CI 61570 可以用于所有类型的化妆品，包括眼部，例如口红、眼部产品，面霜等护肤类产品，以及香波、沐浴露等洗去型产品。在中国，CI 61570 或酸性绿 25 的应用产品类型同欧盟法规，可用于所有类型的化妆品，同时要符合法规中规定的其他限制和要求的相关技术指标：1,4-二羟基蒽醌（1,4-dihydroxy anthraquinone）不超过 0.2%；2-氨基间甲苯磺酸（2-amino-m-toluene sulfonic acid）不超过 0.2%。在美国，Green 5 可用于所有类型的化妆品。在日本，Midori201 可用于所有类型的化妆品

295 CI 61585

中英文名称	酸性蓝 80、Acid Blue 80
CAS No.	4474-24-2
EINECS No.	224-748-4

结构式	
分子式	$C_{32}H_{28}N_2O_8S_2 \cdot 2Na$ 或 $C_{32}H_{28}N_2O_8S_2Na_2$
分子量	678.68
理化性质	酸性蓝 80 为蒽醌类染料,蓝色粉末,熔点>300℃。易溶于水,水溶液呈浓蓝色,加入盐酸或氢氧化钠均呈品红色。也溶于乙醇
安全性	酸性蓝 80 的急性毒性为大鼠经口 LD_{50}>15g/kg,无毒;兔皮肤试验显示为极轻微反应。欧盟化妆品法规的准用名是 CI 61585;中国化妆品法规的准用名是 CI 61585 或酸性蓝 80。作为化妆品着色剂,未见它外用不安全的报道
应用	化妆品着色剂。在欧盟,CI 61585 仅可用于洗去型产品,例如沐浴露、香波、洗去型护发素等。在中国,CI 61585 或酸性蓝 80 的应用产品类型同欧盟法规,可作为着色剂专用于仅和皮肤暂时接触的化妆品。在美国和日本不允许用于化妆品

296 CI 60710

中英文名称	分散红 15、Disperse Red 15
CAS No.	116-85-8
EINECS No.	204-163-0
结构式	
分子式	$C_{14}H_9NO_3$
分子量	239.23
理化性质	分散红 15 为蒽醌类染料,红色结晶,熔点 207~209℃,可溶于水、乙醇、丙酮和苯
安全性	分散红 15 的急性毒性为大鼠腹腔 LD_{50}:2700mg/kg。美国 PCPC 将其归为染发剂和头发着色剂
应用	美国 PCPC 将其归为染发剂和头发着色剂。在中国目前并未被允许作为化妆品着色剂和染发剂使用

297 CI 62045

中英文名称	酸性蓝 62、Acid Blue 62
CAS No.	4368-56-3

EINECS No.	224-460-9
结构式	
分子式	$C_{20}H_{19}N_2O_5SNa$ 或 $C_{20}H_{19}N_2O_5S \cdot Na$
分子量	422.43
理化性质	酸性蓝 62 为蒽醌类染料,深蓝色粉末,熔点>100℃。微溶于水(室温溶解度 0.05g/L),稍溶于乙醇(室温溶解度 1%),易溶于二甲亚砜。紫外特征吸收波长为 595nm
安全性	酸性蓝 62 的急性毒性为大鼠经口 LD_{50}>2000mg/kg,无毒;兔皮肤试验显示使用浓度低于 1.5%时无刺激。欧盟化妆品法规的准用名是 CI 62045;中国化妆品法规的准用名是 CI 62045 或酸性蓝 62。作为化妆品着色剂,未见它外用不安全的报道
应用	化妆品着色剂。在欧盟,CI 62045 仅可用于洗去型产品,例如沐浴露、香波、洗去型护发素等。在中国,CI 62045 或酸性蓝 62 的应用产品类型同欧盟法规,可作为着色剂专用于仅和皮肤暂时接触的化妆品。在美国和日本,不允许用于化妆品

298　CI 62500

中英文名称	分散蓝 7、Disperse Blue 7
CAS No.	3179-90-6
EINECS No.	221-666-0
结构式	
分子式	$C_{18}H_{18}N_2O_6$
分子量	358.34
理化性质	分散蓝 7 为蒽醌类染料,熔点 215～220℃,可溶于水、甲醇、乙醇和丙酮,紫外特征吸收波长为 640nm
安全性	美国 PCPC 将分散蓝 7 作为染发剂和头发着色剂,未见它外用不安全的报道。使用前须进行斑贴试验
应用	美国 PCPC 将其归为染发剂和头发着色剂。在中国目前并未被允许作为化妆品着色剂和染发剂使用

299　CI 64500

中英文名称	分散蓝 1、Disperse Blue 1
CAS No.	2475-45-8

EINECS No.	219-603-7
结构式	
分子式	$C_{14}H_{12}N_4O_2$
分子量	268.27
理化性质	分散蓝 1 为蒽醌类染料,深蓝色或黑色结晶性粉末,熔点 332℃,不溶于水,微溶于油脂,可溶于乙醇、丙酮。紫外最大吸收波长为 598nm
安全性	分散蓝 1 的毒性为大鼠经口低毒剂量(LD_{L0}):90mg/kg。美国 PCPC 将分散蓝 1 作为染发剂和头发着色剂,未见它外用不安全的报道。使用前须进行斑贴试验
应用	美国 PCPC 将其归为染发剂和头发着色剂。在中国目前并未被允许作为化妆品着色剂和染发剂使用

300 CI 69800

中英文名称	食品蓝 4、Food Blue 4、Pigment Blue 60
CAS No.	81-77-6
EINECS No.	201-375-5
结构式	
分子式	$C_{28}H_{14}N_2O_4$
分子量	442.42
理化性质	食品蓝 4 为蒽醌类染料,深蓝色粉末。不溶于水、乙酸、乙醇、吡啶、二甲苯、甲苯,微溶于氯仿(热)、邻氯苯酚、喹啉。于酸性液中呈红光蓝色。可分散于乳状液中,粒径不同,则色光也有变化,有绿光蓝色、红光蓝色等
安全性	欧盟化妆品法规的准用名是 CI 69800;中国化妆品法规的准用名是 CI 69800 或食品蓝 4。作为化妆品着色剂,未见它外用不安全的报道
应用	化妆品着色剂。在欧盟,CI 69800 可用于所有的化妆品中,例如口红、眼部产品,面霜等护肤类产品,以及香波、沐浴露等洗去型产品。在中国,CI 69800 或食品蓝 4 的应用产品类型同欧盟法规,可作为着色剂用于所有的化妆品。在美国和日本不允许用于化妆品

301 CI 69825

中英文名称	还原蓝 6、Vat Blue 6、Pigment Blue 64、Ao204
CAS No.	130-20-1
EINECS No.	240-980-2

结构式	
分子式	$C_{28}H_{12}Cl_2N_2O_4$
分子量	511.31
理化性质	还原蓝 6 是蓝绿色粉末,不溶于水、丙酮、乙醇、矿物油,微溶于氯仿(热)、邻氯苯酚、吡啶(热)。于酸性溶液中呈红光蓝色
安全性	欧盟化妆品法规的准用名是 CI 69825;中国化妆品法规的准用名是 CI 69825 或还原蓝 6;日本化妆品法规的准用名是 Ao204。作为化妆品着色剂,未见它外用不安全的报道
应用	化妆品着色剂。在欧盟,CI 69825 可用于所有类型的化妆品中,例如口红、眼部产品,面霜等护肤类产品,以及香波、沐浴露等洗去型产品。在中国,CI 69825 或还原蓝 6 的应用产品类型同欧盟法规,可作为着色剂用于所有的化妆品。在日本,Ao204 可作为着色剂用于所有的化妆品。在美国不允许用于化妆品

302　CI 71105

中英文名称	还原橙 7、Vat Orange 7、Pigment Orange 43
CAS No.	4424-06-0
EINECS No.	224-597-4
结构式	
分子式	$C_{26}H_{12}N_4O_2$
分子量	412.40
理化性质	还原橙 7 或颜料橙 43 为靛族染料,橙红色粉末。不溶于水,也不溶于丙酮、乙醇、氯仿、甲苯,微溶于吡啶、邻氯苯酚。紫外最大吸收波长为 480nm(DMSO)
安全性	还原橙 7 的急性大鼠经口 $LD_{50}>10g/kg$,无毒;兔皮肤试验有轻微反应。欧盟化妆品法规的准用名为 CI 71105;中国化妆品法规的准用名是 CI 71105 或还原橙 7。作为化妆品着色剂,未见它外用不安全的报道
应用	化妆品着色剂。在欧盟,CI 71105 可用于不与黏膜接触的产品,例如面霜、身体乳、沐浴露、香波以及洗去型护发素等。在中国,CI 71105 或还原橙 7 的应用产品类型同欧盟法规,可作为着色剂专用于不与黏膜接触的化妆品。在美国和日本不允许用于化妆品

303 CI 71140

中英文名称	颜料红 190、Pigment Red 190
CAS No.	6424-77-7
EINECS No.	229-187-9
结构式	
分子式	$C_{38}H_{22}N_2O_6$
分子量	602.59
理化性质	颜料红 190 为菲类化学结构,紫红色(或暗红色)粉末。不溶于水和常见的有机溶剂,分散粒径的大小会严重影响其色光,一般呈黄光红色。紫外特征吸收波长为 547nm
安全性	美国 PCPC 将颜料红 190 归为其他应用型着色剂
应用	美国 PCPC 将其归为其他应用型着色剂。在中国目前并未被批准作为化妆品着色剂和染发剂使用

304 CI 73000

中英文名称	还原蓝 1、Vat Blue 1、Pigment Blue 66、Ao201
CAS No.	482-89-3
EINECS No.	207-586-9
结构式	
分子式	$C_{16}H_{10}N_2O_2$
分子量	262.26
理化性质	还原蓝 1 为靛蓝类染料,蓝色粉末,熔点>300℃。微溶于水、乙醇、甘油和丙二醇,不溶于油脂。25℃时溶解度为 1.6%(水)、0.5%(25%乙醇)、0.6%(25%丙二醇),0.05%的水溶液呈深蓝色,特有的靛蓝色调。不溶于矿物油。紫外最大吸收波长为 610nm
安全性	还原蓝 1 是食用色素,急性毒性为小鼠经口 $LD_{50}>32000mg/kg$,无毒。欧盟化妆品法规的准用名为 CI 73000;中国化妆品法规的准用名是 CI 73000 或还原蓝 1;日本化妆品法规的准用名为 Ao201。作为化妆品着色剂,未见它外用不安全的报道
应用	化妆品着色剂。在欧盟,CI 73000 可用于所有类型的化妆品,例如口红、眼部产品,面霜等护肤类产品,以及香波、沐浴露等洗去型产品。在中国,CI 73000 或还原蓝 1 的应用产品类型同欧盟法规,可作为着色剂用于所有类型的化妆品。在日本,Ao201 作为着色剂,也可用于所有类型的化妆品。美国不允许用于化妆品

中英文名称	食品蓝1、酸性蓝74、Food Blue 1、Ao2、Acid Blue 74
CAS No.	860-22-0
EINECS No.	212-728-8
结构式	
分子式	$C_{16}H_8N_2Na_2O_8S_2$ 或 $C_{16}H_8N_2O_8S_2 \cdot 2Na$
分子量	466.35
理化性质	食品蓝1为靛蓝类染料,蓝色粉末,熔点>300℃。1g可溶于约100mL 25℃水,0.05％水溶液呈靛蓝般蓝色。溶于甘油、丙二醇,微溶于乙醇,不溶于油脂。紫外最大吸收波长为620nm
安全性	食品蓝1的急性毒性为小鼠经口 LD_{50} >2500mg/kg,无毒。欧盟化妆品法规的准用名是CI 73015;中国化妆品法规的准用名是CI 73015或食品蓝1,其不溶性钡、锶、锆色淀,盐和颜料也被允许使用;日本化妆品法规的准用名为Ao2。作为化妆品着色剂,未见它外用不安全的报道
应用	化妆品着色剂。在欧盟,CI 73015可用于所有类型的化妆品,例如口红、眼部产品,面霜等护肤类产品,以及香波、沐浴露等洗去型产品。在中国,CI 73015或食品蓝1的应用产品类型同欧盟法规,可作为着色剂用于所有类型的化妆品,同时要符合法规中规定的其他限制和要求;其中的靛红-5-磺酸(isatin-5-sulfonic acid)、5-磺基邻氨基苯甲酸(5-sulfoanthranilic acid)和邻氨基苯甲酸(anthranilic acid)总量不超过0.5％;未磺化芳香伯胺不超过0.01％(以苯胺计)。在日本,Ao2也可作为着色剂用于所有类型的化妆品。美国不允许用于化妆品

306　CI 73015 铝色淀

中英文名称	酸性蓝74铝色淀、Acid Blue 74 Aluminum Lake、Ao2
CAS No.	16521-38-3
结构式	
分子式	$C_{16}H_8N_2O_8S_2 \cdot 2/3Al$
分子量	438.35
理化性质	酸性蓝74铝色淀为靛蓝类染料酸性蓝74在氧化铝基材上形成的不溶性色淀,蓝色粉末

安全性	酸性蓝 74 铝色淀的急性毒性为小鼠-经口 $LD_{50}>2500mg/kg$，无毒。欧盟化妆品法规的准用名是 CI 73015；酸性蓝 74 铝色淀在日本的准用名为 Ao2；中国化妆品法规的准用名是 CI 73015 铝色淀或酸性蓝 74 铝色淀，其不溶性钡、锶、锆色淀，盐和颜料也被允许使用。作为着色剂，未见它外用不安全的报道
应用	化妆品着色剂。在欧盟，CI 73015 可用于所有类型的化妆品，例如口红、眼部产品，面霜等护肤类产品，以及香波、沐浴露等洗去型产品。在中国，CI 73015 或酸性蓝 74 及其不溶性铝、钡、锶、锆色淀、盐和颜料的应用产品类型同欧盟法规，可作为着色剂用于所有类型的化妆品，同时要符合法规中规定的其他限制和要求；其中的靛红-5-磺酸（isatin-5-sulfonic acid）、5-磺基邻氨基苯甲酸（5-sulfoanthranilic acid）和邻氨基苯甲酸（anthranilic acid）总量不超过 0.5%；未磺化芳香伯胺不超过 0.01%（以苯胺计）。在日本，Ao2 也可作为着色剂用于所有类型的化妆品。美国不允许用于化妆品

307 CI 73312

中英文名称	颜料红 88、Pigment Red 88
CAS No.	14295-43-3
EINECS No.	238-222-7
结构式	
分子式	$C_{16}H_4Cl_4O_2S_2$
分子量	434.1
理化性质	颜料红 88 为硫靛颜料，黄光红色粉末，熔点 460℃，不溶于水，可分散于有机溶剂如橄榄油中，呈红光紫色
安全性	颜料红 88 的急性毒性为大鼠经口 $LD_{50}>5g/kg$，无毒；兔皮肤试验有极轻微反应。美国 PCPC 将颜料红 88 作为其他应用型着色剂
应用	美国 PCPC 将其归为其他应用型着色剂。在中国目前并未被批准作为化妆品着色剂和染发剂使用

308 CI 73360

中英文名称	还原红 1、Vat Red 1、Pigment Red 181、Red 30、Aka226
CAS No.	2379-74-0
EINECS No.	219-163-6
结构式	
分子式	$C_{18}H_{10}Cl_2O_2S_2$
分子量	393.31
理化性质	还原红 1 为靛族染料，桃红色粉末。不溶于水、乙醇、丙酮，溶于二甲苯、四氢萘，色调为微带蓝光的桃红色；不溶于油脂，但可均化分散于油脂中

安全性	欧盟化妆品法规的准用名为 CI 73360;美国 FDA 的准用名为 Red 30;日本化妆品法规的准用名为 Aka226;中国化妆品法规的准用名为 CI 73360 或还原红 1。该色粉及其色淀作为化妆品着色剂,未见它外用不安全的报道
应用	化妆品着色剂。在欧盟,CI 73360 可用于所有类型的化妆品,例如口红、眼部产品,面霜等护肤类产品,以及香波、沐浴露等洗去型产品。在中国,CI 73360 或还原红 1 及其色淀的应用产品类型同欧盟法规,可作为着色剂用于所有类型的化妆品,但也明确规定禁用于染发产品。在美国,FDA 认证级别的 Red 30 及其色淀,可作为唇部和外用着色剂使用。在日本,Aka226 作为着色剂,也可用于所有类型的化妆品

309 CI 73360 铝色淀

中英文名称	红 30 色淀、还原红 1 铝色淀、Red 30 Lake
CAS No.	2379-74-0
EINECS No.	219-163-6
结构式	与 Al(OH)₃
分子式	$C_{18}H_{10}Cl_2O_2S_2 + Al(OH)_3$
分子量	393.31+78.00
理化性质	红 30 色淀(还原红 1 铝色淀)为靛族颜料,桃红色粉末。不溶于水,色调为微带蓝光的桃红色;不溶于油脂,可均化分散于油脂中
安全性	欧盟化妆品法规的准用名为 CI 73360;美国 FDA 的准用名为 Red 30 Lake;中国化妆品法规的准用名为 CI 73360 或还原红 1。该色粉及其色淀作为化妆品着色剂,未见它外用不安全的报道
应用	化妆品着色剂。在欧盟,CI 73360 可用于所有类型的化妆品,例如口红、眼部产品,面霜等护肤类产品,以及香波、沐浴露等洗去型产品。在中国,CI73360 或还原红 1 及其色淀的应用产品类型同欧盟法规,可作为着色剂用于所有类型的化妆品,但也明确规定禁用于染发产品。在美国,FDA 认证级别的 Red 30 色淀,可作为唇部和外用着色剂使用。在日本,Aka226 作为着色剂,也可用于所有类型的化妆品

310 CI 73385

中英文名称	还原紫 2、颜料紫 36、Vat Violet 2、Pigment Violet 36
CAS No.	5462-29-3
EINECS No.	226-750-0
结构式	
分子式	$C_{18}H_{10}Cl_2O_2S_2$
分子量	393.31
理化性质	还原紫 2 为硫靛蓝类染料,其外观呈红光紫色。不溶于水、乙醇、丙酮,溶于二甲苯、四氢萘,色调为十分鲜艳的偏红紫色;不溶于油脂,但可均化分散于油脂中

安全性	欧盟化妆品法规的准用名是 CI 73385，中国化妆品法规的准用名是 CI 73385 或还原紫 2。作为化妆品着色剂，未见外用不安全的报道
应用	化妆品着色剂。在欧盟，CI 73385 可用于所有类型的化妆品，例如口红、眼部产品，面霜等护肤类产品，以及香波、沐浴露等洗去型产品。在中国，CI 73385 或还原紫 2 的应用产品类型同欧盟法规，可作为着色剂用于所有类型的化妆品。在美国和日本不允许用于化妆品

311　CI 73900

中英文名称	颜料紫 19、Pigment Violet 19
CAS No.	1047-16-1
EINECS No.	213-879-2
结构式	
分子式	$C_{20}H_{12}N_2O_2$
分子量	312.32
理化性质	颜料紫 19 为喹吖啶酮类结构，艳紫色粉末，熔点 390℃。不溶于水，乙醇中
安全性	颜料紫 19 的急性毒性为大鼠经口 $LD_{50} > 20mL/kg$。欧盟化妆品法规的准用名是 CI 73900；中国化妆品法规的准用名是 CI 73900 或颜料紫 19。作为化妆品着色剂，未见外用不安全的报道
应用	化妆品着色剂。在欧盟，CI 73900 可用于洗去型产品，例如沐浴露、香波、洗去型护发素等。在中国，CI 73900 或颜料紫 19 的应用产品类型同欧盟法规，可作为着色剂专用于仅和皮肤暂时接触的化妆品，并明确规定禁用于染发产品。在美国和日本不允许用于化妆品

312　CI 73915

中英文名称	颜料红 122、Pigment Red 122
CAS No.	980-26-7、16043-40-6
EINECS No.	213-561-3
结构式	
分子式	$C_{22}H_{16}N_2O_2$
分子量	340.37
理化性质	颜料红 122 为靛族染料，蓝光红色粉末，熔点 440℃，不溶于水、乙醇、异丙醇和油脂，可分散在油脂或水溶性高分子体系中。耐光性好。热稳定性达 150℃。紫外特征吸收波长为 530nm
安全性	颜料红 122 的大鼠经口 $LD_{50} > 23g/kg$，无毒；兔皮肤试验显示轻微刺激。欧盟化妆品法规的准用名为 CI 73915；中国化妆品法规的准用名为 CI 73915 或颜料红 122。作为化妆品着色剂，未见它外用不安全的报道
应用	化妆品着色剂。在欧盟，CI 73915 可用于洗去型产品，例如沐浴露、香波、洗去型护发素等。在中国，CI 73915 或颜料红 122 的应用产品类型同欧盟法规，可作为着色剂专用于仅和皮肤暂时接触的化妆品。在美国和日本不允许用于化妆品

313 CI 74100

中英文名称	颜料蓝 16、Pigment Blue 16
CAS No.	574-93-6
EINECS No.	209-378-3
结构式	
分子式	$C_{32}H_{18}N_8$
分子量	514.54
理化性质	颜料蓝 16 为酞菁类染料,蓝黑色粉末,熔点>300℃(开始分解),不溶于水、乙醇及烃类溶剂。可分散于有机溶剂中,呈绿光蓝色
安全性	颜料蓝 16 的急性毒性为大鼠经口 LD_{50}>6g/kg,无毒;兔皮肤试验无刺激。欧盟化妆品法规的准用名是 CI 74100;中国化妆品法规的准用名是 CI 74100 或颜料蓝 16。作为化妆品着色剂,未见它外用不安全的报道
应用	化妆品着色剂。在欧盟,CI 74100 可用于洗去型产品,例如沐浴露、香波、洗去型护发素等。在中国,CI 74100 或颜料蓝 16 的应用产品类型同欧盟法规,可作为着色剂专用于仅和皮肤暂时接触的化妆品。在美国和日本不允许用于化妆品

314 CI 74160

中英文名称	颜料蓝 15、Pigment Blue 15、Ao404、Pigment Blue 15:2
CAS No.	147-14-8
EINECS No.	205-685-1
结构式	
分子式	$C_{32}H_{16}CuN_8$
分子量	576.07
理化性质	颜料蓝 15 为酞菁染料,艳蓝色带红光粉状,熔点 600℃(开始分解)。不溶于水、乙醇和烃类,可溶于氯仿,溶液为深蓝色。其氯仿溶液的紫外最大吸收波长为 602nm
安全性	颜料蓝 15 的急性毒性为大鼠经口 LD_{50}>15000mg/kg,无毒;兔皮肤试验有细微反应。欧盟化妆品法规的准用名为 CI 74160;中国化妆品法规的准用名为 CI 74160 或颜料蓝 15;日本化妆品法规的准用名是 Ao404。作为化妆品着色剂,未见它外用不安全的报道

应用	化妆品着色剂。在欧盟,CI 74160 可用于所有类型的化妆品,例如口红、眼部产品,面霜等护肤类产品,以及香波、沐浴露等洗去型产品。在中国,CI 74160 或颜料蓝 15 的应用产品类型同欧盟法规,可作为着色剂用于所有类型的化妆品,并明确规定禁用于染发产品。在日本,Ao404 可用于不接触唇部的其他各类化妆品,例如面霜、眼霜、身体乳以及香波、沐浴露等洗去型产品。美国不允许用于化妆品

315　CI 74180

中英文名称	直接蓝 86、酸性蓝 87、Direct Blue 86、Acid Blue 87
CAS No.	1330-38-7
EINECS No.	215-537-8
结构式	
分子式	$C_{32}H_{14}CuN_8O_6S_2 \cdot 2Na$
分子量	780.16
理化性质	直接蓝 86 为酞菁类染料,蓝色粉状物,能溶于水,稍溶于乙醇。紫外最大吸收波长为 761.5nm
安全性	直接蓝 86 的急性毒性为大鼠经口 $LD_{50} > 5g/kg$,无毒;小鼠皮肤试验无刺激。欧盟化妆品法规的准用名是 CI 74180;中国化妆品法规的准用名是 CI 74180 或直接蓝 86。作为化妆品着色剂,未见它外用不安全的报道
应用	化妆品着色剂。在欧盟,CI 74180 仅可用于洗去型产品,例如沐浴露、香波、洗去型护发素等。在中国,CI 74180 或直接蓝 86 的应用产品类型同欧盟法规,可作为着色剂专用于仅和皮肤暂时接触的化妆品,并明确规定禁用于染发产品。在美国和日本不允许用于化妆品

316　CI 74260

中英文名称	颜料绿 7、Pigment Green 7
CAS No.	1328-53-6
EINECS No.	215-524-7
结构式	
分子式	$C_{32}H_{16}CuN_8$
分子量	576.07

理化性质	颜料绿 7 为酞菁类颜料,外观为深绿色粉末,熔点 290℃。不溶于水、乙醇和一般溶剂
安全性	颜料绿 7 的急性毒性为大鼠经口 LD$_{50}$＞10g/kg,无毒。欧盟化妆品法规的准用名是 CI 74260,中国化妆品法规的准用名是 CI 74260 或颜料绿 7。其作为化妆品着色剂,未见它外用不安全的报道
应用	化妆品着色剂。在欧盟,CI 74260 是可用于不接触眼部的化妆品,例如唇膏、面霜等护肤类产品,以及香波、沐浴露等洗去型产品。在中国,CI 74260 或颜料绿 7 的应用产品类型同欧盟法规,可作为着色剂用于除眼部化妆品之外的其他化妆品,并明确规定禁用于染发产品。美国和日本不允许用于化妆品

317 CI 75100

中英文名称	天然黄 6(8,8′-diapo,psi,psi-胡萝卜二酸)、藏红花酸、Crocetin、Natural Yellow 6
CAS No.	27876-94-4、89382-88-7、504-39-2
EINECS No.	248-708-0
结构式	
分子式	C$_{20}$H$_{24}$O$_{4}$
分子量	328.40
理化性质	天然黄 6 或藏红花酸存在于植物藏红花中,为类胡萝卜素色素,红色菱形晶体,熔点 285℃,溶于二甲亚砜和稀氢氧化钠,呈橙-黄色泽;微溶于水和有机溶剂。紫外最大吸收波长为 465nm
安全性	欧盟化妆品法规的准用名是 CI 75100;中国化妆品法规的准用名为 CI 75100 或天然黄 6;日本化妆品法规的准用名为 Crocetin。作为化妆品着色剂,未见它外用不安全的报道
应用	化妆品着色剂。在欧盟,CI 75100 可用于所有类型的化妆品,例如口红、眼部产品,面霜等护肤类产品,以及香波、沐浴露等洗去型产品。在中国,CI 75100 或天然黄 6 的应用产品类型同欧盟法规,可作为着色剂用于所有类型的化妆品。在日本,Crocetin 也可用于所有类型的化妆品。而在美国不允许用于化妆品

318 CI 75120

中英文名称	天然橙 4(胭脂树橙或红木素或降红木素)、Annatto、Natural Orange 4、Bixin、Norbixin
CAS No.	1393-63-1、6983-79-5(红木素)、542-40-5(降红木素)
EINECS No.	215-735-4、208-810-8、230-248-7、289-561-2
结构式	
分子式	红木素 C$_{25}$H$_{30}$O$_{4}$;降红木素 C$_{24}$H$_{28}$O$_{4}$

分子量	红木素 394.50；降红木素 380.48
理化性质	天然成 4 或胭脂树橙是红木素和降红木素的混合物，降红木素是红木素皂化的产物。有水溶性和油溶性两种。水溶性胭脂树橙为红至褐色液体、块状物、粉末或糊状物，主要色素成分为红木素水解产物降红木素的钠或钾盐，染色性非常好，耐日光性差，溶于水，水溶液为黄橙色，呈碱性，微溶于乙醇，酸性下不溶，使用本品时 pH 值应为 8.0 左右。油溶性胭脂树橙是红至褐色溶液或悬浮液。主要色素成分为红木素。红木素为橙紫色晶体，熔点 217℃（开始分解）。溶于碱性溶液，酸性下不溶并可形成沉淀；不溶于水，溶于油脂、丙二醇、丙酮，不易氧化。两者的紫外特征吸收波长为 458nm
安全性	天然橙 4 或胭脂树橙的急性毒性为大鼠经口 $LD_{50} > 35mL/kg$，无毒。欧盟化妆品法规的准用名是 CI 75120；中国化妆品法规的准用名是 CI 75120 或天然橙 4（胭脂树橙）；美国 FDA 和日本化妆品法规的准用名都是 Annatto。作为化妆品着色剂，未见它外用不安全的报道
应用	化妆品着色剂。在欧盟，CI 75120 可用于所有类型的化妆品，例如口红、眼部产品，面霜等护肤类产品，以及香波、沐浴露等洗去型产品。在中国，CI 75120 或天然橙 4（胭脂树橙）的应用产品类型同欧盟法规，可作为着色剂用于所有类型的化妆品。在日本和美国，Annatto 也都可作为着色剂用于所有类型的化妆品

319　CI 75125

中英文名称	天然黄 27（番茄红素）、Lycopene、Natural Yellow 27
CAS No.	502-65-8
EINECS No.	207-949-1
结构式	
分子式	$C_{40}H_{56}$
分子量	536.87
理化性质	天然黄 27 或番茄红素是一种脂溶性不饱和碳氢化合物，通常为深红色粉末或油状液体，纯品为针状深红色晶体（从二硫化碳和乙醇混合溶剂中析出）。番茄红素不易溶于水，难溶于甲醇等极性有机溶剂，可溶于乙醚、石油醚、己烷、丙酮，易溶于氯仿、二硫化碳、苯、油脂等。番茄红素在 472nm 处有一强吸收峰，在光照下，番茄红素易发生异构、降解
安全性	天然黄 27 或番茄红素是食用红色色素。欧盟化妆品法规的准用名为 CI 75125；中国化妆品法规的准用名为 CI 72125 或天然黄 27、番茄红素。作为化妆品着色剂，未见它外用不安全的报道
应用	化妆品着色剂。在欧盟，CI 75125 可用于所有类型的化妆品，例如口红、眼部产品，面霜等护肤类产品，以及香波、沐浴露等洗去型产品。在中国，CI 72125 或天然黄 27、番茄红素的应用产品类型同欧盟法规，可作为着色剂用于所有类型的化妆品。美国和日本不允许用于化妆品

320　CI 75130

中英文名称	天然黄 26（β-阿朴胡萝卜素醛）、Beta-Carotene、Natual Yellow 26
CAS No.	116-32-5、31797-85-0、7235-40-7
EINECS No.	230-636-6
结构式	

分子式	$C_{40}H_{56}$
分子量	536.87
理化性质	天然黄26(β-阿朴胡萝卜素醛)是橙黄色的粉末,不溶于水,可溶于油。最大吸收峰为(426±5)nm,酸稳定性好,碱稳定性和光稳定性不好
安全性	欧盟化妆品法规的准用名为CI 75130;中国化妆品法规的准用名为CI 75130或天然黄26(β-阿朴胡萝卜素醛);美国FDA和日本化妆品法规的准用名为Beta-Carotene。作为化妆品着色剂,未见外用不安全的报道
应用	化妆品着色剂。在欧盟,CI 75130可用于所有类型的化妆品,例如口红、眼部产品,面霜等护肤类产品,以及香波、沐浴露等洗去型产品。在中国,CI 75130或天然黄26(β-阿朴胡萝卜素醛)的应用产品类型同欧盟法规,可作为着色剂用于所有类型化妆品。在美国和日本,Beta-Carotene也可用于所有类型化妆品

321 CI 75135

中英文名称	玉红黄(3R-β-胡萝卜-3-醇)、Rubixanthin
CAS No.	3763-55-1
结构式	
分子式	$C_{40}H_{56}O$
分子量	552.87
理化性质	玉红黄(3R-β-胡萝卜-3-醇),为类胡萝卜色素,可从蔷薇果中分离。深红色带金属光泽的吸针状结晶,熔点160℃(苯和甲醇重结晶)。不溶于水,稍溶于乙醇,可溶于苯和氯仿。紫外特征吸收波长(氯仿溶液)509nm、474nm和439nm
安全性	欧盟化妆品法规的准用名是CI 75135;中国化妆品法规的准用名是CI 75135或玉红黄(3R-β-胡萝卜-3-醇)。作为化妆品着色剂,未见它外用不安全的报道
应用	化妆品着色剂。在欧盟,CI 75135可用于所有类型的化妆品,例如口红、眼部产品,面霜等护肤类产品,以及香波、沐浴露等洗去型产品。在中国,CI 75135或玉红黄(3R-β-胡萝卜-3-醇)的应用产品类型同欧盟法规,可作为着色剂用于所有类型的化妆品。美国和日本不允许用于化妆品

322 CI 75140

中英文名称	天然红4(红花苷)、Natural Red 26、Carthamine
CAS No.	36338-96-2
EINECS No.	252-981-1
结构式	
分子式	$C_{43}H_{42}O_{22}$

分子量	910.78
理化性质	天然红4是从红花(*Carthamus tinctorius* L.)中提取的红色素。为深红至深紫色结晶或粉末,熔点228~230℃(开始分解),微臭。溶于稀碱液,微溶于乙醇,极难溶于水,几乎不溶于乙醚。紫外最大吸收波长为573nm
安全性	天然红4可作为化妆品着色剂,未见它外用不安全的报道
应用	化妆品着色剂。在日本,Carthamine可用于所有类型的化妆品,例如口红、眼部产品,面霜等护肤类产品,以及香波、沐浴露等洗去型产品。在中国目前并未允许用于化妆品着色剂和染发剂。美国和欧盟目前也未允许用于化妆品

323 CI 75170

中英文名称	天然白1(2-氨基-1,7-二氢-6*H*-嘌呤-6-酮)、Natural White 1、Guanine
CAS No.	73-40-5
EINECS No.	200-799-8
结构式	
分子式	$C_5H_5N_5O$
分子量	151.13
理化性质	天然白1(2-氨基-1,7-二氢-6*H*-嘌呤-6-酮)或鸟嘌呤为白色正方形晶体或结晶性粉末,熔点360℃(开始分解),不溶于水、乙醇、乙醚。可溶于氨水、苛性碱及稀矿酸液。对紫外线有强烈的吸收性
安全性	天然白1(2-氨基-1,7-二氢-6*H*-嘌呤-6-酮)或鸟嘌呤是生物体核酸的组成部分,也在鱼鳞中存在,可从鱼鳞中提取。欧盟化妆品法规的准用名为CI 75170;中国化妆品法规的准用名为CI 75170或天然白1(2-氨基-1,7-二氢-6*H*-嘌呤-6-酮);美国FDA和日本化妆品法规的准用名为Guanine。作为化妆品原料,未见它外用不安全的报道
应用	化妆品着色剂。在欧盟,CI 75170可用于所有类型的化妆品,例如口红、眼部产品,面霜等护肤类产品,以及香波、沐浴露等洗去型产品。在中国,CI 75170或天然白1(2-氨基-1,7-二氢-6*H*-嘌呤-6-酮)的应用产品类型同欧盟法规,可作为着色剂用于所有类型化妆品。在美国和日本,Guanine也都可用于所有类型化妆品

324 CI 75300

中英文名称	天然黄3(姜黄素)、Natural Yellow 3、Curcumin
CAS No.	458-37-7、94875-80-6
EINECS No.	207-280-5
结构式	
分子式	$C_{21}H_{20}O_6$
分子量	368.38
理化性质	天然黄3或姜黄素为橙黄色结晶状粉末,熔点183℃,不溶于水及乙醚,溶于乙醇和冰醋酸、稀碱水溶液,乙醇中溶解度为10g/L。紫外特征吸收波长为430nm

安全性	天然黄 3 或姜黄素是食用色素，急性毒性为大鼠经口 LD_{50}：12.2g/kg，无毒。欧盟化妆品法规的准用名是 CI 75300；中国化妆品法规的准用名是 CI 75300 或天然黄 3 或姜黄素。作为化妆品着色剂，未见它外用不安全的报道
应用	化妆品着色剂。在欧盟，CI 75300 可用于所有类型的化妆品，例如口红、眼部产品，面霜等护肤类产品，以及香波、沐浴露等洗去型产品。在中国，CI 75300 或天然黄 3 或姜黄素的应用产品类型同欧盟法规，可作为着色剂用于所有类型的化妆品。在美国和日本不允许用于化妆品

325　CI 75450

中英文名称	虫胶红酸、Laccaic acid
CAS No.	60687-93-6
结构式	
分子式	$C_{26}H_{19}NO_{12}$
分子量	537.43
理化性质	虫胶红酸来自紫胶虫，有若干结构，但均是蒽醌的衍生物，虫胶红酸 A 是其中的主要成分。虫胶红酸为深红色粉末，色泽随酸碱度的不同而变化，在 pH 值为 3～7 时，由橙色变成红色，色泽鲜艳，着色力强。溶于水和醇。紫外最大吸收波长为 488nm
安全性	PCPC 将其归为着色剂，未见它外用不安全的报道
应用	美国 PCPC 将其归为其他应用型着色剂。在中国，可应用于食品中的威化饼干和巧克力糖，但目前并未允许用于化妆品着色剂和染发剂

326　CI 75470

中英文名称	天然红 4（胭脂红）、Natural Red 4、Carmine
CAS No.	1390-65-4（胭脂红）、1343-78-8（胭脂虫红）
EINECS No.	215-724-4（胭脂红）、215-680-6（胭脂虫红）
结构式	
分子式	$C_{22}H_{20}O_{13}$（胭脂虫红）、$C_{22}H_{14}AlCaO_{13}$（胭脂红）
分子量	492.39（胭脂虫酸）、553.40（胭脂红）
理化性质	天然红 4（胭脂红）来源于雌性胭脂虫，为蒽醌结构。胭脂虫红为深红色结晶粉末，熔点 136℃，可溶于水，溶解度约 0.1%，也溶于乙醇、乙醚和苯。紫外最大吸收波长为 490～496nm。胭脂红是胭脂虫红的铝色淀，为带光泽的红色碎片或深红色粉末，熔点 138～140℃（变黑），分解温度 250℃。溶于碱液。微溶于热水。几乎不溶于冷水和稀酸

安全性	天然红 4(胭脂红)是食用红色色素,急性毒性为小鼠经口 LD_{50}:8.89g/kg,无毒。胭脂红是胭脂虫红的铝色淀,欧盟化妆品法规的准用名是 CI 75470;中国化妆品法规的准用名是 CI 75470、天然红 4 或胭脂红;美国 FDA 和日本化妆品法规的准用名是 Carmine。作为化妆品着色剂,未见它外用不安全的报道
应用	化妆品着色剂。在欧盟,CI 75470 可用于所有类型的化妆品,例如口红、眼部产品,面霜等护肤类产品,以及香波、沐浴露等洗去型产品。在中国,CI 75470、天然红 4 或胭脂红的应用产品类型同欧盟法规,可作为着色剂用于所有类型的化妆品。在美国和日本,Carmine 也可用于所有类型的化妆品

327　CI 75480

中英文名称	指甲花(散沫花)、Henna、Lawsonia inermis ext
CAS No.	84988-66-9
EINECS No.	284-854-1
结构式	
分子式	$C_{10}H_6O_3$
分子量	174.15
理化性质	指甲花或散沫花是一种天然的萘醌染料,亮黄色棱状结晶。熔点 195～196℃(开始分解)。稍溶于水,水溶解度 2g/L(20℃),水溶液呈黄色;稍溶于乙醇(20℃溶解度 5g/L);溶于乙二醇(20℃溶解度 50g/L)。紫外最大吸收波长为 453nm
安全性	指甲花或散沫花的急性毒性为雌性大鼠经口 LD_{50}:570mg/kg,雄性大鼠经口 LD_{50}:500～2000mg/kg;50％溶液涂敷兔损伤皮肤试验无反应。美国的准用名是 Henna,是来源于无刺指甲花的干叶粉末的天然提取物,作为化妆品着色剂和头发着色剂使用,不需 FDA 认证,未见它外用不安全的报道。使用前须进行斑贴试验
应用	在欧盟,Henna 可作为染发剂或发用着色剂使用。美国 PCPC 将其归为化妆品着色剂和头发着色剂。在美国,Henna 可作为外部化妆品着色使用,不可接触眼部、唇部,也可作为头发着色使用,作为天然着色剂,不需要 FDA 认证。在中国目前并未允许用于化妆品着色剂和染发剂。在日本,不允许用于化妆品

328　CI 75810

中英文名称	天然绿 3(叶绿酸-铜配合物)、Natural Green 3、Chlorophyllin-Copper Complex
CAS No.	11006-34-1、8049-84-1
EINECS No.	234-242-5、232-471-5
结构式	

分子式	$C_{34}H_{29}CuN_4Na_3O_6$
分子量	722.13
理化性质	天然绿 3(叶绿酸-铜配合物)为墨绿色粉末。可溶于水,水溶液为透明的翠绿,具有天然绿色植物的色调,随浓度增高而加深,着色力强,对光、热稳定性稍差,但在固体中稳定性较好,在 pH<6 的溶液中有沉淀产生,故本产品比较适用于中性或碱性(pH 值为 7~12)产品中
安全性	天然绿 3(叶绿酸-铜配合物)的急性毒性为小鼠经口 LD_{50}>10g/kg,无毒。欧盟化妆品法规的准用名为 CI 75810;中国化妆品法规的准用名是 CI 75810 或天然绿 3 以及叶绿酸-铜配合物;美国 FDA 的准用名是 Chlorophyllin-Copper Complex;日本化妆品法规的准用名为 Sodium Copper Chlorophyllin。作为化妆品着色剂,未见它外用不安全的报道
应用	化妆品着色剂。在欧盟,CI 75810 可用于所有类型的化妆品,例如口红、眼部产品,面霜等护肤类产品,以及香波、沐浴露等洗去型产品。在中国,CI 75810、天然绿 3 或叶绿酸-铜配合物的应用产品类型同欧盟法规,可作为着色剂用于所有类型的化妆品。在美国,Chlorophyllin-Copper Complex 仅可用于口腔护理产品中,最大用量不超过 0.1%。在日本,Sodium Copper Chlorophyllin 也可用于所有类型的化妆品

329 CI 77000

中英文名称	颜料金属 1(铝,Al)、Aluminium Powder
CAS No.	7429-90-5
EINECS No.	231-072-3
结构式	Al
分子式	Al
分子量	26.98
理化性质	颜料金属 1(铝,Al)为银白色精细粉末,不溶于水,溶于碱、盐酸、硫酸
安全性	欧盟化妆品法规的准用名是 CI 77000;中国化妆品法规的准用名是 CI 77000 或颜料金属 1(铝,Al);美国 FDA 和日本化妆品法规的准用名是 Aluminium Powder。作为化妆品着色剂,未见它外用不安全的报道
应用	化妆品着色剂。在欧盟,CI 77000 可用于所有类型的化妆品,例如口红、眼部产品,面霜等护肤类产品,以及香波、沐浴露等洗去型产品。在中国,CI 77000 或颜料金属 1(铝,Al)应用产品类型同欧盟法规,可作为着色剂用于所有类型的化妆品。在美国,Aluminium Powder 可用于不接触唇部的化妆品。在日本,Aluminium Powder 可用于所有类型的化妆品

330 CI 77002

中英文名称	颜料白 24(碱式硫酸铝)、Pigment White 24、Aluminum Hydroxide
CAS No.	21645-51-2(氢氧化铝)、8011-94-7(碱式硫酸铝)、1332-73-6(硫酸羟铝)
EINECS No.	244-492-7(氢氧化铝)、215-573-4
结构式	$3Al_2O_3 \cdot SO_3 \cdot xH_2O$ 或 $Al(OH)_3 \cdot xH_2O$
分子式	$Al_2(SO_4)(OH)_4$ 或 AlH_3O_3
分子量	218.05(碱式硫酸铝)或 78.00(氢氧化铝)
理化性质	颜料白 24(碱式硫酸铝)是由铝化合物构成的透明白色粉末颜料,没有固定的化学组成。一般指氢氧化铝[$Al(OH)_3$]、铝白、氧化铝水合物($Al_2O_3 \cdot xH_2O$)或水不溶性碱式硫酸铝[$Al_2(SO_4)(OH)_4$]等。折射率 1.47~1.56,与亚麻籽油混炼呈透明状

安全性	欧盟化妆品法规的准用名为 CI 77002;中国化妆品法规的准用名是 CI 77002 或颜料白 24(碱式硫酸铝);可用作着色剂,未见外用不安全的报道。美国 FDA 的准用名是 Aluminum Hydroxide,可作为非处方(OTC)药用产品的添加剂使用;日本化妆品法规的准用名为 Aluminum Hydroxide,均可作为化妆品粉末使用
应用	美国 PCPC 将其归为化妆品着色剂或化妆品粉末。在欧盟,CI 77002 作为着色剂,可用于所有类型的化妆品,例如口红、眼部产品,面霜等护肤类产品,以及香波、沐浴露等洗去型产品。在中国,CI 77002 或颜料白 24(碱式硫酸铝)应用产品类型同欧盟法规,也可作为着色剂用于所有类型的化妆品。在美国和日本,Aluminum Hydroxide 可用于所有类型的化妆品

331 CI 77004

中英文名称	颜料白 19、Pigment White 19、Kaolin、Bentonite、Aluminum Silicate
CAS No.	1302-78-9、1332-58-7(Kaolin)、1302-78-9(Bentonite)、215-108-5、1327-36-2(Aluminum Silicate)
EINECS No.	215-108-5(CI 77004)、215-108-5(Bentonite)、215-475-1(Aluminum Silicate)
结构式	$Al_2O_3 \cdot 4SiO_2 \cdot H_2O$ 或 Al_2O_5Si
分子式	$Al_2O_3 \cdot 4(SiO_2) \cdot H_2O$、$Al_2O_5Si$
分子量	$360.31[Al_2O_3 \cdot 4(SiO_2) \cdot H_2O]$;$162.05(Al_2O_5Si)$
理化性质	颜料白 19,天然水合硅酸铝为白色或类白色粉末(所含的钙、镁或铁碳酸盐类、氢氧化铁、石英、云母等,均属于杂质),不溶于水、有机溶剂和各种油类中,几乎完全溶于热烧碱和盐酸中,相对密度 2.3~2.5,在水及油中膨润度极小
安全性	颜料白 19,天然水合硅酸铝的急性毒性为大鼠静脉 LD_{50}:35mg/kg,无毒。欧盟化妆品法规的准用名为 CI 77004;中国化妆品法规的准用名为颜料白 19 或天然水合硅酸铝;欧盟和中国作为化妆品着色剂使用。美国 FDA 和日本化妆品法规的准用名为 Kaolin、Bentonite 或 Aluminum Silicate,作为化妆品粉末使用,均未见外用不安全的报道
应用	美国 PCPC 将其归为化妆品着色剂或化妆品粉末。在欧盟,CI 77004 作为着色剂可用于所有类型的化妆品,例如口红、眼部产品,面霜等护肤类产品,以及香波、沐浴露等洗去型产品。在中国,CI 77004 或颜料白 19 或天然水合硅酸铝应用产品类型同欧盟法规,可作为着色剂用于所有类型的化妆品。在美国和日本,Kaolin、Bentonite 或 Aluminum Silicate 作为化妆品粉末,也可用于所有类型的化妆品

332 CI 77007

中英文名称	颜料蓝 29(天青石)、Pigment Blue 29、Ultramarines
CAS No.	1317-97-1;12769-96-9;57455-37-5
EINECS No.	235-811-0
结构式	$Na_7Al_6Si_6O_{24}S_3$
分子式	$Na_7Al_6Si_6O_{24}S_3$
分子量	971.51
理化性质	颜料蓝 29(天青石)是一种无机颜料,是硅酸铝的含硫化合物,为蓝色粉末,色泽鲜艳。不溶于水,色调为绿蓝色。它是最古老和最鲜艳的蓝色颜料,具有一种纯净,亮丽的蓝色。特别具有消除及减少白色涂料中含有黄色色光的效应。颜料蓝 29 由于原料或制作工艺的不同,会带有如粉红、紫罗兰等的色光
安全性	欧盟化妆品法规的准用名是 CI 77007;中国化妆品法规的准用名为 CI 77007 或颜料蓝 29(天青石);美国 FDA 的准用名为 Ultramarines;日本化妆品法规的准用名为 Ultramarine。作为化妆品着色剂,未见它外用不安全的报道

应用	化妆品着色剂。在欧盟,CI 77007可用于所有类型的化妆品,例如口红、眼部产品,面霜等护肤类产品,以及香波、沐浴露等洗去型产品。在中国,CI 77007或颜料蓝29(天青石)应用产品类型同欧盟法规,可作为着色剂用于所有类型的化妆品。在美国,Ultramarines可用于除唇部产品之外的化妆品。在日本,Ultramarine可用于所有类型的化妆品

333　CI 77015

中英文名称	颜料红101,102(氧化铁着色的硅酸铝);Pigment Red 101,102
CAS No.	1309-37-1、1332-25-8
EINECS No.	310-127-6
结构式	$Al_2(SiO_3)_3 + Fe_2O_3$
分子式	$Al_2(SiO_3)_3 + Fe_2O_3$
分子量	441.90
理化性质	颜料红101,102(氧化铁着色的硅酸铝)为无机颜料,橙红至紫红色的三方晶系粉末,熔点1538℃,不溶于水,溶于盐酸,微溶于醇
安全性	颜料红101,102(氧化铁着色的硅酸铝)是食品添加剂,急性毒性为大鼠-经口 $LD_{50} > 15g/kg$,无毒。欧盟化妆品法规的准用名为CI 77015;中国化妆品法规的准用名是CI 77015或颜料红101,102。作为化妆品着色剂,未见它外用不安全的报道
应用	化妆品着色剂。在欧盟,CI 77015可用于所有类型的化妆品,例如口红、眼部产品,面霜等护肤类产品,以及香波、沐浴露等洗去型产品。在中国,CI 77015或颜料红101,102应用产品类型同欧盟法规,可作为着色剂用于所有类型的化妆品。美国和日本不允许用于化妆品

334　CI 77019

中英文名称	颜料白20(云母)、Pigment White 20、Mica
CAS No.	12001-26-2
EINECS No.	310-127-6
结构式	$Al_2K_2O_6Si$
分子式	$Al_2K_2O_6Si$
分子量	256.24
理化性质	化妆品用颜料白20(云母)为具丝绢光泽的粉末,不溶于水和醇
安全性	颜料白20(云母)的急性毒性为大鼠经口 $LD_{50} > 5g/kg$,无毒;兔皮肤试验无刺激。欧盟化妆品法规的准用名,美国FDA和日本化妆品法规的准用名都是Mica,作为化妆品粉末使用。中国化妆品法规的准用名为CI 77019或颜料白20(云母),作为化妆品着色剂使用,未见它外用不安全的报道
应用	美国PCPC将其归为化妆品着色剂或化妆品粉末。在欧盟,Mica作为化妆品粉末可用于所有类型的化妆品,例如口红、眼部产品,面霜等护肤类产品,以及香波、沐浴露等洗去型产品。在中国,CI 77019或颜料白20(云母)应用产品类型同欧盟法规,可作为着色剂可用于所有类型的化妆品。在美国和日本,Mica作为化妆品粉末也可用于所有类型的化妆品

335　CI 77120

中英文名称	颜料白21,22(硫酸钡,$BaSO_4$);Pigment White 21,22;Barium Sulfate
CAS No.	7727-43-7

EINECS No.	231-784-4
结构式	$BaSO_4$
分子式	$BaSO_4$
分子量	233.39
理化性质	颜料白21,22(硫酸钡,$BaSO_4$)为白色无定形粉末。几乎不溶于水、乙醇和酸
安全性	颜料白21,22(硫酸钡,$BaSO_4$)的安全医疗使用史表明,该成分与全身接触所引发的毒性问题并不严重;斑贴试验表明不会诱发致敏,对皮肤也无刺激性。欧盟化妆品法规的准用名为CI 77120;中国化妆品法规的准用名为CI 77120或颜料白21,22(硫酸钡,$BaSO_4$),在欧盟和中国作为化妆品着色剂使用。而在美国FDA和日本化妆品法规的准用名为Barium Sulfate,是作为化妆品粉末使用,未见外用不安全的报道
应用	美国PCPC将其归为化妆品着色剂或化妆品粉末。在欧盟,CI 77120作为化妆品着色剂,可用于所有类型的化妆品,例如口红、眼部产品,面霜等护肤类产品,以及香波、沐浴露等洗去型产品。在中国,CI 77120或颜料白21,22(硫酸钡,$BaSO_4$)应用产品类型同欧盟法规,也可用于所有类型的化妆品。在美国和日本,Barium Sulfate作为化妆品粉末可用于所有类型的化妆品

336　CI 77163

中英文名称	颜料白14(氯氧化铋,BiOCl)、Pigment White 14、Bismuth Oxychloride
CAS No.	7787-59-9
EINECS No.	232-122-7
结构式	BiClO
分子式	BiClO
分子量	260.43
理化性质	颜料白14(氯氧化铋,BiOCl)为正方晶系银白色发亮薄片状结晶粉末,涂抹开有银白色珍珠光泽,粒径在$10\sim15\mu m$,熔点为820℃,不溶于水、酒精、丙酮,溶于盐酸
安全性	颜料白14(氯氧化铋,BiOCl)的急性毒性为兔经口$LD_{50}\geqslant22000mg/kg$,无毒;兔皮肤试验无刺激。欧盟化妆品法规的准用名为CI 77163;中国化妆品法规的准用名是CI 77163或颜料白14(氯氧化铋,BiOCl);而在美国FDA和日本化妆品法规的准用名为Bismuth Oxychloride。可用作着色剂,未见外用不安全的报道
应用	化妆品着色剂。在欧盟,CI 77163可作为着色剂用于所有类型的化妆品,例如口红、眼部产品,面霜等护肤类产品,以及香波、沐浴露等洗去型产品。在中国,CI 77163或颜料白14(氯氧化铋,BiOCl)的应用产品类型同欧盟法规,可作为着色剂用于所有类型的化妆品。在美国和日本,Bismuth Oxychloride也可用于所有类型的化妆品

337　CI 77220

中英文名称	颜料白18(碳酸钙,$CaCO_3$)、Pigment White 18、Calcium Carbonate
CAS No.	471-34-1
EINECS No.	207-439-9、215-279-6
结构式	$CaCO_3$
分子式	$CaCO_3$
分子量	100.09

理化性质	化妆品中一般采用轻质碳酸钙,为白色结晶性粉末,粒径 5μm 左右,熔点为 825℃,不溶于水,溶于酸。水悬浮液的 pH 为 8~9
安全性	颜料白 18(碳酸钙,CaCO$_3$)的急性毒性为大鼠经口 LD$_{50}$:6450mg/kg,无毒,未见外用不安全的报道。欧盟化妆品法规的准用名为 CI 77220;中国化妆品法规的准用名是 CI 77220 或颜料白 18(碳酸钙,CaCO$_3$);欧洲和中国可作为着色剂使用。美国 FDA 和日本化妆品法规的准用名为 Calcium Carbonate,可作为化妆品粉末使用
应用	美国 PCPC 将其归为化妆品着色剂或化妆品粉末。CI 77220 在欧盟,可作为着色剂用于所有类型的化妆品,例如口红、眼部产品,面霜等护肤类产品,以及香波、沐浴露等洗去型产品。在中国,CI 77220 或颜料白 18(碳酸钙,CaCO$_3$),应用产品类型同欧盟法规,可作为着色剂用于所有类型的化妆品。和美国、日本 Calcium Carbonate,可作为化妆品粉末用于所有类型的化妆品

338 CI 77231

中英文名称	颜料白 25(硫酸钙,CaSO$_4$)、Pigment White 25、Calcium Sulfate
CAS No.	7778-18-9、10034-76-1、10101-41-4
EINECS No.	231-900-3
结构式	CaSO$_4$
分子式	CaSO$_4$
分子量	136.14
理化性质	颜料白 25(硫酸钙,CaSO$_4$)为白色结晶性粉末,难溶于水(0.26g/100mL,18℃),溶液为中性,有涩味。微溶于甘油,不溶于乙醇
安全性	颜料白 25(硫酸钙,CaSO$_4$)为食品添加剂,无毒性。欧盟化妆品法规的准用名为 CI 77231;中国化妆品法规的准用名为 CI 77231 或颜料白 25(硫酸钙,CaSO$_4$),欧盟和中国均可用作着色剂。而美国 FDA 和日本化妆品法规的准用名为 Calcium Sulfate,是作为化妆品粉末使用
应用	美国 PCPC 将其归为化妆品着色剂或化妆品粉末。在欧盟,CI 77231 作为着色剂可用于所有类型的化妆品,例如口红、眼部产品,面霜等护肤类产品,以及香波、沐浴露等洗去型产品。在中国,CI 77231 或颜料白 25(硫酸钙,CaSO$_4$)的应用产品类型同欧盟法规,可作为着色剂用于所有类型的化妆品。在美国和日本,Calcium Sulfate 作为化妆品粉末,也可用于所有类型的化妆品

339 CI 77266

中英文名称	颜料黑 6,7(炭黑);Pigment Black 6,7;Carbon Black;Black 2
CAS No.	1333-86-4、7440-44-0
EINECS No.	215-609-9、231-153-3
结构式	C
分子式	C
分子量	12.01
理化性质	颜料黑 6,7(炭黑)为有机色粉,由高纯度的石化制品如甲烷在高温熔炉中通氧气裂解制成。外观为微细黑色粉末,不溶于水和有机溶剂
安全性	颜料黑 6,7(炭黑)的急性毒性为大鼠经口 LD$_{50}$>15400mg/kg,无毒。欧盟化妆品法规的准用名为 CI 77266;中国化妆品法规的准用名为 CI 77266 或颜料黑 6,7(炭黑),美国 FDA 的准用名为 Balck 2,日本化妆品法规的准用名为 Carbon Black。均作为化妆品着色剂使用,未见它外用不安全的报道

应用	化妆品着色剂。在欧盟,CI 77266 作为着色剂可用于所有类型的化妆品,例如口红、眼部产品,面霜等护肤类产品,以及香波、沐浴露等洗去型产品。在中国,CI 77266 或颜料黑 6,7(炭黑)的应用产品类型同欧盟法规,可作为着色剂用于所有类型的化妆品,同时要符合法规中规定的其他限制和要求:多环芳烃限量:1g 着色剂样品加 10g 环己烷,经连续提取仪提取的提取液应无色,其紫外线下荧光强度不应超过硫酸奎宁(quinine sulfate)对照溶液(0.1mg 硫酸奎宁溶于 1000mL 0.01mol/L 硫酸溶液)的荧光强度。在美国,Black 2;在日本,Carbon Black,也都可作为着色剂用于所有类型的化妆品

340　CI 77267

中英文名称	颜料黑 9、骨炭、Pigment Black 9、Black 3
CAS No.	8021-99-6
EINECS No.	232-421-2
结构式	C
分子式	C
分子量	12.01
理化性质	颜料黑 9 或骨炭为纯黑色粉末(在封闭容器内,灼烧动物骨头获得的细黑粉,主要由磷酸钙组成)。化学性质稳定,与酸碱不起作用,不溶于水、酸、碱和有机溶剂
安全性	颜料黑 9 或骨炭为食品添加剂。欧盟化妆品法规的准用名为 CI 77267,中国化妆品法规的准用名为 CI 77267 或颜料黑 9、骨炭;美国 FDA 的准用名为 Black 3。作为化妆品着色剂,未见它外用不安全的报道
应用	化妆品着色剂。在欧盟,CI 77267 作为着色剂可用于所有类型的化妆品,例如口红、眼部产品,面霜等护肤类产品,以及香波、沐浴露等洗去型产品。在中国,CI 77267 或颜料黑 9 以及骨炭的应用产品类型同欧盟法规,可作为着色剂用于所有类型的化妆品。在美国,Black 3 可用于不接触唇部、眼部和面部的化妆品。而在日本不允许用于化妆品

341　CI 77268:1

中英文名称	食品黑 3(焦炭黑)、Food Black 3
CAS No.	7440-44-0、1339-82-8
EINECS No.	231-153-3、215-669-6
结构式	C
分子式	C
分子量	12.01
理化性质	食品黑 3(焦炭黑)是来源于植物纤维的纯黑色粉末,化学性质稳定,与酸碱不起作用,不溶于水、酸、碱和有机溶剂
安全性	食品黑 3(焦炭黑)为食品添加剂。欧盟化妆品法规的准用名是 CI 77268:1,中国化妆品法规的准用名为 CI 77268:1 或食品黑 3(焦炭黑)。作为化妆品着色剂,未见它外用不安全的报道
应用	化妆品着色剂。在欧盟,CI 77268:1 可用于所有类型的化妆品,例如口红、眼部产品,面霜等护肤类产品,以及香波、沐浴露等洗去型产品。在中国 CI 77268:1 或食品黑 3(焦炭黑)的应用产品类型同欧盟法规,可作为着色剂用于所有类型的化妆品。在美国和日本不允许用于化妆品

342　CI 77288

中英文名称	颜料绿17(三氧化二铬,Cr_2O_3)、Pigment Green 17、Chromium Oxide Greens
CAS No.	1308-38-9、11118-57-3
EINECS No.	215-160-9、234-361-2
结构式	Cr_2O_3
分子式	Cr_2O_3
分子量	151.99
理化性质	颜料绿17(三氧化二铬,Cr_2O_3)为无机染料,外观呈深绿色或翠绿色的粉末。是深绿色六方晶系结晶体或无定形粉末,有金属光泽,不溶于水和酸
安全性	颜料绿17(三氧化二铬,Cr_2O_3)的急性毒性为雄性大鼠经口 $LD_{50}>5g/kg$,无毒;兔皮肤化妆品常规用量试验无刺激。欧盟化妆品法规的准用名是 CI 77288;中国化妆品法规的准用名为 CI 77288 或颜料绿17(三氧化二铬,Cr_2O_3);美国 FDA 准用名是 Chromium Oxide Greens;日本化妆品法规的准用名是 Chromium Oxide。作为化妆品着色剂,未见它外用不安全的报道
应用	化妆品着色剂。在欧盟,CI 77288 作为着色剂可用于所有类型的化妆品,例如口红、眼部产品,面霜等护肤类产品,以及香波、沐浴露等洗去型产品。在中国,CI 77288 或颜料绿17(三氧化二铬,Cr_2O_3)的应用产品类型同欧盟法规,可作为着色剂用于所有类型的化妆品,同时要符合法规中规定的其他限制和要求:以 Cr_2O_3 计,铬在 2%氢氧化钠提取液中不超过 0.075%。在美国,Chromium Oxide Greens 可用于不接触唇部的化妆品着色剂。在日本,Chromium Oxide 也可用于所有类型的化妆品

343　CI 77289

中英文名称	颜料绿18[$Cr_2O(OH)_4$]、氢氧化铬绿、Pigment Green 18、Chromium Hydroxide Green
CAS No.	12001-99-9
EINECS No.	215-160-9
结构式	$Cr_2O(OH)_4$
分子式	$Cr_2H_4O_5$
分子量	188.02
理化性质	颜料绿18[$Cr_2O(OH)_4$]、氢氧化铬绿为绿色粉末,几乎不溶于水、乙醇和丙酮,微溶于酸类和碱类
安全性	颜料绿18[$Cr_2O(OH)_4$]、氢氧化铬绿的急性毒性与颜料绿17相似。欧盟化妆品法规的准用名是 CI 77289;中国化妆品法规的准用名是 CI 77289 或颜料绿18[$Cr_2O(OH)_4$]或氢氧化铬绿;美国 FDA 的准用名是 Chromium Hydroxide Green;日本化妆品法规的准用名是 Hydrated Chromium Oxide。作为化妆品着色剂,未见它外用不安全的报道
应用	化妆品着色剂。在欧盟,CI 77289 作为着色剂可用于所有类型的化妆品,例如口红、眼部产品,面霜等护肤类产品,以及香波、沐浴露等洗去型产品。在中国,CI 77289 或颜料绿18[$Cr_2O(OH)_4$]或氢氧化铬绿的应用产品类型同欧盟法规,可作为着色剂用于所有类型的化妆品,同时要符合法规中规定的其他限制和要求:以 Cr_2O_3 计,铬在 2%氢氧化钠提取液中不超过 0.1%。在美国,Chromium Hydroxide Green 可用于不接触唇部的化妆品着色剂。在日本,Hydrated Chromium Oxide 可用于所有类型的化妆品

344　CI 77346

中英文名称	颜料蓝 28(氧化铝钴)、Pigment Blue 28
CAS No.	1345-16-0

结构式	CoO·Al$_2$O$_3$
分子式	CoO·Al$_2$O$_3$
分子量	176.89
理化性质	颜料蓝 28(氧化铝钴)为无机颜料,带绿光的蓝色粉末
安全性	欧盟化妆品法规的准用名是 CI 77346;中国化妆品法规的准用名是 CI 77346 或颜料蓝 28(氧化铝钴);日本化妆品法规的准用名为 Cobalt Aluminium Oxide。作为化妆品着色剂,未见它外用不安全的报道
应用	化妆品着色剂。在欧盟,CI 77346 作为着色剂,可用于所有类型的化妆品,例如口红、眼部产品,面霜等护肤类产品,以及香波、沐浴露等洗去型产品。在中国,CI 77346 或颜料蓝 28(氧化铝钴)应用产品类型同欧盟法规,可作为着色剂用于所有类型的化妆品。在日本,Cobalt Aluminium Oxide 也可用于所有类型的化妆品。在美国,不允许用于化妆品

345　CI 77377

中英文名称	颜料绿 50、Pigment Green 50、Cobalt Titanium Oxide
CAS No.	68186-85-6
结构式	CoNiTiZn
分子式	CoNiTiZn
分子量	230.89
理化性质	颜料绿 50 或钛钴绿是钴/钛/镍/锌氧化物的混合物,呈独特的带黄光的绿色,色调鲜明,具有卓越的耐热、耐候、耐酸、耐碱性。不溶于水和任何有机溶剂
安全性	日本化妆品法规的准用名为 Cobalt Titanium Oxide,未见它外用不安全的报道
应用	化妆品着色剂。在日本,Cobalt Titanium Oxide 作为着色剂可用于所有类型的化妆品,例如口红、眼部产品,面霜等护肤类产品,以及香波、沐浴露等洗去型产品。在中国目前并未被允许作为化妆品着色剂和染发剂使用。在欧盟和美国,不允许用于化妆品

346　CI 77400

中英文名称	颜料金属 2(铜,Cu)、Pigment Metal 2、Copper Powder、Bronze Powder
CAS No.	7440-50-8
EINECS No.	231-159-6
结构式	Cu
分子式	Cu
分子量	63.55
理化性质	颜料金属 2(铜,Cu)为带有红色光泽的金属粉末,不溶于水,微溶于盐酸
安全性	欧盟化妆品法规的准用名是 CI 77400;中国化妆品法规的准用名是 CI 77400 或颜料金属 2(铜,Cu);美国 FDA 准用名是 Copper Powder 和 Bronze Powder。作为化妆品着色剂,未见它外用不安全的报道
应用	化妆品着色剂。在欧盟,CI 77400 可用于所有类型的化妆品,例如口红、眼部产品,面霜等护肤类产品,以及香波、沐浴露等洗去型产品。在中国,CI 77400 或颜料金属 2(铜,Cu)的应用产品类型同欧盟法规,可作为着色剂也可用于所有类型的化妆品。在美国,Copper Powder 和 Bronze Powder 作为着色剂也可用于所有类型的化妆品。在日本不允许用于化妆品

347 CI 77480

中英文名称	颜料金属 3(金,Au)、Pigment Metal 3、Gold
CAS No.	7440-57-5
EINECS No.	231-165-9
结构式	Au
分子式	Au
分子量	196.97
理化性质	颜料金属 3(金,Au)为金黄色光泽金属粉末,一般要达到纳米级水平,不溶于水和稀酸
安全性	欧盟化妆品法规的准用名为 CI 77480;中国化妆品法规的准用名为 CI 77480 或颜料金属 3(金,Au),作为化妆品着色剂,未见它外用不安全的报道。美国 FDA 和日本化妆品法规的准用名为 Gold,可作为化妆品粉末使用
应用	美国 PCPC 将其归为化妆品着色剂或化妆品粉末。在欧盟,CI 77480 可作为着色剂用于所有类型的化妆品,例如口红、眼部产品,面霜等护肤类产品,以及香波、沐浴露等洗去型产品。在中国,CI 77480 或颜料金属 3(金,Au)的应用产品类型同欧盟法规,可作为着色剂用于所有类型的化妆品。在美国和日本,Gold 可作为化妆品粉末用于所有类型的化妆品

348 CI 77489

中英文名称	氧化亚铁(FeO)、Ferrous Oxide、Iron Oxides
CAS No.	1345-25-1
EINECS No.	215-721-8
结构式	FeO
分子式	FeO
分子量	71.84
理化性质	氧化亚铁是铁的氧化物,外观呈黑色粉末,不溶于水,溶于稀酸
安全性	欧盟化妆品法规的准用名是 CI 77489;中国化妆品法规的准用名是 CI 77489 或氧化亚铁(FeO);美国 FDA 的准用名是 Iron Oxides。作为化妆品着色剂,未见它外用不安全的报道
应用	化妆品着色剂。在欧盟,CI 77489 作为着色剂,可用于所有类型的化妆品,例如口红、眼部产品,面霜等护肤类产品,以及香波、沐浴露等洗去型产品。在中国,CI 77489 或氧化亚铁(FeO)的应用产品类型同欧盟法规,可作为着色剂用于所有类型的化妆品。在美国,Iron Oxides 作为着色剂也可用于所有类型的化妆品。在日本,不允许用于化妆品

349 CI 77491

中英文名称	颜料红 101,102(氧化铁,Fe_2O_3);Pigment Metal 101,102;Iron Oxides;Red Oxide of Iron
CAS No.	1309-37-1
EINECS No.	215-168-2
结构式	Fe_2O_3
分子式	Fe_2O_3
分子量	159.69
理化性质	颜料红 101,102(氧化铁,Fe_2O_3)为无机颜料,橙红至紫红色粉末,不溶于水,溶于盐酸、硫酸,微溶于醇红至红棕色粉末,无臭,不溶于水、有机酸和有机溶剂,溶于浓的无机酸。有 α 型(正磁性)及 γ 型(反磁性)两种类型,对光、热、空气稳定,对酸碱稳定

安全性	颜料红101,102(氧化铁,Fe_2O_3)的急性毒性为大鼠经口 $LD_{50}>15g/kg$,无毒。欧盟化妆品法规的准用名是 CI 77491;中国化妆品法规的准用名是 CI 77491 或颜料红101,102(氧化铁,Fe_2O_3);美国 FDA 的准用名是 Iron Oxides;日本化妆品法规的准用名为 Red Oxide of Iron。用作化妆品着色剂,未见外用不安全的报道
应用	化妆品着色剂。在欧盟,CI 77491 作为着色剂可用于所有类型的化妆品,例如口红、眼部产品,面霜等护肤类产品,以及香波、沐浴露等洗去型产品。在中国,CI 77491 或颜料红101,102(氧化铁,Fe_2O_3)的应用产品类型同欧盟法规,可作为着色剂用于所有类型的化妆品。在美国(Iron Oxides)以及在日本(Red Oxide of Iron),也可作为着色剂用于所有类型的化妆品

350 CI 77492

中英文名称	颜料黄42,43$[FeO(OH)\cdot nH_2O]$;Pigment Yellow 42,43;Iron Oxides;Yellow Oxide of Iron
CAS No.	51274-00-1
EINECS No.	257-098-5
结构式	$Fe_2O_3\cdot nH_2O$
分子式	$Fe_2O_3\cdot H_2O$
分子量	177.70
理化性质	颜料黄42,43$[FeO(OH)\cdot nH_2O]$为无机颜料,棕色粉末,不溶于水,溶于盐酸、硫酸。耐碱、耐光性好
安全性	欧盟化妆品法规的准用名是 CI 77492;中国化妆品法规的准用名是 CI 77492 或颜料黄42,43$[FeO(OH)\cdot nH_2O]$;美国 FDA 的准用名是 Iron Oxides;日本化妆品法规的准用名是 Yellow Oxide of Iron。都可用作化妆品着色剂,未见外用不安全的报道
应用	化妆品着色剂。在欧盟,CI 77492 作为着色剂可用于所有类型的化妆品,例如口红、眼部产品,面霜等护肤类产品,以及香波、沐浴露等洗去型产品。在中国,CI 77492 或颜料黄42,43$[FeO(OH)\cdot nH_2O]$的应用产品类型同欧盟法规,可作为着色剂用于所有类型的化妆品。在美国(Iron Oxides)以及在日本(Yellow Oxide of Iron)也可作为着色剂用于所有类型的化妆品

351 CI 77499

中英文名称	颜料黑11(FeO+Fe_2O_3)、Pigment Black 11、Iron Oxides、Black Oxide of Iron
CAS No.	1317-61-9
EINECS No.	215-277-5
结构式	$FeO\cdot Fe_2O_3$
分子式	Fe_3O_4
分子量	231.53
理化性质	颜料黑11(FeO+Fe_2O_3)为无机颜料,主要由氧化亚铁组成。是黑色或黑红色粉末,熔点为1594℃。不溶于水、醇等有机溶剂,溶于盐酸、硫酸。具有磁性,着色力和遮盖力都很高。具有良好的耐候、耐光、耐大气、耐久性,无水渗性和油渗性
安全性	颜料黑11(FeO+Fe_2O_3)的急性毒性为大鼠经口 $LD_{50}>15g/kg$,无毒。欧盟化妆品法规的准用名是 CI 77499;中国化妆品法规的准用名是 CI 77499 或颜料黑11(FeO+Fe_2O_3);美国 FDA 的准用名是 Iron Oxides;日本化妆品法规的准用名是 Black Oxide of Iron。作为化妆品着色剂,未见它外用不安全的报道

应用	化妆品着色剂。在欧盟，CI 77499 作为着色剂可用于所有类型的化妆品，例如口红、眼部产品，面霜等护肤类产品，以及香波、沐浴露等洗去型产品。在中国，CI 77499 或颜料黑 11($FeO+Fe_2O_3$)的应用产品类型同欧盟法规，可作为着色剂用于所有类型的化妆品。在美国(Iron Oxides)以及在日本(Black Oxide of Iron)也都可作为着色剂用于所有类型的化妆品

352　CI 77510

中英文名称	颜料蓝 27、Ferric Ammonium Ferrocyanide、Ferric Ferrocyanide、Pigment Blue 27
CAS No.	12240-15-2；25869-00-5、14038-43-8
EINECS No.	237-875-5
结构式	$Fe_4[Fe(CN)_6]_3$(Ferric Ferrocyanide 或 Pigment 27)
分子式	$C_{18}Fe_7N_{18}$
分子量	859.23
理化性质	颜料蓝 27($Fe_4[Fe(CN)_6]_3+FeNH_4Fe(CN)_6$)是无机颜料，外观为深蓝色粉末，不溶于水、酒精，溶于酸碱，对稀酸稳定，但不耐碱，色泽为暗蓝至亮蓝之间
安全性	欧盟化妆品法规的准用名是 CI 77510；中国化妆品法规的准用名是 CI 77510 或颜料蓝 27($Fe_4[Fe(CN)_6]_3+FeNH_4Fe(CN)_6$)；美国 FDA 的准用名是 Ferric Ferrocyanide 或 Ferric Ammonium Ferrocyanide；日本化妆品法规的准用名为 Ferric Ferrocyanide。作为化妆品着色剂，未见它外用不安全的报道
应用	化妆品着色剂。在欧盟，CI 77510 作为着色剂可用于所有类型的化妆品，例如口红、眼部产品，面霜等护肤类产品，以及香波、沐浴露等洗去型产品。在中国，CI 77510 或颜料蓝 27($Fe_4[Fe(CN)_6]_3+FeNH_4Fe(CN)_6$)的应用产品类型同欧盟法规，可作为着色剂用于所有类型的化妆品。在美国，Ferric Ferrocyanide 或 Ferric Ammonium Ferrocyanide 可作为着色剂，用于不接触唇部的其他各类化妆品，包括外用型化妆品以及洗去型产品。在日本，Ferric Ferrocyanide 可作为着色剂用于所有类型的化妆品

353　CI 77713

中英文名称	颜料白 18(碳酸镁)、Pigment White 18、Magnesium Carbonate
CAS No.	546-93-0、7757-69-9
EINECS No.	208-915-9、231-817-2
结构式	$MgCO_3$
分子式	$MgCO_3$
分子量	84.31
理化性质	颜料白 18(碳酸镁)为白色粉末，溶于稀酸溶液，几乎不溶于水，水溶液呈微碱性，不溶于乙醇
安全性	欧盟化妆品法规的准用名是 CI 77713；中国化妆品法规的准用名是 CI 77713 或颜料白 18(碳酸镁，$MgCO_3$)，均可作为化妆品着色剂，未见它外用不安全的报道。美国 FDA 和日本化妆品法规的准用名是 Magnesium Carbonate，作为化妆品粉末使用
应用	美国 PCPC 将其归为化妆品着色剂或化妆品粉末。在欧盟，CI 77713 作为着色剂可用于所有类型的化妆品，例如口红、眼部产品，面霜等护肤类产品，以及香波、沐浴露等洗去型产品。在中国，CI 77713 或颜料白 18(碳酸镁，$MgCO_3$)的应用产品类型同欧盟法规，可作为着色剂用于所有类型的化妆品。在美国和日本，Magnesium Carbonate 作为化妆品粉末，可用于给所有类型的化妆品

354 CI 77718

中英文名称	颜料白 26(滑石)、Pigment White 26、Talc
CAS No.	14807-96-6
EINECS No.	238-877-9
结构式	$H_2Mg_3O_{12}Si_4$
分子式	$H_2Mg_3O_{12}Si_4$
分子量	379.3
理化性质	颜料白 26(滑石)是一种粉末状的天然含水硅酸镁,有时含有一小部分硅酸铝。外观呈白色、浅绿、浅灰、浅黄等的粉末,不溶于水和冷的稀酸
安全性	中国化妆品法规的准用名为 CI 77718 或颜料白 26(滑石),可作为着色剂使用。而欧盟化妆品法规的准用名,美国 FDA 和日本的化妆品法规的准用名为 Talc,均可作为化妆品粉末使用
应用	美国 PCPC 将其归为化妆品着色剂或化妆品粉末。在中国,CI 77718 或颜料白 26(滑石)可用于所有类型的化妆品,例如口红、眼部产品,面霜等护肤类产品,以及香波、沐浴露等洗去型产品。而在欧盟,美国和日本,Talc 则可作为化妆品粉末用于所有类型的化妆品

355 CI 77742

中英文名称	颜料紫 16、Pigment Violet 16、Manganese Violet
CAS No.	10101-66-3
EINECS No.	233-257-4
结构式	$MnNH_4P_2O_7$
分子式	$MnNH_4P_2O_7$
分子量	246.92
理化性质	颜料紫 16($NH_4MnP_2O_7$)为无机颜料,是带有红光的紫色粉末,着色力和遮盖力不高,pH 值在 2.4～4.2 之间,不耐碱。10%的颜料水浆呈微紫性
安全性	欧盟化妆品法规的准用名是 CI 77742;中国化妆品法规的准用名是 CI 77742 或颜料紫 16($NH_4MnP_2O_7$);美国 FDA 和日本化妆品法规的准用名是 Manganese Violet。用作化妆品着色剂,未见外用不安全的报道
应用	化妆品着色剂。在欧盟,CI 77742 作为着色剂可用于所有类型的化妆品,例如口红、眼部产品,面霜等护肤类产品,以及香波、沐浴露等洗去型产品。在中国,CI 77742 或颜料紫 16($NH_4MnP_2O_7$)的应用产品类型同欧盟法规,也可作为着色剂应用于所有类型的化妆品。在美国和日本,Manganese Violet 也可用于所有类型的化妆品

356 CI 77745

中英文名称	磷酸锰、Manganese phosphate
CAS No.	10124-54-6
EINECS No.	233-341-0
结构式	

分子式	$Mn_3(PO_4)_2 \cdot 7H_2O$
分子量	480.86
理化性质	磷酸锰 $Mn_3(PO_4)_2 \cdot 7H_2O$ 为无机色料,化妆品仅采用七水磷酸锰。$Mn_3(PO_4)_2 \cdot 7H_2O$ 为白色块状物或无定形粉末。难溶于水和醇,溶于酸。能被碱所分解。加热会脱水得三水合物 $Mn_3(PO_4)_2 \cdot 3H_2O$
安全性	欧盟化妆品法规的准用名为 CI 77745;中国化妆品法规的准用名是 CI 77745 或磷酸锰 $Mn_3(PO_4)_2 \cdot 7H_2O$。作为化妆品着色剂,未见它外用不安全的报道
应用	化妆品着色剂。在欧盟,CI 77745 作为着色剂,可用于所有类型的化妆品,例如口红、眼部产品,面霜等护肤类产品,以及香波、沐浴露等洗去型产品。在中国,CI 77745 或磷酸锰 $Mn_3(PO_4)_2 \cdot 7H_2O$ 的应用产品类型同欧盟法规,也可用于所有类型的化妆品。美国和日本不允许用于化妆品

357 CI 77820

中英文名称	银,Ag、Silver
CAS No.	7440-22-4
EINECS No.	231-131-3
结构式	Ag
分子式	Ag
分子量	107.87
理化性质	银粉为白色有光泽金属粉末,不溶于冷水和热水
安全性	银的急性毒性为小鼠经口 $LD_{50} > 10000mg/kg$,无毒。欧盟化妆品法规的准用名是 CI 77820;中国化妆品法规的准用名为 CI 77820 或银,Ag;美国 FDA 和日本化妆品法规的准用名为 Silver。作为化妆品着色剂,未见它外用不安全的报道
应用	化妆品着色剂。在欧盟,CI 77820 作为着色剂可用于所有类型的化妆品,例如口红、眼部产品,面霜等护肤类产品,以及香波、沐浴露等洗去型产品。在中国,CI 77829 或银 Ag 的应用产品类型同欧盟法规,也可用于所有类型的化妆品。在美国,Silver 主要用于指甲油类产品。在日本,Silver 可用于所有类型的化妆品

358 CI 77891

中英文名称	颜料白 6(二氧化钛,TiO_2)、Pigment White 6、Titanium Dioxide
CAS No.	13463-67-7
EINECS No.	236-675-5
结构式	O=Ti=O
分子式	TiO_2
分子量	79.87
理化性质	颜料白或二氧化钛为白色粉末,不溶于水、酒精、脂肪酸和弱无机酸,微溶于碱,能被热硫酸和盐酸溶解。化学性质相当稳定,在一般情况下与大部分化学试剂不发生作用,可与任何胶黏剂、乳化剂混合使用。化妆品用二氧化钛粒径分布窄,粒径为 $0.1 \sim 0.7\mu m$,易于分散
安全性	颜料白或二氧化钛的急性毒性为小鼠经口 $LD_{50} \geqslant 12000mg/kg$,无毒。欧盟化妆品法规的准用名为 CI 77891;中国化妆品法规的准用名是 CI 77891、颜料白 6 或二氧化钛;美国 FDA 和日本化妆品法规的准用名为 Titanium Dioxide。作为化妆品着色剂,未见外用不安全的报道

应用	化妆品着色剂。在欧盟,CI 77891 作为着色剂可用于所有类型的化妆品,例如口红、眼部产品,面霜等护肤类产品,以及香波、沐浴露等洗去型产品。在中国,CI 77891 或颜料白 6、二氧化钛的应用产品类型同欧盟法规,也可用于所有类型的化妆品。美国和日本,Titanium Dioxide 也可作为着色剂,用于所有类型的化妆品

359 CI 77947

中英文名称	颜料白 4(氧化锌,ZnO)、Pigment White 4、Zinc Oxide
CAS No.	1314-13-2
EINECS No.	215-222-5
结构式	$Zn\!=\!O$
分子式	ZnO
分子量	81.39
理化性质	颜料白 4 或氧化锌为白色无定形粉末,化妆品用细度一般在 200 目或以上。不溶于水,不溶于乙醇,溶于酸、氢氧化钠水溶液
安全性	颜料白 4 或氧化锌的急性毒性为小鼠经口 LD_{50}:7950mg/kg,无毒。欧盟化妆品法规的准用名为 CI 77947;中国化妆品法规的准用名为 CI 77947 或颜料白 4、氧化锌;美国 FDA 和日本化妆品法规的准用名为 Zinc Oxide。作为着色剂,未见外用不安全的报道
应用	化妆品着色剂。在欧盟,CI 77947 作为着色剂可用于所有类型的化妆品,例如口红、眼部产品,面霜等护肤类产品,以及香波、沐浴露等洗去型产品。在中国,CI 77947 或颜料白 4、氧化锌的应用产品类型同欧盟法规,可用于所有类型的化妆品。在美国和日本,Zinc Oxide 也可作为着色剂用于所有类型的化妆品

360 EDTA-铜二钠

英文名称(INCI)	Disodium EDTA-Copper
CAS No.	14025-15-1
结构式	
分子式	$C_{10}H_{12}CuN_2Na_2O_8$
分子量	397.7
理化性质	EDTA(乙二胺四乙酸)-铜二钠是 EDTA 的铜的螯合物,蓝色粉末,熔点 245℃(开始分解),易溶于水(室温溶解度 1.7g/mL),不溶于乙醇。水溶液呈淡天蓝色
安全性	EDTA-铜二钠是食用色素,中国和美国 PCPC 将 EDTA-铜二钠作为化妆品着色剂,未见它外用不安全的报道。美国 PCPC 的准用名是 Disodium EDTA-Copper
应用	化妆品着色剂,用于洗发香波、洗手液、肥皂等清洁类制品;在护肤品中的用量一般在 0.0002%

361 HC 橙 No.1

英文名称(INCI)	HC Orange No.1
CAS No.	54381-08-7

EINECS No.	259-132-4
结构式	
分子式	$C_{12}H_{10}N_2O_3$
分子量	230.22
理化性质	HC 橙 No.1 为硝基类染料,橙-红色或棕-红色晶体粉末,纯度(HPLC)99%以上;熔点 143～148℃,微溶于水(室温溶解度 0.0022～0.0034g/L),可略溶于偏碱性的水溶液,可溶于乙醇(室温溶解度 64.6～96.8g/L),易溶于二甲亚砜(室温溶解度 185～277g/L)
安全性	HC 橙 No.1 急性经口毒性 LD$_{50}$>5000mg/kg(大鼠),根据大鼠单剂量经口毒性的分类,HC 橙 No.1 被分类为微毒性。500mg 样品用水润湿半封闭涂敷应用于白兔修剪后的皮肤上,无刺激性。基于已有的动物研究数据表明,HC 橙 No.1 不是皮肤致敏剂 欧盟消费者安全科学委员会(SCCS)评估表明,HC 橙 No.1 作为非氧化型染料在染发剂产品中使用是安全的,最大使用量 1.0%(混合后在头上的浓度),不可用于氧化型产品中;中国《化妆品安全技术规范》规定 HC 橙 No.1 作为非氧化型染料在染发剂产品中最大使用量 1.0%(混合后在头上的浓度),不可用于氧化型产品中。中国、美国和欧盟都将 HC 橙 No.1 作为非氧化型染料用于染发剂产品中,未见它们外用不安全的报道。但使用前需要进行斑贴试验
应用	用作半永久性的染发剂和发用着色剂,最大用量 1%,一般使用浓度在 0.15%,建议在 pH=9～10 时使用,不得与氧化剂共同使用。如将等量的 HC 橙 No.1 和 HC 黄 No.13 混合,混合物 0.25%在 pH=9 时可染得明快的橙色头发

362 HC 橙 No.2

英文名称(INCI)	HC Orange No.2
CAS No.	85765-48-6
EINECS No.	416-410-1
结构式	
分子式	$C_{10}H_{15}N_3O_4$
分子量	241.24
理化性质	HC 橙 No.2 为硝基染料,偏紫的红色粉末,纯度(HPLC)98%以上;熔点 114～115℃,紫外可见吸收光谱最大吸收波长 238nm,286nm 和 466nm;微溶于水(20℃±0.5℃,溶解度 4.24g/L±0.16g/L),可溶于偏酸性的水溶液,微溶于乙醇和二甲亚砜(室温溶解度<1g/100mL)
安全性	HC 橙 No.2 急性经口毒性 LD$_{50}$>5000mg/kg(大鼠),根据大鼠单剂量经口毒性的分类,HC 橙 No.2 被分类为微毒性。5%的样品溶于 0.5%的羧甲基纤维素溶液半封闭涂敷应用于白兔修剪后的皮肤上,有中度刺激性。基于已有的动物研究数据表明,HC 橙 No.2 是一种中度的皮肤致敏剂 欧盟消费者安全科学委员会(SCCS)评估表明,HC 橙 No.2 作为非氧化型染料在染发剂产品中使用是安全的,最大使用量 1.0%(混合后在头上的浓度),不可用于氧化型产品中。欧盟将 HC 橙 No.2 作为非氧化型染料用于染发剂产品中,未见它们外用不安全的报道。但使用前需要进行斑贴试验
应用	用作染发剂和发用着色剂。如一染发剂含 0.61%HC 橙 No.2、0.017%HC 红 No.3、0.035%HC 黄 No.9、0.1%碱性黄 57、0.085%的 4-氨基-3-硝基苯酚和 0.021%的 3-甲氨基-4-硝基苯氧基乙醇,pH=6.7,可染成亮金色的头发

363 HC 橙 No. 3

英文名称(INCI)	HC Orange No. 3
CAS No.	81612-54-6
结构式	
分子式	$C_{11}H_{16}N_2O_6$
分子量	272.25
理化性质	HC 橙 No. 3 为硝基染料,亮红色粉末,熔点 106℃(开始分解),溶于水(室温溶解度 1%),也溶于乙醇(溶解度 1%)、异丙醇等有机溶剂。紫外特征吸收波长为 482nm
安全性	HC 橙 No. 3 急性毒性为大鼠经口 LD_{50}:1000mg/kg;500mg 湿品斑贴于兔损伤皮肤显示无刺激和炎症。CTFA 将 HC 橙 No. 3 用作染发剂和发用着色剂,未见外用不安全的报道
应用	用作染发剂和发用着色剂中的配色料,最大用量 0.5%。如染发水含 1.0%HC 紫 No. 2、0.15% HC 橙 No. 3、0.25%HC 黄 No. 2、0.05%HC 黄 No. 4 和 0.1%的 3-硝基-p-羟乙氨基酚,在 pH=9 可染得带金光的浅栗色头发

364 HC 橙 No. 5

英文名称(INCI)	HC Orange No. 5
CAS No.	97404-13-2
结构式	
分子式	$C_{16}H_{15}ClN_2O_2$
分子量	302.8
理化性质	HC 橙 No. 5 为蒽醌类染料,稍溶于水,可溶于乙醇、丙酮、乙酸乙酯、甲苯等,在 30%乙醇中溶解度 2%。HC 橙 No. 5 盐酸盐,可溶于水,水溶液呈偏红的橙色
安全性	CTFA 将 HC 橙 No. 5 盐酸盐用作染发剂和发用着色剂,未见外用不安全的报道
应用	用作半永久性染发剂和发用着色剂,如 0.14%的 HC 橙 No.5 盐酸盐中性溶液,在天然棕色的头发上施用,得一深紫色。HC 橙 No.5 也可用于指甲油,用量 3%~3.75%

365 HC 橙 No. 6

英文名称(INCI)	HC Orange No. 6
CAS No.	1449653-83-1

结构式	
分子式	$C_{38}H_{48}N_4O_4S_2 \cdot 2CH_3O_3S$
分子量	879.13
理化性质	HC 橙 No.6 为吡啶鎓盐类染料,红色粉末,纯度(HPLC)90%以上,紫外可见吸收光谱最大吸收波长 442nm,277nm;易溶于水(23℃溶解度 100~500g/L,pH=6.8)呈偏红光的橙色;难溶于乙醇(23℃溶解度<0.1g/L),微溶于二甲亚砜(23℃溶解度 0.1~1g/L)。难溶于玉米油(23℃溶解度<0.1g/L)。紫外特征吸收波长 442nm
安全性	HC 橙 No.6 急性经口毒性 LD_{50}>1000mg/kg(大鼠),根据大鼠单剂量经口毒性的分类,HC 橙 No.6 被分类为低毒性。HC 橙 No.6 半封闭涂敷应用于白兔修剪后的皮肤上,无刺激性。基于已有的动物研究数据表明,HC 橙 No.6 不是皮肤致敏剂 欧盟消费者安全科学委员会(SCCS)评估表明,HC 橙 No.6 作为非氧化型染料在染发剂产品中使用是安全的,最大使用量 0.5%(混合后在头上的浓度),不可用于氧化型产品中。欧盟将 HC 橙 No.6 作为非氧化型染料用于染发剂产品中,未见它们外用不安全的报道。但使用前需要进行斑贴试验
应用	HC 橙 No.6 需与巯基乙酸铵配合使用,用作染发剂,pH=8.5,用量 0.5%,在双氧水作用下,染得橙色头发

366 HC 红 No.1

英文名称(INCI)	HC Red No.1
CAS No.	2784-89-6
EINECS No.	220-494-3
结构式	
分子式	$C_{12}H_{11}N_3O_2$
分子量	229.2
理化性质	HC 红 No.1 是硝基类染料,绿色-棕色晶体粉末,纯度(HPLC)98%以上;熔点 99~105℃;紫外可见吸收光谱最大吸收波长 272nm,497nm;难溶于水(室温溶解度 0.003g/L),可溶于乙醇(室温溶解度 15.8~23.6g/L),易溶于二甲亚砜(216~323g/L)
安全性	HC 红 No.1 急性经口毒性 LD_{50}:2500~5000mg/kg(雄性大鼠);LD_{50}:625~1250mg/kg(雌性大鼠)。根据大鼠单剂量经口毒性的分类,HC 红 No.1 被分类为低毒性。500mg 样品半封闭涂敷应用于白兔修剪后的皮肤上,无刺激性。基于已有的动物和人体研究数据表明,HC 红 No.1 是一种皮肤致敏剂

安全性	欧盟消费者安全科学委员会(SCCS)评估表明,HC 红 No.1 作为非氧化型染料在染发剂产品中使用是安全的,最大使用量 1.0%(混合后在头上的浓度),不可用于氧化型产品中;中国《化妆品安全技术规范》规定 HC 红 No.1 作为非氧化型染料在染发剂产品中最大使用量 0.5%(混合后在头上的浓度),不可用于氧化型产品中。中国、美国和欧盟都将 HC 红 No.1 作为非氧化型染料用于染发剂产品中,未见它们外用不安全的报道。但使用前需要进行斑贴试验
应用	用作染发剂和发用着色剂,适用 pH 为 7~9,不能与氧化剂同时使用

367 HC 红 No.3

英文名称(INCI)	HC Red No.3
CAS No.	2871-01-4
EINECS No.	220-701-7
结构式	
分子式	$C_8H_{11}N_3O_3$
分子量	197.2
理化性质	HC 红 No.3 是硝基染料,因制作工艺不同,有深红色结晶粉末和深绿色结晶粉末两种,纯度(HPLC)97.6%±2.2%;熔点 121.8~124.4℃。微溶于水(室温溶解度 1.15~2.50g/L),溶于酸性水溶液,溶液为近棕紫的红色;可溶于乙醇(室温溶解度 10.7~16.1g/L),易溶于二甲亚砜(室温溶解度 216~324g/L)
安全性	HC 红 No.3 急性经口毒性 LD_{50}:3940mg/kg(雄性大鼠);LD_{50}:2950mg/kg(雌性大鼠),根据大鼠单剂量经口毒性的分类,HC 红 No.3 被分类为低毒性。500mg 样品水溶液无封闭的情况下涂敷应用于白兔修剪后的皮肤上,在 24 小时和 72 小时后分别观察,均未观察到有红斑和水肿现象,说明 HC 红 No.3 在该测试浓度条件下无刺激。使用含有 3% HC 红 No.3 的染发剂产品,进行人体重复斑贴试验,测试结果表明,HC 红 No.3 对人体不产生刺激和过敏反应 欧盟消费者安全科学委员会(SCCS)评估表明,HC 红 No.3 作为直接氧化型染料在染发剂产品中使用是安全的,在氧化型染发剂中最大使用量 0.45%(混合后在头上的浓度,下同),在非氧化型产品中最大使用量为 3.0%;中国《化妆品安全技术规范》规定 HC 红 No.3 仅能作为非氧化型染料在染发剂产品中,且最大使用量 0.5%(混合后在头上的浓度),不可用于氧化型染发剂产品中。中国、美国和欧盟将 HC 红 No.3 作为直接染料用于染发剂产品中,未见它们外用不安全的报道。但使用前需要进行斑贴试验
应用	作为直接染料用于氧化型和非氧化型染发剂产品。但是在中国,仅能用于非氧化型染发剂,且最大允许使用量低于欧洲 3.0%,为 0.5%

368 HC 红 No.7

英文名称(INCI)	HC Red No.7
CAS No.	24905-87-1
EINECS No.	246-521-9
结构式	

分子式	$C_8H_{11}N_3O_3$
分子量	197.2
理化性质	HC 红 No.7 为硝基类染料,深棕色结晶性粉末,纯度(HPLC)98.5%以上;熔点 90～96℃,紫外可见吸收光谱最大吸收波长 249.8nm,494nm;微溶于水(22℃溶解度＜1g/100mL),溶于酸性水溶液,呈紫至红色。也微溶于乙醇(22℃溶解度＜1g/100mL),但易溶于二甲亚砜(22℃溶解度≥20g/100mL)
安全性	HC 红 No.7 急性经口毒性 LD_{50}:2000mg/kg(大鼠),根据大鼠单剂量经口毒性的分类,HC 红 No.7 被分类为低毒性。500mg 样品用水润湿半封闭涂敷应用于白兔修剪后的皮肤上,无刺激性。基于已有的动物研究数据表明,HC 红 No.7 是一种强皮肤致敏剂 欧盟消费者安全科学委员会(SCCS)评估表明,HC 红 No.7 作为非氧化型染料在染发剂产品中使用是安全的,最大使用量 1.0%(混合后在头上的浓度)。美国和欧盟都将 HC 红 No.7 作为非氧化型染料用于半永久性(非氧化型)染发剂产品中,未见它们外用不安全的报道。但使用前需要进行斑贴试验
应用	用作半永久性染发剂和发用着色剂。如 1 份 HC 红 No.7 与 2 份二羟吲哚混合,用量 0.75%,在 pH=2 时可染得棕色头发;4 份 HC 红 No.7 与 1 份 HC 黄 No.5 混合,用量 0.5%,在 pH=6 时可染得栗色头发

369　HC 红 No.8

英文名称(INCI)	HC Red No.8
CAS No.	13556-29-1
结构式	$H_2N-(CH_2)_3-NH$ O（蒽醌结构式）
分子式	$C_{17}H_{16}N_2O_2$
分子量	280.3
理化性质	HC 红 No.8 为蒽醌类染料,不溶于水,可溶于丙酮、乙酸乙酯、丁酸乙酯、二甲苯等。HC 红 No.8 盐酸盐是红色粉末,熔点 280℃。稍溶于水(溶解度 0.1%),呈红色;稍溶于乙醇(溶解度 0.1%);在二甲亚砜中可溶解(溶解度 5%)
安全性	HC 红 No.8 盐酸盐急性毒性为大鼠经口 LD_{50}＞2000mg/kg,无毒;1% 的丙二醇悬浮液涂敷兔损伤皮肤也无刺激作用。PCPC 将 HC 红 No.8 盐酸盐用作染发剂和发用着色剂,未见外用不安全的报道
应用	HC 红 No.8 盐酸盐可用作暂时性的染发剂和发用着色剂,最大用量 0.2%。如单独使用,0.2% 的染发液在 pH=5 时可赋予头发洋红色泽。HC 红 No.8 可用在指甲油中,用量 3%

370　HC 红 No.9

英文名称(INCI)	HC Red No.9
CAS No.	56330-88-2
结构式	（结构式图）

分子式	$C_{15}H_{15}ClN_4O_2$
分子量	318.8
理化性质	HC 红 No.9 为苯醌类染料,红色粉末,不溶于水,可溶于乙醇、甲醇
安全性	PCPC 将 HC 红 No.9 用作染发剂和发用着色剂,未见外用不安全的报道
应用	用作半永久性染发剂和发用着色剂,在 pH=7 左右时使用,用量 0.1%

371 HC 红 No.10

英文名称(INCI)	HC Red No.10
CAS No.	95576-89-9
结构式	
分子式	$C_9H_{12}ClN_3O_4$
分子量	261.7
理化性质	HC 红 No.10 属硝基类染料,红棕色粉末;熔点 109.8～111.8℃,沸点 252.9℃(开始分解),密度 1.53g/cm³(25℃);紫外可见吸收光谱最大吸收波长 210nm,254nm,500nm;微溶于水(室温溶解度 1.734g/L),可溶乙醇(室温溶解度 40～80g/L),易溶于二甲亚砜(室温溶解度>100g/L)
安全性	HC 红 No.10 急性经口毒性 LD_{50}:1830mg/kg(雌性大鼠);LD_{50}:2196mg/kg(雄性大鼠);LD_{50}: 1875mg/kg(雌性小鼠);LD_{50}:1860mg/kg(雄性小鼠),根据大鼠单剂量经口毒性的分类,HC 红 No.10 被分类为低毒性。500mg 样品用 1mL 水润湿半封闭涂敷应用于白兔修剪后的皮肤上,无刺激性。基于已有的动物研究数据表明,不能排除 HC 红 No.10 是否致敏 欧盟消费者安全科学委员会(SCCS)评估表明,HC 红 No.10 作为氧化型染料在染发剂产品中使用是安全的,最大使用量 1%(混合后在头上的浓度,下同),在非氧化型产品中最大使用量为 2%。欧盟将 HC 红 No.10 作为染料中间体/非氧化型染料用于永久性(氧化型)染发剂产品中,未见它们外用不安全的报道。但使用前需要进行斑贴试验
应用	用作半永久性染发剂和发用着色剂;也用于氧化型染发剂,还可与自氧化型染料配合。如 0.6% HC 红 No.10、1.3%甲苯-2,5-二胺硫酸盐、0.7%4-氨基-2-羟基甲苯、1.3%HC 蓝 No.2 和 0.5%HC 红 No.3 配合,在 pH=9～10 时,不使用双氧水,染得有光泽的红-棕色

372 HC 红 No.11

英文名称(INCI)	HC Red No.11
CAS No.	95576-92-4
结构式	
分子式	$C_{12}H_{18}ClN_3O_6$
分子量	335.74
理化性质	HC 红 No.11 属硝基类染料,红棕色粉末;熔点 109.8～111.8℃,沸点 252.9℃(开始分解),密度 1.53g/cm³(25℃);紫外可见吸收光谱最大吸收波长 210nm,254nm,500nm;微溶于水(室温溶解度 3.058g/L),可溶乙醇(室温溶解度 40～80g/L),易溶于二甲亚砜(室温溶解度>100g/L)

安全性	HC 红 No. 11 急性经口毒性 LD$_{50}$:1830mg/kg(雌性大鼠);LD$_{50}$:2196mg/kg(雄性大鼠);LD$_{50}$:1875mg/kg(雌性小鼠);LD$_{50}$:1860mg/kg(雄性小鼠),根据大鼠单剂量经口毒性的分类,HC 红 No. 11 被分类为低毒性。500mg 样品用 1mL 水润湿半封闭涂敷应用于白兔修剪后的皮肤上,无刺激性。基于已有的动物研究数据表明,不能排除 HC 红 No. 11 是否致敏 欧盟消费者安全科学委员会(SCCS)评估表明,HC 红 No. 11 作为氧化型染料在染发剂产品中使用是安全的,最大使用量 1%(混合后在头上的浓度,下同),在非氧化型产品中最大使用量为 2%。欧盟将 HC 红 No. 11 作为染料中间体/非氧化型染料用于永久性(氧化型)染发剂产品中,未见它们外用不安全的报道。但使用前需要进行斑贴试验
应用	可用作半永久性染发剂和氧化型染发剂。如 0.2%HC 红 No. 11、0.1%碱性红 51、0.03%碱性蓝 124、0.5%HC 蓝 No. 2、0.3%碱性棕 16、0.1%碱性橙 31、0.1%HC 黄 No. 4、0.1%碱性黄 87 和 0.1%碱性黄 57 混合,在 pH=9~10 时,得深棕色头发

373　HC 红 No. 13

英文名称(INCI)	HC Red No. 13
CAS No.	94158-13-1
EINECS No.	303-083-4
结构式	N(CH$_2$CH$_2$OH)$_2$ · HCl（苯环上取代 NO$_2$、NH$_2$）
分子式	C$_{10}$H$_{15}$N$_3$O$_4$ · HCl
分子量	277.7
理化性质	HC 红 No. 13 为硝基类染料,常用的是其盐酸盐形式,黄色粉末,纯度(HPLC)98% 以上,熔点 95.2~97.2℃,沸点 93℃(开始分解),闪点>400℃,密度 1.457g/cm^3(20℃);紫外可见吸收光谱最大吸收波长 210nm,254nm,520nm。微溶于水(20℃溶解度约 197mg/L,pH=1.70),易溶于 50% 的丙酮水溶液(20℃溶解度>100g/L,pH=1.4),易溶于二甲亚砜(20℃溶解度>100g/L)
安全性	HC 红 No. 13 急性经口毒性 LD$_{50}$:2120mg/kg,(大鼠),根据大鼠单剂量经口毒性的分类,HC 红 No. 13 被分类为微毒性。0.5mL 2.5% 的样品水溶液(含 0.05% 的亚硫酸钠)半封闭涂敷应用于白兔修剪后的皮肤上,无刺激性。基于已有的动物研究数据表明,HC 红 No. 13 是一种中度的皮肤致敏剂 欧盟消费者安全科学委员会(SCCS)评估表明,HC 红 No. 13 作为氧化型染料在染发剂产品中使用是安全的,最大使用量 1.25%(混合后在头上的浓度,下同),在非氧化型产品中最大使用量为 2.5%。欧盟都将 HC 红 No. 13 作为染料偶合剂(或称颜色改性剂)/非氧化型染料用于永久性(氧化型)染发剂产品中,未见它们外用不安全的报道。但使用前需要进行斑贴试验
应用	可用于直接染发剂和氧化型染发剂。如单独使用,建议 pH 范围在 4.3~5.0,用量≤0.3%;可与其他直接染发用料复配使用,对色泽起细微的修饰作用。也可与氧化型染料配合,在氧化剂作用下参与染色

374　HC 红 No. 14

英文名称(INCI)	HC Red No. 14
结构式	NH、O（环）、NO$_2$、NH$_2$（苯并吗啉结构）
分子式	C$_8$H$_9$N$_3$O$_3$

分子量	195.2
理化性质	HC 红 No.14 为硝基染料
安全性	CTFA 将 HC 红 No.14 用作染发剂和发用着色剂,未见外用不安全的报道
应用	染发剂和发用着色剂

375 HC 红 No.15

英文名称(INCI)	HC Red No.15
CAS No.	90648-73-0
结构式	
分子式	$C_9H_{13}N_3O_3$
分子量	211.2
理化性质	HC 红 No.15 为硝基染料,微溶于水,溶于丙酮、乙醇、异丙醇等溶剂。紫外特征吸收波长为 505nm
安全性	美国 PCPC 将 HC 红 No.15 用作染发剂和发用着色剂,未见外用不安全的报道
应用	染发剂和发用着色剂

376 HC 红 No.17

英文名称(INCI)	HC Red No.17
CAS No.	1449471-67-3
结构式	
分子式	$C_{46}H_{62}N_6O_6S_2 \cdot 2Cl$
分子量	930.0
理化性质	HC 红 No.17 为吡啶鎓盐型染料,深红色粉末,熔点 74℃,紫外可见吸收光谱最大吸收波长 270nm、469nm;微溶于水(23℃溶解度 0.1~1g/L),此水溶液的 pH 值为 7.7;微溶于乙醇(23℃溶解度 0.1g/L);在苯甲醇中稍溶,可溶于二甲亚砜(23℃溶解度 10~33g/L),呈橙光的红色。难溶于玉米油

安全性	HC 红 No. 17 急性经口毒性 LD_{50}＞1000mg/kg(大鼠),根据大鼠单剂量经口毒性的分类,HC 红 No. 17 被分类为低毒性。10mg 样品用水润湿半封闭涂敷应用于白兔修剪后的皮肤上,无刺激性。基于已有的动物研究数据表明,HC 红 No. 17 不是皮肤致敏剂 　　欧盟消费者安全科学委员会(SCCS)评估表明,HC 红 No. 17 作为非氧化型染料在染发剂产品中使用是安全的,最大使用量 0.5%(混合后在头上的浓度)。欧盟将 HC 红 No. 17 作为非氧化型染料用于半永久性(非氧化型)染发剂产品中,未见它们外用不安全的报道。但使用前需要进行斑贴试验
应用	HC 红 No. 17 需与巯基乙酸铵配合使用,用作染发剂,在 pH＝9.0 下施用,用量 0.5%,并在双氧水作用下,可染得牢固的橙-红色头发

377　HC 红 No. 18

英文名称(INCI)	HC Red No. 18
CAS No.	1444596-49-9
结构式	
分子式	$C_9H_7ClN_4OS_2$
分子量	286.76
理化性质	HC 红 No. 18 是偶氮类染料,红色粉末,纯度(HPLC)98.5%以上,紫外可见吸收光谱最大吸收波长 545nm,526nm;不溶于水(室温溶解度＜0.001%),稍溶于偏碱性的水,虽然溶解度不大,但用于染色已经足够;微溶于乙醇(室温溶解度＜0.1%);易溶于二甲亚砜(室温溶解度 12.5%)
安全性	HC 红 No. 18 急性经口毒性 LD_{50}:300mg/kg(大鼠),根据大鼠单剂量经口毒性的分类,HC 红 No. 18 被分类为中毒性。24～27mg 样品用 25μL 水润湿半封闭涂敷应用于白兔修剪后的皮肤上,无刺激性。基于已有的动物研究数据表明,HC 红 No. 18 不是皮肤致敏剂 　　欧盟消费者安全科学委员会(SCCS)评估表明,HC 红 No. 18 作为非氧化型染料在染发剂产品中使用是安全的,最大使用量 0.5%(混合后在头上的浓度)。欧盟将 HC 红 No. 18 作为非氧化型染料用于半永久性(非氧化型)染发剂产品中,未见它们外用不安全的报道。但使用前需要进行斑贴试验
应用	用作染发剂和发用着色剂。可直接使用,建议用量 0.1%,pH 在 10.4 左右(不要小于 10),赋予紫红色泽。也可与其他直接染料配合,在双氧水参与下染色。如等量的 HC 红 No. 18、HC 蓝 No. 18 和 HC 黄 No. 16 混合,pH＝9.5,在双氧水作用下,染得黑色头发

378　HC 黄 No. 2

英文名称(INCI)	HC Yellow No. 2
CAS No.	4926-55-0
EINECS No.	225-555-8
结构式	

分子式	$C_8H_{10}N_2O_3$
分子量	182.18
理化性质	HC 黄 No.2 为硝基染料,橙红色结晶粉末,纯度(HPLC)99%以上;熔点 71~73.3℃,微溶于水(室温溶解度 6~9g/L),易溶于乙醇(室温溶解度 202~304g/L),易溶于二甲亚砜(室温溶解度>796g/L)
安全性	HC 黄 No.2 急性经口毒性 LD_{50}:1250~2500mg/kg(大鼠),根据大鼠单剂量经口毒性的分类,HC 黄 No.2 被分类为低毒性。500mg 样品用水润湿半封闭涂敷应用于白兔修剪后的皮肤上,无刺激性。基于已有的动物研究数据表明,HC 黄 No.2 不是皮肤致敏剂 欧盟消费者安全科学委员会(SCCS)评估表明,HC 黄 No.2 作为氧化型染料在染发剂产品中使用是安全的,最大使用量 0.75%(混合后在头上的浓度,下同),在非氧化型产品中最大使用量为 1.0%。中国《化妆品安全技术规范》规定 HC 黄 No.2 作为氧化型染料在染发剂产品中最大使用量 0.75%(混合后在头上的浓度,下同),在非氧化型产品中最大使用量为 1.0%。中国、美国和欧盟都将 HC 黄 No.2 作为染料偶合剂(或称颜色改性剂)/非氧化型染料用于染发剂产品中,未见它们外用不安全的报道。但使用前需要进行斑贴试验
应用	可作为直接染料使用于染发剂产品中,用作半永久性发用染料。如 1 份 HC 黄 No.2、2 份 HC 黄 No.4、3 碱性蓝 99、5 份碱性棕 16 和 6 份 HC 蓝 No.2 混合,pH=5 混合物用量 1.7%时,染得黑褐色毛发

379 HC 黄 No.4

英文名称(INCI)	HC Yellow No.4
CAS No.	59820-43-8
EINECS No.	258-002-4
结构式	
分子式	$C_{10}H_{14}N_2O_5$
分子量	242.23
理化性质	HC 黄 No.4 为硝基染料,黄色或黄绿色固体粉末,纯度(HPLC)95%以上;熔点 142.0~147.0℃,微溶于水(室温溶解度 1.39~2.09g/L),可溶于乙醇(室温溶解度 26.1~39.2g/L),为偏绿的黄色,易溶于二甲亚砜(室温溶解度 252~378g/L)
安全性	HC 黄 No.4 急性经口毒性 LD_{50}>5000mg/kg(大鼠),根据大鼠单剂量经口毒性的分类,HC 黄 No.4 被分类为微毒性。500mg 样品用水润湿半封闭涂敷应用于白兔修剪后的皮肤上,无刺激性。基于已有的动物和人体研究数据表明,不能证明 HC 黄 No.4 是皮肤致敏剂 欧盟消费者安全科学委员会(SCCS)评估表明,HC 黄 No.4 作为非氧化型染料在染发剂产品中使用是安全的,最大使用量 1.5%(混合后在头上的浓度);中国《化妆品安全技术规范》规定 HC 黄 No.4 作为非氧化型染料在染发剂产品中最大使用量 1.5%(混合后在头上的浓度),不能用于氧化型产品中。中国、美国和欧盟都将 HC 黄 No.4 作为非氧化型染料用于半永久性(非氧化型)染发剂产品中,未见它们外用不安全的报道。但使用前需要进行斑贴试验
应用	用作半永久性发用染料。如 1 份 HC 黄 No.4、2 份 N,N'-双(2-羟乙基)-2-硝基-p-苯二胺、3 碱性蓝 124、3 份碱性棕 16 和 5 份 HC 蓝 No.2 混合,在 pH=9~10,混合物用量 1.4%,染得棕-黑色头发

380　HC 黄 No.5

英文名称(INCI)	HC Yellow No.5
CAS No.	56932-44-6
EINECS No.	260-450-0
结构式	
分子式	$C_8H_{11}N_3O_3$
分子量	197.19
理化性质	HC 黄 No.5 为硝基染料,棕色晶体粉末,纯度(HPLC)98%以上,熔点 132℃,微溶于水,溶于丙酮、乙醇、异丙醇等,呈偏橙的黄色
安全性	HC 黄 No.5 急性经口毒性 LD_{50}:555.56mg/kg(大鼠),根据大鼠单剂量经口毒性的分类,HC 黄 No.5 被分类为微毒性。0.5mL 1% HC 黄 No.5 水溶液在半封闭涂敷应用于白兔修剪后的皮肤上,无刺激性。基于已有的动物研究数据表明,HC 黄 No.5 不是一种中度的皮肤致敏剂 欧盟消费者安全科学委员会(SCCS)评估表明,HC 黄 No.5 作为非氧化型染料在染发剂产品中使用是安全的,最大使用量 0.25%(混合后在头上的浓度);美国和欧盟都将 HC 黄 No.5 作为非氧化型染料用于半永久性(非氧化型)染发剂产品中,未见它们外用不安全的报道。但使用前需要进行斑贴试验
应用	用作半永久性染发剂,如 0.33% 的 HC 黄 No.5、0.17% 的 HC 红 No.3、0.36% 的碱性棕 16 和 0.04% 的碱性蓝 99 配合,在 pH=6.5 时染得光亮的铜色头发

381　HC 黄 No.6

英文名称(INCI)	HC Yellow No.6
CAS No.	104333-00-8
结构式	
分子式	$C_{10}H_{11}F_3N_2O_4$
分子量	280.2
理化性质	HC 黄 No.6 为硝基类染料,稍溶于水(室温溶解度<3%),稍溶于乙醇,呈橙-黄色
安全性	HC 黄 No.6 急性毒性为大鼠经口 LD_{50}:915mg/kg;3% 水溶液直接涂敷豚鼠皮肤试验无刺激。美国 PCPC 将 HC 黄 No.6 用作染发剂和发用着色剂,未见外用不安全的报道
应用	用作半永久性染发剂,最大用量 1%;用作氧化型染料,最大用量 2%。如 0.6% HC 黄 No.6、2.0% HC 黄 No.12、1.0% HC 蓝 No.2 和 0.4% 的 2-氨基-6-氯-4-硝基苯酚混合,在 pH=7~9 时,混合物浓度 0.03% 即染得金色头发

382　HC 黄 No.7

英文名称(INCI)	HC Yellow No.7
CAS No.	104226-21-3

结构式	
分子式	$C_{17}H_{22}N_4O_2$
分子量	314.38
理化性质	HC黄No.7为单偶氮类染料,橙色结晶粉末,熔点151℃(乙醇重结晶),不溶于水,可溶于乙醇(室温溶解度1~10g/100mL),热酒精中溶解度增大,呈黄色。紫外特征吸收波长是419.0nm和449.8nm
安全性	HC黄No.7急性毒性为大鼠经口 LD_{50}:500mg/kg;500mg湿品直接斑贴于兔皮肤试验无刺激和反应。美国PCPC和欧盟将HC黄No.7用作染发剂和发用着色剂,未见外用不安全的报道
应用	用作半永久性染发剂和发用着色剂,最大用量<0.25%。如1份HC黄No.7和2份HC蓝NO.14混合,此混合物0.3%,在pH=6.5时可染成绿色。而1份HC黄No.7,2份3-硝基-p-羟乙氨基酚和2份4-氨基-3-硝基苯酚混合,此混合物1%在pH=9.5时,可染得强烈的铜样色泽的头发

383 HC黄No.8

英文名称(INCI)	HC Yellow No. 8
CAS No.	66612-11-1
结构式	
分子式	$C_{15}H_{13}ClN_2O_4$
分子量	247.7
理化性质	HC黄No.8为硝基染料,不溶于水,可溶于异丙醇、乙酸乙酯、甲苯等,呈偏橙的黄色。HC黄No.8另一种产品是其盐酸盐,黄色粉末,稍溶于水(室温溶解度为5g/L),略溶于乙醇(室温溶解度<1g/L),也略溶于二甲亚砜,紫外特征吸收波长为322nm
安全性	HC黄No.8盐酸盐急性毒性为雌性大鼠经口 LD_{50}:745mg/kg。兔皮肤试验无刺激。PCPC将HC黄No.8盐酸盐用作染发剂和发用着色剂,未见外用不安全的报道。但使用前须进行斑贴试验
应用	HC黄No.8盐酸盐用作半永久性染发剂和发用着色剂,适用pH为6~7,最大用量0.5%。如2份HC黄No.8盐酸盐、6份HC红No.3、3份3-硝基-p-羟乙氨基酚和4份4-氨基-3-硝基苯酚混合,此混合色料用量1.5%,在pH=6.7时染得橙色头发 HC黄No.8可用于指甲油,如3份HC黄No.8和1份HC黄No.5混合,在指甲油中用入2%,为珠光色泽的橙色指甲油

384 HC黄No.9

英文名称(INCI)	HC Yellow No. 9
CAS No.	86419-69-4

EINECS No.	415-480-1
结构式	
分子式	$C_9H_{14}ClN_3O_3$
分子量	247.68
理化性质	HC黄No.9为硝基染料,黄色结晶粉末,几乎无味;紫外可见吸收光谱最大吸收波长206nm、230nm、252nm和322nm;微溶于水(20℃室温溶解度5.21g/L±0.11g/L),微溶于乙醇(23℃溶解度<1g/L),也微溶于二甲亚砜(23℃溶解度<1g/L)
安全性	HC黄No.9急性经口毒性LD$_{50}$:200~500mg/kg(大鼠),根据大鼠单剂量经口毒性的分类,HC黄No.9被分类为中毒性。500mg样品用0.5mL水润湿半封闭涂敷应用于白兔修剪后的皮肤上,无刺激性。基于已有的动物研究数据表明,不能排除HC黄No.9有致敏性 欧盟消费者安全科学委员会(SCCS)评估表明,HC黄No.9作为非氧化型染料在染发剂产品中使用是安全的,最大使用量0.5%(混合后在头上的浓度)。欧盟将HC黄No.9作为非氧化型染料用于半永久性(非氧化型)染发剂产品中,未见它们外用不安全的报道。但使用前需要进行斑贴试验
应用	HC黄No.9盐酸盐用作半永久染发剂和发用着色剂,适用pH为6~7。如2份HC黄No.9盐酸盐、6份HC红No.3、3份3-硝基-p-羟乙氨基酚和4份4-氨基-3-硝基苯酚混合,此混合色料用量1.5%,在pH=6.7时染得橙色头发 HC黄No.9可用于指甲油,如3份HC黄No.9和1份HC黄No.5混合,在指甲油中用入2%,为珠光色泽的橙色指甲油

385　HC黄No.10

英文名称(INCI)	HC Yellow No.10
CAS No.	109023-83-8
EINECS No.	416-940-3
结构式	
分子式	$C_{10}H_{14}ClN_3O_4$
分子量	275.69
理化性质	HC黄No.10为硝基染料,橙色结晶粉末,纯度(HPLC)99.5%以上;熔点171~173℃。紫外可见吸收光谱最大吸收波长388.2nm。微溶于水(室温溶解度0.079g/L),微溶于乙醇(22℃溶解度<1g/L),可溶于乙二甲亚砜(22℃溶解度>10g/L)可溶于丙酮,易溶于二甲亚砜,呈黄色
安全性	HC黄No.10急性经口毒性LD$_{50}$>2000mg/kg(大鼠),根据大鼠单剂量经口毒性的分类,HC黄No.10被分类为低毒性。1% HC黄No.10溶于0.5%的甲基纤维素水溶液半封闭涂敷应用于白兔修剪后的皮肤上,无刺激性。基于已有的动物研究数据表明,HC黄No.10不是皮肤致敏剂 欧盟消费者安全科学委员会(SCCS)评估表明,HC黄No.10作为非氧化型染料在染发剂产品中使用是安全的,最大使用量0.10%(混合后在头上的浓度)。欧盟将HC黄No.10作为非氧化型染料用于半永久性(非氧化型)染发剂产品中,未见它们外用不安全的报道。但使用前需要进行斑贴试验
应用	用于半永久性染发剂,一般在偏酸性的条件下使用,用作配色料

386　HC 黄 No. 11

英文名称(INCI)	HC Yellow No. 11
CAS No.	73388-54-2
结构式	
分子式	$C_8H_{10}N_2O_4$
分子量	198.2
理化性质	HC 黄 No. 11 为硝基染料,棕-橙色或棕-紫色结晶性粉末,熔点 202～203℃。稍溶于水(30℃溶解度 0.54g/L),呈黄色。其在乙醇中的溶解度和在水中的溶解度差不多
安全性	HC 黄 No. 11 急性毒性为大鼠经口 LD_{50}＞5000mg/kg,无毒;500mg 湿品斑贴于兔损伤皮肤试验无刺激,但有很轻微炎症反应,极可能是由内含杂质所致。美国 PCPC 将 HC 黄 No. 11 用作染发剂和发用着色剂,未见外用不安全的报道。但使用前须进行斑贴试验
应用	用作半永久性染发剂,最大用量 1.1%

387　HC 黄 No. 12

英文名称(INCI)	HC Yellow No. 12
CAS No.	59320-13-7
结构式	
分子式	$C_8H_9N_2O_3Cl$
分子量	216.6
理化性质	HC 黄 No. 12 为硝基染料,熔点 104～108℃,微溶于水,易溶于乙醇和二甲亚砜。其水溶液在光照和空气中不稳定
安全性	HC 黄 No. 12 急性毒性为大鼠经口 LD_{50}:1250mg/kg;5% 水溶液涂敷豚鼠皮肤试验无刺激。美国 PCPC 和欧盟将 HC 黄 No. 12 用作染发剂和发用着色剂,未见外用不安全的报道
应用	用作半永久性染发剂,最大用量为 0.5%;用作氧化型染料,最大用量 1%。如某染发剂中含 0.26% 的 HC 蓝 No. 2、0.02% 的 4-氨基-3-硝基苯酚、0.02% 的 HC 黄 No. 12 和 0.02%HC 黄 No. 6,在 pH＝6～7 时可染得褐色头发

388　HC 黄 No. 13

英文名称(INCI)	HC Yellow No. 13
CAS No.	10442-83-8
EINECS No.	443-760-2
结构式	

分子式	$C_9H_9F_3N_2O_3$
分子量	250.18
理化性质	HC 黄 No.13 是硝基类染料,黄色结晶型粉末,纯度(HPLC)98%以上;熔点 74.7℃。沸点 227.1℃,闪点>400℃,密度 1.45g/cm³(20℃);紫外可见吸收光谱最大吸收波长 240nm,408nm;微溶于水(20℃溶解度 0.506g/L),稍溶于乙醇,呈橙-黄色;可溶于丙二醇(室温溶解度>5%);极易溶于二甲亚砜(室温溶解度 50g/L)
安全性	HC 黄 No.13 急性经口毒性 LD_{50}>2000mg/kg(大鼠),急性皮肤毒性 LD_{50}>2000mg/kg(家兔大鼠)。根据大鼠单剂量经口毒性的分类,HC 黄 No.13 被分类为低毒性。0.5mL 5% HC 黄 No.13 的丙二醇溶液半封闭涂敷应用于白兔修剪后的皮肤上,无刺激性。基于已有的动物研究数据表明,HC 黄 No.13 不是一种皮肤致敏剂 欧盟消费者安全科学委员会(SCCS)评估表明,HC 黄 No.13 作为氧化型染料在染发剂产品中使用是安全的,最大使用量 2.5%(混合后在头上的浓度,下同),在非氧化型产品中最大使用量为 2.5%。欧盟将 HC 黄 No.13 作为染料偶合剂(或称颜色改性剂)/非氧化型染料用于半永久性(非氧化型)染发剂产品中,未见它们外用不安全的报道。但使用前需要进行斑贴试验
应用	配合用于染发剂和发用着色剂。如甲苯-2,5-二胺硫酸盐 2.3%,p-氨基苯酚 1.13%,间苯二酚 0.8%,m-氨基苯酚 0.8%,4-氨基-2-羟基甲苯 0.517%,2,4-二氨基苯氧基乙醇 2HCl 0.506%,2-氨基-6-氯-4-硝基苯酚 0.792% 和 HC Yellow No.13 的 1.05% 混合,调节 pH 至 2.5 与双氧水作用,染得金色米黄色头发

389　HC 黄 No.14

英文名称(INCI)	HC Yellow No.14
CAS No.	90349-40-9
结构式	
分子式	$C_9H_9N_3O_3$
分子量	207.2
理化性质	HC 黄 No.14 为硝基类染料,橙色粉末,熔点 132~134℃,微溶于水,可溶于乙醇。紫外特征吸收波长为 412nm
安全性	美国 PCPC 将 HC 黄 No.14 用作染发剂和发用着色剂,未见外用不安全的报道
应用	用作半永久性染发剂和发用着色剂,适用 pH=7~11.5,用量 0.1%~2%。如 0.0947% HC 黄 No.14,0.1962% HC 蓝 NO.2 和 0.1% 碱性棕 16 配合,可染得浅灰-棕色头发

390　HC 黄 No.15

英文名称(INCI)	HC Yellow No.15
CAS No.	138377-66-9
结构式	
分子式	$C_9H_{11}N_3O_4$

分子量	225.2
理化性质	HC 黄 No. 15 为硝基染料,橙色粉末,微溶于水,溶于乙醇和异丙醇,可在甲醇/异丙醇混合溶剂中重结晶提纯。紫外特征吸收波长 415nm
安全性	美国 PCPC 将 HC 黄 No. 15 用作染发剂和发用着色剂,未见外用不安全的报道
应用	用作半永久性染发剂和发用着色剂,适用 pH=7～10,用量 0.1%～1%。也可与其他直接染料配合使用。如 HC 黄 No. 15 单独使用,浓度 0.1%,调节 pH 为 9,在漂白过的白发上染得带绿的黄色

391　HC 黄 No. 16

英文名称(INCI)	HC Yellow No. 16
CAS No.	1184721-10-5
结构式	
分子式	$C_{10}H_9ClN_4O$
分子量	236.7
理化性质	HC 黄 No. 16 为偶氮类染料,黄色粉末,紫外可见吸收光谱最大吸收波长 365nm 和 490nm(二甲亚砜中),201nm 和 365nm(HPLC 洗脱液中),450nm(碱性过氧化氢中)。微溶于水(室温溶解度 0.5%,pH=9),虽然溶解度不大,但用于染色已经足够。微溶于乙醇(室温溶解度<1%),易溶于二甲亚砜(室温溶解度>10%)
安全性	HC 黄 No. 16 急性经口毒性 LD_{50}:300mg/kg(大鼠),根据大鼠单剂量经口毒性的分类,HC 黄 No. 16 被分类为中毒性。500mg 样品用 0.5mL 水润在半封闭涂敷应用于白兔修剪后的皮肤上,无刺激性。基于已有的动物研究数据表明,HC 黄 No. 16 不是皮肤致敏剂 欧盟消费者安全科学委员会(SCCS)评估表明,HC 黄 No. 16 作为氧化型染料在染发剂产品中使用是安全的,最大使用量 1.0%(混合后在头上的浓度,下同),在非氧化型产品中最大使用量为 1.5%。欧盟将 HC 黄 No. 16 作为染料偶合剂(或称颜色改性剂)用于永久性(氧化型)染发剂产品中,在半永久性染发剂产品中作为非氧化型染料,未见它们外用不安全的报道。但使用前需要进行斑贴试验
应用	用作氧化型染发剂,适宜 pH=9～10.5。如等量的 HC 红 No. 18,HC 蓝 No. 18 和 HC 黄 No. 16 混合,pH=9.5 并在双氧水作用下,混合物用量 0.075%,可染得黑色头发。也用于直接染料

392　HC 黄 No. 17

英文名称(INCI)	HC Yellow No. 17
CAS No.	1450801-55-4
结构式	

分子式	$C_{44}H_{56}N_4O_8S_2 \cdot 2Cl$
分子量	903.0
理化性质	HC 黄 No.17 为吡啶鎓盐型染料,深红色粉末,熔点 73～80℃,紫外可见吸收光谱最大吸收波长 428nm、334nm、285nm 和 265nm,微溶于水(23℃±2℃,溶解度 0.1～1.0g/L);微溶于乙醇(23℃±2℃,溶解度 1～10g/L),易溶于二甲亚砜(23℃±2℃,溶解度 50～100g/L),难溶于玉米油
安全性	HC 黄 No.17 急性经口毒性 LD_{50}＞1000mg/kg(大鼠),根据大鼠单剂量经口毒性的分类,HC 黄 No.17 被分类为低毒性。10mg 样品半封闭涂敷应用于白兔修剪后的皮肤上,无刺激性。基于已有的动物研究数据表明,HC 黄 No.17 是一种强皮肤致敏剂 欧盟消费者安全科学委员会(SCCS)评估表明,HC 黄 No.17 作为非氧化型染料在染发剂产品中使用是安全的,最大使用量 0.5％(混合后在头上的浓度)。欧盟将 HC 黄 No.17 作为非氧化型染料用于半永久性(非氧化型)染发剂产品中,未见它们外用不安全的报道。但使用前需要进行斑贴试验
应用	用作染发剂和发用着色剂。HC 黄 No.17 需与巯基乙酸铵配合使用,用作染发剂,pH=8 左右,用量 0.5％,在双氧水作用下,染得黄色头发

393 HC 蓝 No.2

英文名称(INCI)	HC Blue No.2
CAS No.	33229-34-4
EINECS No.	251-410-3
结构式	
分子式	$C_{12}H_{19}N_3O_5$
分子量	285
理化性质	HC 蓝 No.2 为硝基染料,深蓝紫色结晶粉末,纯度(HPLC)98％以上;熔点 103～104℃,紫外可见吸收光谱最大吸收波长 263.6nm 和 535.0nm;可溶于水(20℃±0.5℃,溶解度 4.57g/L±0.14g/L),水溶液为略带紫光的较浅的蓝青色。微溶于乙醇(20℃±0.5℃,溶解度＜1g/100mL),易溶于二甲亚砜(20℃±0.5℃,溶解度≥20g/100mL)
安全性	HC 蓝 No.2 急性经口毒性 LD_{50}:2000mg/kg(大鼠),根据大鼠单剂量经口毒性的分类,HC 蓝 No.2 被分类为低毒性。3％ HC 蓝 No.2 溶于 0.5％的羧甲基纤维素水溶液半封闭涂敷应用于白兔修剪后的皮肤上,无刺激性。基于已有的动物研究数据表明,HC 蓝 No.2 是一种潜在的皮肤致敏剂 欧盟消费者安全科学委员会(SCCS)评估表明,HC 蓝 No.2 作为非氧化型染料在染发剂产品中使用是安全的,最大使用量 2.8％(混合后在头上的浓度)。美国和欧盟都将 HC 蓝 No.2 作为非氧化型染料用于半永久性(非氧化型)染发剂产品中,未见它们外用不安全的报道。但使用前需要进行斑贴试验
应用	用作半永久性发用染料和发用着色剂,与其他染发剂配合使用。如碱性蓝 99:碱性棕 16:HC 蓝 No.2:HC 黄 No.4:HC 黄 No.2 以 3:5:6:2:1 的比例,pH=10 时,可染得黑褐色毛发

394 HC 蓝 No.4

英文名称(INCI)	HC Blue No.4
CAS No.	158571-57-4

结构式	
分子式	$C_{22}H_{27}O_5N_3$
分子量	413.5
理化性质	HC 蓝 No.4 为蒽醌类染料,紫色粉末,溶于水、酸性水和乙醇
安全性	中国和美国 PCPC 将 HC 蓝 No.4 用作染发剂和发用着色剂,未见外用不安全的报道。中国的准用名是 HC 蓝 No.4;美国 PCPC 的准用名是 HC Blue No.4
应用	用作半永久性发用染料。如 1.97% HC 蓝 No.4 与 0.86% HC 黄 No.2、0.805% HC 黄 No.4、0.1% HC 红 No.3、0.25% HC 红 No.13、0.5% HC 紫 No.1 和 0.5% HC 紫 No.3 配合,在 pH=9 时染得深棕黑色头发

395 HC 蓝 No.5

英文名称(INCI)	HC Blue No.5
CAS No.	68478-64-8
结构式	
分子式	$C_{13}H_{23}ClN_4O_5$
分子量	350.8
理化性质	HC 蓝 No.5 为硝基类染料,易溶于水和乙醇
安全性	美国 PCPC 将 HC 蓝 No.5 用作染发剂和发用着色剂,未见外用不安全的报道
应用	用作半永久性发用染料。如 1.97% 的 HC 蓝 No.5 与 0.43% 的 HC 黄 No.2、0.43% 的 HC 黄 No.4、0.15% 的 HC 红 No.3 和 0.3% 的 HC 红 No.13 配合,在 pH=5 时可染得中等棕色的头发

396 HC 蓝 No.6

英文名称(INCI)	HC Blue No.6
CAS No.	93633-79-5
结构式	
分子式	$C_{11}H_{17}N_3O_4$
分子量	255.3
理化性质	HC 蓝 No.6 为硝基染料,其盐酸盐可溶于水,更易溶于热水,溶液呈稍显紫光的蓝青色;稍溶于乙醇,易溶于二甲亚砜。紫外特征吸收波长为 540nm

安全性	美国 PCPC 将 HC 蓝 No.6 用作染发剂和发用着色剂,未见外用不安全的报道
应用	用作半永久性染发剂,如 0.5% HC 蓝 No.6 与 0.5% HC 蓝 No.14、0.1% HC 黄 No.7、1.0% HC 紫 No.2、0.5% 2-硝基-5-甘油基-N-甲基苯胺和 0.1% 的 N'-甲基-N-羟乙基-3-硝基-p-苯二胺配合,在 pH=9.5 时直接染得深栗色头发

397 HC 蓝 No.8

英文名称(INCI)	HC Blue No.8
CAS No.	22366-99-0
结构式	
分子式	$C_{18}H_{19}N_3O_2$
分子量	309.37
理化性质	HC 蓝 No.8 是蒽醌类染料,不溶于水,但其盐酸盐可溶于水。也可溶于丙酮、乙醇,呈带紫色光的蓝色
安全性	美国 PCPC 将 HC 蓝 No.8 用作染发剂和发用着色剂,未见外用不安全的报道
应用	染发剂和发用着色剂

398 HC 蓝 No.9

英文名称(INCI)	HC Blue No.9
CAS No.	114087-42-2
结构式	
分子式	$C_{13}H_{22}ClN_3O_5$
分子量	335.8
理化性质	HC 蓝 No.9 为硝基类染料,其盐酸盐为黄色至黄绿色粉末。易溶于水(室温溶解度 100g/L),呈蓝色;在丙二醇中溶解度为 0.8%。不溶于乙醇
安全性	HC 蓝 No.9 急性毒性为雄性大鼠经口 LD_{50}:4470mg/kg;兔皮肤试验无刺激。美国 PCPC 和欧盟将 HC 蓝 No.9 用作染发剂和发用着色剂,未见外用不安全的报道
应用	用作氧化型染发剂,最大用量 2%。以 HC 蓝 No.9 盐酸盐为原料制作染发剂时,需用碱调节 pH 至 9~10,同时加入 20%~40% 异丙醇使其溶解,用量 0.7%,染得有银光的蓝色头发

399 HC 蓝 No.10

英文名称(INCI)	HC Blue No.10
CAS No.	102767-27-1

结构式	
分子式	$C_{12}H_{19}N_3O_5$
分子量	285.3
理化性质	HC 蓝 No.10 是硝基类染料,微溶于水,但可溶于乙醇、异丙醇等,呈蓝色
安全性	HC 蓝 No.10 急性毒性为大鼠经口 LD_{50}:2500~3000mg/kg;3%丙二醇的悬浮液涂敷豚鼠皮肤试验无刺激。美国 PCPC 和欧盟将 HC 蓝 No.10 用作染发剂和发用着色剂,未见外用不安全的报道
应用	用作染发剂,最大用量 2.0%。如 HC 蓝 No.10 盐酸盐 1.2%,与 2-氯-5-硝基-N-羟乙基-p-苯二胺 0.1%和 HC 黄 No.6 的 1.0%配合,在 pH=9 时,以异丙醇使其溶解,可将白发染为棕色,并有紫色的反光

400 HC 蓝 No.11

英文名称(INCI)	HC Blue No.11
CAS No.	23920-15-2
EINECS No.	459-980-7
结构式	
分子式	$C_{13}H_{21}N_3O_5$
分子量	299.32
理化性质	HC 蓝 No.11 为硝基染料,深棕色粉末,纯度(HPLC)99.5%以上,熔点 61~71℃,紫外可见吸收光谱最大吸收波长 264nm 和 555nm;微溶于水(室温溶解度 3g/L),溶于乙醇(室温溶解度 170g/L),溶于二甲亚砜(室温溶解度 250g/L),还溶于异丙醇、氯仿、乙酸乙酯,呈带蓝光的紫色
安全性	HC 蓝 No.11 急性经口毒性 LD_{50}:1250mg/kg(大鼠)。根据大鼠单剂量经口毒性的分类,HC 蓝 No.11 被分类为低毒性。500mg 样品半封闭涂敷应用于白兔修剪后的皮肤上,无刺激性。基于已有的动物研究数据表明,HC 蓝 No.11 不是皮肤致敏剂 欧盟消费者安全科学委员会(SCCS)评估表明,HC 蓝 No.11 作为非氧化型染料在染发剂产品中使用是安全的,最大使用量 2.0%(混合后在头上的浓度)。欧盟将 HC 蓝 No.11 作为非氧化型染料用于半永久性(非氧化型)染发剂产品中,未见它们外用不安全的报道。但使用前需要进行斑贴试验
应用	染发剂和发用着色剂,单独使用 pH 为 9.5,不能与氧化剂共存。如 HC 蓝 No.11 的 1.5%,与碱性蓝 75 的 0.1%、碱性棕 16 的 0.2%和 HC 黄 No.4 的 0.2%配合,调节 pH 至 5,染得褐色头发

401 HC 蓝 No.12

英文名称(INCI)	HC Blue No.12
CAS No.	132885-85-9
EINECS No.	407-020-2

结构式	
分子式	$C_{12}H_{20}ClN_3O_4$
分子量	305.76
理化性质	HC 蓝 No.12 为硝基类染料,常用的是其盐酸盐,为黄绿色粉末,纯度(HPLC)98%以上;熔点 164~170℃,密度 1.363g/cm³(20℃);可溶于水(室温溶解度>100g/L,pH=2.4),更易溶于热水,溶液呈稍显紫光的蓝青色;也稍溶于乙醇(室温溶解度 5~15g/L),易溶于 50%丙酮水溶液(室温溶解度 70~120g/L),易溶于二甲亚砜(室温溶解度>100g/L)
安全性	HC 蓝 No.12 急性经口毒性 LD_{50}:1668mg/kg(雌性大鼠);LD_{50}:1775mg/kg(雌性小鼠);LD_{50}:1770mg/kg(雄性小鼠)。急性皮肤毒性 LD_{50}>2000mg/kg(家兔)。根据大鼠单剂量经口毒性的分类,HC 蓝 No.12 被分类为微毒性。500mg 样品用 1mL 水润湿半封闭涂敷应用于白兔修剪后的皮肤上,无刺激性。基于已有的动物研究数据表明,HC 蓝 No.12 是一种中度的皮肤致敏剂 欧盟消费者安全科学委员会(SCCS)评估表明,HC 蓝 No.12 作为非氧化型染料在染发剂产品中使用是安全的,最大使用量 1.5%(混合后在头上的浓度)。欧盟将 HC 蓝 No.12 作为非氧化型染料用于半永久性(非氧化型)染发剂产品中,未见它们外用不安全的报道。但使用前需要进行斑贴试验
应用	染发剂和发用着色剂。如单独使用(0.5%),在 pH=9 时,可染得淡紫色的头发。0.05%的 HC 蓝 No.12 与 1.0%的 4-氨基-3-硝基苯酚混合,在 pH=9 时可染出偏褐色的紫色

402 HC 蓝 No.13

英文名称(INCI)	HC Blue No.13
结构式	
分子式	$C_{15}H_{16}N_4O_4$
分子量	316.3
理化性质	HC 蓝 No.13 为硝基类染料。微溶于水(室温溶解度<1g/L),微溶于乙醇,易溶于二甲亚砜。其溶液的稳定性好,呈偏紫色的蓝
安全性	美国 PCPC 将 HC 蓝 No.13 用作染发剂和发用着色剂,未见外用不安全的报道
应用	用作半永久性染发剂和发用着色剂

403 HC 蓝 No.14

英文名称(INCI)	HC Blue No.14
CAS No.	99788-75-7
EINECS No.	421-470-7

结构式	
分子式	$C_{20}H_{22}N_2O_6$
分子量	386.4
理化性质	HC 蓝 No. 14 为蒽醌类染料,如海军蓝样粉末,几乎无味,纯度(HPLC)98.5%以上;熔点 185～215℃。紫外可见吸收光谱最大吸收波长 236nm,258nm,594nm 和 641nm;微溶于水(20℃溶解度 0.02g/L),可溶于酸性水。微溶于乙醇、二甲亚砜、二甲基甲酰胺(20℃溶解度 0.5g/L)
安全性	HC 蓝 No. 14 急性经口毒性 LD_{50}>2000mg/kg(大鼠)。根据大鼠单剂量经口毒性的分类,HC 蓝 No. 14 被分类为低毒性。0.5% 10%样品溶于 0.5%CMC 水溶液半封闭涂敷应用于白兔修剪后的皮肤上,无刺激性。基于已有的动物研究数据表明,HC 蓝 No. 14 不能排除有致敏的风险 欧盟消费者安全科学委员会(SCCS)评估表明,HC 蓝 No. 14 作为非氧化型染料在染发剂产品中使用是安全的,最大使用量 0.3%(混合后在头上的浓度)。欧盟将 HC 蓝 No. 14 作为非氧化型染料用于半永久性(非氧化型)染发剂产品中,未见它们外用不安全的报道。但使用前需要进行斑贴试验
应用	用作半永久性染发剂。如单独使用,用量 0.25%,在 pH=5 时,可染得蓝色。也可与其他染料复配,如 0.5%的 HC 蓝 No. 14、0.5%的 HC 蓝 No. 6、0.1%的 HC 黄 No. 7、1.0%的 HC 紫 No. 2、0.5%的 2-硝基-5-甘油基-N-甲基苯胺和 0.1%的 N'-甲基-N-羟乙基-3-硝基-p-苯二胺,在 pH=9.5 时染得深栗色头发

404 HC 蓝 No. 15

英文名称(INCI)	HC Blue No. 15
CAS No.	74578-10-2
EINECS No.	277-929-5
结构式	
分子式	$C_{23}H_{25}Cl_2N_2O_4P$
分子量	495.34
理化性质	HC 蓝 No. 15 为三苯基甲烷类染料,市售品是其磷酸盐,为偏红的棕色粉末,纯度(HPLC)95%以上;密度 1.424g/cm³(20℃),可溶于水(室温溶解度 61.9g/L),溶液为带紫光的蓝青色。溶于 50%的丙酮(室温溶解度 6.4%,以体积分数计,下同),溶于二甲亚砜(室温溶解度 9.3%)
安全性	500mg HC 蓝 No. 15 用 0.1mL 水润湿半封闭涂敷应用于白兔修剪后的皮肤上,无刺激性。基于已有的动物研究数据表明,HC 蓝 No. 15 不能排除是否致敏。欧盟消费者安全科学委员会(SCCS)评估表明,HC 蓝 No. 15 作为氧化型染料在染发剂产品中使用是安全的,最大使用量 0.2%(混合后在头上的浓度,下同),在非氧化型产品中最大使用量为 0.2%。欧盟将 HC 蓝 No. 15 作为染料偶合剂(或称颜色改性剂)用于永久性(氧化型)染发剂产品中,以及作为非氧化型染料用于非氧化型产品中,未见它们外用不安全的报道。但使用前需要进行斑贴试验
应用	用作半永久性染发剂,也可在双氧水存在时参与染发。如 3 份 HC 蓝 No. 15 和 4 份碱性紫 2 混合,调节 pH 为 5,染发水中色料浓度 0.14%,染得紫色头发

405　HC 蓝 No. 16

英文名称(INCI)	HC Blue No. 16
CAS No.	502453-61-4
EINECS No.	481-170-7
结构式	
分子式	$C_{23}H_{30}N_3O_2Br$
分子量	460.42
理化性质	HC 蓝 No. 16 为蒽醌类阳离子染料,深蓝色粉末,熔点 226.7℃,密度 1.445g/cm³(20℃);紫外可见吸收光谱最大吸收波长 261nm,589nm,637nm。易溶于水(20℃溶解度 218g/L,pH=5.6),呈有点绿的蓝色。易溶于 50%的丙酮水溶液中(20℃溶解度>100g/L,pH=5.3),易溶于二甲亚砜(20℃溶解度>50g/L)
安全性	HC 蓝 No. 16 急性经口毒性 LD_{50}:600~2000mg/kg(大鼠),根据大鼠单剂量经口毒性的分类,HC 蓝 No. 16 被分类为低毒性。500mg HC 蓝 No. 16 用水润湿后半封闭涂敷应用于白兔修剪后的皮肤上,无刺激性。基于已有的动物研究数据表明,HC 蓝 No. 16 不是皮肤致敏剂 欧盟消费者安全科学委员会(SCCS)评估表明,HC 蓝 No. 16 作为非氧化型染料在染发剂产品中使用是安全的,最大使用量 3.0%(混合后在头上的浓度)。欧盟将 HC 蓝 No. 16 作为非氧化型染料用于半永久性(非氧化型)染发剂产品中,未见它们外用不安全的报道。但使用前需要进行斑贴试验
应用	用作半永久性染发剂和发用着色剂,一般用量 0.5%~1.0%。如 1 份碱性紫 2 和 2 份 HC 蓝 No. 16 混合,调节 pH 为 5,此色料用入 0.24%,可染得带红光的紫色

406　HC 蓝 No. 17

英文名称(INCI)	HC Blue No. 17
CAS No.	16517-75-2
EINECS No.	605-392-2
结构式	
分子式	$C_{22}H_{29}N_3O_6S$
分子量	463.5
理化性质	HC 蓝 No. 17 为蒽醌类阳离子染料,蓝色粉末,纯度(HPLC)93.3%。紫外可见吸收光谱最大吸收波长 258nm,562nm,604nm;易溶于水(室温溶解度>40%),呈紫光的蓝色。也易溶于二甲亚砜(室温溶解度>40%)
安全性	500mg HC 蓝 No. 17 用 0.5mL 水润湿半封闭涂敷应用于白兔修剪后的皮肤上,无刺激性。基于已有的动物研究数据表明,不能排除 HC 蓝 No. 17 是否致敏。HC 蓝 No. 17 中的杂质对其安全性影响极大,其中亚硝胺的含量应低于 50×10^{-9}

安全性	欧盟消费者安全科学委员会(SCCS)评估表明,HC 蓝 No.17 作为氧化型染料在染发剂产品中使用是安全的,最大使用量 2.0%(混合后在头上的浓度,下同),在非氧化型产品中最大使用量为 2.0%。欧盟将 HC 蓝 No.17 作为染料偶合剂(或称颜色改性剂)用于永久性(氧化型)染发剂产品中,以及作为非氧化型染料用于非氧化型产品中,未见它们外用不安全的报道。但使用前需要进行斑贴试验
应用	用作染发剂和发用着色剂。如 9 份 HC 蓝 No.17 和 4 份碱性棕 16 混合,调节 pH 为 9,混合物用量 0.13%,可染得茄紫色

407 HC 蓝 No.18

英文名称(INCI)	HC Blue No.18
CAS No.	852356-91-3
结构式	
分子式	$C_{13}H_9ClN_4O_3S_2$
分子量	368.92
理化性质	HC 蓝 No.18 为偶氮类染料,红色粉末,纯度(HPLC)99%以上;紫外可见吸收光谱最大吸收波长 410nm 和 625nm。微溶于水(室温溶解度 1%,pH=9),更溶于偏碱性的水,虽然溶解度不大,但用于染色已经足够。微溶于乙醇(室温溶解度<1%),易溶于二甲亚砜(室温溶解度>10%)
安全性	HC 蓝 No.18 急性经口毒性 LD_{50}:1000mg/kg(大鼠),根据大鼠单剂量经口毒性的分类,HC 蓝 No.18 被分类为低毒性。500mg 样品用 0.5mL 水润湿半封闭涂敷应用于白兔修剪后的皮肤上,无刺激性。基于已有的动物研究数据表明,HC 蓝 No.18 是一种中度的皮肤致敏剂 欧盟消费者安全科学委员会(SCCS)评估表明,HC 蓝 No.18 作为氧化型染料在染发剂产品中使用是安全的,最大使用量 0.35%(混合后在头上的浓度,下同),在非氧化型产品中最大使用量为 0.35%。欧盟将 HC 蓝 No.18 作为染料偶合剂(或称颜色改性剂)/非氧化型染料用于染发剂产品中,未见它们外用不安全的报道。但使用前需要进行斑贴试验
应用	用作直接染发剂,建议在 pH=10 左右使用。与其他直接染料配合染发;也可在双氧水参与下染色,如 0.15%的 HC 蓝 No.18、0.1%的 HC 红 No.18 和 0.35%的 HC 黄 No.16,调节 pH 为 9.5,在双氧水作用下,染得偏棕的褐色头发

408 HC 绿 No.1

英文名称(INCI)	HC Green No.1
CAS No.	52136-25-1
结构式	
分子式	$C_{18}H_{23}N_3O_5$

分子量	361.39
理化性质	HC 绿 No.1 为苯醌类染料，墨绿光泽的黑色粉末，熔点 198℃，微溶于水（溶解度小于 0.1%），易溶于酸性水，可溶于乙醇、丙酮，在 95%乙醇中溶解度是 0.1%
安全性	HC 绿 No.1 急性毒性为雄性大鼠经口 LD_{50}：1000mg/kg；雌性大鼠经口 LD_{50}：100mg/kg；0.5%的丙二醇溶液涂敷于兔损伤皮肤，无刺激和反应。美国 PCPC 将 HC 绿 No.1 用作染发剂和发用着色剂，未见外用不安全的报道
应用	用作染发剂和发用着色剂，最大用量为 0.1%。如单独使用，pH=7 时，0.1%的 HC 绿 No.1 在白发上染得珠光样的杏仁绿

409 HC 紫 No.1

英文名称（INCI）	HC Violet No.1
CAS No.	82576-75-8
EINECS No.	417-600-7
结构式	
分子式	$C_9H_{13}N_3O_3$
分子量	211.2
理化性质	HC 紫 No.1 为硝基类染料，黑褐色结晶粉末，熔点 139～145℃，紫外可见吸收光谱最大吸收波长 248.4nm 和 489nm。微溶于水（20℃溶解度 338mg/L），微溶于乙醇（22℃溶解度<10g/L），易溶于二甲亚砜（22℃溶解度 200g/L）
安全性	HC 紫 No.1 急性经口毒性 LD_{50}>2000mg/kg（大鼠），根据大鼠单剂量经口毒性的分类，HC 紫 No.1 被分类为低毒性。500mg 样品被 0.5mL 水润湿半封闭涂敷应用于白兔修剪后的皮肤上，有潜在刺激性。基于已有的动物研究数据表明，HC 紫 No.1 是一种强皮肤致敏剂 欧盟消费者安全科学委员会（SCCS）评估表明，HC 紫 No.1 作为氧化型染料在染发剂产品中使用是安全的，最大使用量 0.25%（混合后在头上的浓度，下同），在非氧化型产品中最大使用量为 0.28%。欧盟将 HC 紫 No.1 作为染料偶合剂（或称颜色改性剂）/非氧化型染料用于染发剂产品中，未见它们外用不安全的报道。但使用前需要进行斑贴试验
应用	用作半永久性染发剂。如 6 份 HC 紫 No.1、5 份 HC 红 No.3 和 8 份 2-氨基-6-氯-4-硝基苯酚混合，此色料的 1.9%，在 pH=9 时可染得红宝石样红色头发

410 HC 紫 No.2

英文名称（INCI）	HC Violet No.2
CAS No.	104226-19-9
EINECS No.	410-910-3
结构式	

分子式	$C_{13}H_{21}N_3O_5$
分子量	299
理化性质	HC 紫 No.2 为硝基类染料,绿-棕色结晶形粉末,纯度(HPLC)99%。熔点 70~80℃。紫外可见吸收光谱最大吸收波长 262nm 和 550nm。易溶于水(20℃溶解度>64.8g/100mL),易溶于二甲亚砜(22℃溶解度>20g/100mL),易溶于乙醇(22℃溶解度 10~20g/100mL)、丙酮、异丙醇、乙酸乙酯。HC 紫 No.2 的盐酸盐可溶于水,稍溶于无水乙醇,呈偏紫的蓝色
安全性	HC 紫 No.2 急性经口毒性 LD_{50}>2000mg/kg(大鼠),急性皮肤毒性 LD_{50}>2000mg/kg(大鼠)。根据大鼠单剂量经口毒性的分类,HC 紫 No.2 被分类为低毒性。500mg 样品半封闭涂敷应用于白兔修剪后的皮肤上,无刺激性。基于已有的动物研究数据表明,HC 紫 No.2 是一种中度的皮肤致敏剂 欧盟消费者安全科学委员会(SCCS)评估表明,HC 紫 No.2 作为非氧化型染料在染发剂产品中使用是安全的,最大使用量 2.0%(混合后在头上的浓度)。欧盟将 HC 紫 No.2 作为非氧化型染料用于半永久性(非氧化型)染发剂产品中,未见它们外用不安全的报道。但使用前需要进行斑贴试验
应用	用作半永久性染发剂,不要与氧化剂共同使用。如 0.5% 的 HC 紫 No.2、0.15% 的分散蓝 1、0.08% 的 4-硝基-o-苯二胺和 0.05% 的 2-硝基-p-苯二胺配合,在 pH=9.6 时可染得色泽自然的棕色头发

411　HC 棕 No.1

英文名称(INCI)	HC Brown No.1
CAS No.	83803-98-9
结构式	
分子式	$C_{31}H_{30}N_9 \cdot Cl$
分子量	564.1
理化性质	HC 棕 No.1 为三偶氮型染料
安全性	美国 PCPC 将 HC 棕 No.1 用作染发剂和发用着色剂,未见外用不安全的报道
应用	用作染发剂和发用着色剂

412　HC 棕 No.2

英文名称(INCI)	HC Brown No.2
CAS No.	83803-99-0

结构式	
分子式	$C_{28}H_{30}N_9 \cdot Cl$
分子量	528.05
理化性质	HC 棕 No.2 是一种三偶氮型染料
安全性	美国 PCPC 将 HC 棕 No.2 用作染发剂和发用着色剂,未见外用不安全的报道
应用	染发剂和发用着色剂

413 间氨基苯酚/间氨基苯酚盐酸盐/间氨基苯酚硫酸盐

英文名称(INCI)	*m*-Aminophenol/*m*-Aminophenol HCl/*m*-Aminophenol Sulfate
CAS No.	591-27-5/51-81-0/68239-81-6
EINECS No.	209-711-2/200-125-2/269-475-1
结构式	
分子式	$C_6H_7NO/C_6H_8ClNO/2(C_6H_7NO) \cdot H_2SO_4$
分子量	109.16/145.59/316.33
理化性质	间氨基苯酚为白色或淡红色或浅灰色结晶,熔点 120~124℃,紫外可见吸收光谱最大吸收波长 234nm,284nm;可溶于水(20℃ 溶解度 20.1g/L±2.9g/L),易溶于乙醇(22℃ 溶解度<20g/100mL),易溶于二甲亚砜(22℃溶解度≥20g/100mL)。间氨基苯酚盐酸盐为白色至浅黄色片状结晶,熔点 229℃,易溶于水和乙醇,微溶于乙醚,其水溶液呈酸性。间氨基苯酚硫酸盐为白色粉末,易溶于水。这三者的溶液状态在光照下和空气中均不稳定
安全性	间氨基苯酚急性经口毒性 $LD_{50}>500mg/kg$(大鼠),根据大鼠单剂量经口毒性的分类,间氨基苯酚被分类为低毒性。0.5mL 2%间氨基苯酚水溶液半封闭涂敷应用于白兔修剪后的皮肤上,无刺激性。基于已有的动物研究数据表明,间氨基苯酚是一种强皮肤致敏剂 欧盟消费者安全科学委员会(SCCS)评估表明,间氨基苯酚及其盐酸盐和硫酸盐作为氧化型染料在染发剂产品中使用是安全的,最大使用量 1.2%(混合后在头上的浓度)。中国《化妆品安全技术规范》规定间氨基苯酚及其盐酸盐和硫酸盐作为氧化型染料在染发剂产品中最大使用量 1%(以游离基计,混合后在头上的浓度),不能用于非氧化型产品中。中国、美国和欧盟都将间氨基苯酚及其盐酸盐和硫酸盐作为染料偶合剂(或称颜色改性剂)用于永久性(氧化型)染发剂产品中,未见它们外用不安全的报道。但使用前需要进行斑贴试验
应用	间氨基苯酚在染发剂产品中用作染料偶合剂。间氨基苯酚和不同的染料中间体复配在头发上可染得不同的色调,当和对苯二胺复配时,会产生红棕色;和 1-羟乙基-4,5-二氨基吡唑硫酸盐复配时会产生红色调。不可用于非氧化型染发剂产品。如间氨基苯酚 0.45%,与甲基-2,5-二胺硫酸盐 3.2%、2-氨基-4-羟乙氨基茴香醚硫酸盐 0.8%、间苯二酚 0.8%配合,调节 pH=8.3,在双氧水作用下,染得强烈光亮的黑色头发

414 间苯二胺/间苯二胺硫酸盐

英文名称（INCI）	m-Phenylenediamine/m-Phenylenediamine Sulfate
CAS No.	108-45-2/541-70-8
结构式	 $C_6H_8N_2$ / $C_6H_8N_2 \cdot H_2SO_4$ 结构式图 · H_2SO_4
分子式	$C_6H_8N_2/C_6H_8N_2 \cdot H_2SO_4$
分子量	108.15/206.21
理化性质	间苯二胺为黄色至棕色粉末,熔点64～66℃。易溶于水(25℃溶解度350g/L),也溶于乙醇。间苯二胺硫酸盐无色或浅灰色晶或粉末,易溶于水。两者的水溶液在光照和空气中均不稳定
安全性	间苯二胺急性毒性为大鼠经口 LD_{50}:650mg/kg;25%水溶液涂敷豚鼠皮肤试验有刺激和过敏,但1%水溶液涂敷豚鼠皮肤试验无刺激。美国PCPC将间苯二胺及其硫酸盐作为染发剂和头发着色剂,未见它们外用不安全的报道
应用	用作染发剂和头发着色剂,两者的最大用量为1%。如一剂型染发剂中间苯二胺硫酸盐0.05%,与对苯二胺1.1%和邻氨基苯酚0.025%配合,在pH=9时可染得黑发

415 间二甲氨基苯基脲

英文名称（INCI）	m-Dimethylaminophenyl Urea
CAS No.	26455-21-0
结构式	结构式图
分子式	$C_9H_{13}N_3O$
分子量	179.22
理化性质	间二甲氨基苯基脲为白色粉末,熔点约123℃。稍溶于水,温度升高,在水中溶解度增大。可溶于乙醇,易溶于二甲亚砜
安全性	美国PCPC将间二甲氨基苯基脲作为染发剂和头发着色剂,未见它们外用不安全的报道
应用	用作氧化型染发剂。间二甲氨基苯基脲在pH=10.5时,在6%双氧水作用下,可将白发染成中等强度的绿色。如间二甲氨基苯基脲0.45%,与(甲氧基甲基)苯-1,4-二胺盐酸盐0.56%配合,调节pH=10～10.5,在双氧水作用下,可染得煤褐色头发

416 间硝基苯酚

英文名称（INCI）	m-Nitrophenol
CAS No.	554-84-7
结构式	结构式图 HO—NO₂
分子式	$C_6H_5NO_3$
分子量	139.11

理化性质	间硝基苯酚为淡黄色结晶,熔点 96～97℃。微溶于水(25℃溶解度 13.5g/L),水溶液 pH 值>8.6 呈黄色,pH 值<6.8 为无色。溶于乙醇、乙醚、丙酮、稀酸、碱等
安全性	间硝基苯酚急性毒性为大鼠经口 LD$_{50}$:328mg/kg;小鼠经口 LD$_{50}$:1070mg/kg;500mg 湿品斑贴于兔损伤皮肤试验有中等刺激反应。美国 PCPC 将间硝基苯酚作为头发着色剂,未见它们外用不安全的报道
应用	用作头发着色剂,赋予头发黄色

417 间硝基苯磺酸钠

英文名称(INCI)	Sodium 3-Nitrobenzenesulfonic Acid
CAS No.	127-68-4
结构式	
分子式	C$_6$H$_4$NNaO$_5$S
分子量	225.15
理化性质	间硝基苯磺酸钠为白色-淡黄色粉末,熔点 350℃。溶于水(20℃溶解度 200g/L),水溶液呈淡黄色,在水溶液中逐渐分解。也溶于乙醇
安全性	间硝基苯磺酸钠急性毒性为大鼠经口 LD$_{50}$:11000mg/kg,无毒。美国 PCPC 将间硝基苯磺酸钠作为染发剂和头发着色剂,未见它们外用不安全的报道。使用前需进行斑贴试验
应用	以防染盐的机理参与头发的染发和作为着色剂

418 N-[2-(4-氧代-4H-3,1-苯丙噁嗪-2-基)苯基]-2-萘磺酰胺

英文名称(INCI)	Oxobenzoxazinyl Naphthalene Sulfoanilide
CAS No.	10128-55-9
结构式	
分子式	C$_{24}$H$_{16}$N$_2$O$_4$S
分子量	428.46
理化性质	N-[2-(4-氧代-4H-3,1-苯丙噁嗪-2-基)苯基]-2-萘磺酰胺为荧光类染料,白色粉末,熔点 184.8～185.5℃。不溶于水,在 350～400nm 区域内有强烈吸收
安全性	美国 PCPC 将 N-[2-(4-氧代-4H-3,1-苯丙噁嗪-2-基)苯基]-2-萘磺酰胺作为化妆品着色剂,未见它外用不安全的报道
应用	用作着色剂和光稳定剂,用量 0.1%～0.3%,吸收日光中的紫外光部分而发射出蓝色荧光加以补正,用于香皂、粉状洗涤剂等产品

419　N,N-二甲基-2,6-吡啶二胺盐酸盐

英文名称（INCI）	N,N-Dimethyl 2,6-Pyridinediamine HCl
CAS No.	63763-86-0
结构式	NH_2—N—$N(CH_3)_2$ · HCl
分子式	$C_7H_{11}N_3$ · HCl
分子量	173.64
理化性质	N,N-二甲基-2,6-吡啶二胺盐酸盐为淡黄色粉末，可溶于水和乙醇。水溶液的稳定性尚可
安全性	中国和美国 PCPC 将 N,N-二甲基-2,6-吡啶二胺盐酸盐作为头发着色剂，未见它外用不安全的报道
应用	用作发用直接染料

420　N,N′-二甲基-N-羟乙基-3-硝基对苯二胺

英文名称（INCI）	N,N′-Dimethyl-N-hydroxyethyl-3-nitro-p-phenylenediamine
CAS No.	10288-03-2
结构式	
分子式	$C_{10}H_{15}N_3O_3$
分子量	225.25
理化性质	N,N′-二甲基-N-羟乙基-3-硝基对苯二胺为淡黄色粉末，熔点 92.5℃，不溶于水，可溶于乙醇，也溶于乙酸乙酯、氯仿
安全性	美国 PCPC 将 N,N′-二甲基-N-羟乙基-3-硝基对苯二胺作为头发着色剂，未见外用不安全的报道
应用	用作半永久性染发剂，最大用量1%。可单独使用，在 pH＝7 时可将白发染为有点蓝光的淡紫色。也可复配染发，如 N,N′-二甲基-N-羟乙基-3-硝基对苯二胺 0.46％，与 N-甲基-3-硝基对苯二胺 0.06％、4-硝基间苯二胺 0.05％和 2-硝基对苯二胺 0.02％配合，调节 pH 至 9，可将白发染为铜样光泽的栗色

421　N,N-二甲基对苯二胺/N,N-二甲基对苯二胺硫酸盐

英文名称（INCI）	N,N-Dimethylphenylenediamine/N,N-Dimethylphenylenediamine Sulfate
CAS No.	99-98-9/6219-73-4
结构式	· H_2SO_4
分子式	$C_8H_{12}N_2/C_8H_{14}N_2O_4S$

分子量	136.2/234.27
理化性质	N,N-二甲基对苯二胺为灰色至黑色固体,熔点 3436℃,微溶于水,能溶于醇、醚及氯仿。N,N-二甲基对苯二胺硫酸盐为灰白色粉末,熔点 200~205℃(开始分解),易溶于水和乙醇。两者的水溶液在光照和空气中均不稳定
安全性	N,N-二甲基对苯二胺急性毒性为大鼠经口 LD_{50}:300mg/kg。美国 PCPC 将 N,N-二甲基对苯二胺作为头发着色剂,将 N,N-二甲基对苯二胺硫酸盐用作染发剂和头发着色剂,未见它们外用不安全的报道。在使用前需进行斑贴试验
应用	用作氧化型染发剂。如 N,N-二甲基对苯二胺 1%,与二羟基吲哚啉溴化氢盐 1.74% 配合,调节 pH=9.5,在过二硫酸铵的作用下,可将白发染为蓝-黑色

422 N,N-二乙基间氨基苯酚/N,N-二乙基间氨基苯酚硫酸盐

英文名称(INCI)	N,N-Diethyl-m-aminophenol/N,N-Diethyl-m-aminophenol Sulfate
CAS No.	91-68-9/68239-84-9
结构式	
分子式	$C_{10}H_{15}NO/C_{20}H_{32}N_2O_6S$
分子量	165.23/428.54
理化性质	N,N-二乙基间氨基苯酚白色或玫瑰色结晶,熔点 72~75℃,稍溶于水(25℃溶解度 1g/L),溶于乙醇。N,N-二乙基间氨基苯酚硫酸盐为白色粉末,可溶于水
安全性	美国 PCPC 将 N,N-二乙基间氨基苯酚及其硫酸盐作为头发着色剂,未见外用不安全的报道
应用	用作氧化型染发剂,如四氨基嘧啶硫酸盐和 N,N-二乙基间氨基苯酚等摩尔混合,混合物的 4% 在 pH=9.5 和双氧水的作用下,将白发染为深紫色

423 N,N-二乙基对苯二胺硫酸盐

英文名称(INCI)	N,N-Dimethyl-p-phenylenediamine Sulfate
CAS No.	6065-27-6
结构式	
分子式	$C_{10}H_{18}N_2O_4S$
分子量	262.33
理化性质	N,N-二乙基对苯二胺硫酸盐为白色至淡棕色粉末,熔点 184~186℃,可溶于水(室温溶解度 100g/L),微溶于乙醇
安全性	N,N-二乙基对苯二胺硫酸盐急性毒性为大鼠经口 LD_{50}:195mg/kg。中国和美国 PCPC 将 N,N-二乙基对苯二胺硫酸盐作为头发着色剂,未见外用不安全的报道。使用前须进行斑贴试验
应用	用作氧化型发用染料。如 N,N-二乙基对苯二胺硫酸盐 0.2%,与 5-氨基-4-氯邻甲酚盐酸盐的 0.15% 配合,调节 pH 为 9.5,在双氧水作用下,可染成深紫色头发

424　N,N-二乙基甲苯-2,5-二氨盐酸盐

英文名称(INCI)	N,N-Diethyltoluene-2,5-diamine HCl
CAS No.	2051-79-8
结构式	CH_3　$N(CH_2CH_3)_2$　·HCl　H_2N
分子式	$C_{11}H_{19}ClN_2$
分子量	214.73
理化性质	N,N-二乙基甲苯-2,5-二氨盐酸盐为白色或灰白色粉末,熔点250℃。易溶于水、甲醇及酸。水溶液在空气中易氧化变深
安全性	N,N-二乙基甲苯-2,5-二氨盐酸盐急性毒性为大鼠经口 LD_{L0}:200mg/kg。美国PCPC将N,N-二乙基甲苯-2,5-二氨盐酸盐作为染发剂和头发着色剂,未见外用不安全的报道。使用前须进行斑贴试验
应用	可以用作直接染发剂,如N,N-二乙基甲苯-2,5-二氨盐酸盐的0.35%,与二羟吲哚0.3%配合,调节pH至8,可将白发染为带点蓝光的黑色。也可用作氧化型染料,如N,N-二乙基甲苯-2,5-盐酸盐的0.49%,与6-氨基-2,4-二氯间甲酚盐酸盐的0.51%配合,调节pH为9.8,在6%双氧水作用下,将白发染成淡绿色

425　N,N′-双(2-羟乙基)-2-硝基对苯二胺

英文名称(INCI)	N,N'-Bis(2-hydroxyethyl)-2-nitro-p-phenylenediamine
CAS No.	84041-77-0
EINECS No.	281-856-4
结构式	$NHCH_2CH_2OH$　NO_2　$NHCH_2CH_2OH$
分子式	$C_{10}H_{15}N_3O_4$
分子量	241.24
理化性质	N,N'-双(2-羟乙基)-2-硝基对苯二胺为深蓝-紫色粉末,纯度(HPLC)98%以上;熔点100~105℃。微溶于水(室温溶解度7.5g/L),可溶于乙醇(室温溶解度3~30g/L),易溶于二甲亚砜(室温溶解度>100g/L)。水溶液为稍微发紫的红色,稳定性尚可
安全性	N,N'-双(2-羟乙基)-2-硝基对苯二胺急性经口毒性 LD_{50}>5000mg/kg(大鼠)。根据大鼠单剂量经口毒性的分类,N,N'-双(2-羟乙基)-2-硝基对苯二胺被分类为微毒性。500mg样品被水润湿半封闭涂敷应用于白兔修剪后的皮肤上,无刺激性。基于已有的动物研究数据表明,N,N'-双(2-羟乙基)-2-硝基对苯二胺在10%浓度以上具有潜在的致敏性,低于此浓度不致敏 欧盟消费者安全科学委员会(SCCS)评估表明,N,N'-双(2-羟乙基)-2-硝基对苯二胺作为氧化型染料在染发剂产品中使用是安全的,最大使用量1.0%(混合后在头上的浓度,下同),在非氧化型产品中最大使用量为1.5%。欧盟将N,N'-双(2-羟乙基)-2-硝基对苯二胺作为染料偶合剂(或称颜色改性剂)用于永久性(氧化型)染发剂产品中,以及在非氧化型染发剂产品中作为非氧化型染料,未见它们外用不安全的报道。但使用前需要进行斑贴试验
应用	用作直接染发剂。如N,N'-双(2-羟乙基)-2-硝基对苯二胺0.08%,与HC红No.3的0.1%、4-氨基-3-硝基苯酚0.08%配合,调节pH为中性,可染得红色头发

426　N,N-双(2-羟乙基)对苯二胺硫酸盐

英文名称（INCI）	N,N-Bis(2-hydroxyethyl)-p-phenylenediamine Sulfate
CAS No.	54381-16-7
EINECS No.	259-134-5
结构式	
分子式	$C_{10}H_{16}N_2O_2 \cdot H_2SO_4 \cdot H_2O$
分子量	312.34
理化性质	N,N-双(2-羟乙基)对苯二胺硫酸盐为白色结晶粉末，纯度（HPLC）99.9%以上；熔点163.8～166.4℃。易溶于水（室温溶解度296.4g/L），微溶于乙醇（室温溶解度＜0.35g/L），易溶于二甲亚砜（室温溶解度416～624g/L）。其水溶液的稳定性尚可
安全性	N,N-双(2-羟乙基)对苯二胺硫酸盐急性经口毒性 LD_{50}:100～400mg/kg（大鼠），根据大鼠单剂量经口毒性的分类，N,N-双(2-羟乙基)对苯二胺硫酸盐被分类为中毒性。500mg样品润湿后半封闭涂敷应用于白兔修剪后的皮肤上，无刺激性。基于已有的动物研究数据表明，N,N-双(2-羟乙基)对苯二胺硫酸盐是一种强皮肤致敏剂 欧盟消费者安全科学委员会（SCCS）评估表明，N,N-双(2-羟乙基)对苯二胺硫酸盐作为氧化型染料在染发剂产品中使用是安全的，最大使用量2.5%（混合后在头上的浓度）。中国《化妆品安全技术规范》规定 N,N-双(2-羟乙基)对苯二胺硫酸盐作为氧化型染料在染发剂产品中最大使用量2.5%（混合后在头上的浓度），不可用于氧化型产品中。中国、美国和欧盟都将 N,N-双(2-羟乙基)对苯二胺硫酸盐作为染料偶合剂（或称颜色改性剂）用于永久性（氧化型）染发剂产品中，未见它们外用不安全的报道。但使用前需要进行斑贴试验
应用	用于氧化型发用染料，不可用于非氧化型染发剂产品。N,N-双(2-羟乙基)对苯二胺硫酸盐和不同的氧化型染料偶合剂复配在头发上可染得不同的色调，当和间苯二酚复配时，会产生灰棕色色调；和1-萘酚复配时可产生湖蓝色色调；和4-氨基-2-羟基甲苯复配时可产生紫色色调；和2,4-二氨基苯基乙醇盐酸盐复配时可产生蓝色色调。不可用于非氧化型染发剂产品。如 N,N-双(2-羟乙基)对苯二胺硫酸盐0.66%与2-氨基-4-羟乙氨基茴香醚硫酸盐0.63%配合，在 pH=9.8 时和双氧水作用下，染得偏黑的深蓝色

427　N-苯基对苯二胺/N-苯基对苯二胺盐酸盐/N-苯基对苯二胺硫酸盐

英文名称（INCI）	Phenyl-p-phenylenediamine/Phenyl-p-phenylenediamine HCl/Phenyl-p-phenylenediamine Sulfate
CAS No.	101-54-2/2198-59-6（盐酸盐）/4698-29-7（硫酸盐）
EINECS No.	202-951-9/218-599-4（盐酸盐）/225-173-1（硫酸盐）
结构式	
分子式	$C_{12}H_{12}N_2/C_{12}H_{12}N_2 \cdot HCl/C_{12}H_{12}N_2 \cdot H_2SO_4$
分子量	184.24/220.7/280.3

理化性质	N-苯基对苯二胺为灰色片状物,纯度(HPLC)98%以上;熔点 72.8℃,闪点 210℃±2℃,紫外可见吸收光谱最大吸收波长 296nm,247nm;微溶于水(20℃溶解度 0.55g/L);溶于乙醇(20℃溶解度 10g/L),溶液呈紫红色。N-苯基对苯二胺盐酸盐为灰绿色粉末,熔点 241℃,可溶于水。N-苯基对苯二胺硫酸盐为灰色粉末,熔点 75℃,易溶于水,不溶于醇。三者的溶液状态在光照和空气中不稳定
安全性	N-苯基对苯二胺急性经口毒性 LD_{50}:464~1000mg/kg(大鼠);急性皮肤毒性 LD_{50}>5000mg/kg(家兔)。根据大鼠单剂量经口毒性的分类,N-苯基对苯二胺被分类为低毒性。500mg 样品用水润湿半封闭涂敷应用于白兔修剪后的皮肤上,无刺激性。基于已有的动物及人体研究数据表明,N-苯基对苯二胺是一种潜在的皮肤致敏剂 欧盟消费者安全科学委员会(SCCS)评估表明,N-苯基对苯二胺作为氧化型染料在染发剂产品中使用是安全的,最大使用量 0.2%(混合后在头上的浓度);中国《化妆品安全技术规范》规定 N-苯基对苯二胺作为氧化型染料在染发剂产品中最大使用量 3%(混合后在头上的浓度),不可用于非氧化型产品中。中国、美国和欧盟都将 N-苯基对苯二胺作为染料偶合剂(或称颜色改性剂)用于永久性(氧化型)染发剂产品中,未见它们外用不安全的报道。但使用前需要进行斑贴试验
应用	用于氧化型染发剂。如 N-苯基对苯二胺的 0.05%,与 4-氨基-2-硝基苯酚 0.1%、对氨基苯酚 0.21%、2-硝基对苯二胺 0.2%、4-硝基-o-苯二胺 0.1%、对苯二胺 1.5%、2,4-二氨基茴香醚 0.6%、邻苯三酚 0.2%和间苯二酚 1.5%配合,调节 pH 为 3,与双氧水反应,染得深棕色头发

428　N-甲基-3-硝基对苯二胺

英文名称(INCI)	N-Methyl-3-nitro-p-phenylenediamine
CAS No.	2973-21-9
结构式	
分子式	$C_7H_9N_3O_2$
分子量	167.2
理化性质	N-甲基-3-硝基对苯二胺为深色粉末,稍溶于水,水溶液呈带橙色的红色,水溶液在光照和空气中色泽加深。可溶于乙醇、异丙醇、二甲亚砜
安全性	美国 PCPC 将 N-甲基-3-硝基对苯二胺作为染发剂和头发着色剂,未见它们外用不安全的报道。使用前须进行斑贴试验
应用	可用作直接染料,如 N-甲基-3-硝基对苯二胺 0.06%,与 N,N'-二甲基-N-羟乙基-3-硝基对苯二胺 0.46%、4-硝基间苯二胺 0.05%和 2-硝基对苯二胺 0.02%配合,调节 pH 至 9,可将白发染为铜样光泽的栗色。也可用作氧化型染发剂,如 N-甲基-3-硝基对苯二胺 0.03%,与 N,N'-二甲基-N-羟乙基-3-硝基对苯二胺 0.32%、4-硝基间苯二胺 0.02%、分散蓝 19 0.23%、分散紫 4 0.23%、分散黄 1 0.7%、分散红 17 0.05%配合,调节 pH 为 9.8,在双氧水作用下,可将白发染成强烈的亚麻色

429　N-甲氧乙基对苯二胺盐酸盐

英文名称(INCI)	N-Methoxyethyl-p-phepylenediamine HCl
CAS No.	66566-48-1
结构式	

分子式	$C_9H_{15}ClN_2O$
分子量	202.68
理化性质	N-甲氧乙基对苯二胺盐酸盐为类白色粉末,可溶于水,稍溶于乙醇。其水溶液在空气中不稳定
安全性	美国 PCPC 将 N-甲氧乙基对苯二胺盐酸盐作为头发着色剂,未见它们外用不安全的报道
应用	用作氧化型染发剂。如 N-甲氧乙基对苯二胺盐酸盐 1.52%,与 5-氨基-4-氯邻甲酚 1.18%配合,调节 pH=9.5,在双氧水 6%作用下,可将白发染为深紫色

430 N-环戊基间氨基苯酚

英文名称(INCI)	N-Cyclopentyl-m-aminophenol
CAS No.	104903-49-3
结构式	
分子式	$C_{11}H_{15}NO$
分子量	177.24
理化性质	N-环戊基间氨基苯酚为淡黄色液体,沸点 127~130℃(1mmHg)。微溶于水,可溶于甲苯、氯仿和乙醚
安全性	美国 PCPC 将 N-环戊基间氨基苯酚作为头发着色剂,未见它们外用不安全的报道
应用	用作氧化型染发剂,染发机理与间氨基苯酚类似,着色牢度优于间氨基苯酚。如 N-环戊基间氨基苯酚和对苯二胺等摩尔混合,此混合物用量 2%,调节 pH 为 9.5,在 3%双氧水作用下,可将白发染为茄紫色

431 N-羟乙基-3,4-亚甲二氧基苯胺盐酸盐

英文名称(INCI)	N-Hydroxyethyl-3,4-methylenedioxyaniline HCl
CAS No.	94158-14-2
EINECS No.	303-085-5
结构式	
分子式	$C_9H_{12}ClNO_3$
分子量	217.65
理化性质	N-羟乙基-3,4-亚甲二氧基苯胺盐酸盐为米黄色结晶粉末,纯度(HPLC)99%以上;熔点 162~165℃(开始分解),密度 1.4269g/cm³(20℃);可溶于水(20℃溶解度 408g/L),可溶于乙醇(20℃溶解度 15~40g/L),易溶于 50%的乙醇(20℃溶解度>100g/L),易溶于二甲亚砜(20℃溶解度>100g/L)
安全性	N-羟乙基-3,4-亚甲二氧基苯胺盐酸盐急性经口毒性 LD_{50}:1550mg/kg(雌性大鼠);LD_{50}:1650mg/kg(雄性大鼠);LD_{50}:850mg/kg(雌性小鼠)。5%样品水溶液半封闭涂敷应用于白兔修剪后的皮肤上,无刺激性。基于已有的动物研究数据表明,N-羟乙基-3,4-亚甲二氧基苯胺盐酸盐是一种潜在的皮肤致敏剂

安全性	欧盟消费者安全科学委员会(SCCS)评估表明，N-羟乙基-3,4-亚甲二氧基苯胺盐酸盐作为氧化型染料在染发剂产品中使用是安全的，最大使用量1.5%(混合后在头上的浓度)。中国《化妆品安全技术规范》规定 N-羟乙基-3,4-亚甲二氧基苯胺盐酸盐作为氧化型染料在染发剂产品中最大使用量1.5%(混合后在头上的浓度)，不可用于非氧化型产品中。中国、美国和欧盟都将 N-羟乙基-3,4-亚甲二氧基苯胺盐酸盐作为染料偶合剂(或称颜色改性剂)用于永久性(氧化型)染发剂产品中，未见它们外用不安全的报道。但使用前需要进行斑贴试验
应用	用作氧化型染发剂。如 N-羟乙基-3,4-亚甲二氧基苯胺盐酸盐的0.544%和4-甲基苄基-4,5-二氨基吡唑硫酸盐0.75%配合，在 pH=9.5 和双氧水作用下，可染得深红色头发

432　N-异丙基-4,5-二氨基吡唑硫酸盐

英文名称(INCI)	N-Isopropyl 4,5-Diamino Pyrazole Sulfate
CAS No.	173994-78-0
结构式	 H_2N、H_2N、$HO-S(=O)(=O)-OH$ 结构 H_3C CH_3
分子式	$C_6H_{12}N_4 \cdot H_2SO_4$
分子量	238.3
理化性质	N-异丙基-4,5-二氨基吡唑硫酸盐为淡黄色粉末，可溶于水，不溶于乙醇。其水溶液在空气中会变色
安全性	美国 PCPC 将 N-异丙基-4,5-二氨基吡唑硫酸盐作为头发着色剂，未见它外用不安全的报道
应用	用作氧化型染发剂，如 N-异丙基-4,5-二氨基吡唑硫酸盐1.5%，与4-氨基-2-羟基甲苯1.0%、1,3-双-(2,4-二氨基苯氧基)丙烷四盐酸盐0.3%和2-氨基-4-羟乙基氨基茴香醚硫酸盐0.3%配合，调节pH 为9.5，在双氧水作用下，可将白发染成枣红色

433　邻氨基苯酚/邻氨基苯酚硫酸盐

英文名称(INCI)	o-Aminophenol/o-Aminophenol Sulfate
CAS No.	95-55-6/67845-79-8
结构式	OH NH_2 / OH NH_2 $\cdot H_2SO_4 \cdot$ OH NH_2
分子式	$C_6H_7NO/2(C_6H_7NO) \cdot H_2SO_4$
分子量	109.13/316.33
理化性质	邻氨基苯酚为白色或浅灰色结晶粉末，熔点172℃。溶于水(20℃溶解度17g/L)，易溶于乙醇。其水溶液遇光和在空气中不稳定。邻氨基苯酚硫酸盐为白色粉末，易溶于水
安全性	邻氨基苯酚急性毒性为大鼠经口 LD_{50}:1052mg/kg。500mg 固体粉末斑贴于兔皮肤试验和1%的丙二醇溶液涂敷于兔损伤皮肤试验均显示无刺激。中国、欧盟和美国 PCPC 将邻氨基苯酚及其硫酸盐作为染发剂，未见它们外用不安全的报道。使用前需进行斑贴试验
应用	邻氨基苯酚在氧化型染料中最大用量为1%；如有双氧水存在，最大用量为0.5%。如邻氨基苯酚0.01%，和对苯二胺0.35%、间苯二胺0.45%、苯基甲基吡唑啉酮0.01%配合，在 pH=9.0~9.5 时和双氧水作用下，染得浅棕色头发

434 邻苯基苯酚/邻苯基苯酚钠

英文名称(INCI)	o-Phenylphenol/Sodium o-Phenylphenol
CAS No.	90-43-7/132-27-4
结构式	
分子式	$C_{12}H_{10}O/C_{12}H_9NaO$
分子量	170.21/192.19
理化性质	邻苯基苯酚为白色片状结晶,熔点 57～59℃,微溶于水,可溶于乙醇、异丙醇、丙酮、苯、甲苯、氢氧化钠的水溶液等。邻苯基苯酚钠白色至淡红色粉末,熔点 59℃,极易溶于水,不溶于油脂。1g 本品可溶于 0.82g 水、0.64g 丙酮、0.72g 甲醇、3.57g 丙二醇
安全性	邻苯基苯酚钠为食品添加剂,急性毒性为大鼠经口 LD_{50}:1550～1650mg/kg。中国和美国 PCPC 将邻苯基苯酚和邻苯基苯酚钠作为染发剂和头发着色剂,未见它外用不安全的报道。使用前须进行斑贴试验
应用	用作氧化型染发剂

435 邻硝基苯酚

英文名称(INCI)	o-Nitrophenol
CAS No.	88-75-5
结构式	
分子式	$C_6H_5NO_3$
分子量	139.11
理化性质	邻硝基苯酚为淡黄色结晶,熔点 43～45℃。稍溶于水(25℃溶解度 2g/L),溶于热水、乙醇、乙醚。水溶液在 pH>7 时呈黄色,在光照下不稳定
安全性	邻硝基苯酚急性毒性为大鼠经口 LD_{50}:334mg/kg;小鼠经口 LD_{50}:1297mg/kg。美国 PCPC 将邻硝基苯酚作为头发着色剂,未见它外用不安全的报道
应用	用作头发着色剂

436 PEG-3 2,2′-二对苯二胺盐酸盐

英文名称(INCI)	PEG-3 2,2′-Di-p-phenylenediamine HCl
CAS No.	144644-13-3
结构式	

分子式	$C_{18}H_{26}N_4O_4 \cdot 4HCl$
分子量	508.28
理化性质	PEG-3 2,2'-二对苯二胺盐酸盐为黄色粉末,熔点 233～234℃。可溶于水。水溶液稳定性好
安全性	PEG-3 2,2'-二对苯二胺盐酸盐急性毒性为大鼠经口 LD_{50}:1000～2000mg/kg;0.5g 湿品斑贴于兔损伤皮肤试验显示有轻微的发炎。美国 PCPC 将 PEG-3 2,2'-二对苯二胺盐酸盐作为染发剂和头发着色剂,未见它们外用不安全的报道。使用前须进行斑贴试验
应用	用作氧化型染发剂,最大用量 2.5%。染色的机理和方法与羟乙基对苯二胺相似

437 对甲氨基苯酚/对甲氨基苯酚硫酸盐

英文名称(INCI)	*p*-Methylaminophenol/*p*-Methylaminophenol Sulfate
CAS No.	150-75-4/55-55-0
EINECS No.	205-768-2/200-237-1
结构式	 NHCH_3 结构式 / OH · $\frac{1}{2}H_2SO_4$
分子式	$C_7H_9NO/(C_7H_9NO) \cdot 1/2H_2SO_4$
分子量	123.2/172.23
理化性质	对甲氨基苯酚无色针状晶体,熔点 85～87℃,能溶于水(20℃溶解度 4.9%),也溶于乙醇、乙醚、苯、氯仿、乙酸乙酯等有机溶剂。对甲氨基苯酚硫酸盐为白色结晶粉末,纯度(HPLC)97.5%以上;熔点 245～256℃,紫外可见吸收光谱最大吸收波长 220.5nm,271.5nm;可溶于水(20℃溶解度 4.92g/100mL±0.6g/100mL),微溶于乙醇(23℃溶解度<1g/100mL),易溶于二甲亚砜(23℃溶解度>20g/100mL)
安全性	对甲氨基苯酚硫酸盐急性经口毒性 LD_{50}:200mg/kg(大鼠),根据大鼠单剂量经口毒性的分类,对甲氨基苯酚硫酸盐被分类为中毒性。0.5mL 3%的对甲氨基苯酚硫酸盐溶于 0.5%的羧甲基纤维素溶液中半封闭涂敷应用于白兔修剪后的皮肤上,无刺激性。基于已有的动物研究数据表明,对甲氨基苯酚硫酸盐是一种中度的皮肤致敏剂 欧盟消费者安全科学委员会(SCCS)评估表明,对甲氨基苯酚及其硫酸盐作为氧化型染料在染发剂产品中使用是安全的,最大使用量 0.68%(以硫酸盐计,混合后在头上的浓度);中国《化妆品安全技术规范》规定对甲氨基苯酚及其硫酸盐作为氧化型染料在染发剂产品中最大使用量 0.68%(以硫酸盐计,混合后在头上的浓度),不可用于非氧化型产品中。中国、美国、欧盟和日本都将对甲氨基苯酚及其硫酸盐作为染料中间体用于永久性(氧化型)染发剂产品中,未见它们外用不安全的报道。但使用前需要进行斑贴试验
应用	用于氧化型染发料。如对甲基苯酚硫酸盐 0.35%、与甲苯-2,5-二胺 0.7%、对氨基苯酚 0.8%、间苯二酚 0.2%、间氨基苯酚 0.12%、2,4-二氨基苯氧乙醇盐酸盐 0.3%、2-甲基-5-羟乙氨基苯酚 0.16%配合,调节 pH=9～10,在双氧水作用下,染得带紫光的栗色

438 对硝基苯酚

英文名称(INCI)	*p*-Nitrophenol
CAS No.	100-02-7

结构式	
分子式	$C_6H_5NO_3$
分子量	139.11
理化性质	对硝基苯酚为无色至淡黄色结晶粉末,熔点112℃。稍溶于水(25℃溶解度16g/L),溶于热水、乙醇、醚。其水溶液在pH>7.6时呈黄色,在光照下不稳定
安全性	对硝基苯酚急性毒性为大鼠经口 LD_{50}:250mg/kg;小鼠经口 LD_{50}:380mg/kg。美国PCPC将对硝基苯酚作为头发着色剂,未见它外用不安全的报道
应用	用作头发着色剂

439　苯基甲基吡唑啉酮

英文名称(INCI)	Phenyl Methyl Pyrazolone
CAS No.	89-25-8
EINECS No.	201-891-0
结构式	
分子式	$C_{10}H_{10}N_2O$
分子量	174.2
理化性质	苯基甲基吡唑啉酮为白色或类白色粉末,纯度(HPLC)99.5%以上;熔点122～131℃,紫外可见吸收光谱最大吸收波长为244.9nm。微溶于水(20℃溶解度2.07g/L±0.07g/L),微溶于乙醇(20℃溶解度1～10g/L),易溶于乙醇(20℃溶解度≥20g/L)。其溶液状态在光照和空气中不稳定
安全性	苯基甲基吡唑啉酮急性经口毒性 LD_{50}>2000mg/kg(大鼠),根据大鼠单剂量经口毒性的分类,苯基甲基吡唑啉酮被分类为低毒性。将0.5mL含有1%苯基甲基吡唑啉酮的丙二醇溶液半封闭涂敷应用于白兔修剪后的皮肤上,使其与皮肤接触4小时,然后移除敷料,分别在1小时、24小时、48小时和72小时对处理过的区域进行观察。依据测试结果,苯基甲基吡唑啉酮对皮肤显示有轻微刺激性 欧盟消费者安全科学委员会(SCCS)评估表明,苯基甲基吡唑啉酮作为氧化型染料在染发剂产品中使用是安全的,最大使用量0.25%(混合后在头上的浓度);中国《化妆品安全技术规范》规定苯基甲基吡唑啉酮作为氧化型染料在染发剂产品中最大使用量0.25%(混合后在头上的浓度),不可用于非氧化型产品中。中国、美国、欧盟和日本都将苯基甲基吡唑啉酮作为染料偶合剂(或称颜色改性剂)用于永久性(氧化型)染发剂产品中,未见它们外用不安全的报道。但使用前需要进行斑贴试验
应用	作为染料前体用于氧化型染发剂产品中。如苯基甲基吡唑啉酮0.39%,与1-羟乙基-4,5-二氨基吡唑硫酸盐0.54%配合,调节pH为6.8,在双氧水作用下,染得金光的红色头发

440　对氨基苯酚/对氨基苯酚盐酸盐/对氨基苯酚硫酸盐

英文名称(INCI)	p-Aminophenol/p-Aminophenol HCl/p-Aminophenol Sulfate
CAS No.	123-30-8(对氨基苯酚)/51-78-5(盐酸盐)/63084-98-0(硫酸盐)
EINECS No.	204-616-2(对氨基苯酚)/200-122-6(盐酸盐)/263-847-7(硫酸盐)

结构式	
分子式	$C_6H_7NO/C_6H_8ClNO/C_6H_9NO_5S$
分子量	109.13/145.59/207.2
理化性质	对氨基苯酚为白色无味的晶体或粉末,暴露在空气/湿度下呈棕色(市售产品通常为粉红色)。纯度(HPLC)97.5%以上;熔点189~190℃,沸点110℃(0.3mmHg);对氨基苯酚微溶于水(23℃溶解度<1g/100mL),微溶于乙醇(23℃溶解度<1g/100mL),可溶于二甲亚砜(23℃溶解度1~10g/100mL)。对氨基苯酚盐酸盐为灰色晶体,熔点302℃,易溶于水。对氨基苯酚硫酸盐为白色粉末,易溶于水。三者的水溶液在光照和空气中很不稳定
安全性	对氨基苯酚急性经口毒性 LD_{50}:4~10g/kg(大鼠);急性皮肤毒性 LD_{50}>8000mg/kg(家兔)。根据大鼠单剂量经口毒性的分类,对氨基苯酚被分类为微毒性。2.5%对氨基苯酚(含0.05%的亚硫酸钠)水溶液在涂敷应用于家兔修剪后的皮肤上后,有轻度刺激。基于已有的动物研究数据表明,对氨基苯酚是一种强皮肤致敏剂 欧盟消费者安全科学委员会(SCCS)评估表明,对氨基苯酚作为氧化型染料在染发剂产品中使用是安全的,最大使用量0.9%(混合后在头上的浓度);中国《化妆品安全技术规范》规定对氨基苯酚/盐酸盐/硫酸盐作为氧化型染料在染发剂产品中最大使用量0.5%(混合后在头上的浓度),不可用于非氧化型产品中。中国、美国、欧盟和日本都将对氨基苯酚作为染料中间体用于永久性(氧化型)染发剂产品中,未见它们外用不安全的报道。但使用前需要进行斑贴试验
应用	在染发剂产品中作染料中间体,不可用于非氧化型染发产品。和不同的偶合剂(或称颜色改性剂)复配会产生不同的色调(图2),当和间苯二酚复配时,会出现黄灰色调;和2,4-二氨基苯氧基乙醇盐酸盐复配时会出现深红色调
染色性能	 图2　对氨基苯酚与偶合剂复配色调(见文前彩插)

441　对氨基苯甲酸

英文名称(INCI)	PABA
CAS No.	150-13-0
结构式	
分子式	$C_7H_7NO_2$
分子量	137.14
理化性质	对氨基苯甲酸为白色粉末,熔点187~189℃。微溶于水(20℃溶解度4.7g/L),易溶于热水、乙醚、乙酸乙酯、乙醇和冰醋酸。其溶液在光照和空气中色泽会慢慢变为黄色
安全性	对氨基苯甲酸急性毒性为大鼠经口 LD_{50}>6000mg/kg,无毒。美国 PCPC 将对氨基苯甲酸作为染发剂和头发着色剂,未见它外用不安全的报道。使用前需要进行斑贴试验
应用	用作氧化型染发剂,如对氨基苯甲酸0.2%,与对苯二胺1.0%配合,调节pH为10,在6%双氧水作用下,可将白发染为有光泽的黑发

442　对苯二胺/对苯二胺盐酸盐/对苯二胺硫酸盐

英文名称(INCI)	p-Phenylenediamine/p-Phenylenediamine HCl/p-Phenylenediamine Sulfate
CAS No.	106-50-3/624-18-0(盐酸盐)/541-70-8；25723-55-4(硫酸盐)
EINECS No.	203-404-7/210-834-9(盐酸盐)/208-791-6(硫酸盐)
结构式	H_2N——NH_2 / H_2N——NH_2 · 2HCl / H_2N——NH_2 · H_2SO_4
分子式	$C_6H_8N_2$/$C_6H_8N_2$ · 2HCl/$C_6H_8N_2$ · H_2SO_4
分子量	108.14/181.07/206.22
理化性质	对苯二胺为白色至淡紫红色晶体。纯度(HPLC)99%以上；熔点139~141℃(默克索引：145~147℃),沸点267℃,紫外可见吸收光谱最大吸收波长281.9nm;可溶于水(22℃溶解度<10g/100mL),可溶于乙醇(22℃溶解度<10g/100mL),易溶于DSMO(22℃溶解度>20g/100mL)。对苯二胺盐酸盐为白色至粉红色结晶性粉末,熔点192℃,溶于水、乙醇、氯仿等。对苯二胺硫酸盐为白色至灰白色粉末,微溶于水,不溶于异丙醇
安全性	对苯二胺急性经口毒性LD_{50}:4~10g/kg(大鼠)；急性皮肤毒性LD_{50}>8000mg/kg(家兔)。根据大鼠单剂量经口毒性的分类,对苯二胺被分类为微毒性。2.5%对苯二胺(含0.05%的亚硫酸钠)水溶液在涂敷应用于家兔修剪后的皮肤上,有轻度刺激。基于已有的动物研究数据表明,对苯二胺是一种强皮肤致敏剂 欧盟消费者安全科学委员会(SCCS)评估表明,对苯二胺作为氧化型染料在染发剂产品中使用是安全的,最大使用量2%(混合后在头上的浓度)；中国《化妆品安全技术规范》规定对苯二胺/对苯二胺盐酸盐/对苯二胺硫酸盐作为氧化型染料在染发剂产品中最大使用量2%(混合后在头上的浓度),不可用于非氧化型产品中。中国、美国、欧盟和日本都将对苯二胺作为染料中间体用于永久性(氧化型)染发剂产品中,未见它们外用不安全的报道。但使用前需要进行斑贴试验
应用	在染发剂产品中用作染料中间体。对苯二胺和过氧化氢混合后会被快速氧化,如果没有其他染料偶合剂存在,可以自身进行聚合生成深色的染料,可将白发染成黑色或深棕色,有非常好的遮盖白发的效果。当对苯二胺和不同的染料偶合剂复配时在头发上可染得不同的色调,和间苯二酚复配时,会产生绿棕色；和2,4-二氨基苯氧基乙醇盐酸盐复配时会产生蓝灰色调;和间氨基苯酚复配时会产生红棕色调。不可用于非氧化型染发剂产品

443　靛红

英文名称(INCI)	Isatin
CAS No.	91-56-5
EINECS No.	202-077-8
结构式	(结构式)
分子式	$C_8H_5NO_2$
分子量	147.14
理化性质	靛红是存在于哺乳动物体液及组织中的一种天然物质。靛红为橙红色结晶,熔点201℃。微溶于水(室温溶解度1.1g/L),可溶于乙醇(室温溶解度10g/L),可溶于二甲基甲酰胺(室温溶解度10g/L),溶于热水、苯、丙酮

安全性	靛红急性经口毒性 $LD_{50} > 2000mg/kg$（大鼠），根据大鼠单剂量经口毒性的分类，靛红被分类为低毒性。500mg 用水润湿半封闭涂敷应用于白兔修剪后的皮肤上，无刺激性。基于已有的动物研究数据表明，靛红是一种中度的皮肤致敏剂 欧盟消费者安全科学委员会（SCCS）评估表明，靛红作为非氧化型染料在染发剂产品中使用是安全的，最大使用量 1.6%（混合后在头上的浓度），欧盟将靛红作为非氧化型染料用于染发剂产品中，未见它们外用不安全的报道。但使用前需要进行斑贴试验
应用	可用作直接染发料和氧化型染发料。如等量的靛红和四氨基嘧啶混合，此混合色料用入 2%，在 pH=7.6 时可染得铜-红色头发

444 二甲基哌嗪鎓-氨基吡唑吡啶盐酸盐

英文名称（INCI）	Dimethylpiperazinium Aminopyrazolopyridine HCl
CAS No.	1256553-33-9
结构式	
分子式	$C_{13}H_{21}Cl_2N_5$
分子量	318.25
理化性质	二甲基哌嗪鎓-氨基吡唑吡啶盐酸盐为淡灰至深蓝/深绿（当被氧化后）的粉末，纯度（HPLC）95%以上，紫外可见吸收光谱最大吸收波长 243nm、309nm 和 609nm；易溶于水（22℃溶解度 $>500g/L$，pH=1.3)
安全性	基于现有人体临床数据表明，二甲基哌嗪鎓-氨基吡唑吡啶盐酸盐无刺激性。基于已有的动物研究数据表明，二甲基哌嗪鎓-氨基吡唑吡啶盐酸盐不是皮肤致敏剂 欧盟消费者安全科学委员会（SCCS）评估表明，二甲基哌嗪鎓-氨基吡唑吡啶盐酸盐作为氧化型染料在染发剂产品中使用是安全的，最大使用量 2.0%（混合后在头上的浓度）。欧盟将其作为染料偶合剂用于永久性（氧化型）染发剂产品中，未见它们外用不安全的报道。但使用前需要进行斑贴试验
应用	用作染发料，可快速和牢固地染色角蛋白纤维，配合染得华丽的带紫光的青色

445 二羟基吲哚啉/二羟基吲哚啉溴酸盐

英文名称（INCI）	Dihydroxyindoline/Dihydroxyindoline HBr
CAS No.	29539-03-5/138937-28-7（溴酸盐）
EINECS No.	421-170-6
结构式	
分子式	$C_8H_9NO_2/C_8H_9NO_2 \cdot HBr$
分子量	151.16/232.1
理化性质	二羟基吲哚啉难溶于水，易溶于醋酸、丙酮、热乙醇，能溶于氢氧化钠水溶液、碳酸氢钠水溶液。二羟基吲哚啉溴酸盐为棕色结晶，无味。纯度（HPLC）98%以上；熔点 223～236℃，可溶于水。两者的溶液在空气中会变色

安全性	二羟基吲哚啉溴酸盐急性经口毒性 LD$_{50}$:868mg/kg(雄性大鼠);LD$_{50}$:368mg/kg(雌性大鼠);根据大鼠单剂量经口毒性的分类,二羟基吲哚啉溴酸盐被分类为中毒性。500mg 样品用丙二醇润湿半封闭涂敷应用于白兔修剪后的皮肤上,无刺激性。基于已有的动物研究数据表明,二羟基吲哚啉溴酸盐是一种中度的皮肤致敏剂 欧盟消费者安全科学委员会(SCCS)评估表明,二羟基吲哚啉溴酸盐作为非氧化型染料在染发剂产品中使用是安全的,最大使用量 2.0%(混合后在头上的浓度)。欧盟将二羟基吲哚啉溴酸盐作为非氧化型染料用于染发剂产品中,未见它们外用不安全的报道。但使用前需要进行斑贴试验
应用	可用作直接染料,如二羟基吲哚啉溴酸盐 0.7%,与碱性红 76 的 0.1%配合,调节 pH 为 8,可染出带红光的棕色头发。也可用于氧化型染料,如二羟基吲哚啉溴酸盐 1.74%,与四氨基嘧啶硫酸盐 1.79%配合,调节 pH 为 9.5,在过二硫酸铵作用下,可将白发染为棕-黑色

446　二羟吲哚

英文名称(INCI)	Dihydroxyindole
CAS No.	3131-52-0
EINECS No.	412-130-9
结构式	
分子式	C$_8$H$_7$NO$_2$
分子量	149.15
理化性质	二羟吲哚为浅灰色粉末,在空气中迅速色泽加深。熔点 134℃,密度 1.28g/cm^3(20℃)。易溶于水(20℃溶解度 12.3%),溶于 96%的乙醇(20℃溶解度 10%),微溶于氯仿(20℃溶解度 0.1%)。紫外最大吸收波长为 405nm。二羟吲哚的水溶液在光照和空气中不稳定
安全性	二羟吲哚急性经口毒性 LD$_{50}$:593mg/kg(雄性大鼠);LD$_{50}$:535mg/kg(雌性大鼠),根据大鼠单剂量经口毒性的分类,二羟吲哚被分类为低毒性。0.5mL 样品半封闭涂敷应用于白兔修剪后的皮肤上,有轻微刺激性。基于已有的动物研究数据表明,二羟吲哚不是皮肤致敏剂 欧盟消费者安全科学委员会(SCCS)评估表明,二羟吲哚作为氧化型染料在染发剂产品中使用是安全的,最大使用量 0.5%(混合后在头上的浓度,下同),在非氧化型产品中最大使用量为 0.5%。欧盟将二羟吲哚作为染料偶合剂(或称颜色改性剂)用于永久性(氧化型)染发剂产品中,在半永久性染发产品中用作非氧化型染料,未见它们外用不安全的报道。但使用前需要进行斑贴试验
应用	用作并不需要双氧水促进的染发剂。单独使用可染得灰样的棕色至灰褐色头发。也可复配使用,如二羟吲哚 0.5%与 HC 蓝 No.2 的 0.25%配合,调节 pH 至 4~6,在双氧水参与下,染得棕色头发

447　非那西丁

英文名称(INCI)	Phenacetin
CAS No.	62-44-2
结构式	
分子式	C$_{10}$H$_{13}$NO$_2$
分子量	179.22

理化性质	非那西丁为白色粉末,熔点 134~137℃。稍溶于水(室温溶解度 0.76g/L),温度升高,溶解度大幅度增加。溶于乙醇(室温溶解度>300g/L),也溶于丙酮和甘油
安全性	非那西丁急性毒性为小鼠经口 LD$_{50}$:866mg/kg;500mg 湿品斑贴于兔损伤皮肤显示有刺激反应。美国 PCPC 将非那西丁作为染发剂和头发着色剂,未见它们外用不安全的报道。使用前需进行斑贴试验
应用	用于氧化型染发剂。如二剂型染发剂中,非那西丁 0.05%,与对苯二胺 1.2%、间苯二酚 0.5%和间氨基苯酚 0.3%配合,调节 pH 为 9.5,在双氧水作用下,染得自然的黑褐色。非那西丁的作用更多是保护头发,减少双氧水对发丝的损坏。非那西丁能用于所有使用双氧水的发制品中

448 分散黑 9

英文名称(INCI)	Disperse Black 9
CAS No.	20721-50-0/12222-69-4
EINECS No.	243-987-5
结构式	
分子式	C$_{16}$H$_{20}$N$_4$O$_2$
分子量	300.36
理化性质	分散黑 9 是偶氮型染料,形态为橙-棕色粉末,熔点 157~160℃。微溶于水(室温溶解度 0.82~1.24g/L);可溶于乙醇(室温溶解度 28.3~42.5g/L),易溶于二甲亚砜(室温溶解度 95.8~146.8g/L)
安全性	分散黑 9 急性经口毒性 LD$_{50}$:960mg/kg(大鼠),根据大鼠单剂量经口毒性的分类,分散黑 9 被分类为低毒性。500mg 样品被水润湿半封闭涂敷应用于白兔修剪后的皮肤上,有轻微刺激性。基于已有的动物及人体研究数据表明,不能排除分散黑 9 具有致敏性的可能 欧盟消费者安全科学委员会(SCCS)评估表明,分散黑 9 作为非氧化型染料在染发剂产品中使用是安全的,最大使用量 0.3%(混合后在头上的浓度);中国《化妆品安全技术规范》规定分散黑 9 作为非氧化型染料在染发剂产品中最大使用量 0.3%(混合后在头上的浓度,下同),不可用于氧化型产品中。中国、美国和欧盟都将分散黑 9 作为非氧化型染料用于染发剂产品中,未见它们外用不安全的报道。但使用前需要进行斑贴试验
应用	用作发用染料,不能与氧化剂共同使用。可单独用于染发,也可与其他直接染料配合使用。如分散黑 9 的 0.5%、HC 蓝 2 的 0.9%、HC 黄 4 的 0.7%、分散紫 1 的 0.6%,可染出带有棕色光的黑色

449 分散蓝 377

英文名称(INCI)	Disperse Blue 377
CAS No.	67674-26-4
EINECS No.	266-865-3
结构式	
分子式	C$_{19}$H$_{20}$N$_2$O$_4$

分子量	340.37
理化性质	分散蓝377为蒽醌类染料,市售品是一混合物,除图示的结构外,另外两个主要成分为四羟乙氨基蒽醌和四羟丙氨基蒽醌,三者性能相似。分散蓝377为深蓝色粉末,纯度(HPLC)46.5%以上;微溶于水(室温溶解度2.34~3.50g/L),可溶于乙醇(室温溶解度16.9~25.3g/L),可溶于二甲亚砜(46.2~69.2g/L),也溶于异丙醇
安全性	分散蓝377急性经口毒性LD$_{50}$:2000mg/kg(大鼠),根据大鼠单剂量经口毒性的分类,分散蓝377被分类为低毒性。500mg样品用0.9%氯化钠溶液润湿半封闭涂敷应用于白兔修剪后的皮肤上,有轻微刺激性。基于已有的动物研究数据表明,不能排除分散蓝377具有致敏性的可能 　欧盟消费者安全科学委员会(SCCS)评估表明,分散蓝377作为非氧化型染料在染发剂产品中使用是安全的,最大使用量2%(混合后在头上的浓度)。欧盟将其作为非氧化型染料用于染发产品中,未见它们外用不安全的报道。但使用前需要进行斑贴试验
应用	用作染发剂,不能与氧化剂共存。如3份分散蓝377和2份分散紫1混合,混合物的0.05%,调节pH至9.5,可将白发染得时髦的银色

450　分散紫15

英文名称(INCI)	Disperse Violet 15
CAS No.	62649-65-4
结构式	
分子式	C$_{17}$H$_{16}$N$_2$O$_2$
分子量	280.3
理化性质	分散紫15为蒽醌类染料,极微溶于水(25℃溶解度0.14mg/L),溶于酸性水溶液,也可溶于丙酮、乙醇、异丙醇,为带蓝色光的紫色。紫外最大吸收波长为586nm
安全性	美国PCPC将分散紫15用作染发剂和头发着色剂,未见外用不安全的报道。美国PCPC的准用名是Disperse violet 15
应用	用作染发剂和头发着色剂。应用与分散紫4(CI 61105)相似

451　高粱红

英文名称	Sorghum Red
结构式	 3,5,3',4'-四羟基黄酮-7-葡萄糖苷的结构
理化性质	高粱红是一类黄酮化合物的混合物,主要呈色成分为5,7,4'-三羟基黄酮和3,5,3',4'-四羟基黄酮-7-葡萄糖苷,以3,5,3',4'-四羟基黄酮-7-葡萄糖苷为主。高粱红由黑紫色或红棕色高粱的种子外皮,以稀乙醇抽提、精制、浓缩、干燥制得,通常为红棕色无定形粉末。易溶于水、乙醇,呈透明红棕色,在酸性和碱性条件下均可加深红棕色。不溶于石油醚和氯仿。对光、热稳定。受金属离子影响。紫外特征吸收波长为500nm

安全性	高粱红急性毒性为小鼠经口 $LD_{50} > 10000mg/kg$,无毒,是天然食用色素红色着色剂。国家药品监督管理局将其作为化妆品原料,未见它外用不安全的报道
应用	化妆品着色剂。在中国,高粱红作为化妆品着色剂,赋予产品红棕色,可用于除眼部化妆品之外的其他化妆品

452 花色素苷

英文名称(INCI)	Anthocyanins
CAS No.	528-58-5
结构式	 矢车菊素-3-O-葡萄糖苷的结构
分子式	$C_{21}H_{21}O_{11}$
分子量	449.4
理化性质	花色素苷是自然界一类广泛存在于植物中的水溶性天然色素,有多种结构,最常见的一种是矢车菊素-3-O-葡萄糖苷。市售花色素苷是一种复杂的混合物,一般为深色粉末状固体,如褐色、棕色、红色等,可溶于水,在甲醇、乙醇中有一定的溶解性,不溶于油类。其水溶液色泽随 pH 的变化而变化。花色素苷的紫外最大吸收波长为 $500 \sim 580nm$,矢车菊素-3-O-葡萄糖苷的紫外最大吸收波长为 517nm
安全性	欧盟化妆品法规的准用名为 Anthocyanins;中国化妆品法规的准用名为 Anthocyanins 或花色素苷(矢车菊色素、芍药花色素、锦葵色素、飞燕草色素、牵牛花色素、天竺葵色素);作为化妆品着色剂,未见其外用不安全的报道
应用	花色素苷可用作色素,适宜 pH 值为 3。花色素苷除能赋予产品色泽外,还有稳定颜色作用,因为它在紫外线的 A 区和 B 区均有高效的吸收,在彩妆类化妆品中用入 $0.1\% \sim 1\%$ 的花色素苷,可防止褪色。在欧盟,Anthocyanins 作为着色剂可用于所有类型的化妆品,例如口红、眼部产品,面霜等护肤类产品,以及香波、沐浴露等洗去型产品。在中国,Anthocyanins 或花色素苷(矢车菊色素、芍药花色素、锦葵色素、飞燕草色素、牵牛花色素、天竺葵色素)的应用产品类型同欧盟法规,可用于所有类型的化妆品。在日本,Anthocyanins 作为着色剂也可用于所有类型的化妆品。在美国,不允许用于化妆品

453 磺胺酸钠

英文名称(INCI)	Sodium Sulfanilate
CAS No.	515-74-2
结构式	
分子式	$C_6H_7NO_3S \cdot Na$
分子量	195.17

理化性质	磺胺酸钠为白色结晶,熔点288℃。易溶于水,不溶于乙醇、乙醚及苯
安全性	磺胺酸钠急性毒性为小鼠经口 LD_{50}:3000mg/kg,对皮肤无刺激性。中国和美国 PCPC 将磺胺酸钠用作头发着色剂,未见外用不安全的报道
应用	用作头发着色剂

454 甲苯-2,5-二胺/甲苯-2,5-二胺硫酸盐

英文名(INCI)	Toluene-2,5-diamine/Toluene-2,5-diamine Sulfate
CAS No.	95-70-5/615-50-9(硫酸盐)
EINECS No.	202-442-1/210-431-8(硫酸盐)
结构式	
分子式	$C_7H_{10}N_2/C_7H_{12}N_2O_4S$
分子量	122.17/220.25
理化性质	甲苯-2,5-二胺硫酸盐为灰色到白色流动粉末;纯度(HPLC)96.3%以上;熔点240℃(开始分解),沸点240℃(开始分解),密度1.366g/mL(20℃);紫外可见最大吸收波长210nm,254nm,303nm;可溶于水(20℃溶解度5.03g/L),微溶于50%丙酮水溶液(20℃溶解度<1g/L),可溶于二甲亚砜(20℃溶解度5~15g/L),微溶于乙醇(20℃溶解度1~10g/L)
安全性	甲苯-2,5-二胺急性经口毒性 LD_{50}:102mg/kg(大鼠),根据大鼠单剂量经口毒性的分类,甲苯-2,5-二胺被分类为中毒性。0.5mL 2.5%甲苯-2,5-二胺溶于0.05%亚硫酸钠水溶液半封闭涂敷应用于白兔修剪后的皮肤上,有轻微刺激性。基于已有的动物及人体研究数据表明,甲苯-2,5-二胺是一种强皮肤致敏剂 欧盟消费者安全科学委员会(SCCS)评估表明,甲苯-2,5-二胺及其硫酸盐作为氧化型染料在染发剂产品中使用是安全的,最大使用量2%(以自由基计)3.6%(以硫酸盐计,混合后在头上的浓度);中国《化妆品安全技术规范》规定甲苯-2,5-二胺/甲苯-2,5-二胺盐酸盐/甲苯-2,5-二胺硫酸盐作为氧化型染料在染发剂产品中最大使用量4%(混合后在头上的浓度),不可用于非氧化型产品中。中国、美国和欧盟都将甲苯-2,5-二胺及其硫酸盐作为染料偶合剂(或称颜色改性剂)用于永久性(氧化型)染发剂产品中,或在非氧化型染发产品中作为非氧化型染料,未见它们外用不安全的报道。但使用前需要进行斑贴试验
应用	在染发剂产品中用作染料中间体,不可用于非氧化型染发产品。甲苯-2,5-二胺及其硫酸盐和不同的染料偶合剂复配会产生不同的色调,当和间苯二酚复配时,会出现浅灰黄-淡棕色(图3左边第一个毛条);和1-萘酚复配时会出现紫灰色调(图3左边第二个毛条)。和4-氨基-2-羟基甲苯复配时会出现暗红到深红的色调(图3右起第五个毛条)
染色性能	 图3　甲苯-2,5-二胺硫酸盐与不同的染料偶合剂复配 (摩尔比1:1)在头发上显示的颜色和色调(见文前彩插)

455　甲苯-3,4-二胺

英文名称(INCI)	Toluene-3,4-diamino
CAS No.	496-72-0
结构式	 （结构式图：甲苯环，含 CH_3、两个 NH_2）
分子式	$C_7H_{10}N_2$
分子量	122.17
理化性质	甲苯-3,4-二胺为白色片状体结晶，熔点 89～90℃。稍溶于冷水(20℃溶解度 16g/L)，可溶于乙醇，溶于白油(室温溶解度>10%)
安全性	甲苯-3,4-二胺急性毒性为大鼠经口最低致死剂量>300mg/kg;10%浓度的白油溶液斑贴于豚鼠皮肤试验显示有刺激;0.1%浓度的白油溶液斑贴于豚鼠皮肤试验显示致敏。中国和美国 PCPC 将甲苯-3,4-二胺作为染发剂，未见它们外用不安全的报道
应用	用于氧化型染发剂，需与显色剂和氧化剂同时使用

456　甲基咪唑丙基对苯二胺盐酸盐

英文名称(INCI)	Methylimidazoliumpropyl p-Phenylenediamine HCl
CAS No.	220158-86-1
结构式	 （结构式图：含 HN、咪唑环 N^+、Cl^-、$\cdot 2HCl$、NH_2）
分子式	$C_{13}H_{19}N_4Cl \cdot 2HCl$ 或 $C_{13}H_{21}N_4Cl_3$
分子量	35.45
理化性质	甲基咪唑丙基对苯二胺盐酸盐为浅米色至米色粉末，纯度(HPLC)99.0%以上，极易溶于水，室温溶解度大于 1kg/L
安全性	甲基咪唑丙基对苯二胺盐酸盐急性经口毒性 LD_{50}>500mg/kg(大鼠)，根据大鼠单剂量经口毒性的分类，甲基咪唑丙基对苯二胺盐酸盐被分类为低毒性。10%样品水溶液在半封闭涂敷人体皮肤上，无刺激性。基于已有的动物研究数据表明，甲基咪唑丙基对苯二胺盐酸盐是一种强的皮肤致敏剂 欧盟消费者安全科学委员会(SCCS)评估表明，甲基咪唑丙基对苯二胺盐酸盐作为氧化型染料在染发剂产品中使用是安全的，最大使用量 2.0%(混合后在头上的浓度)。欧盟将其作为染料偶合剂(或称颜色改性剂)用于永久性(氧化型)染发剂产品中，未见它们外用不安全的报道。但使用前需要进行斑贴试验
应用	用作染发料，有助于快速和牢固地染色角蛋白纤维，并如对苯二胺一样可染出若干色泽

457　间苯二酚

英文名称(INCI)	Resorcinol
CAS No.	108-46-3

EINECS No.	203-585-2
结构式	
分子式	$C_6H_6O_2$
分子量	110.11
理化性质	白色或浅粉色的片状结晶固体,有明显的苯酚类的气味,类似发霉的气味;晶体容易吸潮,当暴露在光和空气中或与铁接触时变成粉红色。纯度(HPLC)99%以上;熔点108~111℃,沸点276~280℃,闪点127℃(闭杯),密度1.272g/cm³(20℃);紫外可见吸收光谱最大吸收波长275.8nm,281.6nm;易溶于水(22℃溶解度678g/L±21g/L),易溶于乙醇和二甲亚砜(22℃溶解度≥20g/100mL)
安全性	间苯二酚急性经口毒性LD₅₀:300~1000mg/kg(大鼠);急性皮肤毒性LD₅₀:3.36g/kg(家兔)。根据大鼠单剂量经口毒性的分类,间苯二酚被分类为微毒性到中度毒性。2.5%间苯二酚水溶液在半封闭涂敷应用于白兔修剪后的皮肤上,无刺激性。基于已有的动物研究数据表明,间苯二酚是一种中度的皮肤致敏剂。然而,临床研究的数据显示,人类接触间苯二酚后发生过敏的频次较低 欧盟消费者安全科学委员会(SCCS)评估表明,间苯二酚作为氧化型染料在染发剂产品中使用是安全的,最大使用量1.25%(混合后在头上的浓度);中国《化妆品安全技术规范》规定间苯二酚作为氧化型染料在染发剂产品中最大使用量1.25%(混合后在头上的浓度),不可用于非氧化型产品中。中国、美国、欧盟和日本都将间苯二酚作为染料偶合剂(或称颜色改性剂)用于永久性(氧化型)染发剂产品中,未见它们外用不安全的报道。但使用前需要进行斑贴试验
应用	在染发剂产品中用作偶合剂(或称颜色改性剂),在氧化型染发剂产品中最大用量1.25%。和不同的染料中间体复配会产生不同的色调:当和对苯二胺及其盐复配时,会出现绿棕色;和对氨基苯酚复配时会出现黄灰色调(图4)
染色性能	 图4 间苯二酚与不同染料中间体复配色调(见文前彩插)

458 间苯三酚

英文名称(INCI)	Phloroglucinol
CAS No.	108-73-6
结构式	
分子式	$C_6H_6O_3$
分子量	126.11
理化性质	间苯三酚为白色粉末,熔点217~219℃,遇光颜色逐渐变深。可溶于水(20℃溶解度10g/L),溶于丙酮、乙醇、乙醚和吡啶

安全性	间苯三酚急性毒性为大鼠经口 LD_{50}：4550mg/kg，小鼠经口 LD_{50}：4550mg/kg。美国 PCPC 将间苯三酚作为染发剂和头发着色剂，未见它外用不安全的报道。使用前需进行斑贴试验
应用	可用于半永久性染发剂，如间苯三酚 0.33%，与对氨基苯酚 2.0%、1-萘酚 0.8%、间氨基苯酚 0.12%、N-苯基对苯二胺 0.15% 和邻苯二酚 0.2% 配合，调节 pH 为 8，一段时间后可将白发染为深红褐色。间苯三酚也可与氧化型染发剂配合使用

459 碱性橙 31

英文名称（INCI）	Basic Orange 31
CAS No.	97404-02-9
EINECS No.	306-764-4
结构式	
分子式	$C_{11}H_{13}N_5 \cdot HCl$
分子量	251.72
理化性质	碱性橙 31 为偶氮型染料，紫/棕或深红色粉末，熔点＞400℃。易溶于水（20℃溶解度 27.5g/L）。紫外可见最大吸收波长为 480nm
安全性	碱性橙 31 急性经口毒性 LD_{50}：1000～2000mg/kg（大鼠）；急性皮肤毒性 LD_{50}＞2000mg/kg（家兔）。根据大鼠单剂量经口毒性的分类，碱性橙 31 被分类为低毒性。500mg 样品用 0.5mL 水润湿半封闭涂敷应用于白兔修剪后的皮肤上，有轻微刺激性。基于已有的动物研究数据表明，碱性橙 31 是一种中度的皮肤致敏剂 欧盟消费者安全科学委员会（SCCS）评估表明，碱性橙 31 作为氧化型染料在染发剂产品中使用是安全的，最大使用量 0.5%（混合后在头上的浓度，下同），在非氧化型染发剂产品中最大使用量为 1.0%。中国《化妆品安全技术规范》规定碱性橙 31 作为氧化型染料在染发剂产品中最大使用量 0.1%（混合后在头上的浓度，下同），在非氧化型染发剂产品中最大使用量为 0.2%。中国、美国和欧盟都将碱性橙 31 作为染料偶合剂（或称颜色改性剂）用于永久性（氧化型）染发剂产品中，或在非氧化型产品中作为非氧化染料，未见它们外用不安全的报道。但使用前需要进行斑贴试验
应用	碱性橙 31 只能用作用染料，赋予头发橙色调。可用作直接染发料，如用量 0.2% 在 pH=9 时可染出明亮的橙色；也可与其他直接染料配合，如碱性橙 31 的 0.1%、碱性棕 16 的 0.25%、HC 蓝 2 的 0.8% 和 HC 蓝 16 的 0.05%，在 pH=10 时为黑色。碱性橙 31 还可与氧化型染料配合，如：对苯二胺 0.01%、间苯二酚 0.02%、碱性红 51 的 0.1%、碱性黄 87 的 0.05%、碱性橙 31 的 0.05%、碱性红 76 的 0.08%，在 pH=7.0 时，在双氧水作用下，头发染出闪亮的红色

460 碱性橙 69

英文名称（INCI）	Basic Orange 69
CAS No.	226940-14-3
结构式	

分子式	$C_{17}H_{23}N_4O_2 \cdot Cl$
分子量	350.90
理化性质	碱性橙 69 是橙红色至橙棕色粉末,轻微气味,纯度(HPLC)95.0%以上,熔点 95℃。可溶于水(室温溶解度>240g/L)
安全性	碱性橙 69 急性经口毒性 LD_{50}:50~500mg/kg(大鼠);急性皮肤毒性 LD_{50}>2000mg/kg(大鼠)。根据大鼠单剂量经口毒性的分类,碱性橙 69 被分类为低毒性。0.5g 样品用 0.5mL 水润湿半封闭涂敷应用于白兔修剪后的皮肤上,无刺激性。基于已有的动物研究数据表明,碱性橙 69 不是皮肤致敏剂 欧盟消费者安全科学委员会(SCCS)评估表明,碱性橙 69 作为氧化型染料在染发剂产品中使用是安全的,最大使用量为 1%(稀释后在头上的浓度);在半永久染发产品中最大使用量为 2.0%(混合后在头上的浓度)。欧盟将碱性橙 69 作为染料偶合剂(或称颜色改性剂)用于永久性(氧化型)染发剂产品中,或在半永久性染发产品中作为非氧化型染料,未见它们外用不安全的报道。但使用前需要进行斑贴试验
应用	用作染发料。如碱性橙 69 0.3%与 HC 蓝 No.16 0.1%、HC 蓝 No.2 0.8%、HC 黄 No.4 0.1%配合下,溶液呈中性时,可染得黑色头发

461　碱性红 46

英文名称(INCI)	Basic Red 46
CAS No.	12221-69-1
结构式	
分子式	$C_{18}H_{21}BrN_6$
分子量	401.3
理化性质	碱性红 46 为偶氮型阳离子染料,暗红色粉末。可溶于水,30℃溶解度为 8%,水溶液为蓝光红色。也溶于甲醇和乙醇。紫外吸收特征波长为 529nm
安全性	美国 PCPC 将碱性红 46 作为染发剂和头发着色剂,未见它外用不安全的报道
应用	用作发用染料,与其他直接染料配合用作染发剂和头发着色剂。如碱性红 46 的 0.04%,与 HC 红 No.3 的 0.02%、HC 黄 No.4 的 0.04%、HC 蓝 No.2 的 0.7%、碱性橙 1 0.32;碱性黄 11 的 0.28%、碱性绿 4 的 0.08%、碱性蓝 3 的 0.04%、碱性紫 2 的 0.04%和碱性紫 4 的 0.04%配合,溶液呈中性时,可将白发染成褐色

462　碱性红 51

英文名称(INCI)	Basic Red 51
CAS No.	77061-58-6
EINECS No.	278-601-4
结构式	

分子式	$C_{13}H_{18}ClN_5$
分子量	279.77
理化性质	碱性红 51 为偶氮染料,蓝色-紫罗兰色粉末,熔点＞200℃,紫外可见吸收光谱最大吸收波长 524nm;可溶于水(30℃溶解度 40g/L),也可溶于乙醇
安全性	碱性红 51 急性经口毒性 LD_{50}:250～500mg/kg(雌性大鼠);LD_{50}:500～1000mg/kg(雌性大鼠);急性皮肤毒性 LD_{50}＞2000mg/kg(家兔)。根据大鼠单剂量经口毒性的分类,碱性红 51 被分类为低毒性到中毒性。500mg 样品半封闭涂敷应用于白兔修剪后的皮肤上,无刺激性。基于已有的动物研究数据表明,碱性红 51 不是皮肤致敏剂 欧盟消费者安全科学委员会(SCCS)评估表明,碱性红 51 作为氧化型染料在染发剂产品中使用是安全的,最大使用量 0.5%(混合后在头上的浓度,下同),在非氧化型染发剂产品中最大使用量为 1.0%。中国《化妆品安全技术规范》规定碱性红 51 作为氧化型染料在染发剂产品中最大使用量 0.1%(混合后在头上的浓度,下同),在非氧化型染发剂产品中最大用量为 0.2%。中国和欧盟都将碱性红 51 作为染料偶合剂(或称颜色改性剂)用于永久性(氧化型)染发剂产品中,在非氧化型染发剂产品中作为非氧化型染料,未见它们外用不安全的报道。但使用前需要进行斑贴试验
应用	碱性红 51 可用作染发剂和头发着色剂,用量 0.01%～0.2%。可单独直接用于染发,pH 为 9 时,0.2%的碱性红 51 可赋予头发明亮的红色。也可与其他染料配合,如碱性红 51 的 0.08%与碱性蓝 75 的 0.06%配合,在 pH 为 9 时可染出紫色。碱性红 51 还可参与棕色、栗色等的调色

463 碱性黄 40

英文名称(INCI)	Basic Yellow 40
CAS No.	29556-33-0
结构式	
分子式	$C_{22}H_{24}N_3O_2 \cdot Cl$
分子量	397.9
理化性质	碱性黄 40 为香豆素类荧光染料,黄色粉末,可溶于醇,溶解度约 2%,呈绿光黄色。紫外最大吸收波长约 465nm
安全性	美国 PCPC 将碱性黄 40 作为染发剂和头发着色剂,未见它外用不安全的报道
应用	染发剂和头发着色剂,并赋予头发荧光

464 碱性黄 87

英文名称(INCI)	Basic Yellow 87
CAS No.	68259-00-7
EINECS No.	269-503-2
结构式	

分子式	$C_{15}H_{19}N_3O_4S$
分子量	337.39
理化性质	碱性黄 87 为次甲基类阳离子染料,黄-橙色粉末,熔点 140℃(开始分解)。易溶于水呈黄色(20℃溶解度 40g/L)。紫外最大吸收波长为 411nm
安全性	碱性黄 87 急性经口毒性 LD_{50}:500~1000mg/kg(雌性大鼠);LD_{50}＞1500mg/kg(雄性大鼠);急性皮肤毒性显示无毒。根据大鼠单剂量经口毒性的分类,碱性黄 87 被分类为低毒性。500mg 样品用水润湿半封闭涂敷应用于白兔修剪后的皮肤上,无刺激性。基于已有的动物研究数据表明,碱性黄 87 不是皮肤致敏剂 欧盟消费者安全科学委员会(SCCS)评估表明,碱性黄 87 作为氧化型染料在染发剂产品中使用是安全的,最大使用量 1.0%(混合后在头上的浓度,下同),在非氧化型染发剂产品中最大使用量为 1.0%;中国《化妆品安全技术规范》规定碱性黄 87 作为氧化型染料在染发剂产品中最大使用量 0.1%(混合后在头上的浓度,下同),在非氧化型染发剂产品中最大用量为 0.2%。中国和欧盟都将碱性黄 87 作为染料偶合剂(或称颜色改性剂)用于永久性(氧化型)染发剂产品中,在非氧化型染发剂产品中作为非氧化型染料,未见它们外用不安全的报道。但使用前需要进行斑贴试验
应用	用作染发剂和头发着色剂。可单独使用,在 pH＝7~9.5 时,用量 0.01%~0.2%,可染出黄色色泽。也可复配使用,如碱性黄 87 的 0.3%和碱性橙 31 的 0.23%复配,在双氧水作用下,可染得铜色的头发

465 碱性蓝 75

英文名称(INCI)	Basic Blue 75
CAS No.	70984-14-4
结构式	
分子式	$C_{44}H_{48}N_6O_{10}S_2Zn$
分子量	950.4
理化性质	碱性蓝 75 为噁嗪类阳离子类染料,可溶于水,呈蓝色
安全性	美国 PCPC 将碱性蓝 75 作为染发剂和头发着色剂,未见它外用不安全的报道
应用	用作染发剂和头发着色剂,用量在 0.01%~0.5%。如 6 份碱性蓝 75 和 10 份碱性紫 2 混合,此混合物在 pH＝5、用量 0.14%时,可染得紫色头发

466 碱性蓝 124

英文名称(INCI)	Basic Blue 124
CAS No.	67846-56-4,89106-91-2
EINECS No.	267-370-5
结构式	
分子式	$C_{15}H_{16}ClN_3O_2$
分子量	305.76

理化性质	碱性蓝 124 为噁嗪类阳离子类染料,蓝色粉末。熔点>225℃,密度 1.39g/cm³(20℃),紫外可见最大吸收波长为 624nm。易溶于水(室温溶解度 15%);可溶于甲醇(室温溶解度约 3%),可溶于 1,2-丙二醇(室温溶解度 1.38%)
安全性	碱性蓝 124 急性经口毒性 LD_{50}:550mg/kg(大鼠);急性皮肤毒性 LD_{50}>2000mg/kg(大鼠)。根据大鼠单剂量经口毒性的分类,碱性蓝 124 被分类为中毒性。500mg 湿品半封闭涂敷应用于白兔修剪后的皮肤上,有轻微刺激性。基于已有的动物研究数据表明,碱性蓝 124 是一种强皮肤致敏剂 欧盟消费者安全科学委员会(SCCS)评估表明,碱性蓝 124 作为非氧化型染料在染发剂产品中使用是安全的,最大使用量 0.5%(混合后在头上的浓度);欧盟将碱性蓝 124 作为非氧化型染料用于半永久性(非氧化型)染发剂产品中,未见它们外用不安全的报道。但使用前需要进行斑贴试验
应用	碱性蓝 124 可用作半永久性染发剂中的直接染发剂,常与其他染发剂配合使用。如 6 份碱性蓝 124 和 8 份碱性紫 2 混合,此混合物在 pH=5、浓度 0.14% 时染出紫色

467 焦糖色

英文名称(INCI)	Caramel
CAS No.	8028-89-5
EINECS No.	232-435-9
理化性质	黑褐色的胶状物或粉末,有特殊焦糖气味。易溶于水和稀乙醇溶液,不溶于油脂 粉状物吸湿性较强,过度暴露于空气中色调将受影响。紫外最大吸收波长为 610nm 左右
安全性	焦糖色为食品添加剂,急性毒性:小鼠经口 LD_{50}>10g/kg;大鼠经口 LD_{50}>1.9g/kg,无毒。中国准用名为焦糖色;欧盟和美国 FDA 的准用名是 Caramel。中国、欧盟、美国 PCPC 和日本将焦糖色用作化妆品着色剂,未见它外用不安全的报道。如用作染发剂和头发着色剂,使用前须进行斑贴试验
应用	化妆品着色剂。在欧盟,Caramel 作为着色剂可用于所有类型的化妆品,例如口红、眼部产品,面霜等护肤类产品,以及香波、沐浴露等洗去型产品。在中国,焦糖的应用产品类型同欧盟法规,可用于所有类型的化妆品。在美国和日本,Caramel 也可作为着色剂用于所有类型的化妆品

468 聚乙烯/聚季戊四醇对苯二甲酸酯层压粉

英文名称(INCI)	Polyethylene/Polypentaerythrityl Terephthalate Laminated Powder
结构式	
理化性质	为聚乙烯和聚季戊四醇对苯二甲酸酯两种聚合物经层压粉碎技术而形成的混合物,细度在 200 目以上的白色粉末。耐化学性好,不溶于水、甲醇、乙醇等,吸水率低
安全性	在中国、美国、欧盟和日本均可用于化妆品,未见外用不安全的报道
应用	用作白色的填充物

469 苦氨酸/苦氨酸钠

英文名称(INCI)	Picramic Acid/Sodium Picramate
CAS No.	96-91-3(苦氨酸)/831-52-7(苦氨酸钠)

EINECS No.	202-544-6(苦氨酸)/212-603-8(苦氨酸钠)
结构式	
分子式	$C_6H_5N_3O_5/C_6H_4N_3NaO_5$
分子量	199.12/221.10
理化性质	苦氨酸是硝基染料,为暗红色-棕色结晶,纯度(HPLC)97%以上;熔点169℃。稍溶于水(室温溶解度<10g/L),在pH=7的磷酸钠缓冲溶液中溶解度>2.5%;可溶于乙醇(室温溶解度<60g/L),极易溶于二甲亚砜(室温溶解度>100g/L)。苦氨酸钠为棕红色物质,纯度(HPLC)50%以上;熔点98.8℃,可溶于水(室温溶解度10g/L),稍溶于乙醇(室温溶解度<10g/L),极易溶于二甲亚砜(室温溶解度>100g/L)
安全性	苦氨酸急性经口毒性LD_{50}:110mg/kg(大鼠);根据大鼠单剂量经口毒性的分类,苦氨酸被分类为中毒性。2.5%样品水溶液0.5mL半封闭涂敷应用于白兔修剪后的皮肤上,无刺激性。基于已有的动物研究数据表明,苦氨酸是一种中度的皮肤致敏剂 欧盟消费者安全科学委员会(SCCS)评估表明,苦氨酸/苦氨酸钠作为氧化型染料在染发剂产品中使用是安全的,最大使用量0.6%(混合后在头上的浓度,下同),在非氧化型染发剂产品中最大使用量为0.6%;中国《化妆品安全技术规范》规定苦氨酸钠作为氧化型染料在染发剂产品中最大使用量0.05%(混合后在头上的浓度,下同),在非氧化型染发剂产品中最大用量为0.1%。中国、美国、欧盟和日本都将苦氨酸/苦氨酸钠作为染料偶合剂(或称颜色改性剂)用于永久性(氧化型)染发剂产品中,在非氧化型染发剂产品中作为非氧化型染料,未见它们外用不安全的报道。但使用前需要进行斑贴试验
应用	用作半永久性染发剂和氧化型染发剂。如苦氨酸1.0%,与N,N-双(2-羟乙基)-p-苯二胺硫酸盐1.0%、甲苯-2,5-二胺0.5%、对氨基苯酚0.2%、间苯二酚0.5%、4-氨基-2-羟基甲苯0.5%、4-硝基邻苯二胺0.2%配合,在pH=9.5和双氧水作用下,染得自然的黑褐色头发

470 辣椒红/辣椒玉红素

英文名称(INCI)	Capsanthin/Capsorubin
CAS No.	465-42-9/470-38-2
EINECS No.	207-364-1/207-425-2
结构式	辣椒红的结构: 辣椒玉红素的结构:
分子式	$C_{40}H_{56}O_3/C_{40}H_{54}O_4$
分子量	584.87/600.9
理化性质	辣椒红为类胡萝卜色素,提取自辣椒的果实。辣椒红为有光泽的深红色针状结晶,熔点177~178℃。辣椒红几乎不溶于水,溶于大多数非挥发性油,部分溶于乙醇,不溶于甘油。辣椒玉红素为紫罗兰红片状结晶,其余性质与辣椒红相似。辣椒红在丙酮中紫外最大吸收波长470nm

安全性	辣椒红是食品着色剂,小鼠经口 LD$_{50}$>1.7g/kg,无毒。中国和欧盟将辣椒红作为化妆品着色剂,未见它外用不安全的报道。中国准用名是辣椒红/辣椒玉红素;欧盟准用名为 Capsanthin/Capsorubin
应用	化妆品着色剂。在欧盟,Capsanthin/Capsorubin 作为着色剂可用于所有类型的化妆品,例如口红、眼部产品,面霜等护肤类产品,以及香波、沐浴露等洗去型产品。在中国,辣椒红/辣椒玉红素的应用产品类型同欧盟法规,可用于所有类型的化妆品。在日本,Capsanthin/Capsorubin 可用于所有类型的化妆品。在美国,不允许用于化妆品

471　邻苯二酚

英文名称(INCI)	Catechol、Pyrocatechol、CI 76500
CAS No.	120-80-9
结构式	HO OH (邻苯二酚结构式)
分子式	C$_6$H$_6$O$_2$
分子量	110.11
理化性质	邻苯二酚为无色结晶,熔点 105℃,见光或露置空气中变色。溶于水(20℃溶解度 430g/L),易溶于乙醇。其水溶液不稳定
安全性	邻苯二酚急性毒性为大鼠经口 LD$_{50}$:3900mg/kg;2.5%水溶液涂敷兔皮肤试验显示细微和暂时的反应。美国 PCPC 将邻苯二酚作为染发剂,未见它们外用不安全的报道。使用前需进行斑贴试验
应用	在染发剂中最大用量 3%。如 8 份邻苯二酚、9 份对氨基苯酚、8 份 1,5-萘二酚、6 份 2,5-二氨基甲苯和 3 份 2,4-二氨基茴香醚硫酸盐混合,此混合物用量 0.34%,调节 pH 为 9,在双氧水作用下可染得有铂金光泽的深棕色

472　邻苯三酚

英文名称(INCI)	Pyrogallol、CI 76515
CAS No.	87-66-1
结构式	HO OH HO (邻苯三酚结构式)
分子式	C$_6$H$_6$O$_3$
分子量	126.0
理化性质	邻苯三酚为白色固体,熔点 43~47℃。易被氧化,在空气中易变色。溶于水(25℃溶解度 400g/L),溶于乙醇。其水溶液在光照下和空气中不稳定
安全性	邻苯三酚急性毒性为大鼠经口 LD$_{50}$:1800mg/kg;0.5g 湿品斑贴兔损伤皮肤试验表现出轻微的刺激。美国 PCPC 将邻苯三酚作为染发剂,未见它们外用不安全的报道。使用前需进行斑贴试验
应用	在染发剂中最大用量为 2%。如邻苯三酚 0.25%与邻氨基苯酚 0.5%、间苯二酚 0.2%和 2-硝基对苯二胺 0.7%配合,在 pH=9~10,双氧水作用下,可染得黑色头发

473 木蓝提取物

英文名称(INCI)	Indigofera Tinctoria
CAS No.	84775-63-3
EINECS No.	283-892-6
结构式	木蓝提取物中主要成分: 吲苷(indican)(1)　　　靛蓝(indigo)(2)　　　靛玉红(indirubin)(3)
分子量	吲苷(indican):295.29g/mol;靛蓝(indigo):262.26g/mol;靛玉红(indirubin):262.26g/mol
理化性质	木蓝提取物为细的绿色分散粉末。其由木蓝叶子经干燥和粉碎而成的,含有纤维等不溶性物质,因此它是不可溶的,可以稳定分散在10%和25%的二甲亚砜中
安全性	木蓝提取物急性经口毒性 $LD_{50}>1000mg/kg$(大鼠)。根据大鼠单剂量经口毒性的分类,木蓝提取物被分类为低毒性。现有的皮肤刺激性实验表明木蓝提取物无刺激性。基于已有的动物研究数据表明,木蓝提取物可能有潜在的轻微的致敏性 欧盟消费者安全科学委员会(SCCS)评估表明,木蓝提取物作为非氧化型染料在染发剂产品中使用是安全的,最大使用量25%(混合后在头上的浓度),未见它们外用不安全的报道。但使用前需要进行斑贴试验
应用	用作非氧化型染发料,方法可参考"靛红"

474 柠檬酸铋

英文名称(INCI)	Bismuth(Ⅲ)Citrate
CAS No.	813-93-4
EINECS No.	212-390-1
结构式	$\left[\begin{array}{c} CH_2COO^- \\ HO-C-COO^- \\ CH_2COO^- \end{array}\right] Bi^{3+}$
分子式	$BiC_6H_5O_7$
分子量	398.10
理化性质	柠檬酸铋为灰白色有光泽的透明片状物或白色粉末,熔点260℃(开始分解),密度 $3.5g/cm^3$(20℃)。紫外可见吸收光谱最大吸收波长260nm;微溶于水,在生理盐水中的溶解度为0.17g/L;微溶于乙醇,易溶于二甲亚砜
安全性	柠檬酸铋急性经口毒性 $LD_{50}>5000mg/kg$(大鼠);急性皮肤毒性 $LD_{50}>2g/kg$(家兔)。根据大鼠单剂量经口毒性的分类,柠檬酸铋被分类为微毒性。0.5mL样品半封闭涂敷应用于白兔修剪后的皮肤上,有轻微刺激性。基于已有的动物研究数据表明,不能排除柠檬酸铋具有致敏性的可能。 欧盟消费者安全科学委员会(SCCS)评估表明,柠檬酸铋作为非氧化型染料在染发剂产品中使用是安全的,最大使用量2%(配方中使用浓度);欧盟和美国都将柠檬酸铋作为非氧化型染料用于染发剂产品中,未见它们外用不安全的报道。但使用前需要进行斑贴试验
应用	用作渐进型染发剂,美国的最大用量0.5%,欧盟的最大用量2.0%。渐进型染发剂即金属类染发剂,需要通过多次使用逐步上色的染发剂,铋离子渗透到头发里,与头发中的半胱氨酸中的硫反应,生成黑色的硫化铋而染色。柠檬酸铋一般要连续使用三周以上方见效果,染色效果可维持近一个月

475 柠檬酸钛

英文名称	Titanium Citrate
结构式	
分子式	$C_{24}H_{20}O_{28}Ti_3$
分子量	900.0
理化性质	柠檬酸钛为白色粉末,不溶于水和乙醇,在酸性较强的水中会水解
安全性	柠檬酸钛急性毒性:大鼠经口 $LD_{50}>5000mg/kg$;大鼠经皮 $LD_{50}>2000mg/kg$,无毒。中国药监局和美国 PCPC 将柠檬酸钛作为化妆品着色剂,未见它外用不安全的报道
应用	用作白色颜料

476 葡糖酸钴

英文名称	Cobalt Gluconate
CAS No.	71597-08-9
结构式	
分子式	$C_{12}H_{22}O_{14}Co$
分子量	449.2
理化性质	葡糖酸钴为粉红色粉末,熔点$>300℃$,在冷水中有一定的溶解度,易溶于热水,微溶于乙醇。只能在 $pH=7.5\sim9.5$ 的范围内使用
安全性	中国国家药品监督管理局(简称药监局)和美国 PCPC 将葡糖酸钴作为化妆品着色剂,未见它外用不安全的报道
应用	用作化妆品粉红色的色粉

477 羟苯并吗啉

英文名称(INCI)	Hydroxybenzomorpholine
CAS No.	26021-57-8

EINECS No.	247-415-5
结构式	
分子式	$C_8H_9NO_2$
分子量	151.16
理化性质	羟苯并吗啉为淡紫色至棕色粉末,纯度(HPLC)99%以上;熔点110.5~115℃;溶于水(20℃溶解度19g/L),可溶于乙醇(20℃溶解度<10g/L),也溶于丙二醇和二甲亚砜。其水溶液在光照和空气中不稳定
安全性	羟苯并吗啉急性经口毒性 LD_{50}:1000~2000mg/kg(大鼠);根据大鼠单剂量经口毒性的分类,羟苯并吗啉被分类为低毒性。500mg样品用0.5mL水润湿半封闭涂敷应用于白兔修剪后的皮肤上,无刺激性。基于已有的动物研究数据表明,羟苯并吗啉不是皮肤致敏剂 欧盟消费者安全科学委员会(SCCS)评估表明,羟苯并吗啉作为氧化型染料在染发剂产品中使用是安全的,最大使用量1%(混合后在头上的浓度)。中国《化妆品安全技术规范》规定羟苯并吗啉作为氧化型染料在染发剂产品中最大使用量1%(混合后在头上的浓度),不可用于非氧化型染发剂产品中。中国、美国、欧盟和日本都将羟苯并吗啉作为染料偶合剂(或称颜色改性剂)用于永久性(氧化型)染发剂产品中,未见它们外用不安全的报道。但使用前需要进行斑贴试验
应用	用作氧化型染料。如羟苯并吗啉1.2%,与羟乙基对苯二胺硫酸盐1.5%、6-羟基吲哚0.25%、2,4-二氨基苯氧基乙醇盐酸盐0.2%、邻苯二酚0.15%、4-氨基间甲酚0.35%、2-甲基-5-羟乙氨基苯酚0.15%配合,在pH=9.8和双氧水作用下,染得带棕色光的强烈黑色

478 羟吡啶酮

英文名称(INCI)	Hydroxypyridinone
CAS No.	822-89-9
结构式	
分子式	$C_5H_5NO_2$
分子量	111.1
理化性质	羟吡啶酮为白色粉末,熔点149~150℃。稍溶于水,可溶于乙醇、甲醇、氯仿和二甲亚砜
安全性	中国药监局和美国PCPC将羟吡啶酮作为头发着色剂,未见它外用不安全的报道
应用	用作氧化型染发剂,如羟吡啶酮0.47%,与对苯二胺1.0%配合,调节pH为10,在双氧水作用下,可将白发染为黑褐色

479 羟丙基对苯二胺

英文名称(INCI)	Hydroxypropyl-*p*-Phenylenediamine
CAS No.	73793-79-0
结构式	

分子式	$C_9H_{14}N_2O$
分子量	166.22
理化性质	羟丙基对苯二胺为淡粉色到淡紫色粉末,纯度(HPLC)95%以上;紫外可见吸收光谱最大吸收波长 200nm,240nm 和 290nm。极易溶于水(室温溶解度 500～1000g/L),极易溶于乙醇和二甲亚砜(室温溶解度 100～500g/L),难溶于玉米油(室温溶解度<0.1g/L)
安全性	羟丙基对苯二胺急性经口毒性 $LD_{50}>300mg/kg$(大鼠)。根据大鼠单剂量经口毒性的分类,羟丙基对苯二胺被分类为中毒性。2%羟丙基对苯二胺盐酸盐水溶液在人体皮肤的刺激性试验表明无刺激性。基于已有的动物研究数据表明,羟丙基对苯二胺是一种中度的皮肤致敏剂 欧盟消费者安全科学委员会(SCCS)评估表明,羟丙基对苯二胺作为氧化型染料在染发剂产品中使用是安全的,最大使用量 2.0%(混合后在头上的浓度);欧盟将羟丙基对苯二胺作为染料偶合剂(或称颜色改性剂)用于永久性(氧化型)染发剂产品中,未见它们外用不安全的报道。但使用前需要进行斑贴试验
应用	用作染发料。如:羟丙基对苯二胺 2.0%、N,N-双(2-羟乙基)对苯二胺硫酸盐 0.14%、羟苯并吗啉 1%、2-氨基-3-羟基吡啶 0.04%、2,4-二氨基苯氧基乙醇盐酸盐 0.14%、间氨基苯酚 0.55%、6-羟基吲哚 0.1%混合,pH 为 10,在双氧水作用下染得 L^* 为 28 左右的发色

480　羟丙基双(N-羟乙基对苯二胺)盐酸盐

英文名称(INCI)	Hydroxypropyl Bis(N-Hydroxyethyl-p-Phenylenediamine)HCl
CAS No.	128729-28-2
EINECS No.	416-320-2
结构式	$$\begin{array}{c}\text{CH}_2\text{CH}_2\text{OH} \qquad \text{CH}_2\text{CH}_2\text{OH}\\ \text{N—CH}_2\text{CHCH}_2\text{—N} \cdot 4\text{HCl}\\ |\\ \text{OH}\end{array}$$ （两端各接苯环,下端为 NH_2）
分子式	$C_{19}H_{32}Cl_4N_4O_3$
分子量	506.30
理化性质	羟丙基双(N-羟乙基对苯二胺)盐酸盐为象牙色粉末,有强刺激性味道,紫外可见吸收光谱最大吸收波长 258nm,415.5nm;易溶于水(22℃溶解度 760g/L),溶于乙醇(22℃溶解度<10g/L),极易溶于二甲亚砜(22℃溶解度≥200g/L)
安全性	羟丙基双(N-羟乙基对苯二胺)盐酸盐急性经口毒性 LD_{50}:2186mg/kg(大鼠);急性皮肤毒性 $LD_{50}>2g/kg$(大鼠)。根据大鼠单剂量经口毒性的分类,羟丙基双(N-羟乙基对苯二胺)盐酸盐被分类为低毒性。500mg 样品用 0.5mL 水润湿半封闭涂敷应用于白兔修剪后的皮肤上,有刺激性。基于已有的动物研究数据表明,羟丙基双(N-羟乙基对苯二胺)盐酸盐是一种强皮肤致敏剂 欧盟消费者安全科学委员会(SCCS)评估表明,羟丙基双(N-羟乙基对苯二胺)盐酸盐作为氧化型染料在染发剂产品中使用是安全的,最大使用量 0.4%(混合后在头上的浓度)。中国《化妆品安全技术规范》规定羟丙基双(N-羟乙基对苯二胺)盐酸盐作为氧化型染料在染发剂产品中最大使用量 0.4%(混合后在头上的浓度),不可用于非氧化型染发剂产品。中国、美国和欧盟都将羟丙基双(N-羟乙基对苯二胺)盐酸盐作为染料偶合剂(或称颜色改性剂)用于永久性(氧化型)染发剂产品中,未见它们外用不安全的报道。但使用前需要进行斑贴试验
应用	用作氧化型发用染料。如等质量的羟丙基双(N-羟乙基对苯二胺)盐酸盐和对苯二胺混合,此混合物用量 0.3%,在 pH=9.5 和双氧水作用下,染得深棕色头发

481 羟基蒽醌氨丙基甲基吗啉氮鎓甲基硫酸盐

英文名称(INCI)	Hydroxyanthraquinone-aminopropyl Methyl Morphllium Methosulfate
CAS No.	38866-20-5
结构式	
分子式	$C_{22}H_{25}N_2O_4 \cdot CH_3SO_4$
分子量	492.54
理化性质	羟基蒽醌氨丙基甲基吗啉氮鎓甲基硫酸盐紫色粉末,熔点215℃。溶于水(室温溶解度约50g/L),也溶于乙醇。其水溶液的稳定性尚可。紫外特征吸收波长585nm
安全性	羟基蒽醌氨丙基甲基吗啉氮鎓甲基硫酸盐急性毒性为大鼠经口 LD_{50}<2000mg/kg;500mg 粉末直接斑贴于兔损伤皮肤试验无刺激。美国 PCPC 和欧盟将羟基蒽醌氨丙基甲基吗啉氮鎓甲基硫酸盐作为染发剂,未见它们外用不安全的报道。使用前须进行斑贴试验。此品种安全性的最大不确定因素是纯度不高,内含杂质太多太杂
应用	用作直接染料,最大用量 0.5%。如羟基蒽醌氨丙基甲基吗啉氮鎓甲基硫酸盐 0.496%,与 HC 红 No.3 的 0.862%、HC 黄 No.9 的 0.057%、碱性红 51 的 0.072%配合,在 pH=6.7 时,染得带紫光的深栗壳色头发

482 羟乙氨甲基对氨基苯酚盐酸盐

英文名称(INCI)	Hydroxyethylaminomethyl-p-aminophenol HCl
CAS No.	135043-63-9
结构式	
分子式	$C_9H_{14}N_2O_2 \cdot 2HCl$
分子量	255.14
理化性质	羟乙氨甲基对氨基苯酚盐酸盐为白色或灰白色结晶粉末,熔点242℃。可溶于水,稍溶于乙醇。其水溶液在光照和空气中不稳定
安全性	羟乙氨甲基对氨基苯酚盐酸盐急性毒性为大鼠经口 LD_{50}:400~1600mg/kg;3%水溶液对豚鼠损伤皮肤试验无刺激。美国 PCPC 将羟乙氨甲基对氨基苯酚盐酸盐作为染发剂,未见它们外用不安全的报道
应用	在氧化型染发剂中最大用量为 3%。如 1.5%羟乙氨甲基对氨基苯酚盐酸盐与 0.68%的间氨基苯酚配合,在 pH=10 和双氧水作用下,染得深褐色头发

483 羟乙基-2-硝基对甲苯胺

英文名称(INCI)	Hydroxyethyl-2-nitro-p-toluidine
CAS No.	100418-33-5
EINECS No.	408-090-7

结构式	
分子式	$C_9H_{12}N_2O_3$
分子量	196.21
理化性质	羟乙基-2-硝基对甲苯胺为红色结晶,熔点 79.5℃,沸点 259℃(开始分解),闪点＞105℃,密度 1.32g/cm³(20℃)。微溶于水(20℃溶解度 0.35g/L),易溶于油脂(室温溶解度 24.8g/kg),也溶于乙醇(室温溶解度＞100g/L)、50％的丙酮(室温溶解度＞100g/L)和二甲亚砜(室温溶解度＞100g/L)
安全性	羟乙基-2-硝基对甲苯胺急性经口毒性 LD_{50}:1564mg/kg(雄性大鼠);LD_{50}:1436mg/kg(雌性大鼠);急性皮肤毒性 LD_{50}＞2000mg/kg(大鼠)。根据大鼠单剂量经口毒性的分类,羟乙基-2-硝基对甲苯胺被分类为低毒性。羟乙基-2-硝基对甲苯胺半封闭涂敷应用于白兔修剪后的皮肤上,无刺激性。基于已有的动物研究数据表明,羟乙基-2-硝基对甲苯胺不是皮肤致敏剂 欧盟消费者安全科学委员会(SCCS)评估表明,羟乙基-2-硝基对甲苯胺作为氧化型染料在染发剂产品中使用是安全的,最大使用量 1％(混合后在头上的浓度,下同),在非氧化型染发剂产品中最大使用量为 1％。中国《化妆品安全技术规范》规定羟乙基-2-硝基对甲苯胺作为氧化型染料在染发剂产品中最大使用量 1％(混合后在头上的浓度,下同),在非氧化型染发剂产品中最大使用量为 1％。中国、美国和欧盟都将羟乙基-2-硝基对甲苯胺作为染料偶合剂(或称颜色改性剂)用于永久性(氧化型)染发剂产品中,或在非氧化型染发剂产品中,未见它们外用不安全的报道。但使用前需要进行斑贴试验
应用	用作氧化型染发剂。如羟乙基-2-硝基对甲苯胺单独使用,1.0％的浓度,调节 pH 为 10。在双氧水作用下,在漂白过的头发上染得明亮的橙色。更多用于配色

484 羟乙基-2,6-二硝基对茴香胺

英文名称(INCI)	Hydroxyethyl-2,6-dinitro-*p*-anisidine
CAS No.	122252-11-3
结构式	
分子式	$C_9H_{11}N_3O_6$
分子量	257.2
理化性质	羟乙基-2,6-二硝基对茴香胺为红色结晶,熔点 104℃。不溶于水,可溶于乙醇、氯仿、丙酮和二甲亚砜,溶液呈橙至红色
安全性	美国 PCPC 将羟乙基-2,6-二硝基对茴香胺作为头发着色剂,未见它们外用不安全的报道
应用	用作半永久性染发剂。如羟乙基-2,6-二硝基对茴香胺 0.23％,与 HC 红 No.10 的 0.1％和 HC 蓝 No.2 的 0.2％配合,调节 pH 至 9.5,可将白发染为现代色彩的深博若莱(Beaujolais)红葡萄酒样的色泽

485 羟乙基对苯二胺硫酸盐

英文名称(INCI)	Hydroxyethyl-*p*-Phenylenediamine Sulfate
CAS No.	93841-25-9

EINECS No.	298-995-1
结构式	
分子式	$C_8H_{12}N_2O \cdot H_2SO_4$
分子量	250.27
理化性质	羟乙基对苯二胺硫酸盐为灰色结晶,熔点 250℃(开始分解),密度 1.5g/cm³(20℃),可溶于水(20℃溶解度 51.2g/L,pH=2.02),微溶于 50%丙酮水溶液(20℃溶解度 0.3%),可溶于二甲亚砜(20℃溶解度 4.6%),微溶于乙醇。其水溶液因光照不稳定
安全性	羟乙基对苯二胺硫酸盐急性经口毒性 LD$_{50}$:80mg/kg(大鼠)。根据大鼠单剂量经口毒性的分类,羟乙基对苯二胺硫酸盐被分类为中毒性。3%样品水溶液半封闭涂敷应用于白兔修剪后的皮肤上,无刺激性。基于已有的动物以及人体临床研究数据表明,羟乙基对苯二胺硫酸盐是一种强皮肤致敏剂 欧盟消费者安全科学委员会(SCCS)评估表明,羟乙基对苯二胺硫酸盐作为氧化型染料在染发剂产品中使用是安全的,最大使用量 2.0%(混合后在头上的浓度)。中国《化妆品安全技术规范》规定羟乙基对苯二胺硫酸盐作为氧化型染料在染发剂产品中最大使用量 1.5%(混合后在头上的浓度),不可用于非氧化型染发剂产品中。中国和欧盟都将羟乙基对苯二胺硫酸盐作为染料偶合剂(或称颜色改性剂)用于永久性(氧化型)染发剂产品中,未见它们外用不安全的报道。但使用前需要进行斑贴试验
应用	用作发用氧化型染料。如羟乙基对苯二胺硫酸盐 0.67%,与间二苯酚 0.2%、2-甲基间二苯酚 0.2%和 2-氨基-6-氯-4-硝基苯酚 0.3%配合,调节 pH 为 10,在双氧水作用下,染出带金光的棕色

486 羟乙氧基氨基吡唑并吡啶盐酸盐

英文名称(INCI)	Hydroxyethoxy Aminopyzazolopyridine HCl
CAS No.	1079221-49-0
EINECS No.	695-745-7
结构式	
分子式	$C_9H_{12}ClN_3O_2$
分子量	229.66
理化性质	羟乙氧基氨基吡唑并吡啶盐酸盐为紫色粉末,熔点 159~170℃,紫外可见吸收光谱最大吸收波长 307nm±1nm。极易溶于水(23℃溶解度 500~1000g/L),微溶于乙醇(23℃溶解度 0.1~1g/L),微溶于玉米油(23℃溶解度<0.1g/L),极易溶于二甲亚砜(23℃溶解度 500~1000g/L)。其水溶液稳定性较好
安全性	羟乙氧基氨基吡唑并吡啶盐酸盐急性经口毒性 LD$_{50}$>500mg/kg(大鼠);急性皮肤毒性 LD$_{50}$>500mg/kg(大鼠)。根据大鼠单剂量经口毒性的分类,羟乙氧基氨基吡唑并吡啶盐酸盐被分类为低毒性。2%样品水溶液半封闭涂敷应用于白兔修剪后的皮肤上,无刺激性。基于已有的动物研究数据表明,羟乙氧基氨基吡唑并吡啶盐酸盐是一种强皮肤致敏剂 欧盟消费者安全科学委员会(SCCS)评估表明,羟乙氧基氨基吡唑并吡啶盐酸盐作为氧化型染料在染发剂产品中使用是安全的,最大使用量 2%(混合后在头上的浓度);欧盟将羟乙氧基氨基吡唑并吡啶盐酸盐作为染料偶合剂(或称颜色改性剂)用于永久性(氧化型)染发剂产品中,未见它们外用不安全的报道。但使用前需要进行斑贴试验
应用	在氧化型染发剂中最大用量 2%。如羟乙氧基氨基吡唑并吡啶盐酸盐的 1.6%与 4-氨基-2-羟基甲苯 0.86%配合,在 pH=9.5 和双氧水作用下,染得棕色头发

487 氢醌

英文名称(INCI)	Hydroquinone
CAS No.	123-31-9
结构式	
分子式	$C_6H_6O_2$
分子量	110.11
理化性质	氢醌白色结晶,熔点172～175℃。溶于水(20℃溶解度70g/L),易溶于乙醇、氯仿、乙醚。其水溶液在光照和空气中不稳定
安全性	氢醌急性毒性为大鼠经口 LD_{50}:584mg/kg;大鼠经皮 LD_{50}:3840mg/kg;4%水溶液涂敷对兔皮肤试验无刺激。中国、欧盟和美国 PCPC 将氢醌作为染发剂和头发着色剂,未见它外用不安全的报道。使用前需进行斑贴试验
应用	用作染发剂,最大用量2%。如氢醌0.15%,与对苯二胺0.027%、间苯二酚0.033%、m-氨基苯酚0.030%配合,调节 pH 为9～10,在双氧水作用下,染得有珠光的灰棕色头发

488 溶剂黄 85

英文名称(INCI)	Solvent Yellow 85
CAS No.	1742-95-6
结构式	
分子式	$C_{12}H_8N_2O_2$
分子量	212.2
理化性质	溶剂黄85为萘二甲酰亚胺类染料,橙色粉末。熔点360℃,不溶于水,可溶于乙醇、氯仿、丙酮、二甲亚砜等溶剂。其二甲亚砜溶液的紫外最大吸收波长为433nm
安全性	溶剂黄85急性毒性为小鼠经口 $LD_{50}>$10g/kg。美国 PCPC 将溶剂黄85作为染发剂和头发着色剂,未见它用不安全的报道
应用	染发剂和头发着色剂。如调节 pH 为9,用量0.1%,可将白发染为黄色

489 溶剂黄 172

英文名称(INCI)	Solvent Yellow 172
CAS No.	68427-35-0
结构式	

分子式	$C_{20}H_{19}N_3O_5S$
分子量	413.4
理化性质	溶剂黄 172 为香豆素色素类染料,熔点 298～299℃,不溶于水,可溶于乙醇,为带绿光的荧光黄色
安全性	美国 PCPC 将溶剂黄 172 作为头发着色剂,未见它外用不安全的报道
应用	染发剂和头发着色剂

490 核黄素

中英文名称	乳黄素、Lactoflavin、Riboflavin
CAS No.	83-88-5
EINECS No.	201-507-1
结构式	
分子式	$C_{17}H_{20}N_4O_6$
分子量	376.36
理化性质	核黄素为橙黄色小针状结晶,晶形不同在水中的溶解度也不同,熔点 290℃(开始分解),微溶于水(室温溶解度 0.1g/L),可溶于乙醇,微溶于苯甲醇、苯酚,不溶于乙醚、氯仿、丙酮和苯,易溶于稀碱。其溶液状态在空气中尚无毒。紫外最大特征吸收波长为 475nm
安全性	核黄素又称维生素 B_2,可用作食品添加剂。核黄素大白鼠腹腔注射 LD_{50}:560mg/kg。中国和欧盟将核黄素作为化妆品着色剂,未见它外用不安全的报道。欧盟的准用名为 Lactoflavin;中国准用名为核黄素
应用	用作化妆品着色剂,赋予产品橙黄色泽。在欧盟,Lactoflavin 作为着色剂可用于所有类型的化妆品,例如口红、眼部产品,面霜等护肤类产品,以及香波、沐浴露等洗去型产品。在中国,核黄素的应用产品类型同欧盟法规,可用于所有类型的化妆品。在美国不允许作为着色剂用于化妆品

491 散沫花提取物

英文名称(INCI)	Lawsonia Inermis(Henna)
CAS No.	84988-66-9
EINECS No.	284-854-1
结构式	 散沫花提取物中的主要成分
理化性质	散沫花提取物是一种天然的萘醌染料混合物,外观为绿到灰色粉末。在水中的溶解性随样品的组成成分变化而变化,部分溶于水
安全性	散沫花提取物急性经口毒性 LD_{50}>2000mg/kg(大鼠);急性皮肤毒性 LD_{50}>2000mg/kg(大鼠)。根据大鼠单剂量经口毒性的分类,散沫花被分类为低毒性。基于已有的动物和人体研究数据表明,散沫花是一种中度的皮肤致敏剂

安全性	欧盟消费者安全科学委员会(SCCS)评估表明,散沫花作为非氧化型染料在染发剂产品中使用是安全的,最大使用量 25％(混合在头上的浓度)。未见它们外用不安全的报道。但使用前需要进行斑贴试验
应用	用作染发料。配合使用效果更好,如 95 份的散沫花提取物与 1.5 份的酸性黑 1、1.0 份的酸性紫 43 配合,可得自然的黑色毛发

492 四氨基嘧啶硫酸盐

英文名称(INCI)	Tetraaminopyrimidine Sulfate
CAS No.	5392-28-9
EINECS No.	226-393-0
结构式	
分子式	$C_4H_8N_6 \cdot H_2SO_4$
分子量	238.33
理化性质	四氨基嘧啶硫酸盐为淡黄色结晶粉末,纯度(HPLC)95％以上;熔点 260℃(开始分解)。稍溶于水(室温溶解度 0.3～3g/L),稍溶于乙醇(室温溶解度＜1g/L),溶于二甲亚砜(室温溶解度 1～10g/L)
安全性	四氨基嘧啶硫酸盐急性经口毒性 LD_{50}:4700mg/kg(大鼠)。根据大鼠单剂量经口毒性的分类,被分类为低毒性,未稀释受试物在半封闭涂敷应用于白兔修剪后的皮肤上,无刺激性。基于已有的动物研究数据表明,四氨基嘧啶硫酸盐不是皮肤致敏剂,但不能排除其具有潜在致敏性的可能 　　欧盟消费者安全科学委员会(SCCS)评估表明,四氨基嘧啶硫酸盐作为氧化型染料在染发剂产品中使用是安全的,最大使用量 3.4％(混合后在头上的浓度,下同),在非氧化型染发剂产品中最大使用量为 3.4％。中国《化妆品安全技术规范》规定四氨基嘧啶硫酸盐作为氧化型染料在染发剂产品中最大使用量 2.5％(混合后在头上的浓度,下同),在非氧化型染发剂产品中最大使用量为 3.4％。中国和欧盟都将四氨基嘧啶硫酸盐作为染料偶合剂(或称颜色改性剂)用于永久性(氧化型)染发剂产品中,或在非氧化型染发剂产品中作为非氧化型染料,未见它们外用不安全的报道。但使用前需要进行斑贴试验
应用	用作染发剂的前体。四氨基嘧啶硫酸盐的成色作用相似于对苯二胺硫酸盐,但染色色牢固度优于后者。如四氨基嘧啶硫酸盐 1.428％和间苯二酚 0.66％配合,在 pH=9.5 并有氧化剂作用下,可染得黑色头发

493 四氢-6-硝基喹喔啉

英文名称(INCI)	Tetrahydro-6-nitroquinoxaline
CAS No.	41959-35-7
结构式	
分子式	$C_8H_9N_3O_2$
分子量	179.18
理化性质	四氢-6-硝基喹喔啉为深红色或深棕色粉末,熔点 113℃。略溶于水,溶于乙醇、丙酮、氯仿

安全性	四氢-6-硝基喹喔啉急性毒性为雄性大鼠经口 LD_{50}:1275mg/kg;雌性大鼠经口 LD_{50}:860mg/kg;500mg 湿品直接斑贴于对兔皮肤试验显示有轻柔的反应。美国 PCPC 将四氢-6-硝基喹喔啉作为染发剂,未见它们外用不安全的报道
应用	用作染发剂,最大用量1.0%。如四氢-6-硝基喹喔啉单独使用,浓度1%,在 pH=9.5 时,可染得铜样色泽

494 四溴酚蓝

英文名称(INCI)	Tetrabromophenol Blue
CAS No.	4430-25-5
EINECS No.	224-622-9
结构式	
分子式	$C_{19}H_6Br_8O_5S$
分子量	985.59
理化性质	四溴酚蓝为黄绿色粉末,熔点204℃,微溶于水(20℃溶解度0.159%,pH=3.54),紫外可见最大吸收波长为224nm,299nm 和610nm。微溶于50%的丙酮水溶液(20℃溶解度0.9%,pH=2.6),易溶于二甲亚砜(20℃溶解度>10%),水溶液随 pH 值变化而变化,pH=3 为黄色,pH=4.6 为蓝色
安全性	500mg 样品用0.25mL 水润湿半封闭涂敷应用于白兔修剪后的皮肤上,无刺激性。基于已有的动物研究数据表明,四溴酚蓝不是皮肤致敏剂 欧盟消费者安全科学委员会(SCCS)评估表明,四溴酚蓝作为氧化型染料在染发剂产品中使用是安全的,最大使用量0.2%(混合后在头上的浓度,下同),在非氧化型产品中最大使用量为0.2%。欧盟将四溴酚蓝作为染料偶合剂(或称颜色改性剂)用于永久性(氧化型)染发剂产品中,或在非氧化型产品中作为非氧化型染料,未见它们外用不安全的报道。但使用前需要进行斑贴试验
应用	用作氧化型染发剂和头发着色剂。如单独使用四溴酚蓝0.2%,调节 pH 至8,在双氧水作用下,可染得宝蓝色头发。也可配合使用,如四溴酚蓝0.15%与酸性红94的0.05%配合,调节 pH 至8,在双氧水作用下,可染得华丽的紫色头发

495 酸性红 195

英文名称(INCI)	Acid Red 195
CAS No.	12220-24-5
结构式	
分子式	$C_{20}H_{15}N_4O_5SNa$
分子量	446.41
理化性质	酸性红195为偶氮类染料含铬的配合物。可溶于水,室温溶解度30g/L

安全性	酸性红 195 的急性毒性为大鼠经口 $LD_{50}>7g/kg$,无毒;兔皮肤试验无刺激。欧盟的化妆品法规准用名为 Acid Red 195;中国的化妆品法规准用名为酸性红 195。作为化妆品着色剂,未见它外用不安全的报道
应用	化妆品着色剂。在欧盟,Acid Red 195 可用于不接触黏膜的化妆品,包括外用型化妆品以及洗去型产品,例如面霜、身体乳液,以及沐浴露、香波、洗去型护发素等。在中国,酸性红 195 的应用产品类型同欧盟法规,也专用于不与黏膜接触的化妆品。在美国和日本,不允许用于化妆品

496　甜菜根红

英文名称(INCI)	Beetroot Red
CAS No.	7659-95-2、89957-88-0、89957-89-1
EINECS No.	231-628-5、289-609-2、289-610-8
结构式	
分子式	$C_{24}H_{26}N_2O_{13}$
分子量	550.5
理化性质	甜菜根红提取自甜菜的根茎,粉红色至深红色粉末状物,易溶于水。当 pH 在 3.0~7.0 时为红色,且较稳定,色泽鲜艳;pH 在 4.0~5.0 时最稳定;pH>7.0,颜色由红色变成紫色。难溶于醋酸、丙二醇,不溶于无水乙醇、甘油、丙酮、氯仿、油脂、乙醚等有机溶剂。紫外最大吸收波长为 535nm
安全性	甜菜根红为食品着色剂。欧盟化妆品法规的准用名为 Beetroot Red;中国化妆品法规的准用名为甜菜根红;作为化妆品着色剂,未见其外用不安全的报道
应用	化妆品着色剂。在欧盟,Beetroot Red 作为着色剂可用于所有类型的化妆品,例如口红、眼部产品、面霜等护肤类产品,以及香波、沐浴露等洗去型产品。在中国,甜菜根红的应用产品类型同欧盟法规,可用于所有类型的化妆品。在日本,Beetroot Red 可用于所有类型的化妆品。在美国,不允许用于化妆品

497　五倍子提取物

英文名称(INCI)	Galla Rhois Gallnut Extract
理化性质	五倍子(Galla Rhois)为漆树科植物盐肤木青麸杨和红麸杨等树上寄生倍蚜科昆虫角倍蚜或倍蛋蚜后形成的虫瘿,五倍子提取物是以溶剂如 1,3-丁二醇提取的混合物。主要化学成分:含五倍子鞣质(gallotannin),即五倍子鞣酸(gallotannic acid),达 50%~78%,另含没食子酸(gallic acid)、树脂、蜡质、淀粉、脂肪等。五倍子提取物为棕红色透明液体,水溶性固含量≥2.5%,pH 值 5~7。易溶于水、乙醇或稀乙醇,几不溶于乙醚、苯、氯仿、石油醚,极易溶于甘油
安全性	五倍子提取物常用作染发产品,与硫酸亚铁配合使用,赋予头发黑褐色色泽
应用	美国 PCPC 将其归为抗氧化剂、抗菌剂和防腐剂。在中国,《化妆品安全技术规范》中规定当其与硫酸亚铁配合使用时,仅限用于染发产品。当其与硫酸亚铁配合使用时,会赋予头发黑褐色色泽

498　虾青素

英文名称	Astaxanthin
CAS No.	472-61-7
结构式	
分子式	$C_{40}H_{52}O_4$
分子量	596.84
理化性质	虾青素为油溶性的红色天然色素,在虾壳、海藻中存在。为深紫色粉末,熔点 215～216℃,能溶于二硫化碳和氯仿,呈紫红色,略溶于碱液、乙醚、石油醚和油类,极难溶于乙醇和甲醇,几乎不溶于水,紫外最大吸收特征波长为 507nm
安全性	虾青素急性毒性为小鼠经口 $LD_{50}>10g/kg$,无毒。美国 PCPC 将虾青素作为化妆品着色剂,未见它外用不安全的报道
应用	用于化妆品着色剂如唇膏、面霜、色粉等。如虾青素 0.0168%,与 β-胡萝卜素 0.432% 和叶绿素 0.042% 配合,给出 Fitzpatrick 皮肤分型法中的第 4～5 类样色泽,类似古铜色般的健康肤色

499　溴百里酚蓝

英文名称(INCI)	Bromothymol Blue
CAS No.	76-59-5
EINECS No.	200-971-2
结构式	
分子式	$C_{27}H_{28}Br_2O_5S$
分子量	624.38
理化性质	溴百里酚蓝为无色到淡红色结晶或淡黄到淡棕色粉末,熔点 273℃(开始分解)。溶于醇、稀碱液及氨溶液中呈蓝色,微溶于水及醚溶液带黄色,其钠盐溶于水呈蓝色。溴百里酚蓝是一种酸碱指示剂,pH=3.0 为黄色,pH=4.6 为蓝紫色。pH>4.6,紫外最大吸收波长为 591nm
安全性	欧盟化妆品法规的准用名为 Bromothymol Blue;中国化妆品法规的准用名为溴百里酚蓝;作为化妆品着色剂,未见其外用不安全的报道
应用	化妆品着色剂。在欧盟,Bromothymol Blue 作为着色剂,可用于洗去型产品,例如沐浴露、香波、洗去型护发素等。在中国,溴百里酚蓝的应用产品类型同欧盟法规,也专用于仅和皮肤暂时性接触的化妆品。在美国和日本,不允许用于化妆品

500　溴甲酚绿

英文名称(INCI)	Bromocresol Green
CAS No.	76-60-8
EINECS No.	200-972-8
结构式	
分子式	$C_{21}H_{14}Br_4O_5S$
分子量	698.01
理化性质	溴甲酚绿为浅黄色结晶,熔点218～219℃。微溶于水,溶于乙醇、乙醚、乙酸乙酯和苯。对碱很敏感,遇碱性水溶液呈特殊的蓝绿色。溴甲酚绿可用作酸碱指示剂,当 pH=3.8 时呈黄色,pH=5.4 时呈蓝绿色。紫外最大吸收波长为 630nm
安全性	溴甲酚绿的急性毒性为雄性小鼠经口 $LD_{50}>17.9g/kg$,无毒;兔皮肤试验无刺激。欧盟化妆品法规的准用名为 Bromocresol Green;中国化妆品法规的准用名为溴甲酚绿。作为化妆品着色剂,未见其外用不安全的报道
应用	化妆品着色剂。在欧盟,Bromocresol Green 作为着色剂,可用于洗去型产品,例如沐浴露、香波、洗去型护发素等。在中国,溴甲酚绿的应用产品类型同欧盟法规,也专用于仅和皮肤暂时性接触的化妆品。在美国和日本,不允许用于化妆品

501　叶绿素铜

英文名称	Copper Chlorophyll
CAS No.	15739-09-0
结构式	
分子式	$C_{55}H_{72}CuN_4O_5$
分子量	932.75
理化性质	叶绿素铜为绿色粉末,溶于乙醚、乙醇、正己烷及石油醚。不溶于水及 50% 的乙醇。紫外最大吸收波长为 632～660nm
安全性	食品允许使用的绿色色素。叶绿素铜在中国可作为化妆品原料使用,在列《已使用化妆品原料目录(2021 年版)》(IECIC 2021)中,也可给产品提供一定的外观颜色。中国化妆品法规作为着色剂使用的准用名是 CI 75810 或天然绿 3 以及叶绿酸-铜配合物。美国 FDA 的准用名是 Chlorophyllin-Copper Complex。具体可参见前文 CI 75810 部分的内容
应用	在中国,叶绿素铜作为化妆品原料使用,同时可给产品提供一定的外观颜色。而 CI 75810、天然绿 3 或叶绿酸-铜配合物是作为着色剂用于所有类型的化妆品

502 叶绿酸-铁配合物

英文名称	Chlorophyllin-Iron Complex
CAS No.	32627-52-4
结构式	
分子式	$C_{34}H_{32}FeN_4Na_2O_6$
分子量	694.5
理化性质	叶绿酸-铁配合物为墨绿色结晶性粉末。一般含量在 95% 左右。无臭或略带氨臭。有吸湿性。易溶于水,呈绿褐色。略溶于乙醇、氯仿、几乎不溶于石油醚。干燥状态下稳定。紫外最大吸收波长为 649~665nm
安全性	在中国,可作为化妆品原料使用,并在列《已使用化妆品原料目录(2021 年版)》(IECIC 2021)中,并可给产品提供一定的外观颜色。中国化妆品法规作为着色剂使用的准用名是 CI 75810 或天然绿 3 以及叶绿酸-铜配合物。具体可参见前文 CI 75810 部分的内容
应用	在中国,叶绿酸铁配合物是作为化妆品原料使用,提供保湿和抗氧化的效果,同时可给产品提供一定的外观颜色。而 CI 75810、天然绿 3 或叶绿酸-铜配合物是可作为着色剂用于所有类型的化妆品

503 乙酰苯胺

英文名称(INCI)	Acetanilide
CAS No.	103-84-4
结构式	
分子式	C_8H_9NO
分子量	135.16
理化性质	乙酰苯胺为白色有光泽片状结晶或白色结晶粉末,熔点 113~115℃,微溶于冷水(25℃溶解度 5g/L),溶于热水、甲醇、乙醇、乙醚、氯仿、丙酮、甘油和苯等
安全性	乙酰苯胺急性毒性为大鼠经口 LD_{50}:800mg/kg;小鼠经口 LD_{50}:1210mg/kg。中国和美国 PCPC 将乙酰苯胺作为染发剂和头发着色剂,未见它外用不安全的报道。使用前需要进行斑贴试验
应用	用于氧化型染发剂。如乙酰苯胺 1.0%,与对苯二胺硫酸盐 1.0%、甲苯-2,5-二胺盐酸盐 1.0%、邻氨基苯酚 1.0%、间氨基苯酚 1.0%、对氨基苯酚 1.0% 和间苯二酚 1.0% 配合,在 pH=10 时且有双氧水作用下,可将白发染成牢固的黑褐色

504 乙酰酪氨酸

英文名称(INCI)	Acetyl Tyrosine
CAS No.	537-55-3

结构式	
分子式	$C_{11}H_{13}NO_4$
分子量	223.23
理化性质	乙酰酪氨酸为白色粉末,熔点 149~152℃。易溶于水(室温溶解度 25g/L),也溶于乙醇。其水溶液在光照和空气中会变黑
安全性	乙酰酪氨酸无经口毒性;500mg 湿品斑贴对兔损伤皮肤试验无刺激。美国 PCPC 将乙酰酪氨酸作为染发剂和头发着色剂,未见它们外用不安全的报道。如与氧化剂一起使用,需进行斑贴试验
应用	用作染发剂和头发着色剂,最大用量 1%

505　茚三酮

英文名称(INCI)	Ninhydrin
CAS No.	485-47-2
结构式	
分子式	$C_9H_6O_4$
分子量	178.14
理化性质	茚三酮为淡黄色结晶性粉末,带 1 分子结晶水,熔点 241~243℃(在 125~130℃时失水并变红)。稍溶于水(20℃溶解度<5g/L),溶于乙醇(20℃溶解度>100g/L),也溶于丙酮。见光或露置空气中逐渐变色
安全性	茚三酮急性毒性为兔子经口 LD_{50}:600mg/kg。美国 PCPC 将茚三酮作为头发着色剂,未见它们外用不安全的报道
应用	用作头发着色剂。弱酸环境下,茚三酮与头发蛋白质中的氨基酸反应生成有特殊颜色的物质,与大多数氨基酸作用生成蓝紫色物质,与天冬氨酸作用生成棕色物质,与脯氨酸或羟脯氨酸作用生成黄色物质等

506　荧光增白剂 230

英文名称(INCI)	Fluorescent Brightener 230
CAS No.	27344-06-5
结构式	

分子式	$C_{42}H_{46}N_{14}O_{10}S_2 \cdot 2Na$
分子量	1015.0
理化性质	荧光增白剂 230 为二苯乙烯双三嗪衍生物,形态为白色粉末,可溶于水,水溶液呈弱碱性。在340nm 附近区域内有强烈吸收
安全性	在美国和日本可用作冲洗型产品的着色剂,未见应用不安全的报道
应用	荧光增白剂 230 吸收日光中的紫外光部分而发射出蓝色荧光加以补正而得到更白的视觉效果,或防止褪色。用于香皂、粉状洗涤剂等产品,用量 0.01%～2%。0.1%用人,有 b 值 1.0 以上的色差

507　荧光增白剂 367

英文名称(INCI)	Fluorescent Brightener 367
CAS No.	5089-22-5
结构式	
分子式	$C_{24}H_{14}N_2O_2$
分子量	362.38
理化性质	荧光增白剂 367 为苯并噁唑类化合物,黄色至绿色结晶粉末,熔点 210～212℃,不溶于水,在350～400nm 区域内有强烈吸收。荧光色调为蓝亮白色光
安全性	在美国和日本可用作冲洗型产品的着色剂,未见应用不安全的报道
应用	用作着色剂和光稳定剂,用量 0.1%～0.3%,吸收日光中的紫外光部分而发射出蓝色荧光加以补正,用于香皂、粉状洗涤剂等产品

508　荧光增白剂 393

英文名称(INCI)	Fluorescent Brightener 393
CAS No.	1533-45-5
结构式	
分子式	$C_{28}H_{18}N_2O_2$
分子量	414.45
理化性质	荧光增白剂 393 具有苯并噁唑类结构,为亮黄色结晶粉末,具有强烈荧光,熔点 357～359℃,不溶于水,波长范围约为 360～380nm
安全性	荧光增白剂 393 在美国和日本可用作冲洗型产品的着色剂,未见应用不安全的报道
应用	用作洗涤剂的着色剂,用量 0.1%～0.3%。荧光增白剂 393 可以吸收不可见的紫外光,转换为波长较长的蓝光或紫色的可见光,因而可以补偿基质中不想要的微黄色,从而使制品显得更白、更亮、更鲜艳

509 硬脂酸铝、锌、镁、钙盐

英文名称(INCI)	Calcium Stearate、Zinc Stearate、Magnesium Stearate、Aluminum Tristearate
CAS No.	7047-84-9、637-12-7(硬脂酸铝)、557-05-1(硬脂酸锌)、557-04-0(硬脂酸镁)、1592-23-0(硬脂酸钙)
EINECS No.	230-325-5、211-279-5(硬脂酸铝)、209-151-9(硬脂酸锌)、209-150-3(硬脂酸镁)、216-472-8(硬脂酸钙)
结构式	$[CH_3(CH_2)_{16}COO^-]_3Al^{3+}$ 硬脂酸铝 $\quad$ $[CH_3(CH_2)_{16}COO^-]_2Zn^{2+}$ 硬脂酸锌 $[CH_3(CH_2)_{16}COO^-]_2Mg^{2+}$ 硬脂酸镁 $\quad$ $[CH_3(CH_2)_{16}COO^-]_2Ca^{2+}$ 硬脂酸钙
分子式	$C_{45}H_{105}AlO_6$(硬脂酸铝)、$C_{36}H_{70}O_4Zn$(硬脂酸锌)、$C_{36}H_{70}MgO_4$(硬脂酸镁)、$C_{36}H_{70}CaO_4$(硬脂酸钙)
分子量	877.4(硬脂酸铝)、632.33(硬脂酸锌)、591.24(硬脂酸镁)、607.0(硬脂酸钙)
理化性质	硬脂酸铝为白色粉末,熔点 103～115℃,不溶于水、乙醇、乙醚,溶于碱、松节油、矿油、石油、煤油及苯等溶剂中。遇强酸分解成硬脂酸和相应的盐,与脂肪烃化合物可形成凝胶。硬脂酸锌为白色易吸湿的轻质细微粉末,熔点 128～130℃,不溶于水、乙醇、乙醚,可溶于热乙醇、松节油、苯等有机溶剂和酸。硬脂酸镁为白色细软光亮粉末,熔点 86～88℃,微溶于水,溶于热的乙醇溶液中。硬脂酸钙为白色蓬松粉末固体,熔点 147～149℃,不溶于水、乙醚、丙酮和冷的酒精,微溶于热的乙醇、矿物油和植物油
安全性	硬脂酸铝大鼠的急性经口试验表明,硬脂酸铝几乎无毒,在高浓度时对兔子皮肤有极微的刺激。硬脂酸锌大鼠的急性经口试验表明,硬脂酸锌几乎无毒,在高浓度时对兔子皮肤有极微的刺激。硬脂酸镁无毒,可用作食品添加剂。硬脂酸钙大鼠的急性口服试验表明,硬脂酸钙几乎无毒,在高浓度时对兔子皮肤有极微的刺激 欧盟化妆品法规的准用名为 Aluminum,Zinc,Magnesinm And Calcium Stearate;中国化妆品法规的准用名为硬脂酸铝、锌、镁、钙盐,均作为化妆品着色剂,未见其外用不安全的报道。美国 FDA 和日本化妆品法规的准用名为 Aluminum,Zinc,Magnesinm And Calcium Stearate,作为化妆品粉末使用
应用	美国 PCPC 将其归为化妆品着色剂和化妆品粉末。在欧盟,Aluminum,Zinc,Magnesinm And Calcium Stearate 作为着色剂可用于所有类型的化妆品,例如口红、眼部产品,面霜等护肤类产品,以及香波、沐浴露等洗去型产品。在中国,硬脂酸铝、锌、镁、钙盐的应用产品类型同欧盟法规,可用于所有类型的化妆品。在美国和日本,Aluminum,Zinc,Magnesinm And Calcium Stearate,作为化妆品粉末,也可用于所有类型的化妆品

主 要 参 考 文 献

［1］ 高树珍，赵欣，王海东. 染料化学及染色 ［M］. 北京：中国纺织出版社，2019.

［2］ 何瑾馨. 染料化学 ［M］. 2 版. 北京：中国纺织出版社，2016.

［3］ Corbett J F. Hair Colorants：Chemistry and Toxicology ［M］. Weymouth：Michelle Press, 1998.

［4］ 化妆品安全技术规范（2015 年版）［Z］. 北京：国家食品药品监督管理总局，2015.

［5］ 赵椿昀，孙梅. 表面处理粉体在化妆品中的应用 ［J］. 北京日化，2009（4）：37-40.

［6］ 朱骥良，吴申年. 颜料工艺学工学 ［M］. 2 版. 北京：化学工业出版社，2001.

附录 CAS号索引

2118-39-0	CI 27755	145		3520-42-1	CI 45100	164
2198-59-6	N-苯基对苯二胺盐酸盐	258		3536-49-0	CI 42051	152
2321-07-5	CI 45350	169		3564-21-4	CI 15865	120
2347-72-0	CI 15980	121		3564-09-8	CI 16155	124
2353-45-9	CI 42053	154		3567-69-9	CI 14720	109
2379-74-0	CI 73360	201		3567-66-6	CI 17200	128
2379-74-0	CI 73360 铝色淀	202		3734-67-6	CI 18050	130
2380-86-1	6-羟基吲哚	83		3761-53-3	CI 16150	124
2390-60-5	CI 42595	161		3763-55-1	CI 75135	208
2390-59-2	CI 42600	161		3844-45-9	CI 42090	156
2425-85-6	CI 12120	097		4197-25-5	CI 26150	143
2475-46-9	CI 61505	192		4208-80-4	CI 48055	182
2475-45-8	CI 64500	196		4314-14-1	CI 12700	104
2478-20-8	CI 56200	186		4368-56-3	CI 62045	195
2512-29-0	CI 11680	092		4372-02-5	CI 45370	169
2519-30-4	CI 28440	146		4403-90-1	CI 61570	194
2580-56-5	CI 44045	163		4424-06-0	CI 71105	198
2610-11-9	CI 28160	145		4430-18-6	CI 60730	190
2610-10-8	CI 35780	148		4430-25-5	四溴酚蓝	292
2611-82-7	CI 16255	127		4438-16-8	CI 11320	091
2646-17-5	CI 12100	097		4474-24-2	CI 61585	194
2650-18-2	CI 42090	156		4482-25-1	CI 21010	137
2706-28-7	CI 13015	106		4548-53-2	CI 14700	107
2783-94-0	CI 15985	121		4680-78-8	CI 42085	155
2784-89-6	HC 红 No.1	228		4698-29-7	N-苯基对苯二胺硫酸盐	258
2814-77-9	CI 12085	096		4857-81-2	CI 42100	158
2835-95-2	4-氨基-2-羟基甲苯	070		4926-55-0	HC 黄 No.2	234
2835-99-6	4-氨基间甲酚	072		5089-22-5	荧光增白剂 367	298
2835-98-5	6-氨基间甲酚	081		5102-83-0	CI 21100	139
2870-32-8	CI 24895	142		5131-58-8	4-硝基间苯二胺	076
2871-01-4	HC 红 No.3	229		5141-20-8	CI 42095	157
2973-21-9	N-甲基-3-硝基对苯二胺	259		5160-02-1	CI 15585：1	113
3068-39-1	CI 45161	165		5280-66-0	CI 15865	120
3087-16-9	CI 44090	163		5281-04-9	CI 15850：1	119
3118-97-6	CI 12140	098		5307-14-2	2-硝基对苯二胺/2-硝基对苯二胺二盐酸盐	063
3131-52-0	二羟吲哚	268		5392-28-9	四氨基嘧啶硫酸盐	291
3179-90-6	CI 62500	196		5413-75-2	CI 27290	144
3179-89-3	CI 11210	090		5462-29-3	CI 73385	202
3248-91-7	CI 42520	159		5468-75-7	CI 21095	138
3251-56-7	4-硝基愈创木酚	078		5567-15-7	CI 21108	140
3257-28-1	CI 14815	110		5601-29-6	CI 18690	131
3333-62-8	CI 55135	185		5610-64-0	CI 15711	117
3374-30-9	CI 42052	153		5697-02-9	1-乙酰氧基-2-甲基萘	042
3374-30-9	CI 42052：1	153		5850-80-6	CI 15525	112
3441-14-3	CI 29160	147		5850-87-3	CI 15580	112
3442-21-5	CI 27720	144		5850-44-2	CI 16290	128
3468-63-1	CI 12075	095		5858-81-1	CI 15850	118
3486-30-4	CI 42080	154		5863-51-4	CI 42170	158
3520-72-7	CI 21110	140		5873-16-5	CI 45220	168

HANDBOOK
OF
**COSMETIC
COLORANTS**